建设工程项目管理

主　编　杨开云
副主编　边慧霞　秦增富
主　审　刘艳刚

黄河水利出版社
·郑州·

内容提要

本书紧密结合我国当前建设工程项目管理的实际情况，吸收了近年来国内外建设工程项目管理的最新科研成果，着力与国际惯例接轨，具有科学性、先进性和适用性。在一般的风险理论基础上结合建设工程项目的特点，力图构建系统的工程风险知识框架，用以提高读者在建设工程项目风险方面的理论水平，指导建设工程项目风险管理的实践工作，以达到提高读者从事建设工程项目风险管理实务操作能力的目的。

图书在版编目(CIP)数据

建设工程项目管理/杨开云主编. —郑州:黄河水利出版社,2009.10

ISBN 978-7-80734-621-0

Ⅰ.①建… Ⅱ.①杨… Ⅲ.①基本建设项目-项目管理 Ⅳ.①F284

中国版本图书馆 CIP 数据核字(2009)第166318号

组稿编辑：王琦 联系电话：0371-66028027 E-mail：wq_731212@163.com

出 版 社:黄河水利出版社

地址:河南省郑州市顺河路黄委会综合楼14层 邮政编码:450003

发行单位:黄河水利出版社

发行部电话:0371-66026940、66020550、66028024、66022620(传真)

E-mail: hhslcbs@126.com

承印单位:河南地质彩色印刷厂

开本:787 mm×1092 mm 1/16

印张:22.75

字数:554千字 印数:1—1500

版次:2009年10月第1版 印次:2009年10月第1次印刷

定价:50.00元

前 言

本书共分两部分,第一部分为建设工程项目管理的一般程序,第二部分为建设工程项目风险控制。

本书第一部分以建设工程项目管理活动为研究对象,结合我国当前建设工程项目管理实际,阐述为达到项目建设目标,参与工程建设活动各主体的建设工程项目管理的任务、内容,论述了建设工程项目的可行性研究和决策、招标投标与合同管理。重点讲述了建设工程项目的质量、进度、成本管理,以及建设工程项目生产要素管理、安全和现场管理、建设工程项目的集成化与信息化、项目的后评价等。

随着人类进入21世纪,新的挑战与机遇不断涌现,不确定性风险几乎无处不在,风险管理技术也有了长足的进展。建设工程项目风险管理(Project Risk Management)既是一门新兴的管理科学,又是项目管理的一个重要分支,更是项目经理必备的一项与企业生命攸关的决策技术。在发达国家,已有不少有关项目风险的著作问世。相比之下,我国有关项目风险管理的著作太少,并且仅限于介绍项目风险管理的基本知识。

本书第二部分从建设工程项目风险管理的历史、现状和基本概念出发,研究项目风险的一般原理、风险识别、项目风险的定性与定量分析方法、风险的分类管理等,特别讨论了建设工程项目实施中的风险管理、保险制度,并提供了一些综合案例供读者分析。本书全面系统地综合了国内外项目风险管理的主要内容和保险方面的内容,并用案例贯穿全书,从而使其前沿性、可操作性和趣味性融为一体。

本书由杨开云担任主编,边慧霞、秦增富担任副主编,刘艳刚担任主审。第一章、第二十章由秦增富编写,第二章由王福刚编写,第三章由王建斌编写,第四章由顾贵庆编写,第五章、第八章由王广云编写,第六章、第十二章由杨开云编写,第七章、第十三章由边慧霞编写,第九章由赵刚编写,第十章、第十五章由崔卫星编写,第十一章、第十七章由杨明亮和乔春编写,第十四章、第十六章由刘敏编写,第十八章由邝飞飞编写,第十九章由张宝军编写。

在本书编写的过程中,编写组参阅并借鉴了有关人员的研究成果和著作,在此对他们的工作、贡献表示深深的谢意。

编 者

2009年8月

目 录

第一章　建设工程项目管理概论

第一节　建设工程项目管理的基本概念

一、建设工程项目概述

（一）项目

1. 项目的概念及特征

项目是指按限定时间、限定资源和限定质量标准等约束条件完成的具有明确目标的一次性任务。项目具有如下基本特征。

（1）项目的一次性。一次性又称单件性或独特性，是项目最主要的特征。一项任务完成以后没有与其完全相同的另一项任务，只能对其进行单件处置，而不可能批量生产，因此实践中应根据具体项目的特殊情况和要求进行有针对性的管理。

（2）项目目标的明确性。项目的目标有成果性目标和约束性目标。成果性目标是指对项目的功能性要求，约束性目标是指对项目的约束条件或限制条件。

（3）项目具有独特的生命周期。项目的一次性决定了每个项目都具有自己的生命周期，都有其产生时间、发展时间和结束时间，在不同阶段都有特定的任务、程序和工作内容。

（4）项目的整体性。一个项目是一个复杂的开放系统，它是由人、技术、资源、时间、空间和信息等各种要素组合到一起为实现一个特定系统目标而形成的有机整体。

2. 项目的分类

项目分类的目的是有针对性地进行管理，以提高完成任务的效果水平。

按项目的最终成果或专业特征为标志进行划分，可分为不同种类的项目，如工业项目、农业项目、建设工程项目、科学研究项目、开发项目、咨询项目、维修项目等。

对每类项目还可以进一步分类，如建设工程项目可以按专业分为建筑工程、公路工程、桥梁工程、港口工程、水电工程项目等。

（二）建设工程项目

1. 建设工程项目的概念及分类

建设工程项目是指需要一定量的投资，按照一定的程序，在一定时间内完成，符合质量要求的，以形成固定资产为明确目标的一次性任务。一个建设工程项目就是一个固定资产投资项目，是由一个或若干个具有内在联系的工程所组成的总体。建设工程项目是项目中最重要的一类。

对建设工程项目进行不同分类的观察、分析，可深入研究其投资结构，加强宏观管理和调控，以更好地发挥建设投资的经济效益和社会效益。

建设工程项目按其建设性质可分为基本建设工程项目（新建、扩建、改建、迁建、重建等扩大再生产的项目）和技术改造项目（以改进技术、增加产品品种、提高质量、治理“三废”、改善劳动安全、节约资源为主要目的的项目）。

按建设工程项目的规模大小，基本建设工程项目划分为大型、中型和小型三类，技术改造项目分为限额以上和限额以下两类。其具体划分标准，根据各个时期经济发展和管理工作的实际需要而有所变化。现行的国家有关规定是：按投资额标准划分的建设工程项目，基本建设生产性建设工程项目中能源、交通、原材料部门的项目投资额达到5 000万元人民币以上，其他部门和全部非生产性建设工程项目投资额达到3 000万元人民币以上的为大中型建设工程项目，在此限额以下的为小型建设工程项目；按生产能力或使用效益标准划分的建设工程项目，国家对各行各业都有具体规定。技术改造项目投资额达到5 000万元人民币以上的为限额以上项目，以下的为限额以下项目。

建设工程项目按功能、用途可分为工业建设工程项目、民用建设工程项目和基础设施项目等。工业建设工程项目是生产性建设，类型繁多，例如冶金工业的钢铁厂、机电工业的精密机器厂、石化工业的炼油厂、纺织工业的织布厂等。根据不同生产工艺和产品规模的需要，一般分为单层工业厂房、多层工业厂房及单跨工业厂房、多跨工业厂房和其他构筑物等。工厂厂房按用途可分为生产厂房、辅助生产厂房、动力用厂房、仓库等。民用建设工程项目是供人们工作、学习、生活、文化娱乐、居住等方面活动的建筑工程，一般称为非生产性建设。其中常见的住宅、集体宿舍、公寓、别墅等称之为居住建筑；供人们进行政治、经济、文化和科学技术交流活动所需的办公楼、体育场馆、医院、学校、商场、旅馆、车站、海空港等称之为公共建筑。基础设施项目是指煤炭、石油、电力、天然气等能源项目；铁路、公路、管道、水运、航空等交通运输项目；邮电、电信枢纽、通信、信息网络等邮电通信项目；防汛、排涝、灌溉、引水、水土保持、水利枢纽等水利项目；道路、桥梁、地铁和轨道交通、污水排放、垃圾处理、地下管道、公共停车场及供水、供电、供气、供热等城市设施项目。

建设工程项目按隶属关系可分为中央项目、地方项目、合资项目等，其中合资项目有中央与地方合资，国内企业与国外企业合资，国内不同地区、不同行业、不同经济类型企业共同投资联合兴建的建设工程项目等多种形式。国外建设工程项目还可分为政府项目、私人项目等。

2. 建设工程项目的特征

（1）建设目标明确性。建设工程项目以形成固定资产为特定目标，政府主要审核建设工程项目的宏观经济效益和社会效益，企业则更重视其盈利能力等微观的财务目标。

（2）建设工程项目的整体性。在一个总体设计或初步设计范围内，建设工程项目是由一个或若干个互相有内在联系的单项工程所组成的，是实行统一核算、统一管理的投资建设工程。

（3）建设过程程序性。建设工程项目需要遵循必要的建设程序和经过特定的建设过程。一般建设工程项目的全过程都要经过提出项目建议书、进行可行性研究、设计、建设准备、建设施工和竣工验收、交付使用等六个阶段。不同阶段的工作内容、参与单位及人员都不相同，各阶段之间的界面应该协调，相关的单位及人员之间应该沟通。

（4）建设工程项目的约束性。建设工程项目的约束条件主要有：①时间约束，即要有合理的建设工期时限限制；②资源约束，即有一定的投资总额、人力、物力等条件限制；③质量约束，即每项工程都有预期的生产能力、产品质量、技术水平或使用效益的目标要求。

（5）建设工程项目的一次性。按照建设工程项目特定的任务和固定的建设地点，需要专门的单一设计，并应根据实际条件的特点建立一次性组织进行施工生产活动，建设工程项目资金的投入具有不可逆性。

(6)建设工程项目的风险性。建设工程项目的投资额巨大，建设周期长，投资回收期长。期间的物价变动、市场需求、资金利率等相关因素的不确定性会带来较大风险。

3. 建设工程项目的组成

根据建设工程项目的工程管理、造价管理、施工组织、统计会计核算等要求，建设工程项目一般可划分为单项工程、单位工程、分部工程、分项工程等四个层次。

(1)单项工程。单项工程是指在一个建设工程项目中，具有独立的设计文件，可独立组织施工和竣工验收，建成后能单独形成生产能力或发挥效益的工程。从施工的角度看，单项工程是一个独立的施工交工系统。

一个建设工程项目通常由多个单项工程组成，但有时也仅含一个单项工程。单项工程一般由一个或若干个单位工程组成。

(2)单位工程。单位工程是指在一个单项工程中，具有独立的设计文件，可以独立组织施工和竣工验收，但建成后不能单独形成生产能力或发挥效益的工程。

(3)分部工程。分部工程是单位工程的组成部分。一般建筑工程按照工程的主要部位划分为地基与基础、主体结构、地面与楼面、门窗、建筑装饰装修、屋面、建筑给水、排水及采暖、建筑电气、节能建筑、通风与空调、电梯等分部工程。

(4)分项工程。分项工程是分部工程的组成部分，它是形成建筑产品基本构件的施工阶段。一般建筑工程是按主要工种工程划分，但也可按施工程序的先后和使用材料的不同划分。

二、建设工程项目管理概述

(一)项目管理

项目管理是项目管理者为使项目取得成功(按照所规定的时限、所批准的费用预算，实现项目所要求的质量)，运用系统理论和方法对项目及其资源所进行的全过程、全方位的计划、组织、控制与协调，旨在实现项目特定目标的管理方法体系。

(二)建设工程项目管理

建设工程项目管理是项目管理的一类。建设工程项目管理简称工程项目管理。它是工程建设者运用系统工程的概念、理论和方法，对建设工程项目的决策和实施的全过程进行的全面管理，以最优地实现项目的质量、投资/成本、工期的建设目标。对这个概念需要作以下说明。

1. 管理的对象

管理的对象是建设工程项目生命周期的全过程，包括项目可行性研究及决策、设计、工程招标投标及采购、施工等工作内容，而不仅仅是其中的某一阶段。这是指广义的工程项目管理对象，而狭义的工程项目管理对象包括项目立项以后项目建设实施的全过程。

2. 管理的主体

管理的主体是多方面的。一般来说，在建设工程项目生命周期的全过程中，除建设单位为项目的顺利完成而进行必要的项目管理外，设计单位、监理单位、从事工程施工和材料设备的承包商和供应商等也分别站在各自立场上进行项目管理。另外，政府部门也要对项目的建设给予必要的监督管理，它们的管理活动都是为实现项目总目标服务的。

3. 管理的任务

管理的任务可概括为最优地实现项目的质量、投资/成本、工期三大项目建设目标。该任务界定了项目管理的主要内容，即质量控制、投资/成本控制、进度控制、合同管理、信息管理、安全管理和组织协调。

三、建设工程项目管理与企业管理的区别

建设工程项目管理与企业管理同属管理活动的范畴，但两者有着明显的区别，现介绍如下。

（一）管理对象不同

工程项目管理的对象是一个具体工程项目生命周期的全过程，需要按项目管理的科学方法进行组织管理；而企业管理活动的对象是企业综合的生产经营业务，企业是一个持续稳定的经济实体，需要按企业的特点及其经济活动的规律进行管理。

（二）管理目标不同

工程项目管理是以具体项目的目标为目标，一般是一种以效益为中心、以项目成果和项目约束目标为基础的目标体系，项目的目标因项目不同而不同，因项目存在而存在；企业管理是以企业获得持续稳定的利润增长为目标，企业不仅应有中短期管理目标，还应有长远的战略管理目标。

（三）运行规律不同

工程项目管理是一项一次性活动，其管理的规律性是以工程项目运行的周期和内在规律为基础的；企业管理是一项稳定的持续活动，其管理规律性是以现代企业制度和企业经济活动内在规律为基础的。

（四）管理内容不同

工程项目管理活动局限于一个具体项目从设想、决策、实施、总结后评价的全过程，主要包括工程立项、论证决策、规划设计、采购施工、总结评价等活动，这是一种任务型管理；企业管理则是一种职能管理和作用管理的综合，本质上是一种实体型管理，主要包括企业综合性管理、专业性管理和作业性管理。

（五）实施主体不同

工程项目管理的实施主体是多方面的，包括建设单位、建设单位委托的咨询公司、承包商等；而企业管理的实施主体仅是企业自身。

第二节　建设工程项目的建设程序

一、建设程序的概念

建设程序是指一个建设工程项目从酝酿提出到该项目建成投入生产或使用全过程的各阶段建设活动的先后顺序和相互关系。它是工程建设活动自然规律和经济规律的客观反映，也是人们在长期工程建设实践过程的技术和管理活动经验的理性总结，只有遵循建设程序，项目建设活动才能达到预期的目的和效果。一般建设工程项目程序可分为三个阶段。

（1）前期决策阶段。包括投资机会选择、项目建议书、可行性研究、项目评估。

（2）实施阶段。包括勘察设计、施工前准备、工程施工。

（3）使用阶段。包括试运行、使用阶段、后评估。

二、我国建设工程项目的建设程序

我国的建设程序分为六个阶段。其中项目建议书阶段和可行性研究阶段又统称前期工作阶段或决策阶段。

（一）项目建议书阶段

项目建议书是建设单位向国家提出的要求建设某一建设工程项目的建议文件，是对建设工程项目的轮廓设想，是从拟建项目的必要性及大方面的可能性加以考虑的。

（二）可行性研究阶段

可行性研究是对建设工程项目在技术上和经济上（包括微观效益和宏观效益）是否可行进行科学分析与论证工作，是技术经济的深入论证阶段。

可行性研究的主要任务是通过多方案比较，提出评价意见，推荐最佳方案，为项目决策提供依据。

可行性研究的内容可概括为市场研究、技术研究、经济研究三项。一般工业项目的可行性研究报告的内容是：项目提出的背景、必要性、经济意义、工作依据与范围，需要预测和拟建规模，资源材料和公共设施情况，建厂条件和厂址方案，环境保护，企业组织定员及培训，实施进度建议，投资估算数和资金筹措，社会效益及经济效益。在可行性研究的基础上，编制可行性研究报告。

可行性研究报告经批准，项目才算正式立项。经批准后的可行性研究报告是初步设计的依据，不得随意修改和变更。如果在建设规模、产品方案、建设地区、主要协作关系等方面有变动及突破控制数，应经原批准机关同意。

（三）设计工作阶段

一般项目进行两阶段设计，即初步设计和施工图设计。技术上比较复杂而又缺乏设计经验的项目，在初步设计后加技术设计。

（1）初步设计是根据可行性研究报告的要求所做的具体实施方案，目的是阐明在指定地点、时间和投资控制数额内，拟建项目在技术上的可能性和经济上的合理性，并通过对工程项目所做出的基本技术经济规定，编制项目总概算。

初步设计不得随意改变被批准的可行性研究报告所确定的建设规模、产品方案、工程标准、建设地址和总投资等控制指标。如果初步设计提出的总概算超过可行性研究报告总投资的10%以上或其他主要指标需要变更，应说明原因和主要依据，并报可行性研究报告原审批机关同意。

（2）技术设计是根据初步设计和更详细的调查资料编制的。目的是进一步解决初步设计中的重大技术问题，如工艺流程、建筑结构、设备选型及数量确定等，以使建设工程项目的设计更具体、更完善，技术经济指标更好。

（3）施工图设计是完整地表现建筑物外形、内部空间分割、结构体系、构造状况及建筑群的组成和周围环境的配合，具体详细的构造尺寸的设计，它还包括各种运输、通信、管道系统、建筑设备的设计。在工艺方面应具体确定各种设备的型号、规格以及各种非标准设备的制造加工图。

(四)建设准备阶段

(1)预备项目。初步设计已批准的项目,可列为预备项目。国家的预备项目计划,是对列入部门、地方编报的年度建设预备项目计划中的大中型和限额以上项目,经过从建设总规模、生产力总布局、资源优化配置以及外部协作条件等方面进行综合平衡后安排和下达的。预备项目在建设准备阶段进行的投资活动不计算建设工期,统计上单独反映。

(2)建设准备的内容。建设准备的主要工作内容包括:征地、拆迁和场地平整;完成施工用水、电、路等工程;组织设备、材料订货;准备必要的施工图纸;组织施工招标投标,择优选定施工单位。

(3)报批开工报告。按规定进行了建设准备,并具备了开工条件以后,应由建设单位申请上报开工报告,经批准后方可开工。大中型和限额以上建设工程项目批准开工要经国家发改委统一审核,编制年度大中型和限额以上项目开工计划报国务院批准,由国家发展和改革委员会下达新开工项目计划。部门和地方政府无权自行审批大中型和限额以上项目开工报告。

(五)建设实施阶段

建设工程项目经批准新开工建设,项目便进入建设实施阶段。这是项目决策的实施、建成投产发挥投资效益的关键环节。新开工建设的时间,是指建设工程项目设计文件中规定的任何一项永久性工程第一次破土动工开始施工的日期。分期建设的项目分别按各期工程开工的日期计算。施工活动应按设计要求、合同条款、预算投资、施工程序和顺序、施工组织设计,在保证质量、工期、成本计划等目标的前提下进行,达到竣工标准要求,经过验收后,移交给建设单位。

在实施阶段还要进行生产准备。这是衔接建设和生产的桥梁,是建设施工阶段转入生产经营的必要条件。在项目投产前建设单位应组织专门的班子或机构做好生产准备工作。生产准备工作一般包括下列内容。

(1)组建管理机构、制定管理制度和管理规定。

(2)招收并培训生产人员,组织生产人员参加设备的安装、调试和工程验收。

(3)签订原料、材料、协作产品、燃料、水、电等供应及运输的协议。

(4)进行工具、器具、备品、备件等的制造或订货。

(5)其他必需的生产准备工作。

(六)竣工验收阶段

当建设工程项目按设计文件的规定内容全部施工完成后,便可组织验收。它是建设全过程的最后一道程序,是投资成果转入生产和使用的标志,是建设单位、设计单位和施工单位向国家汇报建设工程项目的生产能力或效益、质量、成本、收益等全面情况及交付新增固定资产的过程。竣工验收对促进建设工程项目及时投产、发挥投资效益及总结建设经验都有重要作用。通过竣工验收,可以检查建设工程项目实际形成生产的能力或效益,也可避免项目建成后继续消耗建设费用。

三、国外建设工程项目建设程序

国外建设工程项目的建设程序大致可以划分为以下四个阶段。

（一）项目决策阶段

本阶段的主要目标是通过投资机会的选择、可行性研究、项目评估和报请主管部门审批，对项目的必要性、可行性，以及投资的目的、时机、地点、实施等重大问题进行科学论证和多方案比较，也就是为做投资前期准备而进行机会研究、初步可行性研究和可行性研究。它对项目的长远经济效益和战略方向起着决定性作用，因而投资决策是投资者最为重视的阶段。

（二）项目组织、计划与设计阶段

本阶段的主要工作有：

（1）项目初步设计和施工图设计；

（2）项目招标及承包商的选定；

（3）签订项目承包合同；

（4）项目实施总体计划的制定；

（5）项目征地及建设条件的准备。

本阶段是战略决策的具体化，它在很大程度上决定了项目实施的成败及能否高效率地达到预期目标。

（三）项目实施阶段

本阶段的主要任务是将“蓝图”变成项目实体，实现投资决策意图。在这一阶段，通过施工，在规定的工期、质量、造价范围内，按设计要求高效率地实现项目目标。它是项目管理的重点阶段，在整个项目周期中工作量最大，投入的人力、物力和财力最多，项目管理的难度也最大。

（四）项目试生产、竣工验收阶段

本阶段应完成项目的竣工验收、联动试车、试生产。项目试生产正常并经建设单位认可后项目即告结束。但从项目管理的角度看，在项目缺陷维修期中，仍要进行项目管理。

第三节　建设工程项目管理模式

一、设计－施工分离式

（一）设计－施工分离式的概念

设计－施工分离式是建设工程项目管理的一种传统模式，是当今建筑业广泛采用的国际通用模式。世界银行、亚洲开发银行贷款项目和采用国际咨询工程师联合会（FIDIC）土木工程施工合同条件（如1988年FIDIC第四版的土木工程施工合同条件，即“红皮书”）的项目均采用这种模式。

（二）运作程序

设计－施工分离式的运作程序是：设计→招标投标→施工→竣工验收。即建设单位委托建筑师或咨询工程师进行项目前期的各项有关工作（如进行机会研究、可行性研究等）；待项目评估立项后再进行设计；在设计阶段进行施工招标文件准备；然后通过招标选择承包商，建设单位和承包商签订工程承包合同。有关工程部位的分包和设备材料的采购一般都由承包商与分包商和供应商单独订立合同并组织实施。建设单位一般指派建设单位代表

(可由本单位选派,或由其他公司聘用)与咨询方和承包商联系,负责有关项目管理工作。在国外大部分项目实施阶段有关管理工作均授权建筑师或咨询工程师(我国称为监理工程师)进行,建筑师或咨询工程师和承包商没有合同关系,但受建设单位委托施工开始后对工程项目进行"三控制"(质量、工期、投资的控制)、"三管理"(合同管理、信息管理、安全管理)和"综合协调"。

(三)优点

设计-施工分离式的管理方法较为成熟,参与各方都对有关的工作程序熟悉;建设单位可以自由选择咨询、设计人员,对设计要求可进行控制;可自由选择监理人员对工程监理;设计之后进行施工招标,使评标及以后的签订合同、施工管理都有了可靠和准确的依据;可采用各方熟悉的标准合同文本,有利于合同管理、风险管理和减少投资。

(四)缺点

在设计-施工分离式中,设计和施工是两个完全独立的阶段,容易造成设计方案与施工的实际条件脱节,忽视施工的可能性与经济性;承包商按图施工,当建设单位有新的要求或对原图纸作出变更时,承包商就有理由提出索赔;项目实施按部就班,整个项目的建设周期长;由于设计、施工两方都是分别与建设单位签订合同,他们之间无合同约束,常常出现不协调,建设单位须委托咨询工程师加强管理,建设单位管理费用较高,前期投入较高。

二、设计-施工连贯式

设计-施工连贯式有两种模式:设计-建造模式和交钥匙模式。

(一)设计-建造模式

设计-建造模式,是建设单位将工程项目的全部设计和施工任务发包给一家具有工程项目总承包资质的承包商。设计建造总承包商可能是具备很强设计、施工、采购、科研等综合服务能力的综合建筑企业,也可能是由设计单位和施工单位共同组织的工程承包联合体。对于承包的工程,总承包企业可以自行完成部分设计与施工任务,其余部分适合分包的设计、施工任务,在取得建设单位认可后,再发包给分包单位完成。

在这种模式下,一般是建设单位首先招聘一家工程咨询公司代其研究拟定拟建项目的基本要求,授权一个具有专业知识和管理能力的管理专家为建设单位代表(代替了"红皮书"中的咨询工程师),协调、督促和检查设计-建造总承包商按合同对工程的质量、工期、成本要求来实施。在选择设计-建造总承包商时,如果是政府的公共项目,则必须采用资格预审、公开竞争性招标投标方式;如果是私营项目,建设单位还可以用邀请招标方式。

(二)交钥匙模式

在国际上对交钥匙模式还没有公认的定义,可以说是有特殊含义的设计-建造模式。它是为满足建设单位要求承包商提供全面服务(一揽子服务)而产生的。通常由一家建筑总承包商或承包商联合体为建设单位提供包括项目融资、土地购买、设计、施工、设备采购、安装调试直至竣工移交的全面服务。1995 年 FIDIC 出版了"设计-建造与交钥匙工程合同条件"(即"橘皮书"),把两种模式放在一起编制合同文件。

按交钥匙模式实施时,建设单位一般不再聘请工程咨询公司为其服务,往往由建设单位来管理工程项目,也可聘用 1~2 名工程管理专家作为建设单位的顾问。这是因为总承包商承担了工程项目的全部责任。

由于采用交钥匙模式的项目多集中于资金投资量大、技术要求高、管理难度大的工业建筑，如石油化工、制造业、电力、供水等项目，这就要求总承包商除具备融资能力、复杂项目管理能力外，还应具有某一工业领域的专有技术和成套设备采购能力的优势。

（三）设计－建造模式和交钥匙模式的优缺点

（1）优点。设计－建造模式和交钥匙模式都属于项目总承包模式，都须建设单位和总承包商密切合作，完成项目的规划、设计、成本控制、进度安排等工作，甚至负责土地购买和项目融资。在项目初期选定项目组成员，连续性好，责任单一；建设单位委托一个承包商对整个项目负责，预先考虑了施工因素影响，避免了设计和施工的矛盾，可以显著降低项目的成本和缩短工期，大大减少建设单位的组织与协调工作量。同时，在选定承包商时，把设计方案的优劣作为主要的评标因素，可保证建设单位得到高质量的工程项目。

（2）缺点。建设单位对最终设计和细节的控制能力降低，工程设计可能会受到施工者利益影响。

三、CM 模式

（一）CM 模式的概念

CM 模式于 1968 年由 Charle S B. Thomsen 等在美国纽约州立大学研究关于设计与施工的加速和改进控制时提出，全称为“Fast－Track Construction Management”，简称 CM。CM 模式现已在美国、加拿大和澳大利亚等国家和地区的工程项目管理中得到广泛应用。

CM 模式是由建设单位委托一家 CM 公司以一个承包商的身份，采用设计与施工搭接的方式进行施工管理，直接承担或组织分包商施工，在一定程度上影响或参与设计，而其与建设单位的合同通常采用“成本加利润”方式的一种建筑工程管理模式。其特点有：

（1）由建设单位和建设单位委托的 CM 经理组成一个联合小组共同负责组织和管理工程的规划、设计与施工。但 CM 经理对设计的管理起协调作用。在项目的总体规划、布局和设计时，要考虑到控制项目的总投资，在主体设计方案确定后，随着设计工作的进展，完成一部分分项工程的设计后，即对这部分分项工程进行招标，发包给一家承包商，由建设单位就每个分项工程与承包商签订合同。这样可以缩短工程建设周期，节约投资，减少风险，尽早取得效益。

（2）CM 公司受建设单位委托主要从事项目管理工作，基本属性是承包商，但其既不同于施工总承包，也不同于项目总承包，既不从事设计，也不进行施工生产活动，因而被称为 CM 承包商。CM 公司一般要求挑选精明强干、懂工程、懂经济、善于管理的人担任 CM 经理，负责工程监督、协调和管理工作。在施工阶段的主要任务是定期与承包商会晤，对成本、质量、进度进行监督，并预测监控成本和进度的变化。建设单位与各个承包商、设计单位、设备供应商、安装单位、运输单位签订合同，各方是合同关系。建设单位与 CM 经理、建筑师之间也是合同关系，而建设单位任命的 CM 经理与各个施工、设计、设备供应、安装、运输等承包商之间则是业务上的管理和协调关系。

（3）CM 公司在工程设计阶段就介入项目的实施，改变了传统模式中设计与施工相互脱离的弊病，使设计人员在设计阶段可获得有关施工成本、施工方法等方面信息，从而有利于设计优化。

（4）由于设计与施工早期结合，对于大型工程项目被分解成若干相对独立的部分，设计一部分，施工一部分，使设计在施工上的可行性在设计尚未结束时便逐步明朗，因此可在很大程度上对设计进行有效的控制。

(5)由于CM公司合同签订时，设计尚未最终完成，因此CM合同价通常既不采用单体合同，也不采用总价合同，而是采用“成本加利润”方式，这也是CM模式与其他模式的主要区别之一。CM公司不挣总包与分包之间的差价，它与分包商的合同价对建设单位是公开的。

(二)CM模式的类型

1. “Agency”CM模式

“Agency”CM模式即代理型建筑工程管理模式。

采用“Agency”CM模式时，CM公司仅以建设单位的咨询和代理的身份进行工作。建设单位和CM公司的服务合同是采用固定酬金加管理费(即成本补偿合同)办法。建设单位在各施工阶段和承包商签订工程施工合同，CM经理不负责分包和发包。其优点是：建设单位可自由选择设计咨询单位，在招标前就可以确定完整的工作范围和项目原则；可以有完善的管理与技术支持。其缺点是：在明确整个项目的成本之前，投入较大；CM经理不对进度和成本作出保证；可能索赔和变更的费用较高，即建设单位方风险较大、任务较重。

2. “At－Risk”CM模式

“At－Risk”CM模式即风险型建筑工程管理模式。

采用这种模式时，CM公司不再是建设单位的咨询和代理的身份，而是以承包商的身份直接进行分包和发包，并与分包商签订合同。一般建设单位要求CM公司提出保证最大工程费用，即CM合同的最高价(Guaranteed Maximum Price，简称GMP)，以保证建设单位的投资控制。GMP的范围就是工程施工阶段的预算费加酬金的总和，该预算费用应包括CM公司的不可预见费和当地法律规定的赋税。如最后结算超过GMP，超过的费用应由CM公司支付，建设单位不予承担；如低于GMP，节约的投资归建设单位所有。建设单位向CM公司支付佣金及向专业承包商支付所完成工程的直接成本，CM公司出于额外承担了保证施工成本风险而能够得到额外收入，这种模式在英国称为管理承包(Management Contracting)。风险型建筑工程模式的优点是：有完善的管理与技术支持；在项目初期选定项目组成员；可提前开工提前竣工；建设单位任务较轻，风险较小。其缺点是：保证的成本中包含设计和投标的不确定因素，可选择的高水平的风险型CM公司较少。

(三)CM承包商的主要工作

(1)为缩短建设周期，CM承包商首先要合理地确定分包合同结构和招标方案，制订周密的项目进度计划，实现设计与施工合理搭接，使各分包工程的施工招标和施工准备能满足工程总进度的要求，并使材料、设备、预制构件的生产和供货等各项工作得到妥善安排。

(2)为控制项目总投资，CM承包商要在项目各个阶段及时编制项目估算，并进行不断的调整。CM承包商要与设计单位协调，向其提供降低施工成本的合理化建议。

(3)在整个招标过程中，CM承包商要负责招标工作的组织、招标文件和合同文件的编制，主持标书评定和合同谈判，并直接与分包商签约合同。

(4)在施工阶段，CM承包商负责直接管理和协调各分包商，进行施工进度、费用、质量控制和分包合同及工程信息管理，并承担未分包工程和零星工程的施工，以及建设单位指定的其他工作。

总之,CM 承包商必须非常熟悉施工工艺和掌握先进的施工方法,并且十分了解施工成本组成,能在设计阶段向设计单位提出技术、经济方面的咨询建议;另外,CM 承包商必须具有很强的施工管理和组织协调能力,才能在施工阶段直接管理和指挥分包商而实施工程项目。因此,国外 CM 这一角色,大多由大型建筑承包商来承担,他们除拥有技术和管理人员外,还拥有施工机械和工人,可在管理工程项目的同时,参与项目的部分工程的投标承包。

四、BOT 模式

(一)模式的概念

BOT(Build - Operate - Transfer)即建造 - 运营 - 移交模式。这种模式是 20 世纪 80 年代初由土耳其政府提出的,以后在许多国家采用的依靠国外私人资本进行基础设施建设的一种融资和建造的项目管理方式。BOT 模式一般是由一国财团或投资人作为发起人,从一个国家的政府获得某基础设施项目的建设和运营特许权,然后由其组建项目公司负责项目的融资、设计、建造和运营,整个特许期内项目公司通过项目的运营获得利润。特许期满后项目公司将整个项目无偿或以象征性的价格移交给东道国政府。

世界上还有多种由 BOT 演变出来的类似模式,如 BOOT(Build - Own - Operate - Transfer)建造 - 拥有 - 运营 - 移交,BOO(Build - Own - Operate)建造 - 拥有 - 运营,BOS(Build - Own - Sell)建造 - 运营 - 出售,ROT(Rehabilitate - Operate - Transfer)修复 - 运营 - 移交等,这些模式的基本原则、思路和结构与 BOT 并无实质差别。

目前,世界上许多国家和地区都在研究或已经开始采用 BOT 模式。如 1972 年完工的香港第一海底隧道工程,菲律宾和巴基斯坦的电厂项目,泰国和马来西亚的高速公路,英法海底隧道和澳大利亚的悉尼隧道等数十个项目正在建造或运营。在我国,第一个参照 BOT 模式建成运营的是深圳沙头角 B 电厂。此外,广西来宾电广、湖南长沙电厂和成都水处理厂等三个项目已开始试点。

(二)BOT 模式的运作程序

(1)项目的提出与招标。拟采用 BOT 模式建设的基础设施项目,一般由政府主管部门提出并审批,政府往往委托一家咨询公司对项目进行初步可行性研究后,颁布特许意向,准备招标文件,公开招标。

(2)项目发起人组织投标。发起人往往是有实力的咨询公司和大型工程公司的联合体,他们申请并通过资格预审后进行投标。BOT 项目的投标显然要比一般项目的投标复杂得多,需要对项目进行深入的技术和财务的可行性分析,才可向政府提出有关实施方案。在投标过程中,项目发起人常常要聘用各种咨询机构(包括法律、金融、财务等)协助编制投标文件。

(3)成立项目公司,签署各种合同与协议。中标的项目发起人往往就是项目公司的组织者。项目公司参与各方包括项目发起人、大型承包商、设备材料供应商、东道国国有企业等。在国外,有时当地政府也入股。项目发起人一般要提供组织项目公司的可行性报告,经股东讨论,签订股东协议和公司章程,同时向当地政府工商管理部门和税收部门注册。项目发起人首先和政府谈判,草签特许协议,然后组建项目公司,完成融资交割,与政府正式签订特许协议。最后项目公司与参与各方签订总承包合同、运营养护合同、保险合同、工程监理合同和各类专业咨询合同,有时需独立签订设备供货合同。

(4)项目建设和运营。这一阶段项目公司的主要任务是委托工程监理公司对总承包商的工作进行监理,保证项目建设顺利实施和资金支付。有的工程(如发电厂、高速公路等),在完成一部分之后,即可交给经营公司开始运营,以早日回收资金。同时还要组建综合性的开发公司进行综合项目服务,以便从多方面盈利。在项目部分或全部投入运营后,即应按照原定协议优先向金融机构归还贷款和利息,同时也考虑向股东分红。

(5)项目移交。在特许期满之前,应做好必要的维修以及资产评估工作,以便按时将项目移交给政府运营。政府可以仍旧聘用原有的经营公司或另组经营公司来运营项目。

第四节　建设工程项目管理的类型及任务

一、建设工程项目管理的类型

(一)建设工程项目建设的主体

1. 项目建设单位

项目建设单位即项目的投资者或出资者,由建设单位代表组成项目法人机构、取得项目法人资格。从投资者的利益出发,根据建设意图和建设条件,对项目投资和建设方案作出既符合自身利益又适应建设法规和政策规定的决策,并在项目的实施过程中履行建设单位应尽的责任和义务,为项目的实施者创造必要的条件。建设单位的决策水平、建设单位的行为规范性等,对一个项目的建设起着重要的作用。

2. 设计单位

设计单位是将建设单位或建设工程项目法人的建设意图、政府建设法律法规要求、建设条件作为输入,经过智力的投入进行建设工程项目技术、经济方案的综合创作,编制出用以指导建设工程项目施工安装活动的设计文件。设计联系着项目决策和项目施工两个阶段,设计文件既是项目决策方案的体现,也是项目施工方案的依据。因此,设计是确定项目总投资目标和项目质量目标,包括建设规模、使用功能、技术标准、质量规格等的过程。设计先于施工,然而设计单位的工作还责无旁贷地延伸于施工阶段,指导处理施工阶段可能出现的设计变更和技术变更,确认各项施工结果与设计要求的一致性。

3. 施工单位

施工单位是以承建工程施工为主要经营活动的建筑产品生产者和经营者,在市场经济体制下施工单位通过工程投标竞争,取得承包合同后,以其技术和管理的综合实力,通过制定最经济合理的施工方案,组织人力、物力和财力进行工程的施工安装作业技术活动,以期求得在规定的工期内,全面完成质量符合发包方明确标准的施工任务。通过工程移交,取得预期的经济效益,实现其生产经营目标。因此,施工单位是将建设工程项目的建设意图和目标转变成具体工程目的物的生产经营者,是一个项目实施过程的主要参与者。

4. 生产厂商

生产厂商包括建筑材料、构配件、工程用品与设备的生产厂家和供应商。他们为项目实施提供生产要素,其交易过程、产品质量、价格、服务体系等,直接关系到项目的投资、质量和进度目标。通过市场机制配置建设资源,是项目管理按经济规律办事的重要方面。在项目管理目标的制定,物资资源的询价、采购、合约和供应过程中,都必须充分注意到生产厂商与建设工程项目之间的这种技术、经济上的关联性对项目实施的作用和影响。

5. 建设监理单位

建设监理单位主要是工程建设监理公司，它接受建设单位委托和授权，根据国家批准的工程项目建设文件，有关工程建设的法律法规、技术规范、工程建设监理委托合同以及其他工程建设合同对工程项目进行监督管理，即实施建设单位方的工程项目管理。其内容包括三大目标控制、合同管理、信息管理。因此，监理单位的水平和工作质量，对项目建设过程的作用和影响是非常重要的。

（二）项目管理的类型

工程项目管理的类型主要有以下几种：

（1）建设单位进行的项目管理；

（2）建设监理单位或咨询公司代建设单位进行的项目管理；

（3）设计单位进行的项目管理；

（4）施工单位进行的项目管理；

（5）政府建设管理。

在工程项目建设的不同阶段，参与工程建设的各方的管理内容及重点各不相同，因此下面主要介绍建设单位、施工单位的项目管理的任务及政府建设管理。

二、建设单位的工程项目管理任务与内容

建设单位的工程项目管理是站在投资主体的立场上，对工程项目建设的全过程进行的科学、有效和必要的管理。建设单位的管理由于一般都委托给监理公司，所以偏重于重大问题的决策，如项目立项、监理公司的选定、承包方式的确定及承包商的确定等。同时要做好必要的协调和组织工作。为此，建设单位必须设立相应的项目管理机构，任命精明强干的项目经理。其具体工作任务如下。

（一）项目的立项决策

1. 进行投资机会研究

首先是进行投资的地区研究、部门研究，然后根据对自然资源的了解和根据市场的预测，以及国家的经济政策和国际贸易联系等情况，分析是否有最有利的投资机会，为建设单位投资机会选择提供依据。

2. 编制项目建议书

项目建议书是建设单位向国家推荐项目，并获得国家同意项目立项的第一步，主要包括项目的建设规模、布局、进度、投资、方案等。项目建议书一经批准，该项目就列入计划，这一过程也称项目立项，是我国项目建设程序中的重要环节之一。编制项目建议书应遵循的原则是：根据国民经济及社会发展规划、地区规划、市场及建设单位自身情况来分析是否有项目投资的可能性和机遇。通常的评价标准是：国民经济及社会发展战略和规划从宏观角度决定了该项目是否有发展前途；地区规划决定了该项目的选址；而市场的需求从微观角度决定了该项目是否有市场及前景。项目建议书的投资估算精度为 ±30%。

3. 进行可行性研究

项目建议书获得通过，项目得以立项以后，进入项目的可行性研究阶段，最后要提交经建设单位签字同意的可行性研究报告。

(1)初步可行性研究主要解决以下几个方面的问题:①投资机会是否恰当,是否值得作进一步详细的可行性研究;②确定的项目目标是否正确,有无必要通过详细可行性研究作详细分析;③项目中有哪些关键问题,是否需要通过市场调查、实验室试验、工业性试验进行深入的研究;④是否需要进行工程、水文、地质勘察等代价高昂的下一步工作。初步可行性研究的投资估算精度为±20%。

(2)详细可行性研究是进入深入的技术经济论证的关键环节。这一阶段必须对与项目有关的政治、经济、环保、社会等诸方面进行详尽的分析,全面研究项目所涉及的各种关键因素和达到目标的各可行方案,并对其进行比较论证,最后确定最终方案,论述可能实现的程度和令人满意的程度等。详细可行性研究的投资估算精度为±10%。

4. 可行性研究报告的报批

可行性研究报告须上报政府主管部门和贷款银行,由其进行项目评估,即对可行性研究报告作出评价。评估主要从三方面进行:①项目是否符合国家有关政策、法令和规定;②项目是否符合国家宏观经济意图、国民经济长远规划,布局是否合理;③项目的技术是否先进适用,是否经济合理。项目评估的投资估算精度为±10%。

建设单位将项目评估中所指出的可行性研究报告的不合理之处加以补充完善,上报得到批准,也就是作出了项目决策,标志着项目的立项决策阶段完成。

项目立项决策阶段的各项任务可由建设单位自己的项目管理班子完成,也可委托相应的咨询机构来完成,而建设单位只做一些配合和辅助工作。

(二)项目的实施阶段

项目的实施阶段是整个工程项目建设周期中时间最长、工作任务最繁重、项目投资支出最多的一个阶段,抓好这个阶段的项目管理工作最为重要。

1. 选择监理公司(或咨询公司)

在我国按照有关规定,建设单位以招标的方式来选择确定监理单位。在招标过程中,建设单位的项目管理班子要负责编制监理任务大纲,确定被邀请参加投标的监理公司名单,组织被邀请者投标,组建评标小组,进行评标、定标,进行合同谈判并最终签订监理委托合同等一系列工作,以确保能选定一个有经验的、信誉良好、能力强的监理公司(或咨询公司)来承担工程项目的监理任务。

2. 建设用地的报批

建设单位可以通过征用、征拨、出让、转让等形式获得建设用地的使用权,按规定向土地管理部门报批,并进行拆迁、征用补偿及搬迁安置等工作。

3. 选定工程勘察单位

工程勘察是为了查明工程项目建设地点的地形、地貌、土质土层、地质构造、水文条件等各种地质现象而进行地质勘察和综合评价工作,为项目的设计和工程施工提供必需的、科学的依据。

建设单位应在自己的项目管理班子和监理班子的协助下,选择一家报价合理、信誉好的工程地质勘察单位来承担项目的工程地质勘察任务。

4. 编制项目设计任务书

建设单位项目管理班子应自行或协助监理班子编制项目设计任务书。项目设计任务书的编制依据是已批准的项目建议书、可行性研究报告及工程地质勘察报告。

项目设计任务书由有关部门批准后，作为进行设计方案竞选或设计招标的主要依据。

5. 进行设计方案竞选或设计招标

一般以建设单位及其项目管理班子为主，由监理配合进行设计方案竞选或设计招标，确定承担工程设计任务的设计单位，并做好合同条款的拟订和签约工作。

6. 对工程设计进行管理

一般来说，进行设计管理，建设单位及其项目管理班子主要是做宏观方面的审核工作，如设计概算、设计进度、建筑风格及结构类型等，再就是为设计者提供必要的设计基础资料，如批准的可行性报告，规划部门的"规划设计条件通知书"等。而一些更为具体的管理工作，则委托监理进行。对此，可在设计委托合同时，以合同条款的形式予以明确。进行设计管理，要促使设计者遵守以下原则。

（1）符合国家有关法规、规范、规程的原则；设计时，要根据工程的不同性质、不同要求合理地确定设计标准，考虑能源的综合利用，做到所设计的工程安全、可靠、先进、经济、美观。

（2）从实际出发，讲求投资效果的原则。

（3）节约用地的原则。

（4）保护环境的原则。

若工程设计中采用了新技术、新设备、新工艺、新材料，则要进行必要的试验和鉴定，并履行审批手续。当设计任务由几家设计者分别承担时，要做好组织协调工作，以确保质量和进度。

设计管理的另一项重要任务是项目规划设计的报审工作。一是与政府的规划管理部门（规划局、土地局、建委、公安、消防、人防办等）联系，获得其批准；二是与市政公用事业单位如自来水公司、电力公司、煤气公司、排水处、园林局等联系取得认可。

7. 进行施工招标

在监理方的帮助下，确定工程发包合同方式，然后编制招标文件，确定标底，对投标者进行资格审核、开标、评标和决标，确定中标单位，与中标的承包商谈判签订合同。

8. 做好施工准备工作

（1）进行征地拆迁工作，保证建设用地有关事宜如期办理完毕。

（2）及时组织由监理方、承包商、设计方和建设单位自己参加的图纸会审，做好设计的报批工作，保证能根据施工进展的要求供应图纸。

（3）由建设单位或委托施工承包商进行施工现场的准备工作，与市政、道路、供电、自来水、市政养护等部门签订有关协议，达到施工现场的供水、排水、供电、道路、通信等畅通和场地平整。

（4）组织由建设单位负责供应的材料、设备的订货，必要时可进行设备招标。

（5）筹措与落实项目资金。

（6）帮助承包商办理施工许可证。

（7）对工程所需的进口材料、设备，如由建设单位负责，要申请办理进出口许可证，并办理报关手续，签订委托运输合同；当由承包商负责时，建设单位可提供一些必要的帮助。

9. 对施工阶段进行管理

（1）确认承包商选择的分包单位。

(2)审核承包商提出的施工组织设计,对其中的施工技术方案和施工进度计划等提出修改意见。

(3)审核承包商提交的工程量清单及其要求付款的报表,按有关规定向承包商支付工程价款,监督工程进度计划的执行,对承包商提出的延长工期的要求给予审核答复,检查工程质量。

(4)针对承包商的索赔要求进行反索赔工作。

(5)参加主要的现场施工会议,进行工作协调和决策。

(6)履行建设单位应承担的其他义务。

10. 项目试生产或试运营

生产项目可进行投料试生产,检验其是否达到设计能力,并生产出合格产品;非生产项目要检验其是否符合设计要求,能否正常使用。

11. 竣工验收

(1)建设单位应督促和配合监理、承包商做好工程结算工作、工程质量评定工作、竣工图的绘制,以及各种资料、文件的准备和整理。必要时可进行工程项目的初步验收,然后向有关部门(上级主管部门、城建、规划、工程质量监督等)申请进行竣工验收。

(2)对参与项目的各方所提交的技术文件资料进行系统的整理,并立项分类,以适应以后生产、维修的需要,并按要求将文件图纸交当地的档案管理部门。

(3)与承包商进行工程结算。

(三)项目后评价

项目进入生产或使用时期运营一段时间以后,要进行项目后评价,以利于总结工程项目管理的经验教训。项目后评价主要包括的内容有:项目建成后的效益分析与原预测产生偏差的原因,建成项目所需的投资、工期与原计划产生偏差的原因,进行重大设计变更的原因,项目建成后的社会、政治、经济和环境影响等,对项目前景的展望。

三、施工单位的工程项目管理程序和内容

施工企业的项目管理简称施工项目管理,即施工企业(承包商)站在自身的角度,从其利益出发,通过施工投标取得工程承包任务,并按与建设单位签订工程承包合同界定的工程范围所进行的项目管理。其管理对象是施工承包合同所界定的施工阶段。施工企业为履行工程承包合同和落实企业生产经营方针目标,在项目经理负责制的条件下,依靠企业技术和管理的综合实力,根据施工阶段的内在规律,对工程施工全过程进行计划、组织、指挥、协调和控制。

(一)施工单位的工程项目管理程序

施工单位的工程项目管理内容涉及施工阶段寿命周期各个阶段,其程序如下。

1. 投标签约阶段

这是施工阶段管理的第一阶段,承包商根据建设单位发出的招标邀请函(或招标广告),作出投标决策,参与投标直至中标签订工程承包合同,其主要工作是:

(1)承包商从经营战略的高度作出是否投标的决策;

(2)收集与项目相关的建筑市场、现场、竞争对手、企业自身的大量信息;

(3)编制既能使企业盈利,又有竞争力、可望中标的投标书;

(4)中标后,与招标方谈判,并按照平等互利、等价有偿的原则依法签订工程承包合同,双方的交易关系正式确立。

2. 施工准备阶段

承包商在中标后应立即组建项目经理部,并以项目经理部为主,与企业经营层和管理层、建设单位相配合,进行施工准备,使工程具备开工和连续施工的基本条件,其主要工作是:

(1)成立项目经理部,根据工程管理的需要建立机构,配备人员;

(2)编制施工组织设计,主要是施工方案、施工进度计划和施工平面图,用以指导施工准备和施工;

(3)制定施工阶段管理规划,以指导施工项目管理活动;

(4)进行施工现场准备,使现场具备施工条件,利于进行文明施工;

(5)编写并上报开工申请报告,待批开工。

3. 施工阶段

在项目开工至竣工的全过程中,项目经理部既是决策机构,又是责任机构。企业经营管理层、建设单位、监理单位的作用是支持、监督与协调。这一阶段的目标是完成合同规定的全部施工任务,达到验收、交工的条件。主要进行的工作是:

(1)按施工组织设计的安排进行施工;

(2)施工中努力做好动态控制工作,保证质量目标、进度目标、造价目标、安全目标、节约目标的实现;

(3)管理好施工现场,实行文明施工;

(4)严格履行工程承包合同,处理好内外关系,做好合同变更与索赔;

(5)做好原始记录、协调、检查、分析等工作。

4. 验收、交工与竣工结算阶段

这一阶段的目标是对项目成果进行总结、评价,对外结清债权债务,结束交易关系。主要工作是:

(1)工程收尾;

(2)进行试运营;

(3)在预验收的基础上接受正式验收;

(4)整理、移交竣工文件,进行财务结算,总结工作,编制竣工报告;

(5)办理工程交付手续;

(6)项目经理部解体。

5. 用后服务阶段

这是施工项目管理的最后阶段,即在交工验收后,按合同规定的责任期进行用后服务、回访与保修,其目的是保证使用单位正常使用,发挥效益。其主要工作有:

(1)为保证工程的正常使用,应向用户进行必要的技术咨询和服务;

(2)进行工程回访,听取使用单位意见,总结经验教训,观察使用中的问题,进行必要的维护、维修和保修;

(3)进行沉陷、抗震性能等观察,以服务于宏观事业。

(二)施工单位工程项目管理的内容

施工项目管理的主体是以施工项目经理为首的项目经理部,即项目管理层。管理的客体是具体的施工对象、施工活动及其相关的生产要素。管理的内容包括:建立施工阶段管理组织,进行施工阶段管理规划,进行施工阶段的目标控制,对施工阶段的生产要素进行优化配置和动态管理,进行施工阶段的合同管理和信息管理等。具体内容如下。

1. 建立施工阶段管理组织

(1)企业采用适当的方式选聘称职的施工项目经理。

(2)根据施工阶段管理组织原则,选用适当的组织方式,组建施工阶段管理机构,明确责任、权限和义务。

(3)在遵守企业规章制度的前提下,根据施工阶段管理的需要,制定施工阶段管理制度。

2. 进行施工阶段管理规划

施工阶段管理规划是对施工阶段管理目标、组织、内容、方法、步骤、重点进行预测和决策,做出具体的纲领性文件。其主要内容有:

(1)进行工程项目分解,形成施工对象分解体系,以便确定阶段控制目标,从局部到整体进行施工活动和施工阶段管理;

(2)建立施工阶段管理工作体系,绘制施工阶段管理工作体系图和施工阶段管理工作信息流程图;

(3)编制施工管理规划,确定管理点,形成文件,以利于执行。现阶段这个文件以施工组织设计代替。

3. 进行施工阶段的目标控制

施工阶段的目标有阶段性目标和最终目标。实现各项目标是施工阶段管理的目的,项目经理部应坚持以控制论原理和理论为指导,对施工阶段管理的全过程进行科学的目标控制。施工阶段的控制目标主要有:

(1)进度控制目标;

(2)质量控制目标;

(3)成本控制目标;

(4)安全控制目标。

由于在施工阶段的目标控制过程中会受到各种因素的干扰,各种风险因素有随时发生的可能性,故项目经理部应通过组织协调和风险管理,对施工阶段目标进行动态控制。

4. 施工阶段的生产要素管理和施工现场管理

施工阶段的生产要素主要包括劳动力、材料、设备、资金和技术(即5M),是施工阶段目标得以实现的保证。施工现场管理对于节约材料、节省投资、保证施工进度、创建文明工地等方面都十分重要。其主要内容是:

(1)分析各项生产要素的特点;

(2)按照一定的原则、方法对生产要素进行优化配置,并对配置状况进行评价;

(3)对各项生产要素进行动态管理;

(4)进行施工现场平面图设计,做好施工现场的调度与管理。

5. 施工阶段的合同管理

由于施工阶段管理是在市场条件下进行的特殊交易活动的管理，施工全过程的环节多、周期长、条件复杂且多变化、不确定因素多，因此必须依法签订合同，进行履约经营；合同管理的好坏直接涉及项目管理及工程施工的技术经济效果和目标的实现。合同管理要遵循国内及国际上有关法规和合同文本、合同条件，从招标投标开始，加强工程承包合同的签订、履约管理。在合同管理中，还必须注意讲究方法和技巧，收集和积累相关的证据，做好索赔工作。

6. 施工阶段信息管理

现代化管理要依靠信息。施工阶段管理是一项复杂的现代化管理活动，要依靠电子计算机及时收集、储存和处理施工阶段中的大量信息，才能有效地进行施工阶段的目标控制、生产要素优化配置和动态管理。

四、工程建设监理的主要内容

工程建设监理是监理单位受建设单位委托和授权，代建设单位对工程项目建设全过程进行的监督管理。

工程项目建设监理的主要内容可以理解为“三控制”、“三管理”和“一协调”。

（一）投资控制

投资控制主要是在建设前期进行可行性研究，协助建设单位正确地进行投资决策，控制好估算投资总额；在设计阶段对设计方案、设计标准、总概算（或修正总概算）和概（预）算进行审查；在建设准备阶段协助确定标底和合同造价；在施工阶段审核设计变更，核实已完工程量，进行工程进度款签证和控制索赔；在工程竣工阶段审核工程结算。

（二）工期控制

工期控制首先要在建设前期通过周密分析研究确定合理的工期目标，并在施工前将工期要求纳入承包合同；在建设实施阶段运用运筹学、网络计划技术等科学手段，审查、修改施工组织设计和进度计划，并在计划实施中紧密跟踪，做好协调与监督，排除干扰，使单项工程及其分阶段目标工期逐步实现，最终保证建设工程项目总工期的实现。

（三）质量控制

质量控制要贯穿在建设工程项目从可行性研究、设计、建设准备、施工、竣工动用及用后维修的全过程。主要包括组织设计方案竞赛与评比，进行设计方案磋商及图纸审核，控制设计变更；在施工前通过审查承包商资质，检查建筑物所用材料、构配件、设备质量和审查施工组织设计等，实施质量预控；在施工中通过重要技术复核、工序操作检查、隐蔽工程验收和工序成果检查、认证监督标准和规范的贯彻，以及通过阶段验收和竣工验收，把好质量关。

（四）合同管理

合同管理是进行投资控制、工期控制和质量控制的手段。因为合同是监理单位站在公正立场上，采取各种控制、协调和监督措施，履行纠纷调解职责的依据，也是实施三大目标控制的出发点和归宿。

（五）信息管理

信息管理是指在工程建设过程中，监理信息的收集、加工整理、储存、传递与应用等一系列工作的总称。信息管理的目的就是通过有组织的信息流通，使决策者能及时、准确地获得相应的信息。信息管理的内容包括文件、档案、监理报表及计算机辅助文档等。文件信息主要是在工程建设过程中,上级有关部门的文件、工程前期有关文件、设计变更及工程内部文件。

(六)安全管理

安全管理是一项专业性很强、涉及面很广的工作。监理是通过对施工单位管理系统的监控,来实现对工程安全目标的控制。施工单位管理系统如不完善、不健全,势必直接威胁到工程建设的安全管理,这正是监理的用武之地。如果监理对此没有发现,没有警告,没有依法制止,那就是失职。

(七)组织协调

组织协调指监理单位在监理过程中,对相关单位的协作关系进行协调,使相互之间加强合作,减少矛盾,共同完成项目目标。这些单位主要有建设单位、施工单位、设计单位、供应单位。另外,还有政府部门、金融部门、相关管理部门等。

五、政府建设管理

政府建设主管部门尽管不直接参与建设工程项目的生产活动,但由于建筑产品的社会性强、影响大,生产和管理的特殊性等,需要政府通过立法和监督来规范建设活动的主体行为,保证工程质量,维护社会公共利益。政府的监督职能应贯穿项目实施的各个阶段。

政府建设主管部门必须对建设工程项目的决策立项、规划、设计方案进行审批,对项目实施过程的各个环节实行建设程序的监督,要充分发挥和运用法律法规的手段,培育、发展和规范我国的建筑市场体系,使建设工程项目运行全过程的活动都纳入法制轨道。

政府建设主管部门还要派出工程质量监督机构,核查工程的设计、施工单位和建筑构件厂等的资质等级,监督其严格执行技术标准,检查工程(产品)质量,掌握工程质量状况,处理质量事故,并定期向政府建设主管部门汇报,以确保工程质量。

政府建设主管部门还要从保护自然环境、防止污染、合理利用资源等可持续发展的战略高度出发,对建设工程项目的立项、选址、设计、施工等全过程进行审查、监督、检查,切实维护社会公共利益。

第二章　建设工程项目可行性研究与经济评价

第一节　建设工程项目可行性研究

一、建设工程项目可行性研究的概念与作用

(一)可行性研究的概念

建设工程项目可行性研究是根据国民经济长期发展规划、地区发展规划和行业发展规划的要求,对拟建工程项目在技术、经济上是否合理可行,进行全面分析、系统论证、多方案比较和综合评价,以确定某一项目是否需要建设、是否可能建设、是否值得建设,并为编制和审批设计任务书提供可靠依据的工作。

(二)可行性研究的目的

1. 避免错误的项目投资决策

由于科学技术、经济和管理科学发展很快,市场竞争激烈,客观上要求在进行项目投资之前作出准确无误的判断,避免错误的项目投资。

2. 减小项目的风险性

现代化的建设工程项目规模大,投资额巨大,如轻易作出投资决策,一旦遭到风险,损失太大。

3. 避免项目方案多变

建设工程项目方案的可行性、稳定性是非常重要的。因为项目方案的多变无疑会造成人力、物力、财力的巨大浪费和时间的延误,这将大大影响建设工程项目的经济效果。

4. 保证项目不超支、不延误

做到在估算的投资额范围以内和预定的建设期限以内使项目竣工交付使用。

5. 对项目因素的变化心中有数

对项目在建设过程中或项目竣工后可能出现的有些相关因素的变化后果,做到心中有数。

6. 达到投资的最佳经济效果

投资者往往不满足于一定的资金利润率,而要求在多个可能的投资方案中优先选择最佳方案,力争达到最好的经济效果。

如果不做可行性研究,或者虽做而深度不够,则不能达到以上目的,可能带来一系列不良后果。

(三)可行性研究的作用

可行性研究是项目建设前期工作的重要组成部分,其主要作用如下。

1. 作为建设工程项目投资决策的依据

由于可行性研究对建设工程项目有关的各个方面都进行了调查研究和分析,并以大量数据论证了项目的先进性、合理性、经济性及其他方面的可行性,这是建设工程项目投资建设的首要环节,项目主管机关主要是根据项目可行性研究的评价结果,并结合国家的财政经济条件和国民经济发展的需要,作出此项目是否应该投资和如何进行投资的决定。

2. 作为投资项目设计的依据

项目设计要严格按批准的可行性研究报告的内容进行,不得任意修改。

3. 作为筹集资金向银行申请贷款的依据

银行通过审查项目可行性研究报告,确认了项目的经济效益水平和偿还能力,银行并不承担过大风险时,才能同意贷款。这对合理利用资金、提高投资的经济效益具有积极作用。

4. 作为该项目的科研试验、机构设置、职工培训、生产组织的依据

根据批准的可行性研究报告,进行与建设工程项目有关的科技试验,设置相关的组织机构,进行职工培训及合理的组织生产工作安排。

5. 作为向当地政府、规划部门、环境保护部门申请建设执照的依据

可行性研究报告经审查,符合市政部门的规定或经济立法,对污染处理得当,不造成环境污染时,方能发给建设执照。

6. 作为该项目工程建设的基础资料

建设工程项目的可行性研究报告,是项目工程建设的重要基础资料。对项目建设过程中的技术性更改,应认真分析其对项目经济效益指标的影响程度。

7. 作为对该项目考核的依据

建设工程项目竣工、正式投产后的生产考核应以可行性研究所制定的生产纲领、技术标准及经济效果指标作为考核标准。

二、建设工程项目可行性研究阶段

建设工程项目可行性研究分为四个阶段:投资机会研究阶段、初步可行性研究阶段、技术经济可行性研究阶段和评估决策阶段。

(一)投资机会研究阶段

这个阶段的主要任务是为建设工程项目投资提出建议,即在一个确定的地区或部门内,利用自然资源寻找最有利的投资机会,提供工业建设的投资方向。这一阶段的研究是比较粗略的,主要依靠总的估计数,而不是详细的计算。一旦证明投资建议是可行的,就继续进行更深入的研究。在投资机会研究阶段投资额的估算精确度的变动幅度为 ±30%,所花费用占总投资费用的 0.2% ~1.0%。

(二)初步可行性研究阶段

对一些比较复杂的工程,单依靠投资机会研究还不能决定取舍,就需要进行初步可行性研究,其主要目的是确定:投资机会是否有希望;是否应进行最终可行性研究;有哪些关键性问题需要做辅助研究,如市场考察、实验室试验、中间工厂试验等。

这一阶段建设投资估算的精确度一般可达 ±20%,所需要费用占总投资额的 0.25% ~1.5%。

(三)技术经济可行性研究阶段

此阶段也称为详细可行性研究阶段,是投资前最重要、最关键的研究阶段。这一阶段要在前几个阶段的基础上,从技术上和经济上对投资项目作进一步的研究,并进行技术经济综合分析和多方案比较,从而找出最优方案,作为最后投资决策的基本依据。

在这一阶段,应把投资项目的规模或能力,原材料、燃料、动力的供应,厂址的选择,工艺流程,设备选型,土建工程,组织机构和管理费用,建设进度和工期,试车投产计划,技术经济指标等确定下来。

在这一阶段,投资估算的精确度一般要求达到±10%,小型项目所花费用占总投资费用的1.0%~3.0%,大型项目占总投资费用的0.2%~1.0%。

(四)评估决策阶段

按照国家有关规定,对于大中型和限额以上的项目及重要的小型项目,必须经有权审批单位委托有资格咨询的评估单位就项目可行性研究报告先进行评估论证。

一般来说,确定一个工程项目,先做机会研究,获得可行的结论,再进而做初步可行性研究。如认为不可行,则到此结束;如认为可行,就进而转入可行性研究阶段。经过可行性研究,如认为不可行,也就到此为止;如认为可行,则进而转入投资时期。但是,上述研究过程并不是绝对的,主要看有关项目的诸问题是否已经明朗化,把握性有多大,如果有的项目经过机会研究,就已有较大把握,就不需要做初步可行性研究,可直接过渡到可行性研究阶段。

总之,对可行性研究的要求是很高的,要对建设工程项目从技术上和经济上进行全面的研究与论证,为投资者提供决策文件。突出的优点是先研究后决策,避免盲目性,充分研究,避免风险。在时间上,一般小型项目需要半年至一年时间进行可行性研究,大中型项目需要一年以上的时间进行可行性研究。

三、建设工程项目可行性研究的内容和工作程序

(一)建设工程项目可行性研究的内容

(1)总论。它包括项目提出的背景、投资的必要性和经济意义。

(2)需求预测和拟建规模。它包括国内外市场需求预测;国内现有生产能力的估计;销售预测、价格分析、产品竞争能力,进入国际市场的前景;拟建项目的规模、产品方案和技术经济分析与比较。

(3)资源、原材料、燃料及公共设施情况。它包括资源的储量、品位以及开采条件,原料、燃料供应的可能,所需公用设施的数量和供应条件。

(4)建厂条件和厂址方案。它包括建厂的地理位置、气象、水文、地质、地形条件和社会经济状况,交通、运输及水、电、气的现状和发展趋势,厂址方案比较与选择的意见。

(5)设计方案。它包括项目的构成范围(指主要单项工程),主要技术工艺和设备选型的方案比较,引进技术、设备的来源国别和制造、交付方案,全厂土建工程量的估算和初步选择的布置方案,厂内外交通运输方式的比较和初步选择。

(6)环境保护。它包括环境现状、预测项目对环境的影响、"三废"治理的初步方案。

(7)企业组织。它包括劳动定员和人员培训的估算数。

(8)投资估算和资金筹措。它包括主体工程和协作配套工程的投资与使用计划,生产活动资金的估算,资金的来源、筹措方式及贷款的偿付能力、偿还方式和投资回收期。

(9)实施进度的建议。它包括勘察设计的周期和进度要求,设备制造所需时间,工程施工所需时间,能投入生产所需时间。

(10)社会及经济效益的评价。它包括对经济效益进行静态和动态的分析,既要进行微观的项目本身的财务评价,又要进行宏观的国民经济评价和对社会影响的分析。

(二)可行性研究的工作程序

可行性研究的工作程序分为六个步骤。

(1)开始阶段。承办单位要详细讨论可行性研究的范围,明确建设单位的目标。

(2)进行实地调查和技术经济研究。研究的内容要包括投资项目的各个方面。每个方面都要进行深入的调查,全面收集资料,并进行详细的分析评价。

(3)综合评价优选阶段。将项目各方面的情况,综合研究出几种可供选择的方案,推荐一个最佳方案,或推荐少数优秀方案,供建设单位选择。

(4)对选取的方案作更具体、更详细的编制,确定具体的范围,估算投资、经营成本和收益,作出项目的财务分析和经济评价。

(5)编制可行性研究报告。

(6)编制资金筹措计划。

四、建设工程项目设计任务书

在可行性报告批准后,可着手编制设计任务书。设计任务书可以委托工程咨询单位编制,也可由建设工程项目的主管部门组织设计部门和有关单位共同编制。经批准的设计任务书是设计单位进行设计的依据。

(一)设计任务书的主要内容

(1)设计项目名称、建设地点。

(2)批准设计项目的文号、协议书文号及其有关内容。

(3)设计项目的用地情况,包括建设用地范围地形,场地内原有建筑物、构筑物,要求保留的树木及文物古迹、拆除和保留情况等,还应说明场地周围道路及建筑等环境情况。

(4)工程所在地区的气象、地理条件,建设场地的工程地质条件。

(5)水、电、气、燃料等能源供应情况,公共设施和交通运输条件。

(6)用地、环保、卫生、消防、人防、抗震等要求和依据资料。

(7)材料供应及施工条件情况。

(8)工程设计的规模和项目组成。

(9)项目的使用要求或生产工艺要求。

(10)项目的设计标准及总投资。

(11)建筑造型及建筑室内外装修方面要求。

(二)设计任务书的审批

根据国家有关规定,建设工程项目设计任务书的审批权限如下:

大中型项目报审设计任务书时,必须附有可行性研究报告,按照项目隶属关系由建设单位主管部门或省、自治区、直辖市、计划单列市审查同意后,报送国家发展和改革委员会;国家发展和改革委员会委托中国国际工程咨询公司等有资格的咨询公司对可行性报告进行评估,提出评估报告,再由国家发展和改革委员会审批。其中投资2亿元以上的项目,由国家发展和改革委员会审核后报国务院审批。

由地方投资安排的地方院校、医院及其他文教卫生事业的大中型基本建设工程项目，其设计任务书由省、自治区、直辖市和计划单列市发展和改革委员会审批，同时抄报国家发展和改革委员会和有关部门备案。

企业横向联合投资的大中型基本建设工程项目，凡资金自行筹措，能源、原材料、设备及投产后的产供销、动力、运力等能够自行落实，而且已经与有关部门、地方、企业签订了合同，不需要国家安排的，其设计任务书由有关部门或有关省、自治区、直辖市、计划单列市发展和改革委员会审批，抄报国家发展和改革委员会和有关部门备案。

小型项目设计任务书，按照项目隶属关系，分别由主管部门和省、自治区、直辖市和计划单列市发展和改革委员会审批。

第二节　建设工程项目经济评价与决策

一、建设工程项目经济评价概述

(一)建设工程项目经济评价的概念

建设工程项目经济评价是指在对建设工程项目的各项技术经济因素预测、分析和计算的基础上，评价建设工程项目投资的直接经济效益和间接经济效益，为投资决策提供依据的活动。

建设工程项目经济评价是项目可行性研究的有机组成部分和重要内容，是项目决策科学化的重要手段。经济评价的目的是根据国民经济发展战略和行业、地区发展规划的要求，在做好产品市场需要预测及厂址选择、工艺技术选择等工程研究的基础上，计算项目投入的费用和产出的效益，通过多方案比较，对拟建项目的经济可行性和合理性进行分析论证，作出全面经济评价，为项目的科学决策提供依据。

建设工程项目经济评价分为财务评价和国民经济评价。

1. 财务评价

财务评价是根据国家现行财税制度和价格体系，分析、计算项目直接发生的财务效益和费用，编制财务报表，计算评价指标，考察项目的盈利能力、清偿能力以及外汇平衡等财务状况，据以判别项目的财务可行性。财务评价的基本原理是从基本财务报表中取得数据，计算财务评价指标，然后与基准参数作比较，根据一定的评价标准，决定项目的取舍。因此，财务评价是一种规范化的体系，该体系由三部分组成：财务报表、财务评价指标和用于财务评价的行业或国家参数。

2. 国民经济评价

国民经济评价是采用费用与效益分析的方法，按照资源合理配置的原则，运用影子价格、影子汇率、影子工资和社会折现率等经济参数，计算分析项目给国民经济带来的净效益，评价项目经济上的合理性。

(二)财务评价与国民经济评价的关系

1. 财务评价与国民经济评价的联系

建设工程项目财务评价和国民经济评价是经济评价的两个层次。

多数项目应先进行财务评价，在此基础上对效益、费用、价格等进行调整后，再进行国民经济评价。有些项目可先进行国民经济评价，然后进行财务评价。这两个层次评价各有其任务和作用。一般来说，应以国民经济评价的结论作为项目或方案取舍的主要依据。

2. 财务评价与国民经济评价的主要区别

(1)评价角度不同。财务评价是从财务角度来考察货币收支和盈利状况及借款偿还能力，以确定投资行为的财务可行性。国民经济评价是从国家整体的角度来考察项目需要国家付出的代价和对国家的贡献，即国民经济效益，以确定投资行为的宏观可行性。

(2)效益与费用的含义及划分范围不同。财务评价是根据项目的实际收支确定项目的效益和费用的，税金、利息等均计为费用。国民经济评价是着眼于项目对社会提供的有用产品和服务以及项目所耗费的全社会有用资源所能带来的效益和费用，税金、国内借款利息和补贴等不计为项目的效益和费用。财务评价只计算项目直接发生的效益与费用，国民经济评价对项目引起的间接效益与费用即外部效果也要进行计算和分析。

(3)评价采用的价格不同。财务评价对投入物和产出物采用现行价格，国民经济评价采用的是根据机会成本的供求关系确定的影子价格。

(4)主要参数不同。财务评价采用的是官方汇率，并以不同行业的基准收益率作为折现率；国民经济评价采用国家统一测定的影子汇率和社会折现率。

(三)资金时间价值的计算

资金具有时间价值是进行项目经济分析的出发点，下面是几种常用的资金时间价值计算公式。

1. 一次支付终值公式

一次贷款(或存款)，若干年后一次偿还(或提回)本利和的计算公式为

$$F = P(1+i)^n \tag{2-1}$$

式中 F——n 期末的终值；

P——期初一次投入的现值；

i——利率；

n——计息次数；

$(1+i)^n$——终值系数。

式(2-1)记为$(F/P,i,n)$。

2. 一次支付现值公式

将$F=P(1+i)^n$变换成已知终值求现值的公式，即

$$P = F(1+i)^{-n} \tag{2-2}$$

式中 $(1+i)^{-n}$——现值系数；

其他符号意义同前。

式(2-2)记为$(P/F,i,n)$。

3. 等额支付系列年金终值公式

已知 n 年内每年年末投入 A，年利率为 i，求 n 年末的终值 F 的计算公式为

$$F = A[(1+i)^n - 1]/i \tag{2-3}$$

式中 $[(1+i)^n-1]/i$——年金终值系数；

其他符号意义同前。

式(2-3)记为$(F/A,i,n)$。

4. 等额支付系列积累基金公式

将式(2-3)变换得下式：

$$A = Fi/[(1+i)^n - 1] \tag{2-4}$$

式中　$i/[(1+i)^n-1]$——等额支付积累基金系数；

其他符号意义同前。

式(2-4)记为$(A/F,i,n)$

5. 等额支付系列资金恢复公式

一次投资，在 n 年内等额收回的计算公式为

$$A = Pi(1+i)^n/[(1+i)^n - 1] \tag{2-5}$$

式中　$i(1+i)^n/[(1+i)^n-1]$——等额支付系列资金恢复系数；

其他符号意义同前。

式(2-5)记为$(A/P,i,n)$。

6. 等额支付系列现值公式

等额支付系列现值公式为

$$P = A[(1+i)^n - 1]/i(1+i)^n \tag{2-6}$$

式中　$[(1+i)^n-1]/i(1+i)^n$——等额支付系列现值系数；

其他符号意义同前。

式(2-6)记为$(P/A,i,n)$。

(四)经济评价基本方法

1. 投资回收期法

投资回收期，又称投资偿还期或返本期，是指用投资带来的净收益偿还全部初始投资所需要的时间，一般以年为单位。按是否考虑资金的时间价值，投资回收期可分为静态投资回收期和动态投资回收期。

1)静态投资回收期(T)

静态投资回收期是不考虑资金时间价值的情况，根据建设工程项目的净现金流量，从投资开始时刻依次求出以后各年的净现金流量之和，直至累计净现金流量等于零的年份为止。

静态投资回收期＝(累计净现金流量开始出现正值年份数－1)＋(上年累计现金流量的绝对值/当年净现金流量)

静态投资回收期指标侧重于对投资安全性的评价，一般来说，应该从投资年起计；如果从投产年起计，则应加以说明，并且须将求得的静态投资回收期 T 与给定的标准投资回收期 T_P 作比较，只有 $T \leqslant T_P$ 时，投资方案才是可以接受的。

2)动态投资回收期(T_d)

动态投资回收期是指在给定的基准收益率下，用项目各年净收益抵偿全部投资所需的时间。

动态投资回收期＝(累计净现金流量现值开始出现正值年份数－1)＋(上年累计净现金流量现值的绝对值/当年净现金流量现值)

采用动态投资回收期指标进行建设工程项目经济评价时，其判别标准同静态投资回收期，即只有 $T_d \leqslant T_P$ 时，投资方案才是可以接受的。

2. 净现值法

净现值(Net Present Value,简称 *NPV*)指整个方案在计算期内累计的净现金流现值,就是项目总收入现值与总支出现值之差,计算公式为

$$NPV = \sum_{i=0}^{n} NCF_t(P/F,i_0,t) = \sum_{i=0}^{n}(B_t - C_t - K_t)(P/F,i_0,t) \tag{2-7}$$

式中 NCF_t——第 t 年的净现金流量,即第 t 年的现金流入减去现金流出;

B_t——第 t 年的项目收入;

C_t——第 t 年的项目经营成本;

K_t——第 t 年的投资支出;

n——方案计算年限;

i_0——能反映资金时间价值的标准折现率。

如果方案的净现值大于等于零,则说明该方案投资能够取得满意的经济效果;在若干备选方案中,净现值最大的方案效果最佳。

3. 投资收益率法

1)内部收益率(Internal Rate of Return 简称 *IRR*)

内部收益率是指项目在整个计算期内,各年净现金流量现值累计等于零时的折现率。

内部收益率的经济含义是,项目在这样的折现率下,到项目寿命终了时,所有投资可以被完全收回,它反映的是建设工程项目投资所能达到的收益率水平。

内部收益率可以通过内插法求得,即先按目标收益率或基准收益率求得项目净现值,若为正,则采用更高的折现率使净现值为接近于零的正值和负值各一个,最后用内插公式求出,内插公式为

$$IRR = i_1 + \frac{|NPV_1|(i_2 - i_1)}{|NPV_1| + |NPV_2|} \tag{2-8}$$

式中 i_1——当净现值为接近于零的正值时的折现率;

i_2——当净现值为接近于零的负值时的折现率;

NPV_1——采用低折现率时净现值的正值;

NPV_2——采用高折现率时净现值的负值。

i_1与 i_2之差一般不应超过2%,最大不应超过5%,否则所求得的内部收益率失真。

内部收益率表明了项目投资所能支付的最高贷款利率。如果贷款利率高于内部收益率,项目投资就会面临亏损,因此所求出的内部收益率是可以接受贷款的最高利率。将所求出的内部收益率与部门或行业的基准收益率或目标收益率 i_c 比较,当 $IRR \geqslant i_c$时,则认为项目在经济上是可以接受的。

2)投资利润率

投资利润率一般是指建设工程项目达到设计生产能力后的一个正常生产年份的年利润总额与项目的总投资之比:

投资利润率 = 年利润/总投资 ×100%

在建设工程项目经济评价中,计算出的投资利润率若大于或等于该行业的标准投资利润率,则认为该项目是可接受的。

3）投资利税率

投资利税率一般是指建设工程项目达到设计生产能力后的一个正常生产年份的年利税总额与总投资的比值：

$$投资利税率 = (年利润 + 税金)/总投资 \times 100\%$$

在建设工程项目经济评价中，计算出的投资利税率若大于或等于该行业的标准投资利税率，则认为该项目是可接受的。

4）效益费用比（BCR）

效益费用比是方案计算期内各年效益现值之和与各年费用现值之和的比：

$$BCR = \frac{\sum_{t=0}^{n} B_t(P/F,i,t)}{\sum_{t=0}^{n} C_t(P/F,i,t)} \tag{2-9}$$

$BCR \geqslant 1$，方案是可行的；$BCR < 1$，方案不应采纳。

（五）投资方案的不确定性分析

项目经济评价所采用的数据多数来自预测和估算，存在一定程度的不确定性，需要进行不确定性分析，以了解各因素变化对经济评价指标的影响，并预测项目的风险，分析项目在财务上和经济上的可靠性。

不确定性分析包括盈亏平衡分析、敏感性分析和概率分析。盈亏平衡分析是从产品的产销量、成本及利润三方面的关系出发，以静态分析的方法建立投资方案的盈亏平衡方程，以此对方案的经济效益进行分析，从而确定在经营条件发生变化时方案所承受的能力。敏感性分析是通过测定一个或多个不确定因素变化所导致的决策评价指标变化的幅度，判断各个因素的变化对实现预期目标的影响程度。概率分析是通过研究各个不确定因素发生不同幅度变动的概率分布、对方案的净现金流量及经济评价结果作出某种概率的判断，从而确定方案的风险程度。

二、财务评价方法

（一）财务评价的基础数据和财务报表

1. 财务评价的基础数据

项目经济评价是整个可行性研究的一部分，在做财务评价之前要进行很多研究工作，为财务评价提供足够的基础数据。

（1）生产规模及产品方案。这包括产品年产量、产品结构、交通运输项目、月平均交通量、年运量。

（2）项目总投资估算。总投资包括全部建设资金和生产周转资金，即由建设投资和流动资金两部分组成，列出资金分年使用计划。

（3）资金筹措及贷款条件。即贷款总额、贷款偿还期及贷款利率。

（4）职工总数和工资总额估算。职工总数包括主要生产车间和辅助生产车间的生产工人，运输、维修、辅助设施的工人及管理人员和服务人员数。

（5）产品成本及其构成。这指逐年总成本、固定经营成本及可变经营成本。

（6）项目建设和投产，达产进度计划。这包括建设进度和逐年投资计划、达产进度和逐年产量计划。

(7)有关税法规定。这包括产品税、增值税、营业税、城市维护建设税等。

(8)项目投入后,产出品的实际市场价格。

2. 财务报表

项目的财务评价与分析需要编制一套基本的财务报表。根据新的财务会计制度,一般可编制以下五种基本财务报表,即财务现金流量表、损益表、资金来源与运用表、资产负债表、财务外汇平衡表。

(二)财务现金流量表和财务评价指标

财务现金流量表能反映项目计算期内各年现金流入和现金流出,用此表计算各项动态和静态评价指标,以进行财务盈利性分析。在列出现金流量计算表时,先不考虑资金来源、借款比例、利率、偿还条件等具体的财务条件,即按全部投资均为自有资金的情况。这样可以使问题简化,为各个投资方案进行比较建立共同基础。以此计算的财务内部收益率只要大于基准收益率,就认为该项目是可行的。

(1)财务现金流量表的主要项目。将项目或企业看成一个独立的系统。系统现金流入的项目主要有:“销售收入”,项目计算期终了时的“固定资产余值回收”,以及“流动资金回收”;系统现金流出的项目主要有:“投资”(包括固定资产投资、流动资金、更新发行投资)、“经营成本”、“税金”等。

折旧费是一种系统内部的转移支付费用。由于现金流出中包括了固定资产投资,成本支出中就不应再包含折旧费了。现金流出所列“经营成本”是不包括折旧费的。但有的则用包括折旧费在内的生产成本来计算,那么因在支出项里多计了一次折旧费,所以在收入项目内也需多计一次折旧费,以抵消其影响。另外,在流入系统的“销售收入”中已包含了对折旧费这部分价值的回收,如果在收入项里不使用“销售收入”,而使用“销售利润”,则此时必须将折旧费列为收入,否则就会少计了这部分现金流入。这种做法虽然数字计算正确,但经济含义不直观。

(2)财务评价指标。用现金流量表进行财务盈利性分析,包括计算财务内部收益率、投资回收期、财务净现值等指标,并将这些与规定的绝对标准比较,以进行项目的财务评价。

三、国民经济评价方法

(一)国民经济评价中的效益和费用

1. 效益

在国民经济评价中,项目的效益是指项目对国民经济所作的贡献。项目的建设直接或间接导致社会最终产品(物质产品或服务)的增加或社会资源的节约,这都是项目给国民经济带来的效益。它分为直接效益和间接效益。

项目本身产出的产品(或服务)是项目的直接效益。如果项目产品为最终产品,则建设工程项目直接增加了社会最终产品的总量。如果项目产品是中间产品,则经过加工,最终还会导致社会最终产品的增加。工业项目的直接效益有以下几种类型。

(1)增加了国内最终消费品或中间产品的供应。

(2)替代了其他相同或类似企业的产品,使被替代企业减产以减少国家有用资源耗费(或损失)。

(3)增加出口,为国家增加外汇收入。

(4)减少进口,为国家节约外汇支出。

项目除自己产出的产品(或服务)以外,还对国民经济其他部门产生影响,使它们的产品(或服务)增加,这是项目的外部效益。例如修建高等级公路,除降低运输费用、节省运输时间、减少货物损伤和劳务等直接效益外,还会产生促进经济发展、减少环境污染、增强国防能力等外部效益。

2. 费用

项目的费用是指国民经济为项目所付出的代价。如何理解和计量国民经济为项目付出的代价呢？例如,建住宅使用了水泥,就减少了水泥这种中间产品在社会其他地方和用途的可用量,经过一系列中间环节,导致其他社会最终产品的减少。又例如,因建住宅而少建了工业厂房,最终使国民经济少产出工业品,或因建住宅而少修了水利工程,最终使国民经济少产出粮食。从这个意义上不难理解建住宅使用水泥使国民经济付出的代价。或者说造成了经济费用。

如果把建设和经营项目所投入的人力、物力、财力统称为资源,那么这些投入物的使用之所以构成项目的经济费用是由于资源的稀缺性造成的。某项资源用于本项目而不能用于其他用途所放弃的收入,即资源的机会成本,就是国民经济为之付出的代价,如果某项资源是取之不尽、用之不竭的,使用它就不造成经济费用。

项目的费用也包括直接费用和间接费用。项目的直接费用是由于项目使用投入物直接造成的。根据使用投入物的情况不同,国民经济以下列几种主要方式付出代价：

(1)国民经济靠增加生产来满足项目对投入物的需求,造成国家资源的消耗；

(2)国民经济减少对其他相同或类似企业的供应以满足本项目对投入物的需求,造成其他企业减产；

(3)国民经济靠增加进口来满足项目对投入物的需求,为此而增加了国家的外汇支出；

(4)国民经济靠减少出口来满足项目对投入物的需求,为此而减少了国家的外汇收入。

项目的费用除由其投入物体现的直接费用外,还应包括社会为项目所付出的代价,也就是项目间接给国民经济带来的损失,即它的外部费用(间接费用)。典型的例子是工业项目的废水、废气和废渣引起的环境污染。

(二)国民经济评价参数

1. 影子价格

在对工程建设项目进行国民经济评价时,必须对现行价格进行调整,用影子价格来代替财务价格。所谓影子价格,就是指在社会处于某种最优状态下,能够反映社会劳动的消耗、资源稀缺程度和对最终产品需求情况的价格。使用这种价格,可以较好地反映产品的价值、市场的供求情况及资源的稀缺程度,使资源配置向优化的方向发展,从而消除出于市场竞争不充分、价格失真、比价不合理而导致的结论失实。

建设工程项目国民经济评价需用的影子价格，量大面广，测算方法也不尽相同。目前通行的做法是把货物分为外贸品和非外贸品两种类型，并按投入物、产出物分别测算。外贸品的影子价格是根据实际发生原则，由预测的到岸价或离岸价乘以影子汇率，再加减国内运输费用和贸易费用来确定；非外贸品的影子价格，可根据市场供求关系或按分解成本法确定。

2. 影子工资

影子工资是指建设工程项目使用劳动力时，国家和社会为此付出的代价。它由两部分组成：一是由于项目使用劳动力而导致别处被迫放弃的原有净效益；二是因劳动力的就业或转移所增加的社会资源消耗，如交通运输费用、城市管理费用等。

在国民经济评价中，影子工资作为劳务费计入经营成本。为方便起见，可将财务评价中的工资及提取的职工福利基金（合称为名义工资）乘以工资换算系数，求得影子工资。

3. 影子汇率

汇率是两种不同国家货币之间的比价。我国政府公布的人民币外汇牌价，即官方汇率是外汇在我国的市场价格。像其他资源的市场价格会发生与实际价值背离的情况一样，官方汇率也常常因各种经济的原因不能真实反映这种重要稀缺资源的价值。因此，在国民经济评价中要用外汇的影子价格——影子汇率替代官方汇率，以把外汇转化为统一的国内货币单位。影子汇率也是由中央主管部门确定的国家参数，专供项目国民经济评价时使用。

影子汇率以美元与人民币的比价表示。对于美元以外的其他国家货币，应参照一段时间内中国银行公布的该种外币对美元的比价，先折算为美元，再用影子汇率换成人民币。

4. 社会标准折现率

银行贷款利率是借贷资金的市场价格。经济评价中应使用资金的影子价格即影子利率。

影子利率也应按机会成本的原则来确定，等于因项目占用资金，从而放弃其他资金使用机会而给国民经济带来的损失。

在国民经济评价中，用影子利率作为折现率来计算净现值，称为社会标准折现率，也可把算出的内部收益率与社会标准折现率进行比较。内部收益率要大于社会标准折现率才认为项目经济上合理。

社会标准折现率体现了社会对资金时间价值的估量。社会标准折现率确定得适当，有助于合理分配建设资金，把资金投向对国民经济贡献大的项目。

社会标准折现率是由中央主管部门确定的国家参数，应体现国家的经济发展目标和宏观调控意图。

（三）经济现金流量表和经济评价指标

与财务评价中的财务现金流量表相类似，国民经济评价中的经济现金流量表能反映项目计算期内各年经济现金流入（项目带来的国民经济效益）和经济现金流出（项目带来的国民经济费用）的情况，用它可以计算各项经济评价指标，进行经济合理性评价。一般的经济现金流量表是由财务现金流量表调整而成的，其主要步骤如下。

（1）剔除转移支付项目。把财务评价中存在而国民经济评价中属于转移支付的现金流入、流出项目剔除，使现金流量表中只剩下真正属于国民经济效益和费用的项目。

（2）调整价格。调整那些数量大、扭曲严重的外贸货物和非外贸货物的价格，以及调整劳动力、土地、资金的价格。

（3）调整外汇率。用影子汇率重新计算所有外汇的人民币价值。

经济现金流量表又分为全投资经济现金流量表和国内投资现金流量表。前者也相当于全部投资都是国内资金的情况。

在经济现金流量表上可直接计算出项目的经济评价指标。依据经济现金量可以计算出净现值、内部收益率和投资回收期。计算经济净现值时使用的折现率是社会标准折现率。

四、建设工程项目投资决策程序

建设工程项目投资决策程序是指投资项目在决策过程中应遵循的客观规律与先后顺序，建设项目投资决策程序大体上可分为三个阶段。

(一)项目的提出

该阶段的主要任务是对投资项目或投资方向提出建议，即在一定的地区和部门，以自然资源和市场的调查预测为基础，寻找最有利的投资机会，进行项目初选，编制并上报项目建议书。项目建议书主要是申述提出项目建设的理由及主要依据，并对项目的生产建设条件、投资概算和简单的经济效益和社会效益情况作出叙述，项目建议书经批准立项，下一步是项目的可行性研究。

(二)项目的可行性研究

可行性研究是建设工程项目投资决策的基础，根据选定的目标和约束条件，拟订多个可行的备选方案，分析项目方案在技术上、财务上、经济上的可行性，通过比较、评价，从中选出最佳方案，提交可行性研究报告，编制并上报设计任务书。

(三)项目的评估和决策

项目评估是由决策部门组织或授权建设银行、投资银行、咨询公司或有关专家，代表国家对上报的建设工程项目可行性研究报告进行全面的审核和再评估阶段，项目通过了评估，可以进行投资决策。未经评估的建设工程项目，任何单位不准审批，更不准组织建设。

第三章　建设工程项目招标投标与合同管理

第一节　建设工程项目施工承发包模式

一、总分包模式

施工总分包是最普遍采用的承包方式，项目建设单位将一项工程的施工安装任务全部发包给一家资质符合要求的施工企业，他们之间签订施工总承包合同，以明确双方的责任、义务和权限。总承包施工企业在法律规定许可的范围内，可将工程按部位或专业进行分解后再分别发给一家或多家经营资质、信誉等条件经建设单位或其监理工程师认可的分包商。但建设单位不直接与分包人发生合同关系，只同总承包人签订施工合同。因此，此项承包工程的责任和风险，全部由总承包人对建设单位负责。只是在总分包人之间签订分包合同时，总承包人才据此把大部分的风险转嫁到分包人的身上。

二、施工联合体

施工联合体是一种由多家施工企业为承建某项工程而成立的组织机构。工程任务完成后即进行内部清算而解体。施工联合体通常由一家或多家施工单位发起，经过协商确定各自投入联合资金份额、机械设备等固定资产数量及人员等，签署联合体章程，建立联合体的组织机构、产生联合体代表，用联合体的名义与工程发包方签订施工承包合同。施工联合体承包的优点是，由于多家联合，资金雄厚，技术和管理上可以取长补短，发挥各自优势，因而可以承包大型工程项目，尤其是在海外承包工程项目，外国承包商与工程所在国的承包商联合承包工程项目，有利于开拓承包业务，并可享受一定的优惠待遇。

三、施工合作体

施工合作体是一种为承建工程而采用的合作施工模式。参加合作体的各方都不具备与发包方工程相适应的总承包能力。因工程类型多、数量大或专业配套需要，当一家施工单位无力实行施工总承包，而发包方又希望施工方有一个统一的施工协调组织时，就可能产生由几家施工单位自愿结合成合作伙伴，成立一个施工合作体，产生合作体的组织机构及其代表，以合作体的名义与发包方签订施工承包意向合同，其主要内容是双方对施工发包方式、发包合同基本条件、施工的总体部署、实施协调的原则和方式等作出承诺。

这种意向合同也称基本合同。达成协议后，各承包单位则分别与发包方签订施工承包合同，并在合作体的统一计划、指挥和协调下展开施工，各尽其责，各得其利。

四、平行承发包

项目建设单位把施工任务按照工程的构成特征，划分成若干可独立发包的单元、部位或专业,线形工程划分成独立的标段等,分别进行招标承包。各施工单位分别与发包方签订承包合同,独立组织施工,相互之间为平行关系。

第二节　建设工程项目施工招标投标

一、工程施工招标条件、方式、程序

(一)工程施工招标的条件

1. 建设单位办理招标应具备的条件

(1)是法人或依法成立的其他组织。

(2)有与招标工程相适应的经济、技术管理人员。

(3)有组织编制招标文件的能力。

(4)有审查投标单位资质的能力。

(5)有组织开标、评标、定标的能力。

不具备(2)~(5)项条件的建设单位,须委托具有相应资质的"招标代理机构"进行招标事宜。建设单位与中介机构签订委托代理招标协议,并报招标管理机构备案。

2. 施工阶段招标应具备的条件

(1)概算已经批准。

(2)建设工程项目已正式列入国家、部门或地方的年度固定资产投资计划。

(3)建设用地的征用工作已经完成。

(4)有能够满足施工需要的施工图纸及技术资料。

(5)建设资金和主要建筑材料、设备的来源已经落实。

(6)已经建设工程项目所在地规划部门批准,施工现场的"三通一平"已经完成或一并列入施工招标范围。

施工招标可采用项目的全部工程招标、单位工程招标、特殊专业工程招标等,但按照建设部 1992 年 12 月 30 日发布的《工程建设招标投标管理办法》规定,不得对单位工程的分部、分项工程进行招标。

(二)工程施工招标的方式

根据《中华人民共和国招标投标法》规定,招标方式分为公开招标和邀请招标两种。只有不属于法律规定必须招标的项目才可以采用直接委托的方式,如涉及国家安全、国家秘密、抢险救灾、利用扶贫资金以工代赈,以及低于国家规定必须招标标准的小型工程或投标较少的改扩建工程。

1. 公开招标

招标人采用公开招标方式的,应当发布招标公告。招标公告应当通过国家指定的报刊、信息网络或其他媒体发布,凡具备相应资质符合招标条件的法人或其他组织不受地域和行业限制均可申请投标。公开招标是在市场经济条件下广泛采用的招标方式,能给投标人平等竞争的机会,最能体现公平竞争的原则;同时,招标人可以在较广的范围内选择最有竞争实力的、较好的承包单位,但是对于保密工程、专业性较强的特殊工程和公开招标时费用较大的工程不宜采用公开招标。

2. 邀请招标

邀请招标是招标人根据自己掌握的资料和信息，预选择若干家具备承担招标项目能力、资信良好的法人或其他组织，并发出投标邀请函，将招标工程的概况、工作范围和实施条件等作出简要的说明，请他们参加投标竞争。邀请的对象不应少于3家。被邀请人同意参加投标后，从招标人处获取招标文件，按照招标程序和须知进行投标报价。邀请招标的优点是简化了招标程序，不需要发布公告和设置资格预审程序，节约了招标费用和时间；邀请招标的缺点是由于招标人掌握的资料和信息有限，往往邀请的范围较窄，可能失去了在技术上或报价上最有竞争能力的一些潜在投标人，因此这种竞争具有局限性。

（三）工程施工招标的程序

招标是投标人选择中标人并与其签订合同的过程，而投标是投标人力争获取招标项目参加竞争的过程，招标人和投标人均须遵循招标投标法律和法规的规定进行招标投标活动。现就程序中的部分工作加以说明。

1. 建设工程项目报建

建设工程项目的立项文件批准后，招标人需向建设行政主管部门或招标管理机构履行建设工程项目报建手续，报建批准后，才可以进行项目建设后续工作。报建时应交验的文件资料有：立项批准文件或年度投资计划，固定资产投资许可证，建设规划许可证，资金证明。

2. 资格预审文件、招标文件的编制

（1）资格预审文件分为资格预审须知和资格预审表两部分。资格预审须知内容包括工程概况、工作范围介绍、对投标人的基本要求和指导投标人填写资格预审文件的有关说明。资格预审表列出对投标人资质条件、技术能力、设备状况、财务情况、工程业绩和商业信誉等方面需要了解的内容。投标人以应答形式予以填写，然后提交招标人进行评审。预审合格者可以参与投标竞争。

（2）招标文件。招标人应根据工程项目的具体情况，参照“招标文件范本”编写招标文件，并报招标管理机构审查同意后方可发放。

招标文件的内容有：投标须知前附表和投标须知，合同条件，合同协议条款、合同格式，技术规范，图纸，投标文件参考格式（投标书及投标附录、工程量清单与报价表、辅助资料表等）。

3. 勘察现场

招标人在投标须知规定的时间组织投标人自费进行现场勘察，使投标人在熟悉图纸的基础上了解工程项目的现场情况、自然条件、施工条件及周围环境条件，获得必要的信息，以便更好地编制投标书。投标人在勘察现场中如有问题，应在投标预备会前及时以书面形式提请招标人，给予解释。

4. 投标预备会

投标预备会也称标前会议。对于投标人提出的某些质疑问题，招标人可以及时给予书面解答，也可以在标前会议上解答。对某一投标人提出问题的书面解答都必须发送到每一个投标人，但不必说明问题是由谁提出来的。回答的书面文件作为招标文件的组成部分。如果书面解答的问题与招标文件中的规定不一致，则以解答的书面文件为准。

在标前会议上招标人除介绍工程概况外，还可以对招标文件的某些内容加以修改或予以补充，但这种修改或补充应在投标截止日期至少15天以前以书面形式发送给所有投标人，以便投标人有足够的时间修改投标书。

5. 开标

投标截止后，按规定时间、地点，邀请有关主管部门，在所有投标人参加的情况下召开开标会议。会议由招标人主持，招标投标管理机构派人参加监督开标活动。开标时，由投标人或其授权的代表检验投标文件的密封情况，确认完好无损后由工作人员当众拆封，宣读投标人名称、投标价格、工期、质量和有无投标保函等投标文件中的主要内容。另在投标函中提出的附加条件、补充声明、优惠条件、替代方案等均应宣读。如果在招标文件中没有说明评标、定标的原则和方法，则在开标会议上，投标文件启封前应予以说明。

如果在开标会议上发现有下列情况之一的，应宣布投标文件为废标：

(1)投标文件未按招标文件中规定封记；

(2)逾期送达的投标文件；

(3)未经法定代表人签署或未加盖投标单位公章或未加盖法定代表人印鉴；

(4)未按招标文件的内容和要求编写、内容不全或字迹无法辨认的投标文件；

(5)投标人不参加开标会议的投标文件。

6. 评标

评标工作由评标委员会来完成。评标委员会由招标人的代表和有关技术、经济等方面的专家组成，人数为5人以上单数，其中专家不得少于成员总数的2/3。专家人选来自评标专家库，经随机抽取的方式产生。

评标工作程序，对于大型工程项目一般分为初评和详评两个阶段。

1)初评

初评是对投标文件符合性鉴定。评标委员会以招标文件为依据，对所有的投标文件进行审查，看它是否实质性地响应了招标文件的规定和要求，确定投标文件的有效性。如果投标文件对招标文件的规定和要求有显著的差异与保留，招标人将予以拒绝。

对投标文件符合性鉴定包括对技术方面的评估和对投标报价的评估。对技术方面的评估就是对投标人报的施工方案或施工组织设计、施工进度计划、施工人员和施工机械设备的配备、施工技术能力及临时设施布置和临时用地等情况的评估。对投标报价的评估就是对报价进行校核，看其在计算上是否有错误。如有计算上的错误，修改错误的原则是：如果用数字表示的数额与用文字表示的数额不一致，以文字数额为准；当单价和工程量的乘积与合价不一致时，通常以单价为准。评标委员会予以改正后请投标人签字确认。若投标人拒绝签字确认，则投标将被拒绝，并没收其投标保证金。

2)详评

评标委员会依据评标原则和评标办法，对各个投标人的报价、工期、质量、主要材料用量、施工方案或施工组织设计、以往业绩、社会信誉、优惠条件等进行综合评定。在评定过程中，评标委员会有权要求个别投标人澄清投标文件，澄清问题的书面文件作为投标文件的组成部分。但澄清问题不允许更改投标报价或投标文件的实质性内容。

由于招标工程项目的标的不同、规模不同，评标的方法可以分为定性评审和定量评审。对于中小型或标的金额较小的工程，评标可以采用定性比较的专家评议法；大型工程应用定量方法评审，即综合评分法或评标价法。

3)评标报告

评标报告是评标委员会经过对各投标书评审后,向招标人提出并报招标管理机构审查的结论性报告。评标报告内容包括招标情况、开标情况、评标情况、推荐意见及附件等。附件包括评标委员会人员名单、投标单位资格审查情况表、投标文件符合性鉴定表、投标报价评比报价表、投标文件质询澄清的问题。

7. 定标

定标是招标人根据评标委员会提出的评标报告和推荐的中标候选人确定中标人,也可以授权评标委员会直接确定中标人。中标人确定后,招标人向中标人发出中标通知书,同时将中标结果通知所有未中标的投标人并退回他们的投标保证金或保函。中标通知书对招标人和中标人都有法律约束力,招标人改变中标结果或中标人拒绝签订合同均要承担相应的法律责任。

中标通知书发出后的30天内,双方应按照招标文件和投标文件订立书面合同。在签订合同过程中,招标人不得向中标人提出任何不合理要求作为签订合同的条件,双方也不得私下签订背离招标投标文件实质性内容的协议。确定中标人后15天内,招标人应向有关行政监督部门提交招标投标情况的书面报告。

《中华人民共和国招标投标法》规定,中标人的投标应当符合下列条件之一:

(1)能够最大限度地满足招标文件中规定的各项综合评价标准。

(2)能够满足招标文件实质性要求,并且经评审的投标价格最低,但投标价格低于成本的除外。

二、工程施工投标程序、报价和报价策略与技巧

(一)投标程序

投标与招标是工程承发包活动的两个方面工作,投标程序与招标程序是相对应的,只是在程序中各自有各自的工作内容。投标程序中的内容是从投标者角度考虑的,下面对程序中的主要内容作一介绍。

1. 参加资格预审

投标人资格预审在招标人能否通过,是投标工作的第一关。投标人应按资格预审文件的要求和内容认真填写各种表格,在规定有效期限内递送到规定的地点,请予审查。投标人申报资格预审时应做好以下工作。

(1)做好以往完成的工程资料积累工作。基础资料的积累不仅是对以往工作的考察、总结,而且是投标工作不失良机的基本保证。

(2)在填写资格预审调查表前对调查表加以分析,针对招标工程的特点,下工夫填好重点部位,特别是要反映出本公司的施工经验、施工水平、施工组织能力和技术设备力量,以及业绩等,这些都是招标人考虑的重点。

(3)做好递交资格预审调查表后的跟踪工作。如果是国外工程可通过当地分公司或代理人了解情况,以便及时发现问题,补充招标人需要调查的资料。

2. 熟悉招标文件

招标文件是投标人投标报价的主要依据,研究招标文件重点放在投标者须知、专用条款、设计图纸、工程范围及工程量清单上。

(1)通读招标文件。其目的是“吃”透招标文件,搞清楚报价范围和承包者的责任,弄清各项技术要求,了解工程中使用哪些特殊的材料和设备,理出招标文件中含糊不清的问题,并及时提请招标人予以澄清。

(2)关于合同条件。投标人在通读招标文件的基础上,首先一定要明确合同条件采用的是什么合同文本,是总价合同还是单价合同。其次要深入了解工期及工期奖惩,维修期限和维修期间的担保,各种保函的要求,税收与保险,付款的条件;是否有预付款,何时回扣;中期付款方法,保留金的比例及扣回的方法与时间;延期付款利息的支付等。

(3)关于材料、设备和施工技术要求。投标人要了解工程项目采用哪国技术标准和施工验收规范,特殊的施工要求,材料的技术要求,合同争议的解决方式等。

(4)关于工程范围。①应当明确工程量表的编制方法和体系。工程量清单中是否列入工程的全部工作内容。②对与承包工程有关联的项目有何报价要求。例如,对旧建筑物的拆迁、工程监理现场办公室及生活住处等怎样列入工程总价中。③关于分包有何规定,承包商对分包商提供何种条件,承担什么责任。④合同中有无调价条款。

3. 校核工程量

多数工程招标由建设单位提供工程量清单,但也有的工程招标建设单位没有提供,仅提供图纸,这就要求投标人按照自己的习惯列出工程细目并计算其工程量。建设单位提供工程量清单后,投标人应对此进行核对。如果是总价合同,按图纸校核工程量和细目是否有漏项就更为重要。如果是单价合同,工程量清单有漏项或数量计算错误,投标人不要在招标文件上修改,仍按招标文件要求填报自己的报价,一般的情况下在投标策略和技巧中考虑。

4. 编制施工规划

投标人编制施工规划很重要,一方面招标人根据投标人拟订的工程进度计划和施工方案,考察投标人是否采取了充分而又合理的措施,保证按期、按质量要求完成工程施工任务;另一方面,工程进度计划安排是否合理,施工方案选择是否妥当,对工程成本有着直接的影响。

施工规划的深度和范围要比中标后所编制的施工组织设计粗略些。施工规划的内容,一般包括施工方案和施工方法的拟订,施工进度计划,施工机械、材料、设备和劳务计划,以及临时生产、生活设施的安排。

5. 编制投标文件

投标文件应完全按照招标文件的各项要求编制,一般不能带任何附加条件,否则会按废标处理。因此,要注意以下几点。

(1)如招标文件要求每一空格都要填写,则不得空着不填;否则即被视为放弃意见。若重要数据不填,可能被作为废标处理。

(2)填报的文件应反复校对,保证分项和汇总计算均无错误。如填写中有错误而不得不修改,应在修改处签字。

(3)最好用打字方式填写或用墨笔正楷书写。

(4)投标文件应当整洁,纸张统一,字迹端正清晰,装帧美观大方,给招标人和评审人员一个好的印象。

(5)如果招标文件规定投标保证金为合同价的某一百分数,开具的投标保函不要太早,以防从银行处泄漏自己的报价。

(6)应当按规定对标书进行分类和封记,在规定的投标截止日期前报送投标文件。

在编制投标文件中,投标报价是重要的内容,详见下面的介绍。

(二)投标报价

1. 投标报价的组成

国内工程投标报价的组成和国际工程投标报价的组成基本相同,但每项费用的内容则比国际工程报价少而简单。报价的组成主要有直接费、间接费、计划利润、税金和不可预见费等。

(1)直接费是指工程施工中直接用于工程上的人工、材料、设备和施工机械使用费的总和(由分包项目费用组成)。

(2)间接费是指组织和管理工程施工所需的各项费用,主要由施工管理费和其他间接费组成。其他间接费包括临时设施费和远程工程增加费等。

(3)利润和税金。利润是指投标时的计划利润,税金是按规定应向国家缴纳的营业税、城市建设维护税及教育费附加等税金。

(4)不可预见费是对风险分析后确定的用于防范风险的费用。

2. 投标报价的计算

投标报价的计算有工料单价计算方法和综合单价计算方法。

1)工料单价计算方法

根据已审定的工程量,按照定额或市场的单价,逐项计算每个项目的价格,分别填入招标人提供的工程量清单内,计算出全部工程量直接费,然后按企业自定的各项费率及法定税率,依次计算出间接费、计划利润及税金。另外,要考虑一项不可预见费,其总和即为基础报价。一般国内工程报价多采用此种方法计算。

2)综合单价计算方法

按综合单价计算报价,是所填入工程量清单的单价,应包括人工费、材料费、机械使用费、其他直接费、现场经费、间接费、计划利润和税金,以及材料差价及风险金等全部费用,构成基础单价,即综合单价。此种方法用于单价合同的报价,报价金额等于工程量清单的汇总金额加上暂定金额。

3)投标报价的计算与编制标底的区别

编制标底是按照国家规定的基础定额、取费标准、技术标准和规范等,采用概(预)算的方法编制并报请有关部门审核批准后的工程计划价格,在评标时可能作为报价评分得分衡量的标准或作为一个参考价值。

投标报价可根据企业实际水平进行计算,也可根据本企业的实际情况进行上下浮动,无需报送建设主管部门审核批准,如果按这种情况计算的报价中标的话,则它是一个确定的合同价格。

(三)报价策略与技巧

承包商在正常经营条件下要想在一项竞争性投标中获胜,最关键的问题就是要有一个恰当的报价。工程投标报价是一种竞争性的价格,实践证明,报价太高,无疑会失去竞争力而落标;报价太低,也未必能中标或者会变成废标。因此,恰当的报价应是一种低而适度的报价。同时还应当有一定的策略,才能在竞争中获胜。中标后要想取得更多的经济效益就是报价的策略和技巧问题。

1. 报价策略

报价策略就是如何确定自己的报价，既能在投标竞争中取胜即中标，又能保证在中标后的实践过程中取得一定的经济效益，其方法有以下几种。

1) 多方案报价

多方案报价有两种情况。

第一种情况，有些工程项目建设单位要求按某一招标方案报价后，投标者可以再提出几种可供建设单位参考选择的报价方法。例如某地面水磨石项目，工程量清单中规定的是 25 cm×25 cm×2 cm 规格，投标人应按此规格进行报价。与此同时，投标人也允许采用其他规格进行投标报价。在这种情况下，投标人可以采用更小规格(20 cm×20 cm×2 cm)和更大规格(30 cm×30 cm×3 cm)作为建设单位可选择的报价方案。投标时要调查当地惯用水磨石砖的情况并询价，对于将来有可能被选择使用方案所采用的水磨石砖单价，适当提高些；对于当地难以提供的某种规格地面砖，可将其价格有意抬高些，以阻挠建设单位的选用。

第二种情况，是在招标文件中写明，允许投标人另行提出自己的建议。有经验的投标人除按原招标文件如实填报标价外，常在投标致函中提出某种颇有吸引力的建议，并对报价作出相应的降低。当然，这种建议不是要求建设单位降低某技术要求和标准，而是应当通过改进工艺流程或工艺方法来降低成本，降低报价。如果属于改变材料和设备的建议，则应说明绝不降低原设计标准和要求，而可以起到降低造价的作用。另外应注意，提出这种建议时可以列出降价数字，但不宜将建议内容写得十分详细、具体；否则，建设单位可能将你的建议提交给最低报价者研究，并要求可能得标者进一步降价，这样就会将己方建议免费提供给了竞争对手，对自己的中标很不利。

2) 用降价系数调整报价

降价系数是指投标人在投标报价时，预先考虑的一个未来可能降低报价比率，如果考虑在报价方向增加竞争能力是必要时，则应在投标截止日期以前，在投递的投标补充文件内写明降低报价的最终决定。

采用这种报价方法有以下好处。

(1) 可以根据最后的信息，在递交投标文件的最后时刻提出自己的竞争价格，给竞争对手以措手不及。

(2) 在最后审查已编好的投标文件时，如发现某些个别失误或计算错误，可以用调整系数来进行弥补，而不必全部重新计算和修改。

(3) 由于最终的降低价格是由少数人在最后时刻决定的，可以避免自己真实的报价向外泄露而导致投标竞争失利。

降低投标价格可以从两方面入手。

(1) 降低计划利润。投标时确定计划利润既要考虑自己企业任务饱满的情况，又要考虑竞争对手的情况。适当降低利润和收益目标，从而降低报价会提高投标中标的概率。

(2) 降低经营管理费。为了竞争的需要，可降低这部分费用，可以在施工中加强组织管理予以弥补。

3) 补充优惠条件

在投标报价时，除按招标文件的要求和规定进行报价外，还可以根据自己企业的情况补充投标的优惠条件，如缩短规定的工期，施工完后免费赠送进场的施工机械或设备，不要求招标人提供预付款等,以增加投标竞争力,争取中标。

2. 报价技巧

投标报价时采用一定技巧,中标后可能取得更多的收益,这种收益是正常的。报价技巧常采用不平衡报价。

不平衡报价是在总价基本确定不变的前提下,调整工程各子项的单价的方法进行报价。采用不平衡报价通常有以下几种项目。

(1)前期结账收回工程款的项目,如临时工程、基础工程等。它们的单价可以提高一些,而对后期施工的项目,如附属工程,其单价可以相应降低些。

(2)如果签订的是单价合同,估计今后施工的工程量与工程量清单中的工程量可能增加的项目,其单价可以提高些;而对工程量可能减少的项目,其单价可以降低些。

(3)在单价合同中,图纸内容不明确或有错误的项目,估计修改图纸后工程量增加的,其单价可以提高些;减少的项目,其单价可以降低些。

如果招标文件要求投标人列出计日工单价,但计日工费不计入总报价中,发生时另付款,此时计日工工资单价可以报稍高于工程量清单中同工种的工资单价,如果在施工阶段中发生了计日工,则与同工种相比多得一些收益。

第三节　建设工程项目施工合同管理

一、建设工程项目施工合同的概念、作用和分类

(一)施工合同的概念

建设工程施工合同即建筑安装工程承包合同,是发包人与承包人之间为完成商定的建设工程项目,确定双方权利和义务的协议。依据施工合同,承包人应完成一定的工程任务,发包人应提供必要的施工条件并支付工程价款。施工合同是建设工程合同的一种,它与其他建设工程合同一样是一种双务合同(合同当事人双方都有义务)。

(二)施工合同的作用

1. 明确了建设单位和施工单位在施工中各自的权利与义务

施工合同一经合法订立,即具有法律效力。它是发包人和承包人在履行合同时的行为依据和准则,任何一方违反合同规定的内容,都必须承担相应的法律责任。

2. 有利于对工程施工的管理

对工程施工的管理主要是对投资成本控制、质量控制和进度控制,而对工程施工管理的"三控制"的依据就是施工合同。

3. 有利于建筑市场的培育和发展

市场经济条件下,合同是维系建筑市场运转的主要因素。因此,首先推行合同制,加强合同观念,培育和发展建筑市场,是培育和发展市场经济的需要。

4. 施工合同是工程监理的依据

建设单位一经委托监理单位对发包工程实行监理,则监理单位对工程进行监理的主要依据就是施工合同。因此,施工合同也是推行监理制度的需要。

（三）施工合同的分类

施工合同从不同角度可作不同分类。

1. 按合同计价方式分类

（1）总价合同。总价合同要求投标人按照招标文件的要求，对建设工程报一个总价，合同履行后，工程款的结算以总价作为依据。工程量的风险、物价上涨的风险由承包人承担。因此，它只适用于工程规模小、工期短和风险不大的工程项目。

（2）单价合同。单价合同是指整个合同期间执行同一合同单价，而工程量则按实际完成的数量进行计算的合同。

（3）成本加酬金合同。这种合同是发包人向承包人支付工程项目的实际成本，并按事先约定的某一方式支付一定酬金的合同。它适用于疏通河道、抢险救灾等工程。

2. 按施工内容进行分类

（1）土木工程施工合同。

（2）设备安装施工合同。

（3）管道线路敷设施工合同。

（4）装饰装修及房屋修缮施工合同等。

二、建设工程施工合同示范文本

国家建设部、国家工商行政管理局于 1999 年 12 月 24 日印发《建设工程施工合同（示范文本）》。它适用于各类公用建筑、民用住宅、工业厂房、交通设施及线路管道的施工和设备安装。

（一）《建设工程施工合同（示范文本）》的组成

《建设工程施工合同（示范文本）》（以下简称为《施工合同文本》由协议书、通用条款、专用条款三部分组成，并附有三个附件：承包人承揽工程项目一览表、发包人供应材料设备一览表、工程质量保修书。

（1）协议书是《施工合同文本》中的总纲性文件。虽然其文字数量不多，但它规定了合同当事人双方最主要的权利和义务，规定组成合同的文件及合同当事人对履行合同义务的承诺，并且合同当事人在这份协议书上签字盖章，表明合同已成立、生效，具有法律效力。

（2）通用条款是根据《合同法》、《建筑法》、《建设工程施工合同管理办法》等法律、法规，对承发包双方的权利、义务做出的规定，除双方协商一致对其中的某些条款作了修改、补充或删去以外，双方都必须履行。通用条款由 11 部分 47 条组成，具有很强的通用性，是我国现阶段的标准施工合同文本。

（3）考虑到了建设工程的内容各不相同，工期、造价也随之变动，承发包人各自的能力、施工现场的环境和条件也各不相同，通用条款不能完全适用于各个具体工程。因此《施工合同文本》配以专用条款，对于通用条款不适用于具体工程之处进行修改、补充或删去，使通用条款和专用条款成为双方当事人统一的意愿。专用条款的条款号与通用条款的条款号是相一致的。

（4）《施工合同文本》的附件是对施工合同当事人的权利、义务进一步明确，使工作内容一目了然，并便于执行和管理。

（二）通用条款结构

（1）词语定义及合同文件。

（2）双方一般权利和义务。

（3）施工组织设计和工期。

（4）质量与检验。

（5）安全施工。

（6）合同价款与支付。

（7）材料设备供应。

（8）工程变更。

（9）竣工验收与结算。

（10）违约、索赔和争议。

（11）其他。

（三）施工合同文件的组成及解释顺序

建设工程施工合同文件包括：

（1）施工合同协议书；

（2）中标通知书；

（3）投标书及其附件；

（4）施工合同专用条款；

（5）施工合同通用条款；

（6）标准、规范及有关技术文件；

（7）图纸；

（8）工程量清单；

（9）工程报价单或预算书。

双方有关工程的洽商、变更等书面协议或文件视为本合同的组成部分。

上述合同文件应能够互相解释、互相说明。当合同文件中出现内容不一致时，上面的顺序就是合同的优先解释顺序。当合同文件内容出现含糊不清或者当事人有不同理解时，按照合同争议的解决方法处理。

（四）施工合同类型

1. 分类

以计价方式不同，《施工合同文本》中施工合同有以下三种类型。

（1）固定价格合同。它是指在约定的风险范围内价款不再进行调整的合同。

（2）可调价格合同。它是指合同价格可以调整的合同。合同当事人双方应当在专用条款内约定合同价款的调整方法。以上两种合同均属于总价合同范畴。

（3）成本加酬金合同。

2. 可调价格合同中价格调控范围

（1）国家法律、法规和政策变化影响合同价款。

（2）工程造价管理部门公布的价格调整。

（3）一周内非承包人原因停水、停电、停气造成停工累计超过 8 时。

（4）双方约定的其他调整。

3. 可调价格合同中价格调整的程序

承包人应当在价款可以调整的情况发生后 14 天内，将调整原因、金额以书面形式通知工程师。工程师确认后作为追加合同价款，与工程款同期支付。工程师收到承包人通知后 14 天内不作答复，也不提出修改意见，视为该项调整已经同意。

（五）发包人工作

根据合同条款约定的内容，发包人应分阶段或一次完成以下工作。

（1）办理土地征用、拆迁补偿、平整施工场地等工作，使施工场地具备施工条件，在开工后继续负责解决以上事项遗留问题。

（2）将施工所需水、电、通信线路从施工场地外部接至专用条款约定地点，保证施工期间的需要。

（3）开通施工场地与城乡公共道路的通道，以及专用条款约定的施工场地内的主要道路，满足施工运输的需要，保证施工期间的畅通。

（4）向承包人提供施工场地的工程地质和地下管线资料，对资料的真实准确性负责。

（5）办理施工许可证及其他施工所需证件、批件和临时用地、停水、停电、中断道路交通、爆破作业等的申请批准手续（证明承包人自身资质的证件除外）。

（6）确定水准基点与坐标控制点，以书面形式交给承包人，进行现场交验。

（7）组织承包人和设计单位进行图纸会审和设计交底。

（8）协调处理施工场地周围地下管线和邻近建筑物、构筑物（包括文物保护建筑）、古树名木的保护工作，承担有关费用。

（9）发包人应做的其他工作，双方在专用条款内约定。

发包人可以将上述部分工作委托承包人办理，具体内容由双方在专用条款内约定，其费用由发包人承担。

发包人不按合同约定完成以上任务，导致工期延误或给承包人造成损失的，应赔偿承包人的有关损失，延误的工期相应顺延。

（六）承包人工作

承包人按合同条款约定的内容完成以下工作。

（1）根据发包人委托，在其设计资质等级和业务允许的范围内，完成施工图设计或与工程配套的设计，经工程师确认后使用，发包人承担由此发生的费用。

（2）向工程师提供年、季、月度工程进度计划及相应进度统计报表。

（3）根据工程需要，提供和维修非夜间施工使用的照明、围栏设施，并负责安全保卫。

（4）按专用条款约定的数量和要求，向发包人提供施工场地办公和生活的房屋及设施，发包人承担由此发生的费用。

（5）遵守政府有关部门对施工场地交通、施工噪声及环境保护和安全生产等的管理规定，按规定办理有关手续，并以书面形式通知发包人，发包人承担由此发生的费用，因承包人责任造成的罚款除外。

（6）已竣工工程未交付发包人之前，承包人按专用条款约定负责已完工程的保护工作，保护期间发生损坏，承包人自费予以修复；发包人要求承包人采取特殊保护措施的工程部位和相应的追加合同价款，双方在专用条款内约定。

（7）按专用条款约定做好施工场地地下管线和邻近建筑物、构筑物（包括文物保护建筑)、古树名木的保护工作。

(8)保证施工场地清洁,符合环境卫生管理的有关规定,交工前清理现场达到专用条款约定的要求,承担因自身原因违反有关规定造成的损失和罚款。

(9)承包人应做的其他工作,双方在专用条款内约定。

承包人不履行上述各项义务,造成发包人损失的,应对发包人的损失给予赔偿。

(七)工程师的产生和职责

1. 工程师的产生

工程师包括监理单位委派的总监理工程师或者发包人指定的履行合同的负责人。工程师更换时,发包人应当至少于更换前的7天以书面形式通知承包人,后任继续履行合同文件约定的前任的权利和义务,不得更改前任做出的书面承诺。

2. 工程师的职责

(1)工程师可以委派工程师代表、助理。在施工阶段中,工程师委派工程师代表行使自己的部分权利和职责,必要时可以撤回委派,委派和撤回均应提前7天以书面形式通知承包人并通知发包人。这份通知作为合同附件。工程师代表在工程师授权范围内可向承包人发出任何书面形式的函件,指令与工程师发出的函件、指令效力相同,但工程师代表发出的指令失误时,工程师可以纠正。

工程师委派助理是为了协助工程师代表做些具体工作,一般情况下不授予发布指令权。

(2)工程师发布指令、通知。工程师的指令、通知以书面形式由本人签字后交给项目经理,项目经理在回执上签署姓名和收到的时间后生效。工程师也可以发出口头指令,但应在48小时内给予书面确认。因工程师发出的指令错误而发生的费用或给承包人造成损失的,由发包人承担,延误的工期相应顺延。

(3)工程师按合同约定,应及时向承包人提供所需批准、指令并履行其他约定的义务,否则发包人要承担延误造成的追加合同价款,并赔偿承包人有关损失,顺延延误的工期。

(4)在履行合同过程中,发生影响承发包双方权利或义务的事件时,工程师应依据合同在其授权范围内客观公正地给予处理。承包人对工程师的处理有异议时,可按合同约定的争议处理办法解决。

(八)项目经理的产生和职责

1. 项目经理的产生

项目经理是由承包单位法人代表授权,派驻施工场地的承包人的总负责人,他代表承包人负责工程施工的组织与实施。工程施工质量的优劣、进度的快慢、成本的多少都与项目经理的能力、工作热情等有关,一般都在投标书中明确项目经理是谁,评标时也作为一项评价的内容。在履行合同过程中,发包人与承包人协商,可以建议调换不称职的项目经理。

2. 项目经理的职责

(1)项目经理有权向发包人提出自己的要求和通知。这类要求和通知须以书面形式由项目经理签字后送交工程师,工程师在回执上签署姓名和收到时间后生效。

(2)组织施工。项目经理按工程师批准的施工组织设计和依据合同规定与要求及工程师的指令组织施工。在紧急且无法与工程师联系的情况下,为保证工程和人员生命财产安全,项目经理可自行采取防范措施,并在采取措施后的48小时内向工程师送交报告。如果责任在发包人或第三方,由发包人承担由此发生的追加合同价款,相应顺延工期;如果责任在承包人,由承包人承担费用,工期不予顺延。

三、FIDIC 土木工程施工合同

(一)FIDIC 简介

FIDIC 是国际咨询工程师联合会法文名称字头组成的缩写。1913 年欧洲四个国家的咨询工程师协会组成了 FIDIC。经过多年的发展,到 20 世纪 90 年代,该联合会已拥有 60 多个代表不同国家和地区的咨询工程师专业团体会员国,是被世界银行认可的国际咨询服务机构。中国工程咨询协会代表我国于 1996 年 10 月加入了该组织。

FIDIC 下设许多专业委员会,如建设单位咨询工程师关系委员会(CCRC),合同委员会(CC)等。各专业委员会编制了许多规范性的文件,如目前国际承包工程中广泛采用的"土木工程施工合同条件"。本节重点介绍此"合同条件"的有关内容。

(二)FIDIC 土木工程施工合同条件的组成

FIDIC 土木工程施工合同条件(以下简称 FIDIC 合同条件)由通用条件和专用条件两部分组成。

(三)FIDIC 合同条件的应用及特点

FIDIC 合同条件适用于一般土木工程,包括工业与民用建筑工程、道桥工程、水利工程、港口工程、疏浚工程等,它的特点是:合同条款中责任的约定以招标选择承包商为前提,以单价合同为基础,合同履行过程中建立以工程师为核心的管理模式。

(四)FIDIC 合同条件的合同文件组成及优先次序

1. 合同文件组成

合同文件包括:

(1)合同协议书;

(2)中标函;

(3)投标书;

(4)专用条件;

(5)通用条件;

(6)规范;

(7)图纸;

(8)标价的工程量表。

除上述文件外,还包括建设单位、工程师和承包商之间往来的各种正式信函、文件及工程师发布的各种指令等。

2. 优先次序

在合同文件中出现矛盾或歧义时,解释的原则是:序号在前的文件内容优先于序号在后的文件内容,即上述文件的排序是解释文件的优先次序。如果还存在模糊不清,可由工程师负责解释。

(五)建设单位的权利、义务及风险

1. 建设单位的权利

(1)合同条件规定,事先没有取得建设单位的书面同意,承包商不得将合同或合同任何部分的好处转让给承包商开户的银行和投保的保险公司以外的任何第三方,即建设单位具

有对合同转让的批准与否决权。

(2)建设单位有权指定分包商。指定分包商是建设单位或工程师,为完成某一项工作内容指定的施工或材料设备的供应工作的承包商。

(3)在特殊情况下,建设单位有权采取补救措施。如承包商在施工中出现质量事故而又无力修复,或者要求承包商紧急修复,而承包商不愿或不能立即进行修复,建设单位有权雇用其他人完成修复工作,支付的费用从承包商处扣回。

(4)承包商不执行或忽视工程师指令,构成严重违约时,建设单位有权终止合同的履行。在发出终止合同通知书14天后,建设单位进驻施工现场,并在不解除承包商按合同规定的任何义务与责任或不影响合同赋予建设单位或工程师的各种权利和权限的情况下,终止对承包商的雇用。建设单位可以自己完成该工程,或雇用其他承包商完成该工程。建设单位和其他承包商为了完成该工程,必要时有权使用他们认为合适的承包商、设备、临时工程和材料。

2. 建设单位的义务

(1)建设单位应在约定的时间内向承包商提供施工场地。

(2)建设单位应在合理的时间内向承包商提供图纸和有关技术资料。

(3)建设单位应在合同规定的时间向承包商付款。

(4)建设单位应在缺陷责任期内负责保管工程。

(5)建设单位应协助承包商做好工程施工。

3. 建设单位承担的风险

(1)战争、敌对行动(不论宣战与否)、入侵、外敌行动。

(2)叛乱、革命、暴动或军事政变、篡夺政权、内战。

(3)核爆炸、核废物、有毒气体的污染。

(4)超音速或亚音速飞行物产生的压力波。

(5)暴乱、骚乱或混乱,但不包括承包商及分包商的雇员执行合同而引起的行为。

(6)由于建设单位提前使用或占用任何永久工程的区段或部分而造成的损失或损害。

(7)因工程设计不当而造成的损失或损害,而这类设计又不是由承包商提供或由承包商负责的。

(8)有经验的承包商通常无法预测和防范的任何自然力的作用。

上述事件是建设单位承担的风险,但其中如已是投保的风险,建设单位将不再承担任何费用方面的责任和义务。如果在风险事件之前已被工程师认定是不合格工程,对该部分损失建设单位也不承担责任。

(六)承包商的权利、义务

1. 承包商的权利

(1)有权得到工程付款。

(2)有权拒绝接受指定分包商。

(3)有索赔权。

(4)建设单位违约,有权暂停施工或终止合同。

(5)在危及工程和人员安全的情况下,承包商有权自行采取安全措施,保证工程和人员生命财产的安全。

2. 承包商的义务

(1)提交施工组织设计及现金流量估算表。

(2)投保"工程一切险"。

(3)执行工程师发布的指令。

(4)对施工现场安全和照管负责。

(5)文明施工,负责现场清理。

(6)遵守工程所在地的法律、法规。

(7)为其他承包商提供方便。

(七)暂定金额

暂定金额也称建设单位的备用金,是指包括在合同中并在工程量清单中以该名称标明,供工程任务任何部分的施工,或提供货物、材料、设备、服务,或提供不可预料事件费用的一项金额。此项金额由工程师控制,其使用范围包括:

(1)在招标时不能对工程的某个部分作出足够详细规定,从而使投标人不能报出费率和价格。

(2)招标时不能确定某一具体工程项目是否包括在合同之内。

(3)支付指定分包商工作的付款。

(八)保留金

保留金也称滞留金,是每次中期付款时从承包商应得款项中按投标书附件规定比例扣除的金额。一般情况下,从每月的工程结算款中扣除7% ~10%,一直扣到合同价的5%为止。

当颁发整个工程移交书时,工程师开具支付证书,把保留金的一半数额还给承包商。当工程的缺陷责任期满时,保留金的另一半数额还给承包商。

四、建设工程项目施工合同策划、实施、控制

(一)施工合同策划

施工合同策划主要在施工阶段的发包阶段内由发包人进行。其策划的主要内容如下:

(1)施工阶段发包范围的确定。发包范围确定的原则应该是:便于工程管理,保证工程的整体性,减少费用的支出及符合工程所具备的条件。

(2)大型结构复杂的施工阶段采用何种文本的确定。目前广泛使用的合同文本是:《建设工程施工合同(示范文本)》、FIDIC土木工程施工合同条件。在选择文本时,除要考虑文本的适用范围外,还要考虑是采用总价合同还是单价合同的文本。

(3)文本所采用的语言文字,适用的法律、标准及规范。

(4)确定投标保证金额、预付款保证金额、履约保证金额和保修金额等保证金额的出具方式。

(5)材料、设备供应方式,填好发包人供应材料设备一览表。

(6)策划合同条款中的工程进度款的支付时间及最小限额、违约时承担责任的方式、重大争议解决的方式和项目的保修期限等。

(7)参加保险的考虑,投保的险种及投保人的确定。

(8)关于合同专用条款或专用条件中内容的确定。

(9)编制标底控制工程造价。

(二)施工合同的实施

施工阶段招标投标，最终是发包人与承包人签订施工合同，承发包人做好施工准备后，按合同约定的时间进行开工，此时已进入了施工合同实施阶段。施工合同是双务合同，承发包人都应该履行自己的义务并相互合作才能按合同约定完成施工阶段的建设。然而，在施工合同实施过程中有以下几方面应重点加以说明。

1. 遵循的原则

在履行合同过程中应遵循以下原则。

(1)全面、适当履行的原则。当事人双方应当按照合同约定，全面履行义务的主体、标的、数量、质量、价款或酬金，履行的地点、方式、期限等都应当按照合同的约定全面履行。

(2)诚实信用的原则。当事人在施工活动过程中应始终要善意，讲诚实，守信用，不歪曲合向条款，尊重社会公共利益，双方协作，圆满地完成建设工程项目。

(3)公平合理、促进合同履行的原则。一般来说，签订施工合同采用的合同文本的合同条款是比较全面而详细的，但是由于当事人双方各自考虑的角度不同，对合同条款有着不同的理解，经常产生纠纷是正常的。采用协商的办法，依照公平合理、互谅互让的原则，合同的纠纷是不难解决的，这样可以促进合同的履行。

2. 安全施工

承包人按工程质量、安全及消防管理等有关规定组织施工，并随时接受行业安全检查人员依法实施的监督检查，采取严格的安全防护措施。如果出于承包人采取的安全防护措施不当而造成事故，应承担责任和由此而发生的费用。

发生重大伤亡及其他安全事故，承包人应按有关规定立即上报有关部门并通知工程师，同时按政府有关部门要求处理，由事故责任方承担发生的费用。

承包人在动力设备、输电线路、地下管道、密封防震车间、易燃易爆地段及临街交通要道附近施工时，施工开始前应向工程师提出安全防护措施，经工程师认可后实施，防护措施费用由发包人承担。

实施爆破作业，在放射、毒害性环境中施工(含储存、运输、使用)及使用毒害性、腐蚀性物品施工时，承包人应在施工的14天内以书面形式通知工程师，并提出相应的安全保护措施，经工程师认可后实施，由发包人承担安全防护措施费用。

3. 不可抗力

《建设工程施工合同(示范文本)》规定：不可抗力是合同当事人不能预见、不能避免且不能克服的客观情况。建设工程施工中的不可抗力包括因战争、动乱、空中飞行物坠落或其他非承发包人责任造成的爆炸、火灾及专用条款约定的风、雨、雷、洪水、地震等自然灾害。不可抗力事件发生后，承包人应在力所能及的条件下迅速采取措施，尽量减少损失，并在不可抗力事件结束后48小时内向工程师通报受害情况和损失情况，以及预计清理和修复的费用。不可抗力事件持续发生，承包人应每隔7天或工程师指令的时间，向工程师报告一次受害情况，并于不可抗力事件结束后14天内，向工程师提交清理和修复费用的正式报告及有关资料。

因不可抗力事件导致的费用及延误的工期由双方按以下方法分别承担。

(1)工程本身的损害，因工程损害导致第三方人员伤亡和财产损失及运至施工场地用于施工的材料和待安装的设备的损害，由发包人承担。

(2)发包人、承包人人员伤亡由其所在单位负责，并承担相应费用。

(3)承包人机械设备损坏及停工损失，由承包人承担。

(4)停工期间，承包人应工程师要求留在施工场地的必要的管理人员及保卫人员的费用由发包人承但。

(5)工程所需清理、修复费用，由发包人承担。

(6)延误的工期相应顺延。

因合同一方迟延履行合同后发生不可抗力的，不能免除迟延履行方的相应责任。

4. 设计变更

在施工合同履行过程中可能涉及设计变更。设计变更必须经建设单位和原设计单位的同意，如变更涉及基本建设规划则应得到有关规划部门的批准。

设计变更事项有：

(1)更改工程有关部分的标高、基线、位置和尺寸；

(2)增减合同中的约定工程量；

(3)改变有关工程的施工时间和顺序；

(4)其他有关工程变更需要的附加工作。

变更价款的确定方法：

(1)合同中已有适用于变更工程的价格，按合同已有的价格变更合同价款；

(2)合同中只有类似于变更工程的价格，可以参照类似价格变更合同价款；

(3)合同中没有适用或类似于变更工程的价格，由承包人提出适当的变更价格，经工程师确认后执行。

变更价款的程序是：按《建设工程施工合同(示范文本)》规定，承包人在工程设计变更确定后14天内，提出变更工程价款的报告，经工程师确认后调整合同价款，承包人在确定变更后14天内不向工程师提出变更工程价款报告，视为该项变更不涉及合同价款的变更。

5. 竣工验收

工程具备竣工验收条件，承包人按国家工程竣工验收有关规定，向发包人提供完整竣工资料及竣工验收报告。双方约定由承包人提供竣工图的，应当在专用条款内约定提供的日期和份数。

发包人收到竣工验收报告后应组织有关单位验收，并在验收后给予认可或提出修改意见，承包人按要求修改。因特殊原因，发包人要求部分单位工程或工程部位甩项竣工(个别单位工程部位未经验收)的，双方另行签订甩项竣工协议，明确双方责任和工程价款的支付方法。建设工程未经竣工验收或竣工验收未通过的，发包人不得使用。发包人强行使用时，由此发生的质量问题及其他问题，由发包人承担责任。

6. 质量保修

承包人应按国家有关规定，对交付发包人使用的工程在质量保修期内承担质量保修责任。为了保证保修任务的完成，承包人应当向发包人支付保修金，也可以由发包人从应付承包人工程款内预留。工程保修期满后，发包人应当及时结清和返还(如有剩余)质量保修金。发包人在质量保修期满后，将剩余的保修金和按约定利率计算的利息一并返还给承包人。

（三）施工合同控制

现以《建设工程施工合同（示范文本）》的合同条款，对“三控制”的内容作一详细的介绍。

1. 进度控制

项目经理应按合同工期要求，切实安排好施工进度，一般用横道图和网络计划图两种形式表示出来，经工程师批准后作为施工进度控制的依据。在施工阶段中，如果实际施工进度迟于计划进度，工程师可指令承包人赶工并批准承包人提出的赶工措施。如果经赶工后仍然是实际的进度迟于计划进度，工程师再次指令承包人修改进度计划，得到工程师批准后实施修改后的进度计划。但是工程师的两次指令与批准，仅仅是要求承包人在合理的状态下正常施工，而不是免除承包人责任的批准。

开工及延期开工。承包人应当按协议书约定的开工日期开始施工。承包人不能按时开工，应在不迟于协议书约定的开工日期前7天，以书面形式向工程师提出，得到批准后工期相应顺延。如果因发包人原因不能按约定日期开工，工程师应以书面形式通知承包人，承包人应按通知执行，不可否决，但发包人应当赔偿承包人因此造成的损失，工期相应顺延。

工期延误。承包人应当按照合同约定完成工程施工，如果由于自身的原因造成工期延误，应当承担违约责任。但是，在有些情况下工期延误后，竣工日期可以相应顺延。因以下原因造成工期延误，经工程师确认，工期相应顺延：

（1）发包人不能按专用条款的约定提供开工条件；

（2）发包人不能按约定日期支付工程预付款、进度款，致使工程不能正常进行；

（3）工程师未按合同约定提供所需指令、批准等，致使施工不能正常进行；

（4）设计变更和工程量增加；

（5）一周内非承包人原因停水、停电、停气造成停工累计超过8小时；

（6）不可抗力；

（7）专用条款中约定或工程师同意工期顺延的其他情况。

这些情况下工期可以顺延的原因是属于发包人违约或发包人应承担的风险。

承包人在工期可以顺延的情况发生后14天内，就延误的工期以书面形式向工程师提出报告。工程师在收到后14天内予以确认，逾期不予确认，也不提出修改意见，视为同意顺延工期。

2. 质量控制

工程质量的好坏是由工程质量标准来衡量的。承包人在施工阶段中每完成一项工作都应达到施工合同中约定的标准。为此，工程监督管理人员按以下内容进行工程质量控制。

1）施工阶段中的检查和返工

承包人应按标准、规范和设计要求及工程师依据合同发出的指令施工，随时接受工程师及其委派人员的检查检验，为检查检验提供方便条件，按工程师及其委派人员的要求进行修改或返工，达到质量标准方可，并承担由于自身原因导致的修改与返工的费用。

工程师及其委派人员的检查检验工作如果影响了正常施工，检查检验不合格时，影响正常施工的费用由承包人承担。除此之外，影响正常施工的追加合同价款由发包人承担，相应顺延工期。

2）隐蔽工程和中间验收

工程具备隐蔽条件和达到专用条款约定的中间验收部位，承包人进行自检，并在隐蔽和中间验收前48小时以书面形式通知工程师验收。通知包括隐蔽和中间验收的内容、验收时间和地点，承包人准备验收记录，验收合格，工程师在验收记录上签字后，承包人可进行隐蔽和继续施工。验收不合格，承包人在工程师限定的时间内修改后重新验收。

工程质量符合标准、规范和设计图纸等的要求，验收24小时后，工程师不在验收记录上签字，视为工程师已批准，承包人可进行隐蔽或继续施工。

工程师不能按时参加验收，须在开始验收前24小时向承包人提出书面延期要求，延期不能超过48小时。工程师未能按以上时间提出延期要求，不参加验收，承包人可自行组织验收，发包人应承认验收记录。

3）重新检验

无论工程师是否进行验收，当其要求对已经隐蔽工程重新检验时，承包人应按要求进行剥离或开孔，并在检验后重新覆盖或修复。检验合格，发包人承担由此发生的全部追加合同价款，赔偿承包人损失，并相应顺延工期。检验不合格，承包人承担发生的全部费用，工期不予顺延。

3. 投资控制

1）工程预付款

如果实行工程预付款，预付款额度一般不得超过当年建筑工程工作量的30%，安装工程一般不得超过当年安装工作量的10%。双方应当在专有条款内约定预付工程款的时间和数额，预付时间应不迟于约定开工日期前7天。发包人不按约定预付，承包人在约定预付时间7天后向发包人发出要求预付的通知，发包人收到通知后仍不能按要求预付，承包人可在发出通知后7天停止施工，发包人应从约定应付之日起向承包人支付应付款的贷款利息，并承担违约责任。预付款的收回是按约定时间和比例逐次扣回。

2）工程款（进度款）支付

发包人应在计量确认后14天内，向承包人支付工程款（进度款）。按约定时间发包人应扣回的预付款，与工程款（进度款）同期结算。

发包人超过约定支付时间不支付工程款，承包人可向发包人发出要求付款的通知，发包人收到承包人通知后仍不能按要求付款，可与承包人协商签订延期付款协议，经承包人同意后可延期支付。

发包人不按合同约定支付工程款，双方又未达成延期付款协议，导致施工无法进行时，承包人可以停止施工，由发包人承担违约责任。

3）竣工结算

工程竣工验收报告经发包人认可后28天内，承包人向发包人递交工程结算报告及完整的结算资料。发包人收到竣工结算报告后28天内进行核实，给予确认或者提出修改意见。发包人确认竣工结算报告后支付工程竣工结算款。承包人收到竣工结算价款后14天内将竣工工程交付发包人。

工程竣工验收报告经发包人认可后28天内，承包人未能向发包人递交竣工结算报告及完整的结算资料，造成工程竣工结算不能正常进行或工程竣工结算价款不能及时支付，发包人要求交付工程的，承包人应当交付；发包人不要求交付工程的，承包人承担保管责任。

第四节 建设工程项目索赔

一、建设工程项目索赔的概念、分类和作用

(一)索赔的概念

索赔是指当事人在履行合同过程中,根据法律、合同规定及惯例,对并非由于自己的过错,而是属于应由对方承担责任的情况造成,且实际发生了损失,向对方提出给予补偿或赔偿的权利要求。

从索赔含义来讲,索赔是建设单位和承包商都拥有的权利,但是从通用条件内规定的索赔程序条款来看,索赔就是指承包商向建设单位要求补偿的权利主张。而建设单位向承包商索赔,一般称反索赔,这种索赔实质上就是扣款,建设单位有权利主张,索赔就会实现。

(二)索赔的分类

1. 按索赔的目的分类

(1)工期索赔。由于建设单位的违约或承担的风险与责任,而导致承包商施工进度的延误,承包商要求批准顺延合同工期的索赔称为工期索赔。工期索赔实质上是避免不能按原合同竣工日期完工时被发包人追究拖期违约责任。一旦获得批准,工期可以顺延,承包人可以免除违约责任,而且可能提前工期得到奖励。

(2)费用索赔。索赔事件发生后,一般情况下,工期索赔和费用索赔是履行合同时发生的。费用索赔就是要求经济补偿,要求非自身的原因而导致施工成本的增加或附加的开支,以挽回实际的经济损失。

2. 依据合同的索赔分类

(1)合同内索赔。此种索赔的依据是合同条款明文规定的索赔。

(2)合同外索赔。此种索赔一般是难以直接从合同的条款中找到索赔的依据,但可以从对合同条款的合理推断或同其他有关条款联系起来论证该索赔是属合同规定的索赔,也可以是由于政策、法规的改变而成立的索赔。

(3)道义索赔。这种索赔无合同和法律的依据,而承包人在施工中确实遭到了很大损失,从而向发包人要求给予道义上的补偿。

(三)索赔的作用

1. 维护合同当事人的正常权益

索赔是合同法律效力的具体体现,是维护自己正常利益、避免损失、增加经济效益的手段。精通索赔业务,搞好索赔是合同管理的重要内容,是维护企业生产经营不可缺少的一个重要环节。

2. 提高合同意识,加强合同管理

索赔的依据主要是合同条款。要想提出索赔要求,首先要熟悉合同文件,加强合同管理。合同文件中的内容可能存在很多索赔的依据,若合同意识淡薄,有了索赔依据也不知道索赔。

3. 保证合同的实施

合同中具有索赔条款,对合同当事人双方具有约束力,同时也起到了警戒作用,应按履

行合同的原则履行各自的义务，否则就会形成索赔，受到经济损失或信誉损害。因此，施工索赔会起到保证施工合同实施的作用。

4. 促使工程造价更合理

施工索赔的开展，可以把原来打入工程报价的一些不可预见费用，改为按实际发生的损失支付，有助于降低工程报价，使工程造价更为合理。

5. 落实和调整合同双方的经济责任关系

索赔的依据主要是合同约定的义务和责任，合同当事人任何一方不履行其义务或职责，就会发生索赔，从而进一步调整或落实了当事人的经济责任关系。

二、建设工程项目索赔工作程序

索赔工作按合同约定有一定的法定程序，而且每道程序又有必做的工作，下面按索赔的程序作一简单的介绍。

（一）索赔意向通知

索赔事件第一次发生后28天内，承包商应以书面形式向工程师提出索赔意向通知。通知的内容通常有：

（1）索赔事件发生的时间和情况的简述；

（2）索赔的理由和依据；

（3）可能索赔的内容；

（4）做好有关索赔事件记录，可按工程师的指令通报事件发展的情况。

（二）做好同期记录

这个阶段就是索赔证据、资料的准备。这对承包商的索赔要求十分重要。所以，凡是与索赔事件有关的文件或记录都应及时收集整理，必要时征求工程师的意见，以便为索赔事件的处理提供确切的证据。

（三）索赔中间报告

如果索赔事件继续发生，承包商应按工程师指令的时间及时提交索赔中间报告，其内容是报告事件发展的情况，已采取了何种措施防止损失的扩大，现已影响工程成本和工期的程度，争取工程师的进一步指令等。

（四）索赔最终报告

索赔事件结束后28天内，承包商应向工程师提出索赔的最终报告。报告的内容要全面、详细、具体、准确，要写明索赔的依据，明确责任，要求应合理，索赔值应按实际发生的损失准确计算，同时要出具充分的证据。

（五）工程师审核索赔报告

一般情况下，工程师对索赔报告的审核是建设单位授予的在合同范围内的审核权力。关于合同外的索赔，大多由建设单位亲自处理。工程师对索赔报告应签认或提出修改意见，如果与承包商发生争议，应采用协商的方式处理索赔的问题。

（六）建设单位审查索赔处理

建设单位对承包商提出的索赔报告及工程师对此处理的审核意见，权衡施工的实际情况后，可对索赔报告予以批准，工程师即可签发有关证书。

三、建设工程项目索赔计算

(一)工期索赔计算

工期索赔的计算主要有网络分析法和比例计算法两种。

1. 网络分析法

网络分析法是利用网络图对延误工作进行分析。如果延误的工作是发生在关键线路上的关键工作,则延误的时间为索赔工期,可纳入合同工期。如果延误的工作发生在非关键工作上,当延误的时间超过该工作的总时差时,则超过总时差的时间为索赔工期。

2. 比例计算法

如果已知额外增加工程量的价格,可用下式进行计算:

工期索赔值 =(额外增加的工程量的价格/原合同总价)×原合同工期

比例计算法比较简单,但有时不符合实际情况,应用时应慎重。

(二)费用索赔计算

1. 总费用法

总费用法就是从计算出工程已实际开支的总费用中减去投标报价时的成本费用,即为要求补偿的费用额。

此种方法并不十分科学,但具备以下条件时采用总费用法计算索赔费用额也是较合理的。

(1)实际开支的总费用是合理的。

(2)承包商原始报价是合理的。

(3)费用的增加不是因承包商的原因造成的。

(4)难以用精确的方法进行索赔费用的计算。

2. 分项计算法

1)人工费索赔

人工费索赔侧重于人员闲置和劳动生产率降低费用的计算。人员闲置费用,一般按人工单价的0.75折算。劳动生产率降低费用的计算,一般采用实际成本和预算成本比较法或正常施工期与受影响期比较法。后者是指受影响时生产率的下降而使人工费用的增加。

2)机械费用索赔

机械费用索赔计算有两种情况。对于自有机械的闲置,一般只给该机械的折旧费;如果是租赁的机械给付台班费。

3)现场管理费索赔

现场管理费索赔的计算一般采用如下公式:

现场管理费索赔值 = 索赔的直接成本费用 × 现场管理费率

4)上级管理费索赔

上级管理费包括公司的管理费、办公楼的折旧、职工的工资等。一般仅在工程延期和工程范围变更时才允许索赔上级管理费,国际上经常用日费率分摊办法,其计算步骤如下:

(1)延期合同应分摊的管理费(A) =(被延期合同原价/同期公司所有合同价之和)×同期公司计划管理费;

(2)单位时间(日或周)公司管理费(B) $=A\div$合同工期(日或周);

(3)公司管理费索赔值(C) $=B\times$工程延期索赔值(日或周)。

第四章　建设工程项目施工阶段质量管理

第一节　建设工程项目施工阶段质量计划

一、建设工程项目施工阶段质量及质量管理的概念

(一)质量

2000 版 ISO9000 族标准中质量的定义是:一组固有特性满足要求的程度。

"固有"就是指存在于某事或某物中的,尤其是那种永久的特性;"要求"就是指明示的、通常隐含的或必须履行的需求或期望。

质量管理中"质量"的概念应该是可以度量的。在合同或是法规规定情况下,如在安全领域中,需要是明确规定的,而在其他情况下,隐含的需要则应加以识别并确定。在许多情况下,需要会随着时间变化而变化,这就意味着要对质量要求进行定期的评审。对产品满足要求,应既包括结果,也包括质量形成和实现的过程。如一幢建筑物、一座立交桥的质量,不仅要满足人们使用上的需要,还要满足社会发展的某些需要。

从质量这个定义中可以看出,质量就其本质来说是一种客观事物具有某种能力的属性,由于客观事物具备能力,才可以满足各种各样的需要。

(二)建设工程项目施工阶段质量

所谓建设工程项目施工阶段质量,是指反映建设工程项目施工阶段满足相关标准规定或合同规定的要求,包括其在安全、使用功能、耐久性能、环境保护等方面所有明显和隐含能力的特性总和。也就是通过工程施工所形成的工程项目,其应满足用户从事生产、生活所需要的功能和使用要求,应符合国家有关法规、技术标准和合同规定。

(三)质量管理

2000 版 ISO9000 族标准中质量管理的定义是:指导和控制组织关于质量的相互协调的活动。所谓建设工程项目施工阶段质量管理,是指指导和控制建设工程项目施工阶段组织关于质量相互协调的活动。

这里所指的质量的指导和控制活动通常包括制定质量方针、质量目标、质量策划、质量控制、质量保证和质量改进。

质量管理是企业及建设工程项目施工阶段各级管理者的职责,必须由最高管理者主持推进。质量管理是施工企业管理和建设工程项目施工阶段管理的重要组成部分,它的全部管理活动都是围绕"制定和实施质量方针"而展开的。质量管理活动要普及到企业及建设工程项目施工阶段的各个环节,只有最高管理者充分重视、全体员工参与并承担义务和责任才能有效开展起来。

二、建设工程项目施工阶段质量计划编制依据及其内容

建设工程项目施工阶段质量计划是指确定建设工程项目施工阶段的质量目标并规定必

要的作业过程、专门的质量措施和资源,以实现建设工程项目施工阶段的质量目标。

(一)质量计划编制的依据

(1)施工企业的《质量手册》及相应的程序文件。

(2)《建筑工程施工质量验收统一标准》(GB 50300—2001)、施工操作规程及作业指导书。

(3)建筑法、建设工程质量管理条例、环境保护条例及法规。

(4)安全施工管理条例等。

(二)建设工程项目施工阶段质量计划的主要内容

(1)达到的质量目标。

(2)对此目标不同阶段规定的职责和职权。

(3)实施的步骤、方法、作业文件,包括技术措施和施工方案等。

(4)必要的质量控制手段,施工阶段、服务、检验和试验程序及与其相关的支持性文件。

(5)与施工阶段相适应的检验、试验、测量、验证要求和标准。

(6)项目进展、更改和完善质量计划的方法及文件化程序。

(7)为满足质量目标所采取的其他措施。

三、建设工程项目施工阶段质量计划的编制要求

建设工程项目施工阶段的质量计划应由项目经理主持编制。质量计划作为对外质量保证和对内质量控制的依据文件,应体现建设工程项目施工阶段从分项工程、分部工程到单位工程的系统控制过程,同时也要体现从资源投入到完成工程质量最终检验和试验的全过程控制。建设工程项目施工阶段质量计划编制的要求主要包括以下几个方面。

(一)质量目标

质量目标一般由企业技术负责人、项目经理部管理层经认真分析项目特点、项目经理部情况及企业生产经营总目标后决定。其基本要求是建设工程项目施工阶段竣工交付建设单位(用户)使用时,质量要达到合同范围内的全部工程的所有使用功能符合设计(或更改)图纸要求;检验批、分项、分部、单位工程质量达到施工质量验收统一标准,合格率100%。

(二)管理职责

建设工程项目施工阶段质量计划应规定项目经理部管理人员及操作人员的岗位职责。

项目经理是建设工程项目施工阶段实施的最高负责人,对工程符合设计(或更改)、质量验收标准、各阶段按期交工负责,以保证整个工程项目质量符合合同要求。项目经理可委托项目质量副经理(或技术负责人)负责建设工程项目施工阶段质量计划和质量文件的实施及日常质量管理工作。项目生产副经理要对建设工程项目施工阶段施工进度负责,调配人力、物力保证按图纸和规范施工,协调同建设单位(用户)、分包商的关系,负责审核结果、整改措施和质量纠正措施的实施。

施工队长、工长、测量员、试验员、计量员在项目质量副经理的直接指导下,负责所管部位和分项施工全过程的质量,使其符合图纸和规范要求,有更改的要符合更改要求,有特殊规定的要符合特殊要求。

材料员、机械员对进场的材料、构件、机械设备进行质量验收和退货、索赔,对建设单位或分包商提供的物资和机械设备要按合同规定进行验收。

(三)资源提供

建设工程项目施工阶段质量计划要规定项目经理部管理人员及操作人员的岗位任职标准及考核认定方法;建设工程项目施工阶段人员流动的管理程序;建设工程项目施工阶段人员进场培训的内容、考核和记录;新技术、新结构、新材料、新设备的操作方法和操作人员的培训内容;建设工程项目施工阶段所需的临时设施、支持性服务手段、施工设备及通信设施;为保证施工环境所需要提供的其他资源等。

(四)建设工程项目施工阶段实现过程的策划

建设工程项目施工阶段质量计划中要规定施工组织设计或专项项目质量计划的编制要点及接口关系;重要施工阶段技术交底的质量策划要求;新技术、新材料、新结构、新设备的策划要求;重要过程验收的准则或技艺评定方法。

(五)材料、机械设备、劳务及试验等采购过程的控制

建设工程项目施工阶段质量计划对建设工程项目施工阶段所需的材料、设备等要规定供方产品标准及质量管理体系的要求、采购的法规要求。有可追溯性要求时,要明确其记录、标志的主要方法等。

(六)产品标识和可追溯性控制

隐蔽工程、分部分项工程的验收,特殊要求的工程等必须作可追溯性记录,建设工程项目施工阶段的质量计划要对其可追溯性的范围、程序、标识、所需记录及如何控制和分发这些记录等内容作出规定。重要材料(如钢材、构件等)及重要施工设备的运作必须具有可追溯性。

坐标控制点、标高控制点、编号、沉降观察点、安全标志、标牌等是建设工程项目施工阶段的重要标识记录,质量计划要对这些标识的准确性控制措施、记录等内容作出详细规定。

(七)施工工艺过程控制

建设工程项目施工阶段的质量计划要对工程从合同签订到交付全过程的控制方法作出相应的规定。具体包括:建设工程项目施工阶段的各种进度计划的过程识别和管理规定,建设工程项目施工阶段实施全过程各阶段的控制方案、措施及特殊要求,建设工程项目施工阶段实施过程需用的程序文件、作业指导书,隐蔽工程、特殊工程进行控制、检查、鉴定验收、中间交付的方法及人员上岗条件和要求等,建设工程项目施工阶段实施过程需使用的主要施工机械设备、工具的技术和工作条件、运行方案等。

(八)搬运、存储、包装、成品保护和交付过程的控制

建设工程项目施工阶段的质量计划要对搬运、存储、包装、成品保护和交付过程的控制方法作出相应的规定。具体包括:建设工程项目施工阶段实施过程所形成的分项、分部、单位工程的半成品、成品保护方案、措施、交接方式等内容的规定,工程中间交付、竣工交付工程的收尾、维护、验收、后续工作处理的方案、措施、方法的规定,材料、构件、机械设备的运输、装卸、存收的控制方案及措施的规定等。

(九)检验、试验和测量过程及设备的控制

建设工程项目施工阶段的质量计划要对建设工程项目施工阶段上所进行和使用的所有检验、试验、测量和计量过程及设备的控制、管理制度等作出相应的规定。

(十)不合格品的控制

建设工程项目施工阶段的质量计划要编制作业、分项、分部工程不合格品出现的补救方案和预防措施，规定合格品与不合格品之间的标识，并制定隔离措施。

第二节　建设工程项目施工阶段质量控制

一、建设工程项目施工阶段质量的特点

由于建设工程项目施工生产的技术经济特点不同于一般的制造业，因此建设工程项目施工阶段的质量形成过程也带有明显的特点。其主要表现在以下几个方面。

（一）影响质量的因素多

设计、材料、机械、地形、地质、水文、气象、施工工艺、操作方法、技术措施、管理制度等，这些都直接影响建设工程项目施工阶段的质量。

（二）容易产生质量波动及变异

建设工程项目施工阶段所需材料性能的微小差异、施工机械的正常磨损、施工操作的微小变化、环境的微小波动等，都会引起偶然性因素的质量波动；当建设工程项目施工阶段使用的材料规格、品种有误，施工方法不妥，不按规程操作，施工机械出现故障，设计计算出现错误等，都会引起系统性因素的质量变异，从而造成工程质量事故。

（三）终检的局限性

建设工程项目施工阶段建成后，不可能像某些工业产品那样，通过拆卸或解体来检查其内在的质量。建设工程项目施工阶段质量的形成往往是前面的作业结果被后面作业所覆盖，也称隐蔽工程，施工质量需要进行严格检查确认并留下可证实的验收记录，才能防止质量隐患的产生。已完施工质量最终成整体性，无法再作解体复验，因此不允许质量控制和检验把关的滞后性，必须及时、正确而严格地进行过程检查验收。

影响建设工程项目施工阶段的质量主要有五大因素，通常称为4M1E，即人（Man）、材料（Material）、机械（Machine）、方法（Method）、环境（Environment）。

二、建设工程项目施工阶段生产要素质量控制

（一）人的控制

控制的对象包括建设工程项目施工阶段管理者的和操作者。人是生产过程的活动主体，其总体素质和个体能力决定着一切质量活动的成果。因此，既要把人作为质量控制对象，又要作为其他质量活动的控制动力。

人的控制内容包括组织机构的整体素质和每一个个体的技术水平、知识、能力、生理条件、心理行为、质量意识、组织纪律、职业道德等。其目的就是要做到合理用人，发挥团队精神，充分调动人的积极性、主动性和创造性。

人的控制的主要措施和途径有以下几种。

（1）以项目经理的管理目标和管理职责为中心，合理组建项目管理机构，配备称职的管理人。

（2）严格实行分包单位的资质审查，确保分包单位的整体素质，包括领导班子素质、职工队伍素质、技术素质和管理素质。

（3）施工作业人员要做到持证上岗，特别是重要技术工种、特殊工种和危险作业等。

(4)强化建设工程项目施工阶段全体人员的质量意识,加强操作人员的职业教育和技术培训。

(5)严格建设工程项目施工阶段的施工管理各项制度,规范操作人员的作业技术活动和管理人员的管理活动行为。

(6)完善奖励和处罚机制,充分发挥项目全体人员的最大工作潜能。

(二)材料的控制

材料控制包括对施工所需要的原材料、成品、半成品、构配件等的质量控制。材料质量是建设工程项目施工阶段质量形成的物质基础,所以加强材料的质量控制是提高建设工程项目施工阶段质量的重要保证。材料质量控制包括以下几个环节。

1. 材料的采购

施工所需要采购的材料应根据工程特点、施工合同、材料性能、施工具体要求等因素综合考虑。保证适时、适地、按质、按量、全套齐备地供应施工生产所需要的各种材料:优选供应厂家、中间商和专业供方;对供应厂家、专业供方及协作厂家的产品质量保证能力进行调查、认可,建立收货检验的质量认定和质量跟踪档案制度;健全材料采购质量责任制,落实到每个人,并做到岗位责任之间的传递接口不出现漏洞;建立必要的采购质量审核制度;进行采购人员的技术培训等。

2. 材料的试验和检验

材料的试验和检验就是通过一系列的检测手段,将所取得的检测数据与材料标准及工艺规范相比较,借以判断其质量的可靠性及能否使用于施工阶段之中。

材料的检验方法有书面检验、外观检验、理化检验和无损检验。根据材料质量信息和保证资料的具体情况,材料的检验程度分为免检、抽检和全检。

3. 材料的存储和使用

加强材料进场后的存储和使用管理,避免材料变质和使用规格、性能不符合要求的材料而造成质量事故,如水泥的受潮结块、钢筋的锈蚀等。为此,承包商既要对材料合理调度,避免现场材料大量积压,又要对材料合理堆放、正确使用各种材料进行及时的检查和监督。

(三)机械设备的控制

机械设备的控制包括施工机械设备质量控制和工程项目设备的质量控制。

1. 施工机械设备的控制

施工机械设备质量控制就是使施工机械设备的类型、性能参数等与施工现场的实际生产条件、施工工艺、技术要求等因素相匹配,符合施工生产的实际要求。

要做好施工机械设备的质量控制,一是要按照技术上先进、生产上适用、经济上合理等原则选配施工生产机械设备,合理地组织施工;二是要正确使用、管理、保养和检修好施工机械设备,严格实行定人、定机、定岗位责任的使用管理制度,在使用中遵守机械设备的技术规定,做好机械设备的例行保养工作,包括清洁、润滑、调整、紧固和防腐,使机械设备经常保持良好的技术状态,以确保施工生产质量。

2. 工程项目设备的控制

工程项目设备的质量控制主要包括设备的检查验收、设备的安装质量、设备的调试和试车运转。

要按设备选型购置设备,优选设备供应厂家和专业供方;设备进场后,要对设备的名称、型号、规格、数量的清单逐一检查验收，确保工程项目设备的质量符合设计要求；设备安装要符合有关设备的技术要求和质量标准，安装过程中控制好土建和设备安装的交叉流水作业；设备调试要按照设计要求和程序进行，分析调试结果；试车运转正常，并能配套投产，满足项目的设计生产要求。

（四）施工方法的控制

施工方法的控制主要包括施工技术方案、施工工艺、施工组织设计、施工技术措施等方面的控制。对施工方法的控制，应着重抓好以下几个方面内容。

（1）施工方案应随工程进展而不断细化和深化。

（2）选择施工方案时，对主要项目要拟订几个可行方案，找出主要矛盾，明确各个方案的主要优缺点，通过反复论证和比较，选出最佳方案。

（3）对主要项目、关键部位和难度较大的项目，如新结构、新材料、新工艺、大跨度、大悬、高大结构部位等，制定方案时要充分估计到可能发生的施工质量问题和处理方法。

（五）环境的控制

施工环境的控制主要包括自然环境的控制、管理环境的控制和劳动环境的控制等。

1. 自然环境的控制

自然环境的控制主要是掌握施工现场水文、地质和气象资料信息，以便在编制施工方案、施工计划和措施时，能够从自然环境的特点和规律出发，制定地基与基础施工对策，防止地下水、地表水对施工的影响，保证周围建筑物及地下管线的安全；从实际条件出发，做好冬雨季建设工程项目施工阶段的安排和防范措施；加强环境保护和建设公害的治理。

2. 管理环境的控制

管理环境的控制主要是要按照承发包合同的要求，明确承包商和分包商的工作关系，建立现场施工组织系统运行机制及建设工程项目施工阶段质量管理体系；正确处理好施工阶段安排和施工质量形成的关系，使两者能够相互协调、相互促进、相互制约；做好与建设工程项目施工阶段外部环境的协调，包括与邻近单位、居民及有关各方面的沟通、协调，以保证施工顺利进行，提高施工质量，创造良好的外部环境和氛围。

3. 劳动环境的控制

劳动环境的控制主要是做好施工平面图的合理规划和布置，规范施工现场机械设备、材料、构件的各项管理工作，做好各种管线和大型临时设施的布置；落实施工现场各种安全防护措施，做好明显标识，保证施工道路的畅通，安排好特殊环境下施工作业的通风照明措施；加强施工作业现场的及时清理工作，保证施工作业面的有序和整洁。

三、建设工程项目施工阶段事前、事中和事后的质量控制

由于施工阶段的质量控制是一个经由对投入资源和条件的质量控制（即建设工程项目施工阶段的事前质量控制），进而对施工生产过程以及各环节质量进行控制（即建设工程项目施工阶段的事中质量控制），直到对所完成的产出品的质量检验与控制（即建设工程项目施工阶段的事后质量控制）为止的全过程的系统控制过程，所以施工阶段的质量控制可以根据建设工程项目施工阶段实体质量形成的不同阶段划分为事前控制、事中控制和事后控制。

(一)建设工程项目施工阶段事前的质量控制

建设工程项目施工阶段事前的质量控制是指正式施工前的质量控制,其具体包括以下几个方面。

1. 技术准备

技术准备包括图纸的熟悉和会审、编制施工组织设计、编制施工图预算及施工预算、对建设工程项目施工阶段所在地的自然条件和技术经济条件的调查及分析、技术交底等。

2. 物资准备

物资准备包括施工所需原材料的准备、构配件和制品的加工准备、施工机具准备、生产所需设备的准备等。

3. 组织准备

组织准备包括选聘委任建设工程项目施工阶段经理、组建项目组织班子、编制并评审建设工程项目施工阶段管理方案、集结施工队伍并对其培训教育、建立和完善建设工程项目施工阶段质量管理体系等。

4. 施工现场准备

施工现场准备包括控制网、水准点、标桩的测量工作,协助建设单位实施“七通一平”,临时实施的准备,组织施工机具、材料进场,拟订试验计划及贯彻“有见证试验管理制度”的措施,项目技术开发和进步计划等。

(二)建设工程项目施工阶段事中的质量控制

建设工程项目施工阶段事中的质量控制是指施工阶段中的质量控制。事中质量控制的措施包括施工阶段交接有检查、质量预控有对策、建设工程项目施工阶段有方案、图纸会审有记录、技术措施有交底、配制材料有试验、隐蔽工程有验收、设计变更有手续、质量处理有复查、成品保护有措施、质量文件有档案等。

建设工程项目施工阶段事中质量控制的实质就是在质量形成过程中建立和发挥作业人员与管理人员的自我约束及相互制约的监督机制,使建设工程项目施工阶段质量形成从分项分部工程到单位工程自始至终都处于受控状态。总之,在事前控制的前提下,事中控制是保证建设工程项目施工阶段质量一次交验合格的重要环节,没有良好的作业自控和监控能力,建设工程项目施工阶段质量就难以得到保证。

(三)建设工程项目施工阶段事后的质量控制

建设工程项目施工阶段事后的质量控制是指完成施工阶段、形成产品的质量控制。其具体内容有以下几个方面:

(1)准备竣工验收资料;

(2)按规定的质量验收标准和办法,对完成的检验批、分项工程、分部工程、单位工程进行质量评验;

(3)组织竣工验收。

四、建设工程项目施工阶段质量控制点的设置及管理

所谓质量控制点,就是根据建设工程项目施工阶段的特点,为保证工程质量而确定的重点控制对象、关键部位或薄弱环节。

（一）质量控制点的设置

设置质量控制点并对其进行分析是事前质量控制的一项重要内容。因此，在项目施工前应根据建设工程项目施工阶段的具体特点和技术要求，结合施工中各环节和部位的重要性、复杂性，准确、合理地选择质量控制点。概括来说，就是选择那些保证质量难度大、对质量影响大的或发生质量问题时危害大的对象作为质量控制点。质量控制点设置的对象主要有以下几个方面：

（1）关键的分部分项工程及隐蔽工程，如框架结构中的钢筋工程，大体积混凝土工程，基础工程中的混凝土浇筑工程等；

（2）关键的工程部位，如民用建筑的卫生间，关键工程设备的设备基础等；

（3）施工中的薄弱环节，即经常发生或容易发生质量问题的施工环节，或在施工质量控制过程中无把握的环节，如一些常见的质量通病（渗、漏水问题）；

（4）关键的作业，如混凝土浇筑中的振捣作业、钻孔灌注桩中的钻孔作业；

（5）关键作业中的关键质量特性，如混凝土的强度、回填土的含水量、灰缝的饱满度等；

（6）采用新技术、新工艺、新材料的部位或环节。

进行质量预控，质量控制点的选择是关键。在每个施工阶段前，应设置并列出相应的质量控制点，如大体积混凝土施工的质量控制点应为：原材料及配合比控制、混凝土坍落度控制及试块（抗压、抗渗）取样、混凝土浇捣控制、浇筑标高控制、养护控制等。

凡是影响质量控制点的因素都可以作为质量控制点的对象。因此，人、材料、机械设备、施工环境、施工方法等均可以作为质量控制点的对象，但对特定的质量控制点，它们的影响作用是不同的，应加以区别对待，重要因素重点控制。

（二）质量控制点控制措施的设计

在设置质量控制点后，要针对每个控制点进行控制措施的设计，主要步骤和内容如下：

（1）列出质量控制点明细表；

（2）设计质量控制点施工流程图；

（3）进行作业分析，找出影响质量的主要因素；

（4）对主要影响因素制定出明确的控制范围和控制要求；

（5）编制保证质量的作业指导书。

（三）质量控制点的实施

（1）把质量控制点的设置及控制措施向有关人员进行交底，使其真正了解控制意图和控制关键点，树立以预防为主的思想。

（2）质量检查及监控人员要在施工现场进行重点检查、指导和验收，对关键的质量控制点要进行旁站监督。

（3）严格要求操作人员按作业指导书进行认真操作，保证各环节的施工质量。

（4）按规定做好质量检查和验收，认真记录检查结果，取得准确、完整的第一手资料。

（5）运用数理统计方法对检查结果进行分析，不断进行质量改进，直至质量控制点验收合格。

五、建设工程项目施工阶段质量管理的基本环节

施工质量控制过程，不论是从施工要素着手，还是从施工质量的形成过程出发，都必须

通过现场质量管理中一系列可操作的基本环节来实现。

现场质量管理的基本环节包括图纸会审、技术复核、技术交底、设计变更、三令管理、隐蔽工程验收、三检制、级配管理、材料检验、施工日记、质保材料、质量检验、成品保护等。其中一部分内容已在其他相关章节中进行了阐述,在此,仅对其余内容作一介绍。

(一)三检制

三检制是指操作人员的自检、互检和专职质量管理人员的专检相结合的检验制度。它是确保现场施工质量的一种有效的方法。

自检是指由操作人员对自己的施工作业或已完成的分项工程进行自我检验,实施自我控制、自我把关,及时消除异常因素,以防止不合格品进入下道作业。互检是指操作人员之间对所完成的作业或分项工程进行的相互检查,是对自检的一种复核和确认,起到相互监督的作用。互检的形式可以是同组操作人员之间的相互检验,也可以是班组的质量检查员对本班组操作人员的抽检,同时也可以是下道作业对上道作业的交接检验。专检是指质量检验员对分部分项工程进行的检验,用以弥补自检、互检的不足。

实行三检制,要合理确定好自检、互检和专检的范围。一般情况下,原材料、半成品、成品的检验以专职检验人员为主;生产过程的各项作业的检验则以施工现场操作人员的自检、互检为主,专职检验人巡回抽检为辅;成品的质量必须进行终检认证。

(二)技术复核

技术复核是指工程在未施工前所进行的预先检查。技术复核的目的是保证技术基准的正确性,避免因技术工作的疏忽差错而造成工程质量事故。因此,凡是涉及定位轴线,标高,尺寸,配合比,皮数杆,横板尺寸,预留洞门,预埋件的材质、型号、规格,吊装顶制构件强度等,都必须根据设计文件和技术标准的规定进行复核检查,并做好记录和标识。

(三)技术核定

在实际施工阶段中,建设工程项目施工阶段管理者或操作者对施工图的某些技术问题有异议或者提出改善性的建议,如材料和构配件的代换、混凝土使用外加剂、工艺参数调整等,必须由建设工程项目施工阶段技术负责人向设计单位提出“技术核定单”,经设计单位和监理单位同意后才能实施。

(四)设计变更

施工阶段中,由于建设单位的需要或设计单位出于某种改善性考虑,以及施工现场实际条件发生变化,导致设计与施工的可行性发生矛盾,这些都将涉及施工图的设计变更。设计变更不仅关系到施工依据的变化,而且涉及工程量的增减及工程项目质量要求的变化,因此必须严格按照规定程序处理设计变更的有关问题。

一般的设计变更需设计单位签证确认,监理工程师下达设计变更令,施工单位备案后执行。

(五)三令管理

在施工生产过程中,凡沉桩、挖土、混凝土浇筑等作业必须纳入按命令施工的管理范围,即三令管理。三令管理的目的在于核查施工条件和准备工作情况,确保后续施工作业的连续性、安全性。

(六)级配管理

施工阶段中所涉及的砂浆或混凝土,凡在图纸上标明强度或强度等级的,均需纳入级配管理制度范围。级配管理包括事前、事中和事后管理三个阶段。事前管理主要是级配的试验、调整和确认;事中管理主要是砂浆或混凝土拌制过程中的监控;事后管理则为试块试验结果的分析,实际上是对砂浆或混凝土的质量评定。

(七)分部分项工程和隐蔽工程的质量检验

施工阶段中,每一分部分项工程和隐蔽工程施工完毕后,质检人员均应根据合同规定、施工质量验收统一标准和专业施工质量验收规范的要求对已完工的分部分项工程和隐蔽工程进行检验。质量检验应在自检、专业检验的基础上,由专职质量检查员或企业的技术质量部门进行核定。只有通过其验收检查,对质量确认后,方可进行后续工程施工或隐蔽工程的覆盖。

其中隐蔽工程是指那些施工完毕后将被隐蔽而无法或很难对其再进行检查的分部分项工程。就土建工程而言,隐蔽工程的验收项目主要有地基、基础、基础与主体结构各部位钢筋、现场结构焊接、高强螺栓连接、防水工程等。

通过对分部、分项工程和隐蔽工程的检验,可确保工程质量符合规定要求,对发现的问题及时处理,不留质量隐患及避免施工质量事故的发生。

(八)成品的保护

在施工阶段中,有些分部分项工程已经完成,而其他一些分部分项工程尚在施工;或者在其分部分项工程施工阶段中,某些部位已建成,而其他部位正在施工。在这种情况下,施工单位必须负责对已完成部分采取妥善措施予以保护,以免成品缺乏保护或保护不善而造成损伤或污染,影响工程的整体质量。

成品保护工作主要是合理安排施工顺序、按正确的施工流程组织施工,以及制定和实施严格的成品保护措施。

第五章 建设工程项目施工阶段进度管理

第一节 建设工程项目施工阶段进度计划

一、建设工程项目施工阶段进度计划及其类型

建设工程项目施工阶段进度计划是规定各项工程的施工顺序和开竣工时间及相互衔接关系的计划，是在确定工程建设项目施工阶段目标工期基础上，根据相应完成的工程量，对各项施工阶段的施工顺序、起止时间和相互衔接关系所作的统筹安排。施工阶段是工程实体的形成阶段，做好建设工程项目施工阶段进度计划并按计划组织实施，是保证项目在预定时间内建成并交付使用的必要工作，也是建设工程项目施工阶段管理的主要内容。如果建设工程项目施工阶段进度计划编制得不合理，就必然导致资源配置的不均衡，影响经济效益。

根据不同的划分标准，施工进度计划有不同的种类。

(一)按计划时间来划分

按计划时间来划分有总进度计划和阶段性计划。总进度计划是控制项目施工全过程的，阶段性计划包括项目年、季、月(旬)施工进度计划等。月(旬)施工进度计划是根据年、季度施工计划，结合现场施工条件编制的具体执行计划。

(二)按计划表达形式来划分

按计划表达形式来划分有文字说明计划与图表形式计划。文字说明计划是用文字来说明各阶段的施工任务，以及要达到的形象进度要求；图表形式计划是用图表形式表达施工的进度安排，有用横道图表示的进度计划、用网络图表示的进度计划等。

(三)按计划对象来划分

按计划对象来划分有施工总进度计划、单位工程施工进度计划和分项进度计划。施工总进度计划是以整个建设工程项目为对象编制的，它确定各单项工程施工顺序和开竣工时间及相互衔接关系，是带全局性的施工战略部署；单位工程施工进度计划是对单位工程中的各分部分项工程的计划安排；分项进度计划是针对项目中某一部分(子项目)或某一专业工种的计划安排。

二、建设工程项目施工阶段进度计划的编制

(一)施工目标工期的确定

为了提高进度计划的预见性和进度控制的主动性，在确定施工进度控制目标(施工进度目标工期)时，必须全面细致地分析影响项目进度的各种因素，采用多种决策分析方法，制定出一个科学、合理的施工目标工期。确定施工目标工期主要根据：工程建设，总进度目标对施工工期的要求；施工承包合同或指令性计划工期限制；工期定额或类似工程项目的施

工时间(可类比的进度控制数据);工程的难易程度和工程条件的落实情况;企业的组织管理水平和经济效益的要求等;施工目标工期的确定通常可以采用以下方法。

1. 以正常工期为施工目标工期

正常工期是指与正常施工速度相对应的工期;正常施工速度是根据现有施工条件下制定的施工方案和企业经营的利润目标确定的,用以保证施工活动必要的劳动生产率,从而实现工程的施工计划。

2. 以最优工期为施工目标工期

最优工期是指总成本最低的工期,它可采用以正常工期为基础,应用工期成本优化的方法求解。直接费随工期的缩短而增加;间接费随工期的缩短而减少;把不同工期下的直接费和间接费叠加求出总成本曲线,总成本最低点对应的工期 T_0 即为最优工期,以此作为施工目标工期。

3. 以合同工期或指令工期为施工目标工期

通常情况下,建设工程施工承包合同中有明确的施工工期,或者国家实施的工程任务规定了指令性工期。此时,施工目标工期可参照合同工期或指令工期,结合企业施工生产能力和资源条件确定,并充分估计各种可能的影响因素及风险,适当留有余地,保持一定提前量。这样,即使施工中发生不可预见的意外事件,也不会使施工工期产生太大的偏差。

在确定施工目标工期时,应充分考虑资源与进度需要的平衡,以确保进度目标的实现;还应充分考虑外部协作条件和项目所处的自然环境、社会环境和施工环境等。

(二)施工阶段计划编制依据

(1)项目的工程承包合同中有关工期的规定。

(2)设计图纸和定额资料(包括工期定额、概算定额、预算定额和施工定额)。

(3)项目的施工规划和施工组织设计。

(4)材料、设备及资金的供应条件。

(5)施工单位可能投入的施工力量,包括劳动力和施工设备等。

(6)项目的外部条件及现场条件。

(7)已建成的同类或类似项目的实际施工进度等。

在编制单位工程进度计划时,应以总进度计划为依据,不得越过原定竣工期限。

(三)施工阶段计划编制的基本要求

(1)保证拟建建设工程项目施工阶段在合同规定的期限内完成,努力缩短施工工期。

(2)保证施工均衡性和连续性,尽量组织流水搭接,连续、均衡施工,减少现场工作面的停歇和窝工现象。

(3)尽可能地节约施工费用,在合理范围内,尽量缩小施工现场各种临时设施的规模。

(4)合理安排机械化施工,充分发挥施工机械的生产效率。

(5)合理组织施工,努力减少因组织安排不当等人为因素造成的时间损失和资源浪费。

(6)保证施工质量和安全。

(四)施工阶段计划的编制方法

1. 横道图法

横道图是一种直观的进度计划方法,是用图、表相结合的形式表示各项工程活动的开始时间、结束时间和持续时间。由于横道图能够清楚地表达活动的开始时间、结束时间和持续时间,一目了然,易于理解,且制作简单,在工程中广泛应用,是一种传统的计划表示方法。但横道图不能表达工程活动之间的逻辑关系和某一活动的提前或推迟、持续时间延长等对其他活动的影响,也不能表示工程活动的重要性。

2. 网络图法

为了适应大规模的工程项目建设的需要,20 世纪 50 年代后期发展起来一种科学的计划管理的新方法——网络计划技术,它是利用网络图的形式,在网络图上加注各项工作的时间参数,来进行工程计划和控制的现代管理方法。网络图由箭线和节点组成,用来表示工作流向的有向、有序的网状图形。网络图能充分、清晰地表达各工作之间相互制约、相互依赖的复杂逻辑关系;通过网络时间参数的计算,能够分别确定各项工作的最早可能和最迟必须开始时间以及相应的结束时间、总时差和自由时差;可以明确由关键工作组成的关键线路,可以看出哪些工作必须按期完成,哪些工作允许有机动时间;能够进行计划方案的优化和比较等。网络计划符合施工的要求,特别适用于施工的组织和管理,已成为施工进度计划普遍采用的形式。

(五)施工阶段计划的编制程序

1. 施工总进度计划的编制程序

(1)计算工程量。工程量可按初步设计(或扩大初步设计)图纸和有关定额等资料进行计算。

(2)确定各单位工程的施工期限。各单位工程的施工期限应根据合同工期确定,同时考虑建筑类型、结构特征、施工方法、施工管理水平、施工现场条件等因素。如果在编制施工总进度计划时没有合同工期,则应保证计划工期不超过工期定额。

(3)确定各单位工程的开竣工时间和相互搭接关系。确定整个建设工程项目中各单项工程的施工顺序,合理地搭接各项工程,组织全场性流水作业,尽量做到均衡施工。

(4)编制初步施工总进度计划。施工总进度计划应安排全工地性的流水作业。流水安排应以工程量大、工期长的单项工程或单位工程为主导,组织若干条流水线,并以此带动其他工程。

(5)编制正式施工总进度计划。施工总进度计划初步确定后,还要经过检查、调整和修正,主要看总工期是否符合要求,观察劳动力和物资需要量的进度变动曲线是否均衡且其供应能否得到保证,并使之趋于合理。

(6)施工总进度计划确定后,应据以编制劳动力、物资、大型施工机械等资源的需用量计划以便组织供应,保证施工总进度计划的实现。

2. 单位工程施工进度计划的编制程序

单位工程施工进度计划是具体指导施工的重要文件,一般有以下编制步骤。

(1)划分工作项目。工作项目划分的粗细程度应根据计划的需要决定,单位工程施工进度计划中的工作项目应明确到分项工程或更具体,以满足指导施工作业、控制施工进度的要求。

(2)确定施工顺序。根据施工方案确定的原则排列各分部分项工程施工顺序,并使之符合施工工艺要求和经济合理原则。

(3)划分流水段。为了把各项工程合理地搭接起来,组织全场性的流水作业,以保持均衡施工,一般从工程量较大的工种工程或大型机械施工的工种工程着手,组成全场性的流水作业。如民用建筑一般是砌筑、抹灰、吊装等以砌筑为主导工程组织流水作业。

(4)确定工作项目的持续时间。根据工作项目所需的劳动量或机械台班数，以及该工作项目每天安排的人工数或配备的机械台数，计算出各工作项目的持续时间。其计算公式为

$$D = \frac{P}{RB}$$

式中　D——完成工作项目所需的时间，即持续时间，天；

P——工作项目所需要的劳动量(工日)或机械台班数(台班)；

R——每班安排的工人数或施工机械台数；

B——每天工作班数。

(5)绘制施工进度计划。

(6)施工进度计划的检查与调整。主要检查各工作项目的施工顺序、平行搭接和技术间歇是否合理，总工期是否满足合同规定，如果不符合，必须进行调整。同时，还要对人工、材料、主要机具等进行检查与调整，以达到均衡施工，取得良好的经济效益。

第二节　建设工程项目施工阶段进度控制

一、建设工程项目施工阶段进度控制原理

(一)施工阶段进度动态控制原理

建设工程项目施工阶段进度控制是一个不断进行的动态控制，也是一个循环进行的过程。在进度计划执行中，由于各种干扰因素的影响，实际进度与计划进度可能会产生偏差。分析偏差的原因，采取相应的措施，调整原来计划，使实际工作与计划在新的起点上重合，继续按其进行施工活动。但是在新的干扰因素作用下，又会产生新的偏差，施工进度计划控制就是采用这种循环的动态控制方法。

(二)施工阶段系统原理

为了对建设工程项目施工阶段实行进度计划控制，首先必须编制建设工程项目施工阶段的各种进度计划，形成建设工程项目施工阶段计划系统。按计划编制的对象由大到小、计划的内容由粗到细，包括建设工程项目施工阶段总进度计划、单位工程进度计划、分部分项工程进度计划，季、月(旬)作业计划。这些计划编制时从总体到局部，逐层进行控制目标分解，以保证计划控制目标的落实。计划执行时，从月(旬)作业计划开始实施，逐级按目标控制，从而达到对建设工程项目施工阶段整体进度目标进行控制。

施工组织各级负责人，从项目经理、施工队长、班组长及所属全体成员组成了建设工程项目施工阶段实施的完整组织系统，都按照施工进度规定的要求进行严格管理、落实和完成各自的任务。为了保证建设工程项目施工阶段按进度实施，自公司经理、项目经理，一直到作业班组都设有专门职能部门或人员负责检查汇报，统计整理实际施工进度的资料，并与计划进度比较分析和进行调整，形成一个纵横连接的建设工程项目施工阶段控制组织系统。

(三)施工阶段信息反馈原理

应用信息反馈原理，不断进行信息反馈，及时将施工的实际信息反馈给建设工程项目施

工阶段控制人员，通过整理各方面的信息，经比较分析作出决策，调整进度计划，使其符合预定工期目标。建设工程项目施工阶段进度控制过程就是信息反馈的过程。

（四）施工阶段弹性原理

建设工程项目施工阶段进度计划影响因素多，在编制进度计划时，根据经验对各种影响因素的影响程度、出现的可能性进行分析，编制建设工程项目施工阶段进度计划时要留有余地，使计划具有弹性。在计划实施中，利用这些弹性，缩短有关工作的时间，或改变工作之间的搭接关系，使已拖延了的工期仍然达到预期的计划目标。

（五）施工阶段封闭循环原理

项目进度计划控制的全过程是计划、实施、检查、比较分析、确定调整措施、再计划的不断循环过程。

二、影响建设工程项目施工阶段进度的因素

影响建设工程项目施工阶段进度的因素很多，可归纳为人、技术、材料、构配件、设备机具、资金、建设地点、自然条件、社会环境，以及其他难以预料的因素。这些因素可归纳为以下三类。

（1）相关单位的影响。项目经理部的外层关系单位很多，如材料供应、运输、通信、供水、供电、银行信贷、分包、设计等单位，他们对项目施工活动的密切配合与支持，是保证项目施工按期顺利进行的必要条件。对于这些因素，项目经理部应以合同的方式明确双方协作配合要求，在法律的保护和约束下，避免或减少损失。

（2）项目经理部内部因素的影响。项目经理部的工作对施工进度起决定性作用，对这类因素，可通过提高项目经理部的管理水平、技术水平来保证。

（3）不可预见因素的影响。对这类因素应做好分析和预测。

三、建设工程项目施工阶段进度控制方法和措施

（一）施工阶段进度控制的主要方法

1. *行政方法*

用行政方法控制进度是指上级单位及上级领导、本单位的领导，利用其行政地位及权力，通过发布进度指令，进行指导、协调、考核；利用激励手段（奖、罚、表扬、批评），监督、督促等方式进行进度控制。行政方法控制进度的重点是进度控制目标的决策和指导，在实施中应由实施者自己进行控制，尽量减少行政干预。使用行政方法控制进度具有直接、迅速、有效等优点，但要提倡科学性，防止主观、武断、片面的瞎指挥。

2. *经济方法*

用经济方法控制进度是指有关部门和单位用经济手段对进度控制进行影响和制约，主要有：建设银行通过控制投资的投放速度来控制工程项目的实施进度；在承发包合同中，写进有关工期和进度的条款；建设单位通过招标的进度优惠条件鼓励施工单位加快进度；建设单位通过工期提前奖励和延期罚款实施进度控制。

建立监测、分析、调整、反馈系统，通过计划进度与实际进度的动态比较，提供进度比较信息实现连续、动态的全过程进度目标控制。

3. 管理技术方法

进度控制的管理技术方法是指规划、控制和协调。通过规划确定项目的进度总目标和分目标；控制就是在项目实施的全过程中，进行计划进度与实际进度的比较，发现偏差，及时采取措施进行纠正；通过协调项目建设各方之间的进度关系达到控制进度的目的。

（二）施工阶段进度控制的措施

进度控制的措施包括组织措施、技术措施、合同措施、经济措施和信息管理措施等。

1. 组织措施

组织措施包括落实项目经理部的进度控制部门和人员，制定进度控制工作制度，明确各层次进度控制人员的任务和管理职责，对影响进度目标实现的干扰因素和风险因素进行分析，进行建设工程项目施工阶段分解，实行目标管理。

2. 技术措施

技术措施是指以加快施工进度的技术方法保证进度目标的实现。技术措施主要有落实施工方案的部署，尽可能选用新技术、新工艺、新材料，调整工作之间的逻辑关系，缩短持续时间，加快施工进度。

3. 合同措施

合同措施是以合同形式保证工期进度的实现，如签订分包合同、合同工期与计划的协调、合同工期分析、工期延长索赔等。

4. 经济措施

经济措施是指实现进度计划的资金保证措施，以及为保证进度计划顺利实施采取层层签订经济承包责任制的方法，采用奖惩手段等。

5. 信息管理措施

信息管理措施是指建立检测、分析、调整、反馈系统，通过计划进度与实际进度的动态比较，提供进度比较信息，实现连续、动态的全过程进度目标控制。

四、建设工程项目施工阶段进度控制过程

项目经理部为实现有效的进度控制，首先要建立进度实施、控制的科学组织体系和严密的工作制度，对施工全过程进行系统控制。进度控制系统应发挥监测、分析职能并循环运行，随着施工活动的进行不断将实际进度信息反馈给控制者，经过统计、整理、比较、分析后，确认进度执行无偏差，则系统继续运行；一旦发现实际进度与计划进度有偏差，系统将发挥调控职能，分析偏差产生的原因及对后续工作和总工期的影响。必要时，对原进度计划作出相应调整，提出纠偏措施方案和实施中的技术、组织、经济、合同等方面的保证措施，以及取得相关单位支持与配合的协调措施，使施工活动继续在控制下进行。

五、建设工程项目施工阶段进度计划的实施与检查

（一）施工阶段进度计划的实施

建设工程项目施工阶段进度计划的实施就是用施工进度计划指导施工活动，落实和完成计划，保证各进度目标的实现。为落实和完成计划，应形成严密的计划保证系统，将计划目标层层分解，层层签订承包合同或下达施工任务书，明确施工任务、技术措施、质量要求等，充分发动群众，使管理层和作业层协调一致，组成一个计划实施的保证体系。为组织好

建设工程项目施工阶段进度计划的实施,应做好以下工作。

(1)编制月(旬)作业计划。将规定的任务结合现场施工条件,在施工开始前和进行中不断编制月(旬)作业计划,使建设工程项目施工阶段进度计划更具体、切合实际和可行。

(2)签发施工任务书。将每项具体任务通过签发施工任务书向班组下达。

(3)做好施工记录,填好施工进度统计表。在施工任务执行过程中,各级管理者都要跟踪做好施工记录,记载计划中的每项工作开始日期、工作进度和完成日期,为建设工程项目施工阶段进度检查分析提供信息。

(4)做好施工中的调度工作。调度工作的任务是掌握计划实施情况,协调各方面关系,采取措施,排除各种矛盾,加强薄弱环节,实现动态平衡,保证完成作业计划和实现进度目标。调度工作是使施工进度计划顺利实施的重要手段。

(二)施工阶段进度计划的检查

建设工程项目施工阶段进度计划的检查过程可分为调查、整理、对比分析等步骤。

调查:采用逐日进度报表、作业状况报表、现场实地检查等方法对施工全过程进行跟踪监测,收集信息。

整理:将调查资料整理加工成与施工进度计划具有可比性的反映实际施工进度的资料。

对比分析:将实际进度与计划进度对比,计算出计划的完成程度与存在的差距,并经常结合与计划表达方法一致的图形一起进行对比分析。

进度计划的检查对比方法主要有横道图比较法、S形曲线比较法、香蕉形曲线比较法、前锋线比较法等。

1. 横道图比较法

横道图比较法是指将在项目实施中检查实际进度收集的信息,经整理后直接用横道线并列标于原计划的横道线处,进行直观比较的方法。因应用条件不同,可分以下几种。

(1)在匀速施工条件下,按时间进度标注、检查。在匀速施工条件下,时间进度与完成工程量进度一致,因此用到检查日为止的实际进度线与计划进度线长度相比较,二者之差即为时间进度差。

通过上述记录与比较,为进度控制者提供了实际进度与计划进度之间的偏差,为采取调整措施提供了明确的任务。

(2)在变速施工条件下,按时间进度和数量进度比例标注、检查。数量进度是指用实物工程量、工作量、劳动时间等表示的施工进度。检查变速施工进度或检查多项施工阶段综合进度时,由于施工中的时间进度与数量进度不一致,只有对二者同时标注检查,才能准确反映施工进度完成情况。具体方法是将表示工作实际进度的涂黑粗线,按检查的期间和完成的百分比交替绘制在计划横道图上下两侧,其长度表示该时间内完成的任务量。工作的计划完成累计百分比标于横道线的上方,工作的实际完成累计百分比标于横道线下方的检查日期处,通过两个上下相对的百分比相比较,判断该工作的实际进度与计划进度之间的关系。

横道图比较法简单、形象直观、容易掌握,但它是以横道图计划为基础,各工作之间的逻辑关系不明显,关键工作和关键线路无法确定,一旦某些工作进度产生偏差时,难以预测对后续工作和整个工期的影响以及确定调整方案。

2. S形曲线比较法

S形曲线比较法是以横坐标表示进度时间、纵坐标表示累计完成任务量而绘制出一条按计划时间累计完成任务量的 S 形曲线图，进行实际进度与计划进度相比较的一种方法。一般情况下，进度控制人员在计划实施前绘制出计划 S 形曲线，在项目实施过程中，按规定时间将检查的实际完成任务情况与计划 S 形曲线绘制在同一张图上，可得出实际进度 S 形曲线。

比较两条 S 形曲线可得到如下信息。

（1）工程项目实际进度与计划进度比较情况。当实际进展点落在计划 S 形曲线左侧，则表示此时实际进度比计划进度超前；若落在其右侧，则表示拖后；若刚好落在其上，则表示两者一致。

（2）工程项目实际进度比计划进度超前或拖后的时间；ΔT_a 表示 T_a 时刻实际进度超前的时间；ΔT_b 表示 T_b 时刻实际进度拖后的时间。

（3）工程项目实际进度比计划进度超额或拖欠的任务量。ΔQ_a表示 T_a时刻超额完成的任务量；ΔQ_b表示 T_b时刻拖欠的任务量。

（4）预测工程进度。后期工程按原计划速度进行，则工期拖延预测值为 ΔT_c。

3. 香蕉形曲线比较法

香蕉形曲线是由两条 S 形曲线组合成的闭合曲线。一条 S 形曲线是按各项工作的计划最早开始时间绘制的计划进度曲线（*ES*），另一条 S 形曲线是按各项工作的计划最迟开始时间绘制的计划进度曲线（*LS*）。两条 S 形曲线都是从计划的开始时刻开始和完成时刻结束，因此两条曲线是闭合的，故呈香蕉形。

同一时刻两条曲线所对应的计划完成量形成了一个允许实际进度变动的弹性区间，在项目的实施中进度控制的理想状态是任一时刻按实际进度描出的点，应落在该香蕉形曲线的区域内。利用香蕉形曲线比较法可以对工程实际进度与计划进度做比较，对工程进度进行合理安排，确定在检查状态下后期工程的 *ES* 曲线和 *LS* 曲线的发展趋势。

4. 前锋线比较法

前锋线比较法也是一种简单的进行工程实际进度与计划进度的比较方法。它主要适用于时标网络计划。在时标网络图表上，将检查日的各项工作的实际进度标注出来，依次连接得到实际进度前锋线，一般为折线。按前锋线与网络图箭线交点的位置判定工程实际进度与计划进度的偏差，线的左侧为已完部分，右侧为尚需的工作时间。对匀速进展的工作，前锋线明显反映出检查日有关工作实际进度与计划进度的关系；工作实际进度点位置与检查日时间坐标相同，则该工作实际进度与计划进度一致；工作实际进度点位置在检查日时间坐标右侧，则该工作实际进度超前，超前天数为二者之差；工作实际进度点位置在检查日时间坐标左侧，则该工作日实际进度拖后，拖后天数为二者之差。

六、建设工程项目施工阶段进度计划调整

施工进度计划在执行过程中呈现出波动性、多变性和不均衡性的特点，所以在建设工程项目施工阶段进度计划执行中，要经常检查进度计划的执行情况，及时发现问题。当实际进度与计划进度存在差异时，必须对进度计划进行调整，以实现进度目标。

（一）分析偏差对后续工作及总工期的影响

通过检查发现施工进度出现偏差后，利用网络计划分析偏差所处位置及其与总时差 *TF*、自由时差 *FF* 的对比关系，判断偏差对总工期及后续工作的影响。若出现偏差的工作为

关键工作,则无论偏差大小,都对后续工作及总工期产生影响,必须采取相应的调整措施。若出现偏差的工作不是关键工作,需要根据偏差值与总时差和自由时差的大小关系,确定对后续工作和总工期的影响程度:当偏差小于该工作的自由时差时,对工作计划无影响;当偏差大于自由时差而小于总时差时,对后续工作的最早开工时间有影响,对总工期无影响;当偏差大于总时差时,对后续工作和总工期都有影响。

(二)施工进度检查结果的处理意见

在上述分析的基础上,依据施工工期的要求提出处理意见,在必要时作出调整。

(三)施工进度计划的调整

为了实现进度目标,建设工程项目施工阶段控制人员发现问题后,必须对实施的进度进行调整。调整原施工进度计划的方法一般有以下两种。

1. 改变某些工作间的逻辑关系

若检查的实际进度产生的偏差影响了总工期,在工作之间的逻辑关系允许改变的条件下,通过改变关键线路上各工作的先后顺序及逻辑关系来实现缩短工期的目的。

对于大型群体工程项目,单位工程间的相互制约相对较小,可调幅度较大;对于单位工程内部各分部分项工程之间,由于施工顺序和逻辑关系约束较大,故可调幅度较小。采用此种方式进行调整时,由于增加了各工作间的相互搭接时间,因而进度控制工作显得更加重要,实施中必须做好协调工作。

2. 缩短后续某些工作的持续时间

这种方法不改变工作之间的逻辑关系,而是缩短后续某些工作的持续时间,加快进度,以保证计划工期的实现。在项目进度拖延的情况下,为了加快进度,通常是压缩引起总工期拖延的关键线路和某些非关键线路的工作持续时间。一般是根据工期－费用优化的原理进行调整。具体做法是:

(1)研究后续各项工作持续时间压缩的可能性及其极限工作持续时间;

(2)确定因计划调整、采取必要措施而引起的各项工作的费用变化率;

(3)选择直接引起拖期的工作及紧后工作优先压缩,以免拖期影响扩散;

(4)选择费用变化率最小的工作优先压缩,以求花费最小代价,满足既定工期要求;

(5)综合考虑(3)条、(4)条,确定新的调整计划。

在实际工作中应根据具体情况选用上述方法进行进度计划的调整,某一种方式的调整幅度不能满足工期目标要求时,可以同时采用上述两种方法进行进度计划调整。

在缩短关键工作的持续时间时,通常需要采取一定的措施来达到目的。具体措施有以下几种。

(1)组织措施。增加工作面,组织更多的施工队伍;增加每天的施工时间(如采用三班制等);增加劳动力和施工机械的数量等。

(2)技术措施。改进施工工艺和施工技术,缩短工艺技术间歇时间;采用更先进的施工方法,以减少施工阶段的数量(如将现浇框架方案改为预制装配方案);采用更先进的施工机械等。

(3)经济措施。实行包干奖励,提高奖金数额,对所采取的技术措施给予相应的经济补偿等。

(4)其他配套措施。改善外部配合条件,改善劳动条件,实行强有力的调度等。

第六章　建设工程项目施工阶段成本管理

第一节　概　述

一、建设工程项目施工阶段成本概念及构成

建设工程项目施工阶段成本是指建筑施工企业在以建设工程项目施工阶段作为成本核算对象的施工阶段中所耗费的生产资料转移价值和劳动者的必要劳动所创造的价值的货币形式。它是建设工程项目施工阶段在施工阶段中发生的全部生产费用总和，包括所消耗的主辅材料、构配件、周转材料的摊销费或租赁费，施工机械台班费或租赁费，支付给生产工人的工资、奖金，以及项目经理部为组织和管理工程施工所发生的全部费用支出。

二、建设工程项目施工阶段成本的划分

根据管理的需要,可将成本划分为不同的成本形式。

(一)按成本发生的时间划分

1. 预算成本

工程预算成本反映各地区建筑业的平均成本水平。它根据由施工图、全国统一的工程量计算规则计算出来的工程量,全国统一的建筑、安装基础定额和由各地区的市场劳务价格、材料价格信息及价差系数,并按有关取费的指导性费率进行计算。

2. 合同价

合同价是建设单位在分析众多投标书的基础上,最终与一家承包商确定的工程价格,最终在双方签订的合同文件中确认,作为工程结算的依据。对承包商来说是通过报价竞争获得承包资格而确定的工程价格。合同价是项目经理部确定成本计划和目标成本的主要依据。

3. 计划成本

计划成本是在项目经理领导下组织施工、充分挖掘潜力、采取有效的技术措施和加强管理经济核算的基础上，预先确定的工程项目的成本目标。它是根据合同价以及企业下达的成本降低指标，在成本发生前预先计算的。它对于企业和项目经理部的经济核算、建立和健全成本管理责任制、控制施工阶段中生产费用、降低项目成本具有十分重要的作用。

4. 实际成本

实际成本是建设工程项目施工阶段在报告期内实际发生的各项生产费用的总和。实际成本与计划成本比较,可反映成本的节约或超支;实际成本与合同价比较,可反映项目盈亏情况。计划成本和实际成本都反映施工企业成本管理水平,它受企业本身的生产技术、施工条件、项目经理部组织管理水平及企业生产经营管理水平所制约。

(二)按生产费用计入成本的方法划分

1. 直接成本

直接成本是指直接耗用于并能直接计入工程对象的费用。

2. 间接成本

间接成本是指非直接用于也无法直接计入工程对象,但为进行工程施工所必须发生的费用,通常按照直接成本的比例进行计算。

(三)按成本习性来划分

1. 固定成本

固定成本是指在一定期间和一定的工程范围内,其发生的成本额不受工程量增减变动的影响而相对固定的成本,如折旧费、管理人员工资等。固定成本是为了保持企业一定的生产经营条件而发生的。

2. 变动成本

变动成本是指发生额随着工程量的增加而成正比例变动的费用,如用于工程的材料费、工人工资等。

三、建设工程项目施工阶段成本管理的内容

建设工程项目施工阶段成本管理的工作内容包括成本预测、成本计划、成本控制、成本核算、成本分析和成本考核等。建设工程项目施工阶段经理部在项目施工阶段中,对所发生的各种成本信息,通过有组织、有系统地进行预测、计划、控制、核算和分析等一系列工作,促使建设工程项目施工阶段系统内各种要素,按照一定的目标运行,使建设工程项日施工阶段的实际成本能够控制在预定的计划成本范围内。

(一)施工阶段成本预测

建设工程项目施工阶段成本预测是通过成本信息和建设工程项目施工阶段的具体情况,采用一定的预测方法,对未来的成本水平及其可能发展趋势做出科学的估计。它可以使项目经理部在满足建设单位和企业要求的前提下,选择成本低、效益好的最佳方案,并能够在建设工程项目施工阶段成本形成过程中,针对薄弱环节,加强成本控制,克服盲目性,提高预见性。

(二)施工阶段成本计划

建设工程项目施工阶段成本计划是以货币形式编制的建设工程项目施工阶段在计划期内的生产费用、成本水平、成本降低率,以及为降低成本所采取的主要措施和规划的书面方案。它是建立建设工程项目施工阶段成本管理责任制、开展成本控制和核算的基础,是建设工程项目施工阶段降低成本的指导文件,是建立目标成本的依据。可以说,成本计划是目标成本的一种形式。

(三)施工阶段成本控制

建设工程项目施工阶段成本控制是指项目在施工阶段中,对影响建设工程项目施工阶段成本的各种因素加强管理,并采取各种有效措施,将施工中实际发生的各种消耗和支出严格控制在成本计划范围内,严格审查各项费用是否符合标准,计算实际成本和计划成本之间的差异并进行分析,消除施工中的损失浪费现象。

(四)施工阶段成本核算

建设工程项目施工阶段成本核算是对项目施工阶段中所发生的各种费用和形成建设工程项目施工阶段成本进行的核算。建设工程项目施工阶段成本核算所提供的各种成本信息,是成本预测、成本计划、成本控制、成本分折和成本考核等各个环节的依据。

(五)施工阶段成本分析

建设工程项目施工阶段成本分析是在成本形成过程中,根据成本核算资料和其他有关资料,对建设工程项目施工阶段成本进行的对比评价和剖析总结,将实际成本与目标成本、预算成本及类似建设工程项目施工阶段的实际成本等进行比较,了解成本的变动情况,检查成本计划的合理性,并通过成本分析深入揭示成本变动的规律,寻找降低建设工程项目施工阶段成本的途径和潜力。

(六)施工阶段成本考核

建设工程项目施工阶段成本考核是在建设工程项目施工阶段完成后,对建设工程项目施工阶段成本形成中的各责任者,按建设工程项目施工阶段成本目标责任制的有关规定,评定建设工程项目施工阶段成本计划的完成情况和各责任者的业绩,并以此给以相应的奖励和处罚。

第二节　建设工程项目施工阶段成本计划的概念及内容

一、建设工程项目施工阶段成本计划的概念

(一)施工阶段成本计划的概念

建设工程项目施工阶段成本计划是以货币形式预先规定建设工程项目施工阶段进行中的施工生产耗费的水平,确定对比项目总投资(或中标额)应实现的计划成本降低额与降低率,提出保证成本计划实施的主要措施方案。建设工程项目施工阶段成本计划一经确定,就应按成本管理层次、有关成本项目及项目进展的逐阶段对成本计划加以分解,层层落实到部门、班组,并制定各级成本实施方案。

建设工程项目施工阶段成本计划是建设工程项目施工阶段成本管理的一个重要环节,许多施工单位仅单纯重视项目成本管理的事中控制及事后考核,却忽视甚至省略了至关重要的事前计划,使得成本管理从一开始就缺乏目标。成本计划是对生产耗费进行事前预计、事中检查控制和事后考核评价的重要依据。经常将实际生产耗费与成本计划指标进行对比分析,揭露执行过程中存在的问题,及时采取措施,可以改进和完善成本管理工作,保证建设工程项目施工阶段成本计划各项指标得以实现。

(二)施工阶段成本计划的内容

建设工程项目施工阶段成本计划一般由建设工程项目施工阶段降低直接成本计划和间接成本计划及技术组织措施组成。如果项目设有附属生产单位,如工厂、预制厂等,则成本计划还包括产品成本计划和作业成本计划。

建设工程项目施工阶段降低直接成本计划主要反映工程成本的预算价值、计划降低额和计划降低率。间接成本计划主要反映施工现场管理费用的计划数、预算收入数及降低额。技术组织措施主要是从技术、组织、管理方面采取措施,如推广新技术、新材料、新结构、新工

艺，加强材料、机械管理，采用现代化管理技术等来降低成本，对所采取的技术组织措施预测它的经济效益，编制降低成本的技术组织措施表。

二、建设工程项目施工阶段成本计划的编制

（一）项目成本计划编制的原则

1. 从实际出发的原则

编制成本计划必须从企业的实际情况出发，充分挖掘企业内部潜力，正确选择施工方案，合理组织施工；提高劳动生产率；改善材料供应，降低材料消耗，提高机械利用率；节约施工管理费用等，使降低成本指标既积极可靠，又切实可行。

2. 与其他计划结合的原则

一方面成本计划要根据建设工程项目施工阶段的生产、技术组织措施、劳动工资材料供应等计划来编制，另一方面编制其他各种计划都应考虑适应降低成本的要求。因此，编制成本计划必须与建设工程项目施工阶段的其他各项计划如施工方案、生产进度、财务计划、材料供应及耗费计划等密切结合，保持平衡。

3. 采用先进的技术经济定额的原则

编制成本计划，必须以各种先进的技术经济定额为依据，并针对工程的具体特点，采取切实可行的技术组织措施作保证。只有这样，才能编制出既有科学根据，又有实现的可能，起到促进和激励作用的成本计划。

4. 统一领导、分级管理的原则

编制成本计划，应实行统一领导、分级管理的原则，应在项目经理的领导下，以财务、计划部门为中心，发动全体职工共同进行，总结降低成本的经验，找出降低成本的正确途径，使成本计划的制定和执行具有广泛的群众基础。

5. 弹性原则

在项目施工阶段中很可能发生一些在编制计划时所未预料的变化，尤其是材料供应、市场价千变万化，因此在编制计划时应充分考虑各种变化因素，留有余地，使计划保持一定的适应能力。

（二）施工阶段成本计划编制的程序

编制成本计划的程序，因项目的规模大小、管理要求不同而不同，大中型项目一般采用分级编制的方式，即先由各部门提出部门成本计划，再由项目经理部汇总编制全项目的成本计划；小型项目一般采用集中编制方式，即由项目经理部先编制各部门成本计划，再汇总编制全项目的成本计划。无论采用哪种方式，其编制的基本程序如下。

1. 收集和整理资料

广泛收集资料并进行归纳整理是编制成本计划的必要步骤。所需收集的资料也即是编制成本计划的依据。主要包括以下资料。

（1）项目经理部与企业签订的承包合同及企业下达的成本降低额、降低率和其他有关技术经济指标。

（2）有关成本预测、决策的资料。

（3）建设工程项目施工阶段的施工图预算、施工预算。

（4）建设工程项目施工阶段管理规划。

(5)建设工程项目施工阶段使用的机械设备生产能力及其利用情况。

(6)建设工程项目施工阶段的材料消耗、物资供应、劳动工资及劳动效率等计划资料。

(7)计划期内的物资消耗定额、劳动定额、费用定额等资料。

(8)以往同类项目成本计划的实际执行情况及有关技术经济指标完成情况的分析资料。

(9)同行业同类项目的成本、定额、技术经济指标资料及增产节约的经验和有效措施。

此外,还应深入分析当前情况和未来的发展趋势,了解影响成本升降的各种有利和不利因素,研究如何克服不利因素和降低成本的具体措施,为编制成本计划提供丰富、具体和可靠的资料。

2. 估算计划成本,确定目标成本

对所收集到的各种资料进行整理分析,根据有关的设计、施工等计划,按照工程项目应投入的物资、材料、劳动力、机械、能源及各种设施等,结合计划期内各种因素的变化和准备采取的各种增产节约措施,进行反复测算、修订、平衡后,估算生产费用支出的总水平,进而提出全项目的成本计划控制指标,最终确定目标成本。

所谓目标成本,即是项目(或企业)对未来产品成本规定的奋斗目标。目标成本有很多形式,在制定目标成本作为编制建设工程项目施工阶段成本计划和预算的依据时,可以计划成本或标准成本为目标成本,这将随成本计划编制方法的不同而变化。

一般而言,目标成本的计算公式如下:

$$\text{项目目标成本} = \text{预计结算收入} - \text{税金} - \text{项目目标利润}$$

$$\text{目标成本降低额} = \text{项目的预算成本} - \text{项目的目标成本}$$

$$\text{目标成本降低率} = \frac{\text{目标成本降低额}}{\text{项目的预算成本}} \times 100\%$$

3. 编制成本计划草案

对大中型项目,各职能部门根据项目经理下达的成本计划指标,结合计划期的实际情况,挖掘潜力,提出降低成本的具体措施,编制各部门的成本计划和费用预算。

4. 综合平衡,编制正式的成本计划

在各职能部门上报了部门成本计划和费用预算后,项目经理部首先应结合各项技术组织措施,检查各计划和费用预算是否合理可行,并进行综合平衡,使各部门计划和费用预算之间相互协调、衔接;其次,要从全局出发,在保证企业下达的成本降低任务或本项目目标成本实现的情况下,分析研究成本计划与生产计划、劳动力计划、材料成本与物资供应计划、工资成本与工资基金计划、资金计划等的相互协调平衡。经反复讨论、多次综合平衡,最后确定的成本计划指标即可作为编制成本计划的依据。项目经理部正式编制的成本计划,上报企业有关部门后即可正式下达至各职能部门执行。

(三)施工阶段成本计划编制的方法

1. 施工预算法

施工预算是项目经理部根据企业下达的责任成本目标,在详细编制施工组织设计、不断优化施工技术方案和合理配置生产要素的基础上,通过工料消耗分析和节约措施制定的计划成本,亦称现场目标成本。一般情况下,施工预算总额应控制在责任成本目标的范围内,并留有一定余地。在特殊情况下,项目经理部经过反复挖潜措施,不能把施工预算总额控制在责任成本目标的范围内，应与公司主管部门进一步协商修正责任成本目标或共同探索进一步降低成本措施，以使施工预算建立在切实可行的基础上，作为控制施工阶段生产成本的依据。

施工预算是以施工图为基础，以施工方案、施工定额为依据，通过本企业工、料、机等资源的消耗量指标与企业内部价格来确定出各分项工程的成本，然后将各分项工程成本汇总，得到整个项目的成本支出。最后考虑风险、物价等影响因素，予以调整。

各分项工程成本计算公式为

$$M_j = S_j \sum_{i=1}^{n} A_{ij} P_i \tag{6-1}$$

建设工程项目施工阶段预算成本公式为

$$C = \left(\sum_{j=1}^{n} M_j\right)(1 + r)(1 + q) \tag{6-2}$$

式中 M_j——第 j 分项工程成本；

S_j——第 j 分项工程的总工程量；

A_{ij}——在第 j 分项工程上，第 i 种资源单位工程量消耗定额；

P_i——第 i 种资源内部单价；

C——建设工程项目施工阶段预算成本；

r——间接费率；

q——风险、物价系数。

这里应该注意，施工预算中各分部分项工程的划分尽量做到与合同预算的分部分项工程划分一致或对应，这样就为以后成本控制逐项对比创造了条件。

施工预算的编制应注意以下几点：

(1)必须充分了解投标估价过程，哪些方面已经在投标时考虑了降低成本措施，分析尚有哪些途径可继续采取降低成本措施；

(2)必须认真研究合同条件和施工条件；

(3)必须以最经济合理的施工方案及其降低成本节约措施为依据；

(4)必须以企业统一的消耗定额进行工料消耗分析，然后以企业内部统一的价格、市场价、内协外协合同价为依据计算成本；

(5)施工预算编成后，要结合项目管理方案评审，进行可行性和合理性的论证评价，并在措施上进行必要的补充；

(6)必须在单位工程开工前编制完成，对于一些编制条件不成熟的分部分项工程，也要先进行估算，待条件成熟时再作详细调整。

2. 中标价调整法

中标价调整法是建设工程项目施工阶段成本计划编制的常用方法，其步骤及计算公式如下。

(1)根据已有的投标、概预算资料，确定中标合同价与施工图预算的总价差额。

(2)根据技术组织措施计划确定采取的技术组织措施和节约措施所能取得的经济效果，计算出建设工程项目施工阶段可节约的成本额。

(3)对实际成本可能明显超出或低于定额的主要子项，按实际支出水平估算出其实际与定额水平之差。

(4)充分考虑不可预见因素、风险因素、工期制约因素、市场价格变动等加以计算调整,得出一综合影响系数。

综合以上各项计算工程项目的目标成本降低额及降低率,则

$$目标成本降低额 = [(1)+(2)\pm(3)]\times[1+(4)]$$

3. 成本习性法

成本习性法是按照成本习性将成本分成固定成本和变动成本两类,分析建设工程项目施工阶段的固定成本总额和变动成本总额,以此作为计划成本。

4. 按实计算法

根据本企业执行定额的实际水平和要求,以工程施工图预算的工料分析作为控制计划成本的依据,由各职能部门归口计算各项计划成本。

5. 定率估算法

当工程项目过于庞大或复杂时,可采用定率估算法计算建设工程项目施工阶段的计划成本。即先将工程项目划分为少数几个子项,然后参照同类项目的历史数据,估算出各子项的成本降低额,汇总可得出整个项目的成本降低额。

第三节　建设工程项目施工阶段成本核算

一、建设工程项目施工阶段成本核算对象与成本项目

建设工程项目施工阶段成本核算是对施工中各种费用支出和成本的形成进行审核、汇总、计算。项目经理部作为建设工程项目施工阶段的成本中心,做好项目的成本核算,就为成本管理各环节提供了必要的资料,所以成本核算是成本管理的一个重要环节,应贯穿于成本管理的全过程。

(一)施工阶段成本核算对象划分

成本核算对象是指在计算成本中,确定归集和分配生产费用的具体对象,即生产费用承担的客体。

建设工程项目施工阶段不等于成本核算对象。有时一个建设工程项目施工阶段包括几个单位工程,需要分别核算。建设工程项目施工阶段成本一般应以每一独立编制施工图预算的单位工程为成本核算对象,但也可以按照承包工程项目的规模、工期、结构类型、施工组织和施工现场等情况,结合成本管理要求,灵活划分成本核算对象。一般来说,有以下几种划分方法。

(1)一个单位工程由几个施工单位共同施工时,各施工单位都应以同一单位工程为成本核算对象,各自核算自行完成的部分。

(2)规模大、工期长的单位工程,可以将工程划分为若干部位,以分部工程作为成本核算对象。

(3)同一建设工程项目,由同一施工单位施工,并在同一施工地点,属同一结构类型,开竣工时间相近的若干单位工程,可以合并为一个成本核算对象。

(4)改建、扩建的零星工程,可以将开竣工时间相接近、属于同一建设工程项目的各个

单位工程合并作为一个成本核算对象。

(5)土石方工程、打桩工程,可以根据实际情况和管理需要,以一个单项工程作为成本核算对象,或将同一施工地点的若干个工程量较少的单项工程合并作为一个成本核算对象。

(二)施工阶段的成本项目

按照现行财务制度规定,施工企业工程成本分为直接成本和间接成本。建筑安装工程费由直接工程费、间接工程费、计划利润、税金等四个部分组成。工程直接费由直接费、其他直接费、现场经费组成。工程直接费虽在计算工程造价时可按定额和单位估价表直接列入,而在项目多的单位工程施工情况下,实际发生时却有相当部分费用需通过分配方法计入。间接成本一般按一定标准分配计入成本核算对象——单位工程。进行项目成本核算的单位,发生间接成本可以直接计入项目,但需分配计入单位工程。

1. 直接成本

直接成本是指施工阶段中耗费的构成工程实体或有助于工程形成的各项支出,包括人工费、材料费、机械使用费和其他直接费。

(1)人工费。是指直接从事建筑安装工程施工的生产工人开支的各项费用,包括工资、奖金、工资性质的津贴、生产工人辅助工资、职工福利费、生产工人劳动保护费等。

(2)材料费。包括施工阶段中耗用的构成工程实体的原材料、辅助材料、构配件、零件、半成品的费用和周转材料的摊销及租赁费用。

(3)机械使用费。包括施工阶段中使用自有施工机械所发生的机械使用费,租出外单位(含内部机械设备租赁市场)施工机械的租赁费,以及施工机械安装、拆卸和进出场费。

(4)其他直接费。包括施工阶段中发生的材料二次搬运费、临时设施摊销费、生产工具使用费、检验试验费、工程定位复测费、工程点交费、场地清理费等。

建筑安装工程费用项目组成其他直接费用还有冬雨季施工增加费、夜间施工增加费、仪器仪表使用费、特殊工程培训费、特殊地区施工增加费。

上述各项其他直接费,如本地区现行预算定额中分别列入人工费、材料费、机械使用费项目的,企业也应分别在相应的成本项目中核算。

2. 间接成本

间接成本是指项目经理部为施工准备、组织和管理施工生产所发生的全部施工间接费支出。其具体的费用项目及内容包括以下几项。

(1)工作人员薪金。是指现场项目管理人员的工资、奖金、工资性质的津贴等。

(2)劳动保护费。是指现场管理人员按规定标准发放的劳动保护用品的购置费及修理费、防暑降温费,在有碍身体健康环境中施工的保健费用等。

(3)职工福利费。是指按现场项目管理人员工资总额的一定比例提取的福利费。

(4)办公费。是指现场管理办公用的文具、纸张、账表、印刷、邮电、书报、会议、水电、烧水和集体取暖用煤等费用。

(5)差旅交通费。是指职工因公出差的差旅费、住宿补助费、市内交通费、误餐补助费和职工探亲路费、劳动力招募费、职工离退休及职工退职一次性路费、工伤人员就医路费、工地转移费,以及现场管理使用的交通工具的油料、燃料、养路费及牌照费等。

(6)固定资产使用费。是指现场管理及试验部门使用的属于固定资产的设备、仪器等折旧、大修理、维修费或租赁费等。

(7)工具用具使用费。是指现场管理使用的不属于固定资产的工具、器具、家具、交通工具和检验、试验、测绘、消防用具等的购置、维修和摊销费等。

(8)保险费。是指施工管理用财产、车辆保险及高空、井下、海上作业等待殊工程安全保险等。

(9)工程保修费。是指工程施工交付使用后在规定保修期内的修理费用。

(10)工程排污费。是指施工现场按规定交纳的排污费用。

(11)其他费用。按项目管理的要求,凡发生于项目的可控费用,均应下沉到项目核算,不受层次限制,以便落实项目管理经济责任,所以还应包括下列费用项目。

①工会经费。是指按现场管理人员的工资总额的一定比例计提的工会经费。

②教育经费。是指按现场管理人员的工资总额的一定比例提取使用的职工教育经费。

③业务活动经费。是指按"小额、合理、必需"原则使用的业务活动费。

④税金。是指应由项目负担的房产税、车船使用税、土地使用税、印花税等。

⑤劳保统筹费。是指按工资总额一定比例交纳的劳保统筹基金。

⑥利息支出。是指项目在银行开户的存贷款利息支出净额。

⑦其他财务费用。是指汇兑降损失、调剂外汇手续费、银行手续费等费用。

二、建设工程项目施工阶段成本核算的特点

因为建筑产品具有多样性、固定性、形体庞大、价值巨大等不同于其他工业产品的特点,所以在建筑产品的生产过程中,建设工程项目施工阶段的成本核算也就具有了不同于一般产品成本核算的特点。主要有以下几个方面。

(1)项目成本核算内容繁杂、周期长。建设工程项目施工阶段生产的周期长,项目的组成内容多,多个施工阶段同时进行,项目成本核算又是定期、不停地进行的,因此成本核算是一项内容繁杂、伴随项目施工全过程的重要工作。

(2)成本核算需要全员的分工与协作、共同完成。成本的核算不是一个人或一个岗位所能完成的。准确而及时的成本核算需要全员的配合,按照分工与职责,做到全员管理。

(3)成本核算满足"三同步"要求难度大。建设工程项目施工阶段生产过程包含数量众多的施工阶段,各个施工阶段之间具有一定的联系,有些甚至相互制约。一个施工阶段发生改变,可能会影响相关的其他过程,在施工阶段中的某个时点上,确切的成本资料很难掌握。

(4)在项目总分包制条件下,对分包商的实际成本很难把握。在项目成本核算时,只能以分包价格作为项目核算的成本支出。

(5)在成本核算过程中,数据处理工作量巨大。在成本核算过程中,需对各种成本数据进行收集、加工、整理,特别是需将实际成本与施工预算成本、合同预算成本进行比较,这样数据处理的工作量就更加巨大。为了更好地做好成本核算工作,应充分利用计算机,使成本核算工作程序化和标准化。

三、建设工程项目施工阶段成本核算方法

(一)建立以项目为成本中心的核算体系

企业内部通过机制转换,形成和建立了内部劳务(含服务)市场、机械设备、租赁市场、材料市场、技术市场和资金市场。项目经理部与这些内部市场主体发生的是租赁买卖关系,

一切都以经济合同结算关系为基础。它们以外部市场通行的市场规则和企业内部相应的调控手段相结合的原则运行。

(二)实际成本数据的归集

项目经理部必须建立完整的成本核算账务体系。应用会计核算的办法,在配套的专业核算辅助下,对项目成本费用的收、支、结、转进行登记、计算和反映,归案实际成本数据。项目成本核算的账务体系,主要包括会计科目、会计月报表和必要的核算台账。

(1)会计科目主要包括工程施工、材料采购、主要材料、结构件、材料成本差异、预提费用、待摊费用、专项工程支出、应付购贷款、管理费、内部往来、其他往来、发包单位工程款往来等。

(2)会计报表主要包括工程成本表、竣工工程成本表等。

(三)"三算"跟踪分析

"三算"跟踪分析是对分部分项工程的实际成本与施工预算成本及合同预算(或施工图预算)成本进行逐项分别比较,反映成本目标的执行结果,即事后实际成本与事前计划成本的差异。

为了及时、准确、有效地进行"三算"跟踪分析,应按分部分项内容和成本要素划分"三算",跟踪分析项目。

项目成本偏差有实际偏差、计划偏差和目标偏差,分别按下式计算:

$$实际偏差=实际成本-合同预算成本$$

$$计划偏差=合同预算成本-施工预算成本$$

$$目标偏差=实际成本-施工预算成本$$

项目的实际成本总是以施工预算成本为均值,在均值上下波动。通常,实际成本总是低于合同预算成本,偶尔也可能高于合同预算成本。

合同预算成本和施工预算成本是静态的计划成本。实际成本则来源于实际的施工阶段,它的信息载体是各种日报、材料消耗台账等。通过这些报表,就能够收集到实际工、料消耗等的准确数据,然后将这些数据与施工预算成本、合同预算成本逐项进行比较。一般每月度比较一次,并严格遵循"三同步"原则。

第四节　建设工程项目施工阶段成本控制

一、建设工程项目施工阶段成本控制的对象和内容

(一)以施工阶段成本形成的过程作为控制对象

根据对项目成本实行全面、全过程控制的要求,具体有以下控制内容。

(1)工程投标阶段,应根据工程概况和招标文件,进行建设工程项目施工阶段成本的预测,提出投标决策意见。

(2)施工准备阶段,应结合设计图纸的自审、会审和其他资料(如地质勘探资料等)编制实施性施工组织设计,通过多方案的技术经济比较,从中选择经济合理、先进可行的施工方案,编制详细而具体的成本计划,对项目成本进行事前控制。

(3)施工阶段,以施工图预算、施工预算、劳动定额、材料消耗定额和费用开支标准等,

对实际发生的成本费用进行控制。

(4)竣工交付使用及保修期阶段,应对竣工验收过程发生的费用和保修费用进行控制。

(二)以施工阶段的职能部门、施工队和生产班组作为成本控制的对象

项目的职能部门、施工队和班组进行的项目成本控制是最直接、最有效的成本控制。成本控制的具体内容是日常发生的各种费用和损失,而这些费用和损失,都发生在各个部门、施工队和生产班组。因此,也应以职能部门、施工队和班组作为成本控制对象,接受项目经理和企业有关部门的指导、监督、检查和考评。

(三)以分部分项工程作为项目成本的控制对象

为了把成本控制工作做得扎实、细致,落到实处,还应以分部分项工程作为项目成本的控制对象。在正常情况下,项目应该根据分部分项工程的实物量,参照施工预算定额,结合项目经理的技术素质、业务素质和技术组织措施的节约计划,编制包括工、料、机消耗数量、单价、金额在内的施工预算,作为对分部分项工程成本进行控制的依据。

(四)以对外经济合同作为成本控制对象

建设工程项目施工阶段的对外经济业务都要以经济合同为纽带建立合约关系,以明确双方的权利和义务。在签订各项对外经济合同时,要将合同的数量、单价、金额控制在预算收入之内,如合同金额超过预算收入,就意味着成本亏损。

二、建设工程项目施工阶段成本控制的原则

(一)开源与节流相结合的原则

在成本控制中,坚持开源与节流相结合的原则,要求做到:每发生一笔金额较大的成本费用,都要查一查有无与其相对应的预算收入,是否支大于收;在经常性的分部分项工程成本核算和月度成本核算中,也要进行实际成本与预算收入的对比分析,以便从中探索成本节超的原因,纠正项目成本的不利偏差,实现降低成本的目标。

(二)全面控制原则

1. 项目成本的全员控制

项目成本是一项综合性很强的工作,它涉及项目组织中各个部门、单位和班组的工作业绩,仅靠项目经理和专业成本管理人员及少数人的努力是无法收到预期效果的,应形成全员参与项目成本控制的成本责任体系,明确项目内部各职能部门、班组和个人应承担的成本控制责任,其中包括各部门、各单位的责任网络和班组经济核算等。

2. 项目成本的全过程控制

建设工程项目施工阶段成本的全过程控制是在工程项目确定以后,从施工准备到竣工交付使用的施工全过程中,对每项经济业务,都要纳入成本控制的轨道,使成本控制工作随着项目施工进展的各个阶段连续进行,既不能疏漏,又不能时紧时松,自始至终使建设工程项目施工阶段成本置于有效的控制之下。

(三)中间控制原则

中间控制原则又称动态控制原则。由于建设工程项目施工阶段具有一次性的特点,应特别强调项目成本的中间控制。

计划阶段的成本控制,只是确定成本目标、编制成本计划、制定成本控制方案,为今后的成本控制做好准备,只有通过施工阶段的实际成本控制,才能达到降低成本的目标。而竣工

阶段的成本控制，由于成本盈亏已经基本定局，即使发生了偏差，也来不及纠正了。因此，成本控制的重心应放在施工阶段中，坚持中间控制的原则。

（四）节约原则

节约人力、财力、物力的消耗，是提高经济效益的核心，也是成本控制的一项最主要的基本原则。节约要从三方面入手：一是严格执行成本开支范围、费用开支标准和有关财务制度，对各项成本费用的支出进行限制和监督；二是提高建设工程项目施工阶段的科学管理水平，优化施工方案，提高生产效率，节约人、财、物的消耗；三是采取预防成本失控的技术组织措施，制止可能发生的浪费。做到了以上三点，成本目标就能实现。

（五）例外管理原则

在工程项目施工阶段中，对一些不经常出现的问题，我们称之为例外问题。这些例外问题，往往是关键性问题，对成本目标的顺利完成影响很大，必须予以高度重视。如在成本管理中常见的成本盈亏异常现象，即盈余或亏损超过了正常的比例；本来是可以控制的成本，突然发生的失控现象；某些暂时的节约，但有可能对今后的成本带来隐患（如由于平时机械维修费的节约，可能会造成未来的停工修理和更大的经济损失）等，都应视为例外问题，进行重点检查，深入分析，并采取相应的积极措施加以纠正。

（六）责、权、利相结合的原则

要使成本控制真正发挥及时有效的作用，必须严格按照经济责任制的要求，贯彻责、权、利相结合的原则。一方面，在项目施工阶段中，项目经理、工程技术人员、业务管理人员及各单位和生产班组都负有一定的成本控制责任，从而形成整个项目的成本控制责任网络；另一方面，各部门、各单位、各班组在肩负成本控制责任的同时，还应享有成本控制的权利，即在规定的权利范围内可以决定某项费用能否开支、如何开支和开支多少，以行使对项目成本的实质性控制。最后，项目经理还要对各部门、各单位、各班组在成本控制中的业绩进行定期的检查和考评，并与工资分配紧密挂钩，实行有奖有罚。实践证明，只有责、权、利相结合的成本控制，才能收到预期的效果。

三、建设工程项目施工阶段成本控制方法

（一）成本计划预控

1. 建立成本管理责任体系

为使成本控制落到实处，项目经理部应将成本责任分解落实到各个岗位，落实到专人，对成本进行全员管理、动态管理，形成一个分工明确、责任到人的成本管理责任体系。

2. 建立成本考核体系

建立从公司、项目经理到班组的成本考核体系，促进成本责任制的落实。

3. 两算对比

两算对比是指施工图预算成本与施工预算成本的比较。施工图预算成本反映生产建筑产品平均社会劳动消耗水平，是建筑产品价格的基础。施工预算成本则是反映具体施工企业根据自身的技术和管理水平，在最经济合理的施工方案下，计划完成的劳动消耗。两者都是工程项目的事前成本，但两者的工程量计算规则不同，使用的定额不同，计费的单价不同，就产生了两算的定额差。各个施工企业由于劳动生产率、技术装备、施工工艺水平不同，在施工预算上存在着差异。施工图预算与施工预算之差，反映施工企业进行成本预控的计划

成果,即计划施工盈利。如果把各种消耗都控制在两算的定额差以内,计划成本就低于预算成本,建设工程项目施工阶段就取得了一定的经济效益。

在投标承包制的条件下,由于市场竞争,施工图预算成本往往因压价而降低。因此,施工企业必须根据压价情况和中标的合同价格,调整施工图预算(或投标预算)成本,形成反映工程承包价格的合同预算文件。这样就使两算对比建立在合同预算成本与施工预算成本的对比上,前者为预算成本收入,后者为计划成本支出,两者差反映项目成本预控的成果,即项目施工计划盈利。

(二)过程消耗控制

工程实施过程中,各生产要素逐渐被消耗掉,工程成本逐渐发生。由于施工生产对要素的消耗巨大,所以对它们的消耗量进行控制对降低工程成本有着明显的意义。

1. 定额管理

定额管理一方面可以为项目核算、签订分包合同、统计实物工程量提供依据,另一方面它也是签发任务单、限额领料的依据。定额管理是消耗控制的基础,要求准确及时、真实可靠。

在计划预控阶段,预算员已经做了施工图预算与施工预算,并进行了两算对比等预控工作,但这只是成本管理工作的开始,当项目开始实施时,预算员还应做好以下几项工作。

(1)施工中出现设计修改、施工方案改变、施工返工等情况是不可避免的,由此会引起原预算费用的增减,项目预算员应根据设计变更单或新的施工方案、返工记录及时编制增减账,并在相应的台账中进行登记。

(2)为控制分包费用,避免效益流失,项目预算人员要协助项目经理审核和控制分包单位的预(结)算,避免“低进高出”,保证项目获得预期的效益。

(3)竣工决算的编制质量直接影响到企业的收入和项目的经济效益,必须准确编制竣工结算书,按时结算的费用要凭证齐全,对于与实际成本差异较大的,要进行分析、核实,避免遗漏。

(4)随着大量新材料、新工艺问世,简单地套用现有定额编制工程预算显然不行。预算人员还要及时了解新材料的市场价格,熟悉新工艺、新的施工方法,测算单位消耗,自编估价表或补充定额。

(5)项目预算人员应经常深入到现场了解施工情况,熟悉施工阶段,不断提高业务素质。对由于设计考虑不周,导致施工现场进行技术处理、返工等,可以随时发现并督促有关人员及时办妥签证,作为追加预算的依据。

2. 材料费的控制

在建筑安装工程成本中,材料费占70%左右。因此,材料成本是成本控制的重点。控制材料耗费主要包括材料消耗数量的控制和材料价格的控制两个方面。为此,要做好以下几点。

1)主要材料消耗定额的制定

材料消耗数量主要是按照材料消耗定额来控制的,为此制定合理的材料消耗定额是控制原材料消耗的关键。所谓材料消耗定额,是指在一定的生产、技术、组织条件下,企业生产单位产品或完成单位工作量所必须消耗的物资数量的标准,它是合理使用和节约物资的重要手段。材料消耗定额也是企业编制施工预算、施工组织设计和作业计划的依据,是限额领料和工程用料的标准。严格按定额控制领发和使用材料，是施工阶段中成本控制的重要内容，也是保证降低工程成本的重要手段。

2）材料供应计划管理

及时制定材料供应计划是在施工阶段中做好材料管理的首要环节。项目的材料计划主要有以下几种。

（1）单位工程材料总计划。是项目材料员运用材料预算定额编制的单位工程施工预算材料计划，用来预测材料需求总量和控制材料消耗，一般要求在项目单位工程开工前编制完毕。

（2）材料季度计划。是根据季度计划期内的工程实物量和施工预算定额编制的预控和实施性计划。

（3）材料月度计划。是根据月度计划期内的工程实物量和施工预算定额编制的材料计划，是组织材料供应和控制用料的执行性计划。

（4）周用料计划。是月度计划的分阶段计划，由项目材料员根据项目实际施工进度与现场材料的储存情况编制。

3）材料领发的控制

严格的材料领发制度，是控制材料成本的关键。控制材料领发的办法，主要是实行限额领料制度，用限额领料来控制工程用料。

限额领料单一般由项目分管人员签发。签发时，必须按照限额领料单上的规定栏目要求填写，不可缺项。同时分清分部分项工程的施工部位，实行一个分项一个领料单制度，不能多项一单。

项目材料员收到限额领料单后，应根据预算人员提供的实物工程量与项目施工员提供的实物工程量进行对照复核，主要复核限额领料单上的工程量、套用定额、计算单位是否正确，并与单位工程的材料施工预算进行核对，如有差异，应分析原因，及时反馈。签发限额领料单的项目分管人员应根据进度的要求，下达施工任务，签发任务单，组织施工。

3. 分包控制

在总分包制组织模式下，总承包公司必须善于组织和管理分包商。要选择企业信誉好、质量保证能力强、施工技术有保证、符合资质条件的分包商，如选择不利，则意味着他将被分包商拖进困境。如果其中一家分包商拖延工期或者因质量低劣而返工，则可能引起连锁反应，影响与之相关的其他分包商的工作进程。特别是因分包商违约而中途解除分包合同，承包商将会碰到难以预料的困难。

应善于用合同条款和经济手段防止分包商违约，还要懂得做好各项协调和管理工作，使多家公司紧密配合，协同完成全部工程任务。在签订的合同条款中，要特别避免主从合同的矛盾，即总承包商和建设单位签订的合同与总承包商和分包商签订的合同之间产生矛盾。专项工程分包单位与总承包单位签订了合同后，应严格按照合同的有关条款约束自己的行为，配合总承包单位的施工进度，接受总承包单位的管理。总承包单位亦应在材料供应、进度、工期、安全等方面对所有分包单位进行协调。

4. 施工管理费控制

施工管理费包括现场管理费和企业管理费，是按一定费率提取的，在工程成本中占的比重较大。在成本预控中，管理费应依据费用项目及其分配率按部门进行拆分。项目实施后，将计划值与实际发生的费用进行对比，对差异较大者给予重点分析。

应采取以下措施控制施工管理费的支出：

(1)提高劳动生产率，采取各种技术组织措施以缩短工期，减少施工管理费的支出。

(2)编制施工管理费用支出预算，严格控制其支出。按计划控制资金支出的用量和投入的时间，使每一笔开支在金额上最合理，在时间上最恰当，并控制在计划之内。

(3)项目经理在组建项目经理班子时，要本着精简、高效的原则，防止人浮于事。

(4)对于计划外的一切开支必须严格审查，除应由成本控制工程师签署意见外，还应由相应的领导人员进行审批。

(5)对于虽有计划但超出计划数额的开支，也应由相应的领导人员审查和核定。

总之，只有精简管理机构，减少层次，提高工作质量和效率，实行费用定额管理，才能把施工管理费用的支出真正降低下来。

5. 制度控制

成本控制是企业的一项重要的管理工作，因此必须建立和健全成本管理制度，作为成本控制的一种手段。

在企业中，一般有以下几种制度：基本制度、工作制度、责任制度、工程技术标准和技术规程、奖惩制度。

以上各种管理制度，有的规定了成本开支的标准和范围，有的规定了费用开支的审批手续。它们对成本能起到直接控制的作用，如成本管理制度、财务管理制度、费用开支标准等。有的制度是对劳动管理、定额管理、仓库管理工作作了系统规定，这些规定对成本控制也能起到控制作用；有的制度是对生产技术操作作了具体规定，生产工作人员按照这些技术规范进行操作，就能保证正常生产、顺利完成生产任务，同时也能保证工时定额和材料消耗定额的完成，从而起到控制成本的作用；另外，还有一些制度，如责任制度和奖惩制度，也有利于促使职工努力增产节约，更好地控制成本。总之，通过各项制度，都能对成本起到控制作用。

(三)事后纠偏控制

1. 找出偏差

由于施工阶段中存在各种可变因素，即使做好了事前计划预控、事中动态控制，也无法避免出现偏差。通常寻找偏差可用成本对比的方法进行，即将施工中不断记录的实际成本与计划成本进行对比，从而找出偏差。

2. 分析偏差产生的原因

对成本偏差，必须分析、寻找出其发生的原因，才能有的放矢地采取措施纠偏改正，当费用偏差出现以后，成本控制人员要从各个方面分析偏差是由什么原因造成的，是突发事件，还是技术原因、组织原因，或是来自于建设单位方面的原因。通常，成本偏差原因主要有如下几点。

(1)不可抗拒原因。如暴雨、大风、战争等。

(2)客观原因。如材料涨价、地基变形、停电、停水等。

(3)施工技术、组织原因。如施工方案不佳、施工顺序不当、技术能力不足等。

(4)设计变更、修改。建筑设计变更、机电设计变更、结构设计变更等。

(5)建设单位原因。建设单位提高建筑功能要求、质量要求、装饰标准等。

在成本偏差的控制过程中，分析是关键，纠偏是核心。要针对分析得出的偏差发生原因,采取切实纠偏措施加以纠正。这里需要强调的是,由于偏差已经发生,纠偏的重点应放在今后的施工阶段中。成本纠偏的措施包括组织措施、技术措施、经济措施、合同措施等。

四、建设工程项目施工阶段成本控制措施

(一)组织措施

成本管理是全企业的一项综合性的活动,为使项目成本消耗保持在最低限度,实现对项目成本的有效控制,项目经理部应将成本责任分解落实到各个岗位、落实到专人,对成本进行全过程管理、全员管理、动态管理,形成一个分工明确、责任到人的成本管理责任体系。

进行成本控制的另一个组织措施应该是确定合理的工作流程。成本管理工作只有建立在科学管理的基础之上,具备合理的管理体制,完善的规章制度,稳定的作业秩序,完整、准确的信息传递,才能取得成效。具体表现在以下几个方面:

(1)管理工作的程序化。项目成本管理工作有其自身的特点和规律,应该用系统工程的思想对其分析,并指导各项工作。

(2)管理业务的标准化。对于管理工作中重复出现的业务内容,应该按照现代化生产对管理的要求和管理人员长期积累的实际经验,经过简化和归类,规定成标准的工作程序和工作方法,用制度形式把它固定下来,成为行动的准则。职能人员的岗位责任制应成为管理业务标准化的具体标志。

(3)报表文件的标准化。在成本管理过程中,会产生大量的报表和原始凭证。报表文件的标准化,可以便于信息的交流与沟通,减少重复工作,提高效率。表格标准化的作用还表现在对外树立了企业形象,对内则丰富了企业管理的内涵。

(4)数据资料的完整化和代码化。这是现代化管理的要求。数据资料的完整化和代码化,方便计算机存储和工作,为以后管理信息系统的开发做必要的准备。

(二)技术措施

技术措施是降低成本的保证,在施工准备阶段应多作不同施工方案的技术经济比较,找出既保证质量,满足工期要求,又降低成本的最佳施工方案。另外,由于施工的干扰因素很多,因此在作方案比较时,应认真考虑不同方案对各种干扰因素影响的敏感性。

不仅在施工准备阶段,还应在施工进展的全过程中注意在技术上采取措施,以降低成本。例如进行技术经济分析,确定最佳的施工方法;结合施工方法,进行材料使用的比选,在满足功能要求的前提下,通过代用、改变配合比、使用添加剂等方法降低材料消耗的费用;确定最合适的施工机械、设备使用方案;结合项目的施工组织设计及自然地理条件,降低材料的库存成本和运输成本;先进的施工技术的应用;新材料的应用等。企业还应划拨一定的资金用于技术改造,虽然这在一定时间内往往表现为成本的支出,但从长远的角度看,则是降低成本、增加效益的举措。

(三)经济措施

(1)认真做好成本的预测和各种成本计划。由于工程成本的不稳定性、不确定性以及施工阶段中会受到各种不利因素的影响等特点,成本的计划应尽量准确。认真做好合同预算成本、施工预算成本,并在施工之前做好两算对比,为成本管理打下基础。在施工中进行成本动态控制,及时发现偏差,分析产生偏差的原因,采取纠偏措施。

(2)对各种支出,应认真做好资金的使用计划,并在施工中进行跟踪管理,严格控制各

项开支。

(3)及时准确地记录、收集、整理、核算实际发生的成本,并对后期的成本作出分析与预测。

(4)对各种变更及时做好增减账,及时找建设单位签证。

(5)及时结算工程款。

(四)合同措施

(1)选用适当的合同结构。这对项目的合同管理至关重要,在建设工程项目施工阶段组织的模式中,有多种合同结构模式。在使用时,必须对其分析、比较,要选用适合于工程规模、性质和特点的合同结构模式。

(2)合同条款严谨细致。在合同的条文中应细致地考虑一切影响成本、效益的因素,特别是潜在的风险因素。通过对引起成本变动的风险因素的识别和分析,采取必要的风险对策。如通过合理的方式同其他参与方共同承担风险,增加承担风险的个体数量,降低损失发生的比例,并最终使这些策略反映在签订的合同的具体条款中。在一些和外商签订的合同中,还必须很好地考虑货币的支付方式。

(3)全过程的合同控制。采取合同措施控制项目成本,应贯彻在合同的整个生命期,包括从合同谈判到合同终结的整个过程。

合同谈判是合同生命期的关键时刻,在这个阶段,双方具体地商讨合同的各个条款和各个细节问题,修改合同文本。最终双方就合同内容达成一致,签署合同协议书。这个阶段,虽然项目经理部还没有组建,但成本管理活动已经开始,必须予以重视,施工企业在报价时,一方面必须综合考虑自己的经营总战略、建筑市场竞争激烈程度和合同的风险程度等因素,以调整不可预见风险费和利润水平;另一方面应该选择最有合同管理和合同谈判方向知识、经验和能力的人作为主谈人进行合同谈判。承包商的各职能部门,特别是合同管理部门要有力地配合,积极提供资料,为报价、合同谈判和合同签订提供决策的信息、建议、意见。

在合同执行期间,项目经理都要做好工程施工记录,保存各种文件图纸,特别是注有施工变更的图纸。注意积累素材,为正确处理可能发生的索赔提供依据,并密切注意对方合同执行的情况,以寻求向对方索赔的机会。为防止对方索赔,项目经理部应积极履行合同。在合同履行期间,当合同履行条件发生变化时,项目经理部应积极参与合同的修改、补充工作,并着重考虑对成本控制的影响。

第七章　建设工程项目施工阶段生产要素管理

第一节　概　述

一、建设工程项目施工阶段生产要素管理的概念

建设工程项目施工阶段的生产要素是指生产力作用于建设工程项目施工阶段的有关因素，即投入到建设工程项目施工阶段的劳动力、材料、机械设备、技术和资金诸要素。加强建设工程项目施工阶段管理，必须对建设工程项目施工阶段的生产要素认真研究，强化其管理。

建设工程项目施工阶段生产要素管理应以实现生产要素的优化配置、动态控制和成本节约为目的。生产要素的优化配置，就是按照优化的原则安排各生产要素在时间和空间上的位置，满足生产经营活动的需要，在数量、比例上合理，从而实现最佳的经济效益。做好项目资源的优化配置，一方面可以保证进度计划得以顺利实施；另一方面可以使人力、机械、材料、资金等生产要素得到充分利用，大大降低成本。项目的实施过程是一个不断变化的过程，随着项目的施工进展，各种资源的数量与比例需求也在变化。也就是说，在项目施工中，某一阶段、某一时期的最优生产组合并不适用于其他阶段或时期。因此，不断调整各种要素的配置和组合，最大限度地使用好项目部有限的人、财、物去完成施工任务；安排好项目在空间上的分布和项目对各种生产要素需求在时间上的衔接；始终保持各要素的最优组合，努力节约成本，追求最佳经济效益。这些就是实现生产要素动态控制和成本节约的前提与目的。具体说来，建设工程项目施工阶段生产要素管理的意义体现在以下几点。

(1)进行生产要素优化配置，适时、适量、比例适当、位置适宜地配备或投入生产要素，保证施工顺利完成。

(2)进行生产要素的优化组合，使投放的生产要素搭配适当，协调发挥最大作用，多快好省地生产出合格产品。

(3)按照项目的内在规律，有效地计划、组织、协调、控制各生产要素，实行动态控制。

(4)在建设工程项目施工阶段运行中，合理地使用资源，力求降低工程成本。

二、建设工程项目施工阶段生产要素管理的主要环节

生产要素管理的全过程应包括计划、供应、使用、检查、分析和改进。

(1)编制生产要素计划。编制生产要素计划的目的，是对资源投入量、投放时间、投放步骤作出合理安排，以满足建设工程项目施工阶段实施的需要。计划是优化配置和组合的手段。

(2)生产要素的供应。按编制的计划，从资源的来源到投入建设工程项目施工阶段实

施，使计划得以实现，建设工程项目施工阶段的需要得以保证。

(3)节约使用资源。即根据每种资源的特性，设计出科学的措施，进行动态配置和组合，协调投入，合理使用，不断纠正偏差，以尽可能少的资源满足项目的使用，达到节约的目的。

(4)进行生产要素投入、使用与产出的检查，实现节约使用的目的。

(5)进行生产要素使用效果的分析和改进。一方面是对管理效果的总结，总结经验和找出问题，评价管理活动；另一方面又为管理提供储备和反馈信息，以指导以后(或下一循环)的管理工作。

三、建设工程项目施工阶段生产要素管理的内容

(一)劳动力管理

劳动力管理是指施工企业或项目经理部对项目形成过程的各个环节和各个方面的人员进行合理的计划、组织、指挥、协调、控制等工作。

施工企业或项目经理部的劳动成员构成具有各种用工形式，包括固定工、临时工、劳务分包公司所属的合同工等。项目经理部根据项目施工进度计划和作业特点优化配置并形成与之配套的劳动力需求计划，报施工企业劳动主管部门协助配置，也可经企业法定代表人授权直接与有关劳务分包公司签订劳动用工合同。项目经理部应对进入现场的劳动力下达施工任务书，并进行动态管理，通过跟踪平衡与协调及时对劳动力进行补充与减负。加强对劳务人员的教育培训和思想政治工作，加强对劳务人员的作业检查，进行适当的激励，以提高劳动效率，保证作业质量，是项目经理部进行劳动力管理的重要任务之一。

(二)材料管理

建设工程项目施工阶段材料管理是项目经理部为顺利完成工程项目施工任务，合理使用和节约材料，努力降低材料成本所进行的材料计划、订货采购、运输、库存保管、供应加工、使用、回收等一系列的组织和管理工作。

项目所需的主要材料、大宗材料一般由企业物资部门订货或从市场中采购，按计划供应给项目经理部。项目经理部向企业物资部门提供主要材料的需求计划，除非企业法定代表人授权，项目经理部无权自行采购。

项目所需特殊材料和零星材料可按承包人授权由项目经理部采购，并事先编制采购计划，报企业材料主管部门备案，所采购的材料必须符合《项目管理目标责任书》的约定。

(三)机械设备管理

建设工程项目施工阶段机械设备管理是指项目经理部根据所承担建设工程项目施工阶段的具体情况，科学优化选择和配备施工机械，并在生产过程中合理使用、维修保养等各项管理工作。项目所需机械设备尽量从企业自有机械设备中选用，自有机械设备无法满足项目需要时，企业可按照项目经理部所报的机械设备使用计划，从市场上租赁或购买提供给项目经理部。对机械设备的管理，中心环节是尽量提高施工机械设备的使用效率和完好率，严格实行责任制，依操作规程加强机械设备的使用、保养和维修。

(四)技术管理

建设工程项目施工阶段技术管理是项目经理部在项目施工的过程中，对各项技术活动过程和技术工作的各种要素进行科学管理的总称。技术活动过程指技术计划、技术运用、技

术评价等。技术工作要素指技术人才、技术装备、技术规程、技术资料等。技术作用的发挥，除取决于技术本身的水平外，很大程度上还依赖于技术管理水平。没有完善的技术管理，先进的技术是难以发挥作用的。建设工程项目施工阶段技术管理的任务有四项：一是正确贯彻国家和行政主管部门的技术政策，贯彻上级对技术工作的指示与决定；二是研究、认识和利用技术规律，科学地组织各项技术工作，充分发挥技术的作用；三是确立正常的生产技术秩序，进行文明施工，以技术保工程质量；四是努力提高技术工作的经济效果，使技术与经济有机地结合。

（五）资金管理

建设工程项目施工阶段资金管理是指建设工程项目施工阶段项目经理部根据工程项目施工阶段中资金运动的规律，进行资金收支预测、编制资金计划、筹集投入资金、资金使用、资金核算与分析等一系列资金管理工作。项目的资金管理要以保证收入、节约支出、防范风险和提高经济效益为目的。

第二节　建设工程项目施工阶段劳动力管理

一、建设工程项目劳动力的优化配置

劳动力优化配置的目的是保证建设工程项目施工阶段进度计划实现，使人力资源充分利用，降低工程成本。项目经理部根据劳动力需要量计划来进行配置，而劳动力需要量计划是根据项目经理部的生产任务和劳动生产率水平及项目施工进度计划的需要和作业特点进行的。

（一）劳动力的来源

1. 企业的劳动力主要来源

企业的劳动力主要来源包括自有固定工人、自建筑劳务基地招募的合同制工人、其他合同工人。随着我国改革的深入，企业自有固定工人逐渐减少，合同制工人逐渐增加，而主要的工人来源将是建筑劳务基地，实行“定点定向，双向选择，专业配套，长期合作”的制度，形成企业内部劳务市场。

2. 建设工程项目施工阶段的劳动力主要来源

建设工程项目施工阶段的劳动力大部分由内部劳务市场按项目经理部的劳动力计划提供。当任务需要时，与企业内部劳务市场管理部门签订合同，任务完成后，解除合同，劳动力退归劳务市场。但对于特殊的劳动力，经企业劳务部门授权，由项目经理部自行招募。项目经理享有和行使劳动用工自主权，自主决定用工的时间、条件、方式和数量，自主决定用工形式，并自主决定解除劳动合同，辞退劳务人员等。

（二）劳动力的配置方法

项目经理部应根据施工进度计划、劳动力需要量计划和工种需要量计划进行合理配置。配备时应考虑以下因素：

（1）尽量使劳动力需要量计划具体落实，防止漏配。

（2）尽量使作业层劳动力和劳动组织保持稳定，防止频繁调动。

（3）尽可能在满足劳动力需求的条件下，注意节约。

(4)尽可能使劳动力的配置有利于激励工人的劳动热情和积极性。

(5)尽可能使工种组合及技工与普工搭配比例适当、配套,以保证施工作业的需要。

(6)尽量使劳动力均衡配置,便于加强管理。

二、建设工程项目劳动力的组织形式

建设工程项目施工阶段中的劳动力组织是指企业内部劳务市场向建设工程项目施工阶段供应劳动力的组织方式及施工班组中工人的结合方式;建设工程项目施工阶段的劳动力组织形式有以下几种。

(一)内部劳务市场

企业内部劳务市场由若干作业队(或称劳务承包队)组成,按所签的劳务合同可以承包项目经理部所辖的一部分或全部工程的劳动作业。该作业队内一般设10人以内的管理人员,规模可达200~400人,其职责是接受劳务部门的派遣,承包工程,进行内部核算、职工培训、思想工作、生产服务、支付工人劳动报酬。如果企业规模较大,还可由3~5个作业队组成劳务公司,实行内部核算,作业队内划分班组。

(二)项目经理部

项目经理部根据计划与劳务合同的要求,在接收由作业队派遣的作业人员后,再根据工程的需要,或保持原建制不变,或重新进行组合。组合的形式有以下三种。

1. 专业班组

专业班组即按工艺专业化的要求由同一工种(专业)的工人组成的班组,有时根据生产的需要配备一定数量的辅助工。专业班组只完成其专业范围内的施工阶段,优点是有利于提高专业施工水平,提高熟练程度和劳动效率,但是专业班组间的配合难度大。

2. 混合班组

混合班组即按产品专业化的要求由多种工人组成的综合性班组。工人可以在一个集体混合作业。混合班组打破了工种界限,有利于专业配合,但不利于专业技能及熟练水平的提高。

3. 大包队

大包队即扩大了的专业班组或混合班组,适用于一个单位工程或分部工程的作业承包。该队内还可以划分专业班组,其优点是可以进行综合承包,独立施工能力强,有利于协作配合,简化了管理工作。

三、建设工程项目劳动力的动态管理

(一)劳动力动态管理的原则

(1)以劳务合同和各建设工程项目施工阶段的进度计划为依据。

(2)应始终以企业内部市场为依托,允许劳动力在市场内作充分的合理流动。

(3)应以企业内部劳务的动态平衡和日常的调度为手段。

(4)应以企业达到劳动力优化组合和作业人员的积极性得到充分调动为目的。

(二)项目经理部劳动力动态管理的责任

项目经理部是项目施工范围内劳动力动态管理直接责任者,其责任是:

(1)按项目劳动力需要量计划向企业劳务管理部门申请派遣劳务人员,并签订劳务合同。

(2)按项目计划在项目中分配劳务人员,并下达施工任务单或承包任务书。

(3)在项目施工中不断进行劳动力平衡、调整,解决施工要求与劳动力数量、工种、技术能力等在相互配合中存在的矛盾。

四、建设工程项目劳动分配方式

(一)劳动分配的依据

劳动分配的依据是:

(1)企业的劳动分配制度;

(2)劳动工资核算资料及设计预算;

(3)劳务承包合同。

劳务承包合同的内容应包括:

(1)作业任务;

(2)应提供的劳动力人数;

(3)进度要求及进场、退场时间;

(4)双方的管理责任;

(5)劳务费计取及结算方式;

(6)奖励与处罚条款。

(二)劳动分配的内容和一般方式

按劳动力在项目施工中所经历的过程,劳动分配的内容及方式包括以下几个方面。

(1)作业队上缴完成任务。作业队首先向企业劳务管理部门上缴完成的项目施工任务。

(2)企业劳务管理部门与项目经理部的劳务费结算。企业劳务管理部门与项目经理部签订劳务承包合同时,根据包工资、包管理费的原则,在承包造价的范围内,扣除项目经理部的现场管理工资额和向企业上缴的管理费分摊额,对承包劳务费进行合同约定。项目经理部依核算制度按月结算,向劳务管理部门支付。

(3)作业队劳务费的收入。劳务管理部门负责按劳务责任向作业队支付劳务费,该费用支付额根据劳务合同收入总量,扣除劳务管理部门管理费及应交企业部分,经核算后支付。作业队按月进度收取。

(4)作业队对班组劳动报酬的支付。作业队向工人班组支付工资及奖金,按计件工资制,在考核进度、质量、安全、节约、文明施工基础上进行支付。考核时宜采用计分制。

(5)班组内部分配。班组向工人分配实行结构工资制,并根据表现对考核结果进行浮动。

第三节　建设工程项目施工阶段材料管理

一、建设工程项目施工阶段材料供应

(一)材料供应方式

1. 包工不包料

包工不包料即工程所需要的材料由建设单位负责供应,施工企业只承包工程的用工。

这种方式人和劳动对象分离，同时各个工程材料不能统一调剂使用，不利于合理组织施工生产。

2. 包工包料

包工包料施工企业不仅承包工程的用工，而且承包全部材料的申请、订货、运输和供应。这种方式减少了材料供应环节，避免了层层设仓库，加快了材料流通，减少了积压浪费；有利于施工企业统一调剂使用材料，有利于节约材料，降低成本，保证工程质量和缩短工期；简化了获得材料的手续，提高了材料管理的工作效率。

（二）建设工程项目施工阶段材料供应体制

1. 材料供应权应主要集中在法人层次上

施工企业为便于各项目材料供应的动态配置和平衡协调，又便于服务于各项目的材料需求，达到节约材料费用、降低工程成本的目的，就必须建立统一的企业内部材料供应机构，使企业法人的材料供应地位既不能被社会材料市场所代替，又不能被众多的项目经理部所代替。

企业取得了物资采购权以后，供料机构对工程项目所需的主要材料、大宗材料实行统一计划、统一采购、统一供应、统一调度和统一核算，承担“一个漏斗，两个对接”的功能，即一个企业绝大部分材料主要通过企业层次的材料机构进入企业。应形成“漏斗”；企业的材料机构既要与社会建材市场对接，又要与本企业的项目管理层对接。

2. 企业应建立内部材料市场

为了便于材料供应权主要集中在法人层次上，并与社会建材市场对接，建立市场经济体制下新型的生产方式，促使企业从粗放经营转向集约经营，从速度型转向效益型，适应市场经济发展和项目施工，企业必须以经济效益为中心，在专业分工的基础上，把商品市场的契约关系、交换方式、价格调节、竞争机制等引入企业。应建立企业材料市场，通过市场信号、运行规则，促进内部模拟市场运行，满足建设工程项目施工阶段的材料需求。

材料的企业市场，企业材料部门是卖方，项目管理层是买方，各自的权限和利益由双方签订买卖合同加以明确。除了主要材料由内部材料市场供应，周转材料、大型工具均采用租赁方式，小型及随手工具采用支付费用方式，由班组在内部市场自行采购。

材料内部市场建立后，作为卖方的企业材料部门，同时负有企业材料管理责任，这些责任主要包括：制定本企业材料管理规章制度；搞好材料的订货采购工作；加强常用材料的调剂和平衡工作；发布市场信息，指导编制项目材料需用计划和降低成本计划，检查计划实施情况，总结材料管理经验教训并提出改进措施等。

3. 项目经理部有部分的材料采购供应权

企业内部材料市场建立后，作为买方的项目经理部的材料管理主要任务是提出材料需要量计划，与企业材料部门签订供料合同，控制材料使用，加强现场管理，设计材料节约措施完工后组织材料结算与回收等。

二、建设工程项目施工阶段现场材料管理

（一）现场材料管理责任

项目经理是现场材料管理全面领导责任者，项目经理部主管材料人员是施工现场材料管理直接责任人，班组料具员在主管材料员业务指导下协助班组长组织并监督本班组合理

领、用、退料。

(二)现场材料管理的内容

1. 材料计划管理

项目开工前,向企业材料部门提出一次性计划,作为供应备料依据;在施工中,根据工程变更及调整的施工预算,及时向企业材料部门提出调整供料月计划作为动态供料的依据;根据施工图纸、施工进度,在加工周期允许时间内提出加工制品计划,作为供应部门组织加工和向现场送货的依据;根据施工平面图对现场设施的设计,按使用期提出施工设施用料计划,报供应部门作为送料的依据;按月对材料计划的执行情况进行检查,不断改进材料供应。

2. 材料进场验收

为了把住材料的质量和数量关,在材料进场时根据进料计划、送料凭证、质量保证书或产品合格证,进行材料的数量和质量验收;验收工作按质量验收规范和计量检测规定进行;验收内容包括品种、规格、型号、质量、数量、证件等;验收要做好记录、办理验收手续;对不符合计划要求或质量不合格的材料应拒绝签收。

3. 材料的储存与保管

进库的材料验收入库,建立台账;现场的材料必须防火、防盗、防雨、防变质、防损坏;施工现场材料的放置要按平面布置图实施,做到位置正确,保管得当,合乎堆放保管制度;要日清、月结、定期盘点、账物相符。

4. 材料领发

凡有定额的工程用料,凭限额领料单领发材料;施工设施用料也实行定额发料制度,以设施用料计划进行总控制;超限额的用料,用料前办理手续,填写超限额领料单,注明超耗原因,经签发批准后实施,建立领发料台账,记录领发状况和节超状况。

5. 材料使用监督

现场材料管理责任者应对现场材料的使用进行分工监督。监督的内容包括:是否按材料计划合理用料,是否严格执行配合比,是否认真执行领发料手续,是否做到谁用谁清、随领随用、工完料退场地清,是否按规定进行用料交底和作业交接,是否做到按平面堆料,是否按要求保护材料等。检查是监督的手段,检查要做到情况有记录、原因有分析、责任有明确、处理有结果。

6. 材料回收

班组余料必须收回,及时办理退料手续,并在限额领料单中登记扣除。余料要造表上报,按供应部门的安排办理调拨和退料。设施用料、包装物及容器,在使用周期结束后组织回收,建立回收台账,处理好经济关系。

7. 周转材料的现场管理

按工程量、施工方案编报需用计划,各种周转材料均应按规格分别堆放,阳面朝上;垛位见方;露天存放的周转材料应夯实场地,垫高 30 cm,有排水措施,按规定限制高度,垛间留有通道;零配件要装入容器保管,按合同发放;按退库验收标准回收,做好记录;建立维修制度;按周转材料报废规定进行报废处理。

(三)大力探索节约材料的新途径

1. 用 A、B、C 分类法,找出材料管理的重点

A 类材料是管理的重点,最具节约潜力。

2. 应用存储理论,以指导节约库存费用

研究和应用存储理论对于科学采购、节约仓库面积、加速资金周转等都具有重要意义。研究存储理论的重点是如何确定经济存储量、经济采购批量、安全存储量、订购点等,这实际上就是存储优化问题。

3. 研究材料节约的组织措施

组织措施比技术措施见效快、效果好,因此要特别重视施工组织设计中对材料节约措施的设计,特别重视月度技术组织措施计划的编制和贯彻。

4. 重视价值分析理论在材料管理中的应用

价值分析的目的是以尽可能少的费用支出,可靠地实现必要的功能。由于材料成本降低的潜力最大,故有必要认真研究价值分析理论在材料管理中的应用。价值分析的基本公式是:价值 = 功能/成本。要既提高价值又降低成本,可以有以下三个途径:

(1)功能不变,成本降低。如使用岩棉板代替聚苯板保温就属此类情况。

(2)在功能不受很大影响前提下,大大降低成本。如使用滑动模板以节省模板料和模板费即属此类情况。

(3)既降低成本,又提高功能。如使用大模板时做到以钢代木、代架、代操作平台即属此类。

5. 正确选择降低成本的对象

价值分析的对象,应是价值低的、降低成本潜力大的对象。这也是降低材料成本应选择的对象,应着力“攻关”。

6. 改进设计及研究材料代用

按价值分析理论,提高价值的最有效途径是改进设计和使用代用材料,它比改进工艺的效果要大得多。因此,应大力进行科学研究,开发新技术,以改进设计,寻找代用材料,使代用材料成本大幅度降低。

第四节　建设工程项目施工阶段机械设备管理

一、建设工程项目施工机械设备的选择

(一)综合评分法

如果有多种机械的技术性能可以满足施工要求,还应对各种机械的各种特性进行综合考虑,包括工作效率、工作质量,使用费和维修费,能源耗费量,占用的操作人员和辅助人员,安全性,运输、安装、拆卸及操作的难易程度和灵活性,在同一现场服务项目的多少,机械的完好性和维修难易程度,对气候条件的适应性,对环境保护的影响程度等。由于因素较多,在综合考虑时如果优劣倾向性不明显,则可用定量计算法求出综合指标再加以比较。方法是很多的,可以用简单评分法,也可以用加权评分法。

(二)经济分析法

1. 单位工程量成本比较法

机械设备使用时,总要发生一定的费用,施工机械使用费组成有折旧费、大修理费、经常修理费、安拆费及场外运输费、燃料动力费、人工费、养路费及车船使用税,共计 7 项。根据

这些费用与工程量的关系，可分为两类：一类是随着机械的工作时间而变化的费用，称为可变费用，如经常修理费、燃料动力费、人工费、养路费及车船使用税等；另一类是在一定施工期限分摊的费用，称为固定费用，如折旧费、大修费、安拆费及场外运输费等。考虑这两类费用的机械设备单位工程量成本计算公式如下：

$$C_u = \frac{(G + VX)}{XQ} \tag{7-1}$$

式中 C_u——机械设备单位工程量成本；

G——操作期间机械设备的固定费用；

V——单位时间操作费；

X——设备实际操作时间；

Q——单位操作时间的产量。

2. 界限使用时间比较法

利用盈亏分析方法确定机械设备的界限使用时间，进行经济性选择。界限使用时间就是两台机械设备单位工程量成本相等的时间。设 a、b 为两台可供选择的机械设备，则

$$\frac{G_a + V_a X_0}{X_0 Q_a} = \frac{G_b + V_b X_0}{X_0 Q_b} \tag{7-2}$$

解此式得界限使用时间为

$$X_0 = \frac{G_b Q_a - G_a Q_b}{V_a Q_b - V_b Q_a} \tag{7-3}$$

式中 X_0——界限使用时间；

Q_a、Q_b——a、b 机械的单位时间产量；

G_a、G_b——a、b 机械固定费用；

V_a、V_b——a、b 机械的单位时间操作费。

当 $G_b Q_a - G_a Q_b > 0$，$V_a Q_b - V_b Q_a > 0$ 时，若使用机械的时间小于 X_0，选用 a 机械为优；若使用机械的时间大于 X_0，选择 b 机械为优。反之，当 $G_b Q_a - G_a Q_b < 0$，$V_a Q_b - V_b Q_a < 0$ 时，若使用机械的时间小于 X_0，选用 b 机械为优；若使用机械的时间大于 X_0，选用 a 机械为优。

3. 折算费用法(等值成本法)

当要选择的机械设备较长时间地服务于一项工程，在选样时必须涉及机械设备的原始投资(原值)并且考虑成本的时间价值，这时，可采用折算费用法(又称等值成本法)进行计算选择，低者为优。折算费用法就是在预计的机械设备服务寿命期内，按年或月摊入成本的机械设备费用。

设某一机械设备其原始投资为 P，年度机械设备使用费为 A_1，服务寿命期为 n，寿命终了时的残值为 S，设定利率为 i，则该机械设备的年折算费用为

$$A = P(A/P,i,n) - S(A/F,i,n) + A_1 = (P - S)(A/P,i,n) + Si + A_1 \tag{7-4}$$

式中 $(A/P,i,n) = \frac{i(1+i)^n}{(1+i)^{n-1}}$称为资金回收因子或资金回收系数；

$(A/F,i,n) = \frac{i}{(1+i)^n - 1}$称为偿债基金因子。

二、建设工程项目施工机械设备的合理使用

机械设备必须合理地使用，才能使其发挥正常的生产效率，降低使用费用。为使机械设备得以合理使用，必须做好以下几项工作。

（一）人机固定

实行机械使用保养责任制，指定专人使用、保养，将机械设备的使用效益与个人的经济利益联系起来。

（二）实行操作证制度

专机的操作人员必须经过培训及企业或部门的统一考试，确认合格，发给上岗证，这是保证机械设备得到合理使用的必要条件。

（三）遵守走合期的使用规定

机械设备的走合期就是指新机械设备和经过大修或改造的机械设备在投产使用初期，经过运行磨合使机械零配件摩擦表面逐渐达到良好配合的时间，可以防止机件早期磨损，延长机械使用寿命和修理周期。

（四）实行单机或机组核算

根据考试的成绩实行奖罚，这也是一项提高机械设备管理水平的重要措施。

（五）合理组织机械设备施工

必须加强维修管理，提高机械设备完好率和单机效率，并合理地组织机械调配，搞好施工的计划工作。

（六）培养机务队伍

采取办训练班、进行岗位练兵等形式，有计划、有步骤地做好培养和提高工作。

（七）搞好机械设备的综合利用

机械设备的综合利用是指现场安装尽量做到一机多用，例如垂直运输机械，还可兼作回转范围内的水平运输、装卸车等。因此，要按小时安排好机械的工作，充分利用时间，大力提高其利用率。

（八）努力组织好机械设备的流水施工

当施工进度主要取决于机械设备而不是人力的时候，划分施工段必须以机械设备的服务能力作为划分施工段的决定因素，使机械设备连续作业，必要时"歇人不歇马"，使机械三班作业。一个建设工程项目施工阶段有多个单项工程时，应使机械在单项工程之间流水作业，减少进出场时间和装卸费用。

（九）机械设备安全作业

项目经理部在机械作业前应向操作人员进行安全操作交底，使操作人员对施工要求、场地环境、气候等安全生产要素有清楚的了解。项目经理部按机械设备的安全操作要求安排工作和进行指挥，不得要求操作人员违章作业，也不得强令机械设备带病操作，更不得指挥和允许操作人员野蛮施工。

（十）为机械设备的施工创造良好的条件

现场环境、施工平面图布置应适合机械作业要求，交通通畅无障碍，夜间施工安排好照明。

三、建设工程项目机械设备的保养与维护

(一)机械设备的磨损

机械设备的磨损可分为以下三个阶段。

1. 磨合磨损

磨合磨损属初期磨损,包括制造或大修理中的磨合磨损和使用初期的走合磨损,这段时间较短。此时,只要执行适当的走合期使用规定就可降低初期磨损,增强零件的耐用性,提高机械运行的可靠性和经济性,延长大修间隔期使用寿命。

2. 正常工作磨损

正常工作磨损这一阶段零件经过走合磨损,光洁度提高,磨损较少,在较长时间内基本处于稳定的均匀磨损状态;这个阶段后期,条件逐渐变坏,磨损就逐渐变快,进入第三阶段。

3. 事故性磨损

由于零件配合的间隙扩展而负荷加大,磨损激增,可能很快磨损,如果磨损程度超过了极限而不及时修理,就会引起事故性损坏,造成修理困难和经济损失。

(二)机械设备的保养

机械设备保养目的是保持机械设备的良好技术状态,提高设备运转的可靠性和安全性,减少零件的磨损,延长使用寿命,降低消耗,提高机械施工的经济效益。

1. 例行保养

例行保养属于正常使用管理工作,它不占用机械设备的运转时间,由操作人员在机械运行间隙进行,其主要内容是:进行清洁、润滑、紧固容易松动的螺丝,检查零部件的完整情况,防止机械腐蚀及修换个别损件等。

2. 强制保养

强制保养是隔一定周期,需要占用机械设备运转时间而停工进行的保养。强制保养是按照一定周期和内容分级进行的。机械设备运转到了规定的时限,不管其技术状态好坏、任务轻重,都必须按照规定作业范围和要求进行检查和维护保养,不得借故拖延。这种制度进一步贯彻了以预防为主的精神,有利于设备处于良好的技术状态。

(三)机械设备的修理

机械设备的修理是指对机械设备的自然损耗进行修复,排除机械运行故障,对损坏的零部件进行更换、修复。对机械设备的预检和修理,可以保证机械的使用效率,延长寿命。机械设备修理可分为大修、中修和零星小修。

1. 大修

对机械设备进行全面的解体检查修理,保证各零部件质量和配合,尽可能使机械设备恢复原有精度、性能、效率,达到良好的技术状态,从而延长机械设备的使用寿命。其内容包括设备全部解体、排除和清洗设备的全部零部件,修理、更换所有磨损及有缺陷的零部件,清洗、修理全部管路系统,更换全部润滑材料等。

2. 中修

更换与修复设备的主要零部件和数量较多的其他磨损件,并校正机械设备的基准,恢复机械设备的精度、性能和效率,保证其能使用到下一次修理。中修是部分解体的修理,它也具有恢复性修理性质,其修理范围介于大修和小修之间。由于小修的时间短,机械的某些缺

陷与隐患得不到处理，而大修的间隔期又太长，使机械设备的某些缺陷与隐患延误处理时机，所以在两次大修之间安排若干次中修。

3. 零星小修

一般是临时安排的修理，其目的是消除操作人员无力排除的突然故障、个别零件损坏或一般事故性损坏等问题，一般都和保养相结合，不列入修理计划之中。而大修、中修需要列入修理计划，并按计划检修制度执行。

第五节 建设工程项目施工阶段技术管理

一、建设工程项目施工阶段技术管理内容、职责

（一）施工阶段技术管理的内容

（1）技术基础工作的管理。包括实行技术责任制、执行技术标准与技术规程、制定技术管理制度、开展科学试验、交流技术情报、管理技术文件等。

（2）施工阶段中技术工作的管理。包括施工组织设计、施工工艺管理、技术试验、技术核定、技术检查、标准化管理等。

（3）技术开发管理。包括技术培训、技术革新、技术改造、合理化建议等。

（二）施工阶段技术负责人的主要职责

（1）直接领导建设工程项目施工阶段组织内的施工人员、技术员及有关职能人员的技术工作。

（2）负责贯彻执行技术法规、标准和上级的技术决定，制定建设工程项目施工阶段技术管理制度。

（3）组织有关人员熟悉图纸，编制分项工程和单位工程的施工方案，组织按施工组织设计施工。

（4）向建设工程项目施工阶段组织内有关人员进行技术交底；搞好工序衔接和队组间的协作配合，排除施工障碍，组织好施工。

（5）负责组织复查单位工程的测量定位、抄平、放线工作，指导作业队和班组的质量检查与评定工作。

（6）审定施工技术组织措施计划并组织实施。

（7）参加隐蔽工程验收，处理质量事故并向上级报告。

（8）负责组织工程档案中各项技术资料的签证、收集、整理，并汇总上报。

（9）组织技术学习，总结交流技术经验。

（10）负责项目新技术的开发和应用工作。

二、建设工程项目施工阶段的主要技术管理制度

（一）学习与会审图纸制度

制定、执行图纸学习和会审制度的目的是领会设计意图，明确技术要求，发现设计文件中的差错与问题，提出修改与洽商意见，避免技术事故或产生经济与质量问题。

（二）施工组织设计管理制度

按企业的施工组织设计管理制度制定建设工程项目施工阶段的实施细则，着重于单位工程施工组织设计及分部分项工程方案的编制与实施。

（三）技术交底制度

建设工程项目施工阶段技术管理系统既要接受企业负责人的技术变底，又要在项目内进行层层交底，故要编制技术交底制度，以保证技术责任制的落实、技术管理体系的正常运转、技术工作按标准和要求运行。

（四）施工阶段材料、设备检验制度

材料、设备检验制度的目的是保证项目所用的材料、构件、零配件和设备的质量，进而保证工程质量。

（五）工程质量检查及验收制度

为了加强工程施工质量的控制，避免质量差错造成永久隐患，并为质量评定提供数据和情况，必须在技术管理中制定工程质量检查及验收制度。工程质量检查及验收制度包括工程预检制度、工程隐检制度、工程分阶段验收制度、单位工程竣工检查验收制度、分项工程交接检查验收制度等。

（六）技术组织措施计划制度

制定技术组织措施计划制度的目的是克服施工中的薄弱环节，挖掘生产潜力，加强其计划性、预测性，从而保证完成施工任务，获得良好技术经济效果和提高技术水平。

（七）工程施工技术资料管理制度

工程施工技术资料是指在项目施工阶段中形成的各种图纸、表格、文字、音像材料等技术及经济文件材料，是工程施工及竣工交付使用的必备条件，也是对工程进行检查、维护、管理、使用、改建和扩建的依据。制定工程施工技术资料管理制度的目的是加强对工程施工技术资料的统一管理，提高工程质量的管理水平。必须贯彻国家和地区有关技术标准、技术规程和技术规定，以及企业的有关技术管理制度。

（八）其他技术管理制度

除以上几项主要的技术管理制度外，建设工程项目施工阶段经理部还必须根据需要，制定其他技术管理制度，保证有关技术工作正常运行，例如土建与水电专业施工协作技术规定、工程测量管理办法、技术革新和合理化建议管理办法、计量管理办法、环境保护工作办法、工程质量奖罚办法、技术发明奖励办法等。

三、建设工程项目施工阶段的主要技术管理工作

（一）设计文件的学习和图纸会审

图纸会审是指施工单位熟悉、审查设计图纸，了解工程特点、设计意图和关键部位的工程质量要求，它是帮助设计单位减少差错的重要手段，从而避免造成技术事故和经济浪费，多快好省地完成施工任务。所以，学习和审查图纸是进行项目工程质量控制、成本控制、进度控制的一种重要而有效的方法。会审图纸有三方代表，即建设单位或其委托的监理单位、设计单位和施工单位。可由监理单位（或建设单位）主持，先由设计单位介绍设计意图和图纸、设计特点、对施工的要求；然后，由施工单位提出图纸中存在的问题和对设计单位的要求。通过三方讨论与协商，解决存在的问题，写出会议纪要，交给设计人员，设计人员将纪要

中提出的问题通过书面形式进行解释或提交设计变更通知书。图纸审查包括以下内容。

(1)是否是无证设计或越级设计,图纸是否经设计单位正式签署。

(2)地质勘探资料是否齐全。

(3)设计图纸与说明是否齐全,有无分期供图的时间表。

(4)设计地震烈度是否符合当地要求。

(5)几个单位共同设计的,相互之间有无矛盾;专业之间,平、立、剖面图之间是否有矛盾;标高是否有遗漏。

(6)总平面与施工图的几何尺寸、平面位置、标高等是否一致。

(7)防火要求是否满足。

(8)建筑结构与专业图纸自身是否有差错及矛盾;结构图与建筑图的平面尺寸及标高是否一致;建筑图与结构图的表示方法是否清楚,是否符合制图标准;预埋件是否表示清楚;是否有钢筋明细表。

(9)施工图中所列各标准图册施工单位是否具备。

(10)建筑材料来源是否有保证。

(11)地基处理方法是否合理。建筑与结构构造是否存在不能施工,不便于施工,容易导致质量、安全或经费等方面的问题。

(12)工艺管道、电气线路、运输道路与建筑物之间有无矛盾,管线之间的关系是否合理。

(13)施工安全是否有保证。

(14)图纸是否符合监理规划中提出的设计目标。

(二)施工阶段技术交底

1. 技术交底的要求

(1)整个工程和分部分项工程在施工前均须做技术交底。特殊和隐蔽工程,更应该认真做技术交底。

(2)在技术交底时,不仅要领会设计意图,还要贯彻上一级技术领导的意图和要求。

(3)在技术交底时,应着重强调易发生质量事故与工伤事故的工程部位,防止各种事故的发生。

(4)技术交底必须满足施工规范、施工规程、工艺标准、检验评定标准和建设单位的合理要求。

(5)技术交底必须以书面形式进行,经过检查与审核,有签发人、审核人、接收人的签字。

(6)所有的技术交底资料都是施工中的技术资料,要列入工程技术档案。

2. 设计交底

由设计单位的设计人员向施工单位交底,一般和图纸会审一起进行,内容包括:

(1)设计文件依据。包括上级批文、规划准备条件、人防要求、建设单位的具体要求及合同。

(2)建设工程项目所处规划位置、地形、地貌、气象、水文地质、工程地质、地震烈度。

(3)施工图设计依据。包括初步设计文件,市政部门要求,规划部门要求,公用部门要求,其他有关部门(绿化、环卫、环保等)要求,主要设计规范,甲方供应及市场上供应的建筑材料情况等。

(4)设计意图。包括设计思想,设计方案比较情况,建筑、结构和水、暖、电、通信、煤气的设计意图。

(5)施工时应注意事项。包括建筑材料方面的特殊要求,建筑装饰施工要求,广播音响与声学要求,基础施工要求,主体结构设计采用新结构、新工艺对施工提出的要求。

3. 施工单位技术负责人向下级技术负责人交底的内容

(1)工程概况一般性交底。

(2)工程特点及设计意图。

(3)施工方案。

(4)施工准备要求。

(5)施工注意事项:包括地基处理、主体施工、装饰工程的注意事项及工期、质量、安全等。

4. 建设工程项目施工阶段技术负责人对工长、班组长进行技术交底

应按分部分项工程进行交底,内容包括:设计图纸具体要求,施工方案实施的具体技术措施及施工方法,土建与其他专业交叉作业的协作关系及注意事项,各工种之间协作与工序交接质量检查,设计要求,规范、规程、工艺标准,施工质量标准及检验方法,隐蔽工程记录、验收时间及标准,成品保护项目、办法与制度,施工安全技术措施。

5. 工长向班组长、工人交底

主要利用下达施工任务书的时间进行分项工程操作交底。

(三)隐蔽工程检查与验收

隐蔽工程是指那些在施工阶段中将被下一道工序掩盖工作成果的工程项目。所以,在掩盖前应进行严密检查,做好记录,签署意见,办理验收手续,不得后补。如有问题需复验,须办理复验手续,并由复验人作出结论,填写复验日期。

(四)施工的预检

预检是该工程项目或分项分部工程在未施工前所进行的预先检查。预检是保证工程质量、防止可能发生差错造成质量事故的重要措施。除施工单位自身进行预检外,监理单位应对预检工作进行监督并予以审核认证。预检时要做好记录。

(五)技术措施计划

技术措施是为了克服生产中的薄弱环节,挖掘生产潜力,保证完成生产任务,获得良好的经济效果,在提高技术水平方面采用的各种手段和办法。它不同于技术革新,技术革新强调一个“新”字,而技术措施则是综合已有的先进经验或措施,如节约原材料、保证安全、降低成本等措施;要做好技术措施工作,必须编制、执行技术措施计划。

1. 技术措施计划的主要内容

(1)加快施工进度方面的技术措施。

(2)保证和提高工程质量的技术措施。

(3)节约劳动力、原材料、动力、燃料和利用“三废”等方面的技术措施。

(4)推广新技术、新工艺、新结构、新材料的技术措施。

(5)提高机械化水平、改进机械设备的管理以提高完好率和利用率的措施。

(6)改进施工工艺和操作技术以提高劳动生产率的措施。

(7)保证安全施工的措施。

2. 施工技术措施计划的编制

(1)施工技术措施计划应同生产计划一样,按年、季、月分级编制,并以生产计划要求的进度与指标为依据。

(2)编制施工技术措施计划应依据施工组织设计和施工方案。

(3)编制施工技术措施计划时,应结合施工实际,公司编制年度技术措施纲要,分公司编制年度和季度技术措施计划,项目经理部编制月度技术措施计划。

(4)项目经理部编制的技术措施计划是作业性计划,因此在编制时既要贯彻上级编制的技术措施计划,又要充分发动施工员、班组长及工人提出合理化建议,使计划有群众基础,集中群众的智慧。

(5)编制技术措施计划应计算其经济效果。

3. 技术措施计划的贯彻执行

(1)在下达施工计划的同时,下达到栋号长、工长及有关班组。

(2)对技术措施计划的执行情况应认真检查,发现问题及时处理,督促执行。如果无法执行,应查明原因,进行分析。

(3)每月底建设工程项目施工阶段技术负责人应汇总当月的技术措施计划执行情况,填写报表上报、总结、公布成果。

第六节　建设工程项目施工阶段资金管理

一、资金收入预测

项目资金是按项目合同价款收取的,在实施建设工程项目施工阶段的过程中,应从收取工程预付款(预付款在施工后以冲抵工程价款方式逐步扣还给建设单位)开始,每月按进度收取工程进度款,到最终竣工结算。所以,应依据项目施工进度计划从建设工程项目施工阶段合同按时间测算收入数额,做出项目收入预测表,绘出项目资金按月收入图及项目资金按月累加收入图。资金收入预测工作应注意以下几个问题:

(1)由于资金收入预测是一项综合性工作,因此要在项目经理主持下,由职能人员参加,共同分工负责完成。

(2)加强施工管理,依据合同保质、保量、按期完成,以免由于质量、工期的问题造成经济损失。

(3)严格按合同规定的结算办法测算每月实际应收的工程进度款数额,同时要注意收款滞后时间因素,即按当月完成的工程量计算应收取的工程进度款不一定能按时收取,但应力争缩短滞后时间。

二、资金支出预测

(一)项目资金支出预测的依据

(1)成本计划。

(2)施工组织设计。

(3)材料、物资储备计划。

根据以上依据，测算出随着工程的实施，每月预计的人工费、材料费、施工机械使用费、临时设施费、其他直接费和施工管理费等各项支出。

(二)项目资金支出预测应注意的问题

从实际出发，使资金支出预测更符合实际情况。资金支出预测在投标报价中就已开始做了，但不够具体，因此要根据项目实际情况，将原报价中估计的不确定因素加以调整，使之符合实际。另外，必须重视资金的支出时间价值，资金支出的测算是从筹措资金和合理安排调度资金角度考虑的，一定要反映出资金的时间价值，以及合同实施过程中不同阶段的资金需要。

三、建设工程项目施工阶段资金的筹措

(一)项目施工阶段所需要的资金来源

项目施工阶段所需要的资金来源，一般是在承包合同条件中规定了的，由发包方(建设单位)提供工程备料款和分期结算工程款。为了保证生产过程的正常进行，施工企业可垫支部分自有资金，但在占用时间和数量方面必须严加控制，以免影响整个企业生产经营活动的正常进行。因此，建设工程项目施工阶段资金来源渠道是：

(1)预收工程备料款；

(2)已完施工价款结算；

(3)银行贷款；

(4)企业自有资金；

(5)其他项目资金的调剂占用。

(二)资金筹措的原则

(1)充分利用自有资金。其好处是不需支付利息，调度灵活，比贷款的保证性强。

(2)必须在经过收支对比后，按差额筹措资金，避免造成浪费。

(3)利用银行贷款时，尽量利用低利率的贷款。用自有资金时也应考虑其时间价值。

(三)施工阶段资金管理要点

(1)建设工程项目施工阶段资金管理应以保证收入、节约支出、防范风险和提高经济效益为目的。

(2)承包人应在财务部门设立项目专用账号进行项目资金收支预测，统一对外收支与结算。项目经理部负责项目资金的使用管理。

(3)项目经理部应编制年、季、月度资金收支计划，上报建设单位主管部门审批实施。

(4)项目经理部应按企业授权，配合企业财务部门及时进行资金计收。

(5)项目经理部按公司下达的用款计划控制资金使用，以收定支，节约开支。应按会计制度规定设立财务台账，记录资金支出情况，加强财务核算，及时盘点盈亏。

(6)项目经理部应坚持做好项目的资金分析，进行计划收支与实际收支对比，找出差异，分析原因，改进资金管理。项目竣工后，结合成本核算与分析进行资金收支情况和经济效益总分析，上报企业财务主管部门备案。企业应根据项目的资金管理效果对项目经理部进行奖惩。

(7)项目经理部定期召开建设、分包、供应、加工各单位代表碰头会，协调工程进度、配合关系、资金及甲方供料等事宜。

第八章　建设工程项目施工阶段安全与现场管理

第一节　建设工程项目施工阶段安全管理概述

一、建设工程项目施工阶段安全管理的概念和内容

建设工程项目施工阶段安全管理是一项综合性管理，是建设工程项目施工阶段管理的重要组成部分。它是指在项目施工的全过程中，运用科学管理的理论、方法，通过法规、技术、组织等手段所进行的规范劳动者行为，控制劳动对象、劳动手段和施工环境条件，消除或减少不安全因素，使人、物、环境构成的施工生产体系达到最佳安全状态，实现项目安全目标等一系列活动的总称。

由于建设工程项目施工阶段具有露天、高空作业多、受环境影响大、工程结构复杂等特性，使得建设工程项目施工阶段的安全事故与其他行业相比，发生的频率要高，因此在项目管理中应高度重视安全管理问题，将其作为一项复杂的系统工程认真加以研究和防范，尽可能事先排除各种导致安全事故的原因。安全生产管理的内容具体说包括以下三个方面的内容。

（一）对劳动者的管理

通过依法制定有关安全的政策、法规，给予劳动者的劳动安全、身体健康以法律保障，以约束劳动者的不安全行为，消除或减少主观上的不安全隐患。

（二）对劳动手段与劳动对象的管理

采取改善施工工艺、改进设备性能的措施，以消除和控制生产过程中可能出现的危险因素；通过安全技术保证措施，达到规范物的状态，以消除和减轻其对劳动者的威胁与造成财产损失。

（三）对劳动条件（施工环境）的管理

采取防止、控制施工中高温、严寒、粉尘、噪声、震动、毒物对劳动者安全与健康影响的医疗、保健、防护等一系列措施，改善和创造良好的劳动条件，防止职业伤害，保护劳动者身体健康和生命安全。

二、建设工程项目施工阶段安全管理基本原则

（一）管生产同时管安全

安全寓于生产之中，并对生产发挥促进与保证作用。管生产同时管安全，不仅是对各级领导人员明确安全管理责任，同时，也向一切与生产有关的机构、人员明确了业务范围内的安全管理责任。

（二）坚持安全管理的目的性

安全管理的内容是对生产中的人、物、环境因素的管理，有效控制人的不安全行为和物的不安全状态，消除或避免事故，达到保护劳动者的安全与健康的目的。没有明确目的的安全管理是一种盲目行为，在一定意义上，盲目的安全管理只能纵容威胁人的安全与健康的状态向更为严重的方向发展或转化。

（三）必须贯彻预防为主的方针

安全生产的方针是“安全第一、预防为主”。安全第一是从保护生产力的角度和高度，表明在生产范围内安全与生产的关系，肯定安全在生产活动中的位置和重要性。进行安全管理不是处理事故，而是在生产活动中针对生产的特点，对生产因素采取管理措施，有效地控制不安全因素的发展与扩大，把可能发生的事故消灭在萌芽状态，以保证生产活动中人的安全与健康。

（四）坚持“四全”动态管理

安全管理不是少数人和安全机构的事，而是一切与生产有关的人共同的事。安全管理涉及生产活动的各方面，涉及从开工到竣工交付的全部生产过程，涉及全部生产时间，涉及一切变化着的生产因素。因此，生产活动中必须坚持全员、全过程、全方位、全天候的动态安全管理。

（五）安全管理控制

进行安全管理的目的是预防、消灭事故，防止或消除事故伤害，保护劳动者的安全与健康。在安全管理的主要内容中，虽然都是为了达到安全管理的目的，但是对生产因素状态的控制与安全管理的目的关系更直接，显得更为突出。因此，对生产中人的不安全行为和物的不安全状态的控制，是动态的安全管理的重点。

（六）在管理中发展提高

既然安全管理是在变化着的生产活动中的管理，是一种动态管理，其管理就意味着是不断发展、不断变化的，以适应变化的生产活动，消除新的危险因素。然而更为需要的是不间断地摸索新的规律，总结管理、控制的办法与经验，指导新的变化后的管理，从而使安全管理不断上升到新的高度。

三、建设工程项目施工阶段安全目标

建设工程项目施工阶段安全目标是在项目施工阶段中，安全工作所要达到的预期效果。

建设工程项目施工阶段安全目标应根据项目施工的特点制定，应具有先进性和可行性。建设工程项目施工阶段总的安全目标值包括项目施工阶段控制伤亡事故发生的指标、控制交通安全事故的指标、尘毒治理要求达到的指标、控制火灾发生的指标等。

建设工程项目总的安全目标确定后，还要按层次进行安全目标分解，形成安全目标体系，即建设工程项目施工阶段总的安全目标；项目经理部下属各单位、各部门的安全目标；施工班组安全目标；个人安全目标。在安全目标体系中，总目标值是最基本的安全指标，而下一层的目标值应略高一些，以保证上一层安全目标实现。如项目总安全目标要求重大伤亡事故为零，中层的安全目标还要求重伤事故为零，施工队一级的安全目标还应进一步要求轻伤事故为零，班组一级要求险肇事故为零，个人则做到违章为零。

第二节　建设工程项目施工阶段安全管理措施

一、落实安全责任、实行责任管理

建设工程项目施工阶段经理承担控制、管理施工生产进度、成本、质量、安全等目标的责任。因此,必须同时承担进行安全管理、实现安全生产的责任。

(1)建立、完善以项目经理为首的安全生产领导机构,有组织、有领导地开展安全管理活动。

(2)建立各级人员安全生产制度,明确各级人员的安全责任。抓制度落实、抓责任落实,定期检查各安全责任落实情况。

(3)建设工程项目施工阶段应通过监察部门的安全生产资质审查,并得到认可。

(4)建设工程项目施工阶段负责施工生产中物的状态审验与认可,承担物的状态漏验、失控的管理责任。

(5)一切管理、操作人员均需与建设工程项目施工阶段签订安全协议,向建设工程项目施工阶段做出安全保证。

(6)安全生产责任落实情况的检查,应认真、详细地记录,作为分配、补偿的原始资料之一。

一般每个建设工程项目施工阶段应根据具体情况,成立以项目经理为主的安全生产委员会或领导小组。同时,根据建设工程的性质、规模和特点,配备规定数量的专职和兼职安全管理员,督促检查各类人员贯彻执行安全管理,协助项目经理推动安全管理工作,保证施工管理顺利进行。

二、安全教育

(一)安全事故诱因分析

诱发安全事故的主要原因有人的不安全行为、物的不安全状态及管理上的缺陷,因此安全教育既要从提高安全意识方面,也要从增强安全技术知识方面进行有的放矢的教育和培训。

1. 人的不安全行为

不安全行为是人表现出来的,与人的心理特征相违背,属非正常行为。人在生产活动中,曾引起或可能引起事故的行为,必然是不安全行为。人出现一次不安全行为,不一定就会发生事故造成伤害;然而不安全行为,一定会导致事故。即使物的因素作用是事故的主要原因,也不能排除隐藏在不安全状态背后的人的行为失误的转换作用。

2. 物的不安全状态

人机系统把生产过程中发挥一定作用的机构、物料、生产对象及其他生产要素统称为物。物都具有不同形式、性质的能量,有出现能量意外释放、引发事故的可能性。物的能量可能释放引起事故的状态,称为物的不安全状态。这是从能量与人的伤害间的联系所给出的定义。如果从发生事故的角度定义,也可把物的不安全状态看做曾引起或可能引起事故的物的状态。

在生产过程中,物的不安全状态极易出现。所有物的不安全状态都与人的不安全行为或人的操作、管理失误有关。往往在物的不安全状态背后隐藏着人的不安全行为或失误。物的不安全状态既反映了物的自身特性,又反映了人的素质和人的决策水平。物的不安全状态的运动轨迹一旦与人的不安全行为的运动轨迹交叉,就是发生事故的时间与空间。因此,物的不安全状态是发生事故的直接原因。正确判断物的具体不安全状态,控制其发展对预防、消除事故有直接的现实意义。

(二)安全教育的主要内容

项目经理部应切实加强现场工作人员的安全教育,本着谁使用谁负责安全的原则,实施培训考核上岗制,建立健全培训档案制度。安全教育贯穿于整个项目建设过程,教育的主要内容包括以下几点。

1. 安全思想教育

教育操作人员具有良好的自我保护意识,时时处处注意安全,防范风险于未然。

2. 安全技术教育

教育操作人员了解其施工生产的一般流程,安全生产一般应注意的事项,工种、岗位安全生产知识,重点熟悉安全生产技术和安全技术操作规程等。

3. 安全法制和纪律教育

让操作人员充分了解安全生产法规和责任制度、安全生产规章制度、职工守则、劳动纪律、安全生产奖惩条例。

三、安全检查

(一)查思想、查管理、查制度、查隐患、查事故处理

(1)建设工程项目施工阶段的安全检查以自检形式为主，是对项目经理至操作人员生产全过程、各个方位的全面安全状态的检查。检查的重点以劳动条件、生产设备、现场管理、安全设施及生产人员的行为为主。发现危及人的安全因素时，必须果断地消除。

(2)各级生产组织者应在全面安全检查中透过作业环境状态和隐患,对照安全生产方针、政策,检查对安全生产认识的差距。

(3)对安全管理的检查主要是:

①安全生产是否提到议事日程上;

②业务职能部门、全体人员是否在各自业务范围内落实了安全生产责任,专职安全人员是否在位、在岗;

③安全教育是否落实,教育是否到位;

④工程技术、安全技术是否结合为统一体;

⑤安全控制措施是否有力,控制是否到位,有哪些消除管理差距的措施;

⑥事故处理是否符合规则。

(二)安全检查的组织

(1)制定安全检查制度,按制度要求的规模、时间、原则、处理、报偿全面落实。

(2)成立由第一责任人为首,业务部门、全体人员参加的安全检查组织。

(3)安全检查必须做到有计划、有目的、有准备、有整改、有总结、有处理。

(三)安全检查的准备

1. 思想准备

发动全员开展自检,自检与制度检查结合,形成自检自改、边检边改的局面,使全员在发现危险因素方面得到提高,在消除危险因素中受到教育,从安全检查中受到锻炼。

2. 业务准备

确定安全检查的目的、步骤、方法;成立检查组,安排检查日程;分析事故资料,确定检查重点,把精力侧重于事故多发部位和工种的检查;规范检查记录用表,使安全检查逐步纳入科学化、规范化轨道。

(四)安全检查的形式

1. 定期安全检查

定期安全检查指列入安全管理活动计划、有较一致时间间隔的安全检查。

2. 突击性安全检查

突击性安全检查指无固定检查周期,对特别部门、特殊设备、小区域的安全检查。

3. 特殊检查

对预料中可能会带来新的危险因素的新安装的设备、新采用的工艺、新建或改建的工程项目,投入使用前,以发现危险因素为专题的安全检查,叫特殊安全检查。

(五)消除危险因素的关键

安全检查的目的是发现、处理、消除危险因素,避免事故伤害,实现安全生产。对于一些由于种种原因而一时不能消除的危险因素,应逐项分析,寻求解决办法,安排整改计划,尽快予以消除。

第三节　建设工程项目施工阶段现场管理

一、建设工程项目施工阶段现场管理的意义和要求

(一)意义

建筑工程体积庞大、结构复杂、工种工作繁多、立体交叉作业、平行流水施工、生产周期长、需用原材料多,工程能否顺利进行受环境影响很大。建设工程项目施工阶段现场管理就是通过对施工现场中的质量、安全防护、安全用电、机械设备、技术、消防保卫、卫生、环保、材料等各个方面的管理,创造良好的施工环境和施工秩序。建筑业的迅速发展,城市面貌日新月异,现场文明施工的程度也在不断提高,建筑工地的场容已成为建筑业乃至一个城市的文明窗口。

(1)加强建设工程项目施工阶段现场管理是现代化施工本身的客观要求。现代化施工采用先进的技术、工艺材料和设备,需要严密的组织、严格的要求、标准化的管理、科学的施工方案和职工较高的素质等。如果现场管理混乱,不坚持文明施工,先进的设备、新工艺与新的技术就不能充分发挥其作用,科技成果也不能很快转化为生产力。例如,现场塔式起重机是主要垂直运输设备,如果材料进场无计划,乱堆乱放,施工平面布置不合理,指挥信号不科学,再好的塔吊也不能充分发挥其作用。因此,文明施工是现代化施工的客观要求。遵照文明施工的要求去做,就能实现现代化生产的优质、高效、低耗的目的,企业才能有良好的经

济效益和社会效益。

(2)加强建设工程项目施工阶段现场管理是企业展示自身综合实力、对外宣传的需求。改革开放把企业推向了市场,建筑市场竞争日趋激烈。市场与现场的关系更加密切,施工现场的地位和作用就更加突出了。企业进入市场,就要拿出优质的产品,而建筑产品是现场生产的,施工现场成了企业的对外窗口。如果施工现场脏、乱、差,到处跑、冒、滴、漏,甚至野蛮施工,建设单位就不会选择这样的队伍施工。实践证明,良好的施工环境与施工秩序,不但可以得到建设单位的支持和信赖,提高企业的知名度和市场竞争能力,而且可能争取到一些"回头工程"。

(3)加强建设工程项目施工阶段现场管理有利于培养一支懂科学、善管理、讲文明的施工队伍。

一方面,目前我国建筑施工企业职工队伍成分变化大,民工已占了很大的比例,在不少企业民工已成为施工的主力军。民工和季节工总体来看,施工技术素质偏低,文明施工意识淡薄,如何加强民工管理和教育,提高他们的施工技术素质,是搞好文明施工的一项基础工作。另一方面,少数施工企业对文明施工认识不足,管理不规范,标准不明确,要求不严格,形成"习惯就是标准"的做法,这种粗放型的管理同现代化大生产的要求极不适应。文明施工是一项科学的管理工作,也是现场管理中的一项综合性基础管理工作。坚持文明施工,必然能促进、带动、完善企业整体管理,增强企业"内功",提高整体素质。文明施工的实践,不仅改善了生产环境和生产秩序,而且提高了职工队伍文化、技术、思想素质,培养了尊重科学、遵守纪律、团结协作的大生产意识,从而促进了精神文明建设。

(二)施工阶段现场管理的要求

(1)项目经理部必须遵循国务院及地方建设行政主管部门颁布的施工现场管理法规和规章,认真搞好施工现场管理,规范场容,做到文明施工、安全有序、整治卫生、不扰民、不损害公众利益。

(2)现场门头应设置承包人的标志,项目经理部应负责施工现场场容文明形象管理的总体策划和部署,各分包人应在项目经理部的指导和协调下,按照分区划块原则,搞好分包人施工用地区域的场容文明形象管理规划并严格执行。

(3)项目经理部应在现场入口的醒目位置公示以下标牌:

①工程概况牌,包括工程规模、性质、用途,发包人、设计人、承包人和监理单位的名称,施工起止年月等;

②安全纪律牌;

③防火须知牌;

④安全无重大事故计时牌;

⑤安全生产、文明施工牌;

⑥施工总平面图;

⑦项目经理部组织架构及主要管理人员名单图。

(4)项目经理应把施工现场管理列入经常性的巡视检查内容并与日常管理有机结合,认真听取近邻单位、社会公众的意见,及时抓好整改。

二、建设工程项目施工阶段现场管理的内容和措施

(一)组织管理措施

1. 健全管理组织

施工现场应成立以项目经理为组长,主管生产副经理、主任工程师、栋号负责人(或承包队长),以及生产、技术、质量、安全、消防、环保、行政卫生等管理人员为成员的施工现场文明施工管理组织。施工现场分包单位应服从总包单位的统一管理,接受总包单位的监督检查,负责本单位的文明施工工作。

2. 健全管理制度

(1)个人岗位责任制。文明施工管理应按专业、岗位、栋号等分片包干,分别建立岗位责任制度。

(2)经济责任制。把文明施工列入单位经济承包责任制中,一同“包”、“保”、检查与考核。

(3)检查制度。工地每月至少组织两次综合检查,要按专业、标准全面检查,按规定填写表格,算出结果,制表张榜公布。施工现场文明施工检查是一项经常性的管理工作,可采用综合检查与专业检查相结合、定期检查与随时抽查相结合、集体检查与个人检查相结合等方法。

(4)奖惩制度。文明施工管理实行奖惩制度,要制定奖惩细则,坚持奖惩兑现。

(5)持证上岗制度。施工现场实行持证上岗制度。进入现场作业的所有机械司机、架子工、司炉工、起重工、爆破工、电工、焊工等特殊工种施工人员,都必须持证上岗。

(6)各项专业管理制度。文明施工是一项综合性的管理工作。因此,除文明施工综合管理制度外,还应建立健全质量、安全、消防、保卫、机械、场容、卫生、料具、环保、民工管理制度。定期安全检查的周期,建设工程项目施工阶段自检宜控制在 10 ~ 15 天。班组必须坚持自检。季节性、专业性安全检查按规定要求确定日程。

3. 健全管理资料

(1)上级关于文明施工的标准、规定,法律法规等资料应齐全。

(2)施工组织设计(方案)中应有质量、安全、保卫、消防、环境保护技术措施和对文明施工、环境卫生、材料节约等管理要求,并有施工各阶段施工现场的平面布置图和季节性施工方案。

(3)施工现场应有施工日志。施工日志中应有文明施工内容。

(4)文明施工自检资料应完整,填写内容符合要求,签字手续齐全。

(5)文明施工教育、培训、考核记录均应有计划、有资料。

(6)文明施工活动记录,如会议记录、检查记录等。

(7)施工管理各方面专业资料。

4. 积极推广应用新技术、新工艺、新设备和现代化管理方法

文明施工是现代工业生产本身的客观要求,广泛采用新技术、新设备、新材料是实现现代化施工的必由之路,它为文明施工创造了条件、打下了基础。在有条件的地方应尽量集中设置现代化搅拌站,或采用商品混凝土、混凝土构件、钢木加工等,尽量采用工厂化生产;广泛应用新的装饰、防水等材料;改革施工工艺,减少现场湿作业、手工作业和劳动强度;应用

电子计算机和闭路电视监控系统提高机械化水平和工厂化生产的比重；努力实现施工现代化，使文明施工达到新的更高水平。

（二）现场管理措施

1. 开展“5S”活动

“5S”活动是指对施工现场各生产要素（主要是物的要素）所处状态不断进行整理、整顿、清扫、清洁和保养。由于这五个词语中罗马拼音的第一个字母都是 S，所以简称为“5S”。

“5S”活动在日本和西方国家企业中广泛实行。它是符合现代化大生产特点的一种科学的管理方法，是提高职工素质、实现文明施工的一项有效措施与手段；开展“5S”活动，要特别注意调动全体职工的积极性，自觉管理，自我实施，自我控制，贯穿施工全过程和全现场，由职工自己动手，创造一个整齐、清洁、方便、安全和标准化的施工环境。开展“5S”活动，必须领导重视，加强组织，严格管理。要将“5S”活动纳入岗位责任制，并按照文明施工标准检查、评比与考核，坚持 PDCA 循环，不断提高施工现场的“5S”水平。

2. 合理定置

合理定置是指把全工地施工期间所需要的物在空间上合理布置，实现人与物、人与场所、物与场所、物与物之间的最佳结合，使施工现场秩序化、标准化、规范化，体现文明施工水平。它是现场管理的一项重要内容，是实现文明施工的一项重要措施，是谋求改善施工现场环境的一个科学的管理办法。

3. 目视管理

目视管理是一种符合建筑业现代化施工要求和生理及心理需要的科学管理方式，是现场管理的一项内容，是搞好文明施工、安全生产的一项重要措施。

（1）目视管理就是用眼睛看的管理，亦可称为看得见的管理。它是利用形象直观、色彩适宜的各种视觉感知信息来组织现场施工生产活动，达到提高劳动生产率、保证工程质量、降低工程成本的目的。

（2）目视管理是一种形象直观，简便适用，透明度高，便于职工自主管理、自我控制，科学组织生产的一种有效的管理方式。这种管理方式可以贯穿于施工现场管理的各个领域之中，具有其他方式不可替代的作用。

第四节　建设工程项目施工阶段施工现场环境保护

一、建设工程项目施工阶段环境保护的意义

（一）保护和改善环境是保证人们身体健康的需要

防止粉尘、噪声和水源污染，搞好施工现场环境卫生，改善作业环境，就能保证职工身体健康，使其积极投入施工生产。若环境污染严重，工人和周围居民均将直接受害。

（二）保护和改善施工现场环境是消除外部干扰、保证施工顺利进行的需要

随着人们的法制观念和自我保护意识增强，尤其是城市施工、施工扰民问题反映突出，向政府主管部门反映的扰民来信来访增多。有的工地时常同周围居民发生冲突，影响施工生产，严重者环保部门罚款停工整治，如果及时采取防治措施，就能防止污染环境，消除外部干扰，使施工生产顺利进行。企业的根本宗旨是为人民服务，保护和改善施工环境事关国计

民生，责无旁贷。

（三）保护和改善施工环境是现代化大生产的客观要求

现代化施工广泛应用新设备、新技术、新工艺，对环境质量要求很高，如果粉尘、振动超标就可能损坏设备、影响功能发挥，再好的设备，再先进的技术也难以发挥作用。例如现代化搅拌站各种自动化设备、计算机、精密仪器等对环境质量有很严格的要求。环境保护是法律和政府的要求，是企业行为准则。

二、建设工程项目施工阶段环境保护的措施

（一）实行环保目标责任制

把环保指标以责任书的形式层层分解到有关单位和个人，列入承包合同和岗位责任制，建立一个懂行善管的环保监控体系。项目经理是环保工作的第一责任人，是施工现场环境保护自我监控体系的领导者和责任者，要把环保政绩作为考核项目经理的一项重要内容。

（二）加强检查和监控工作

要加强对施工现场粉尘、噪声、废气的检查、监测和控制工作。要与文明施工现场管理检查、考核、奖罚相结合，及时采取措施消除粉尘、废气和污水的污染。

（三）保护和改善施工现场的环境

一方面，施工单位要采取有效措施控制人为噪声、粉尘的污染和采取措施控制烟尘、污水、噪声污染；另一方面，建设单位应该负责协调外部关系，同当地居委会、村委会、办事处、派出所、施工单位、环保部门加强联系。要做好宣传教育工作，认真对待来信来访，凡能解决的问题，立即解决；一时不能解决的扰民问题，也要说明情况，求得谅解并限期解决。

（四）要有技术措施，严格执行国家法律、法规

在编制施工组织设计时，必须有环境保护的技术措施。在施工现场平面布置和组织施工阶段中都要执行国家、地区、行业和企业有关防治空气污染、水源污染、噪声污染等环境保护的法律、法规和规章制度。

（五）采取措施防止大气污染

（1）施工现场垃圾渣土要及时清理出现场。高层建筑物和多层建筑物清理施工垃圾时，要搭设封闭式专用垃圾道，采用容器吊运或将永久性垃圾道随结构安装好以供施工使用，严禁凌空随意抛撒。

（2）施工现场道路采用焦渣、级配砂石、粉煤灰级配砂石、沥青混凝土或水泥混凝土等，有条件的可利用永久性道路，并指定专人定期洒水清扫，形成制度，防止道路扬尘。

（3）袋装水泥、白灰、粉煤灰等易飞扬的细颗粒散体材料，应库内存放。室外临时露天存放时，必须下垫上盖，严密遮盖防止扬尘。

散装水泥、粉煤灰、白灰等细颗粒粉状材料，应存放在固定容器（散装箱）内；没有固定容器时，应设封闭式仓库存放，并具备可靠的防扬尘措施。

运输水泥、粉煤灰、白灰等细颗粒粉状材料时，要采取遮盖措施，防止沿途遗洒、扬尘。卸运时，应采取措施，以减少扬尘。

（4）车辆不带泥沙出现场措施：可在大门口铺一段石子，定期过筛清理；做一段水沟冲刷车轮。

（5）除设有符合规定的装置外，禁止在施工现场焚烧油毡、橡胶、塑料、皮革、树叶、枯

草、各种包皮等会产生有毒、有害烟尘和恶臭气体的物质。

(6)机动车都要安装PCV阀,对那些尾气排放超标的车辆要安装净化消声器,确保不冒黑烟。

(7)工地茶炉、大灶、铝炉,尽量采用消烟除尘型。

(8)工地搅拌站除尘是治理的重点。有条件的要修建集中搅拌站,由计算机控制进料、搅拌、输送全过程,在进料仓上方安装除尘器,可使水泥、砂、石中的粉尘降低88%以上。采用现代化先进设备是解决工地粉尘污染的根本途径。

(9)拆除旧有建筑物时,应适当洒水,防止扬尘。

(六)防止水源污染措施

(1)禁止将有毒有害废弃物作土方回填。

(2)施工现场搅拌站废水、现制水磨石的污水、电石(碳化钙)的污水须经沉淀池沉淀后再排入城市污水管道或河流。最好将沉淀水用于工地洒水降尘或采取措施回收利用。上述污水未经处理不得直接排入城市污水管道或河流中。

(3)现场存放油料,必须对库房地面进行防渗处理,如采用防渗混凝土地面、铺油毡等。使用时要采取措施,防止油料跑、冒、滴、漏,污染水体。

(4)施工现场100人以上的临时食堂,污水排放时可设置简易有效的隔油池,定期掏油和杂物,防止污染。

(5)工地临时厕所及化粪池应采取防渗漏措施。中心城市施工现场的临时厕所可采取水冲式厕所,蹲坑上加盖,并有防蝇、灭蛆措施,防止污染水体和环境。

(6)化学药品、外加剂等要妥善保管,库内存放,防止污染环境。

(七)防止噪声污染措施

(1)严格控制人为噪声,进入施工现场不得高声喊叫,无故甩打模板、乱吹哨,限制高音喇叭的使用,最大限度地减少噪声扰民。

(2)凡在人口绸密区进行强噪声作业时,须严格控制作业时间。一般晚10时到次日早6时停止强噪声作业。确系特殊情况,必须昼夜施工时,尽量采取降低噪音措施,并会同建设单位找当地居委会、村委会或当地居民协调,出安民告示,求得群众谅解。

(3)在传播途径上控制噪声。采取吸声、隔声、隔振和阻尼等声学处理的方法来降低噪声。

吸声:吸声是利用吸声材料(如玻璃棉、矿掩棉、毛毡、泡沫塑料、吸声砖、木丝板、干蔗板等)和吸声结构(如穿孔共振吸声结构、微穿孔板吸声结构、薄板共振吸声结构等)吸收通过的声音、减少室内吸声的反射来降低噪声。

隔声:隔声是把发声的物体、场所用隔声材料(如砖、钢筋混凝土、钢板、厚木板、矿棉被等)封闭起来与周围隔绝。常用的隔声结构有隔声间、隔声机罩、隔声屏等。有单层隔声和双层隔声结构两种。

隔振:隔振就是防止振动能量从振动源传递出去。隔振装置主要包括金属弹簧、隔振器、隔振垫(如剪切橡皮、气垫)等。常用的材料还有软木、矿渣棉、玻璃纤维等。

阻尼:阻尼就是用内摩擦损耗大的一些材料来消耗金属板的振动能并且变成热能散失掉而抑制金属板的弯曲振动,使辐射、噪声大幅度地消减。常用的阻尼材料有沥青、软橡胶和其他高分子涂料等。

第九章　建设工程项目管理集成化与信息化

为了适应工程项目建设各参与方的需要，实现工程项目建设的增值，集成化与信息化已成为现代建设工程项目管理的趋势。

所谓集成化管理，是指运用集成思想，通过保证管理对象和管理系统完整的内部联系，提高系统的整体协调程度，最终实现提高管理效益的目的。建设工程项目的集成管理，不仅注重建设工程项目质量、进度和费用三大目标的系统性，更强调建设工程项目的全生命周期管理。

建设工程项目管理涉及建设单位方、勘察设计方、施工承包方及咨询监理单位等多方主体的参与，随着建设工程项目的日趋大型化、复杂化及国际化，信息的交流与传递日趋频繁，传统的信息管理模式及手段已不能满足项目管理的需要，信息化已成为建设工程项目管理的发展趋势。

企业作为建设工程项目管理的主体，也从过去分别建立和实施 ISO9000 质量管理体系、ISO14000 环境管理体系及 OHSMS18000 职业健康安全管理体系，发展成为建立和实施集成质量管理、环境管理和职业健康安全管理三大体系的一体化管理体系。

第一节　建设工程项目全生命周期管理

一、建设工程项目全生命周期管理及其主要内容

（一）建设工程项目全生命周期管理及其起因

1. 建设工程项目全生命周期集成化管理的概念

（1）建设工程项目全生命周期是指建设工程项目从开始策划到使用报废为止所经历的各个阶段全过程。对生产性建设工程项目而言，项目全生命周期包括项目策划决策阶段（项目策划、可行性研究）、项目建设实施阶段（项目设计、施工及竣工验收）和项目运营维护阶段（运营准备、运营维护）。

（2）建设工程项目全生命周期集成化管理是指从建设工程项目全生命周期的视角，运用集成化管理的思想，将传统管理模式下相对分离的项目策划决策阶段、项目建设实施阶段和项目运营维护阶段在管理目标、管理组织、管理手段等方面进行有机集成，建立项目策划决策、建设实施、运营维护的集成化管理系统，实现建设工程项目整体功能的优化和整体价值的提升及建设工程项目全生命周期目标。

建设工程项目的价值是通过建成后的运营来实现的，建设工程项目全寿命集成化管理要求项目的策划、建设面向运营，要求项目策划、建设和运营的资源、组织、技术、过程一体化，即在项目的策划和建设过程中要充分考虑运营的情况，通过工程项目的策划、建设、运营等环节的有机结合，使建设工程项目面向运营的最终功能，以创造最大的经济效益、社会效益和资源环境效益。

2. 建设工程项目全生命周期集成化管理的起因

由于下列原因,建设工程项目全生命周期管理的重要性日益凸显。

1)建设单位需求的改变需要承包商提供项目全生命周期的管理服务

国际上越来越多的建设单位要求建筑业也能像其他工业生产部门一样提供以最终使用功能为目标的一条龙服务,要求一个或较少的承包商提供从项目策划到运营维护的全过程管理服务,以降低项目全生命周期成本,缩短项目建设工期,减少项目投资风险。

2)承包商经营、业务的拓展使得项目全生命周期管理成为可能

近20年来,建设工程领域流行一些新的承包模式,承包商通过实施EPC承包、工程总承包或者参加BOT项目等,承担建设工程项目的策划、设计、施工及运营管理责任,大大拓展了自身的经营管理业务,在承担更多承包风险的同时,增加了获得更大利润的机会。

3)现代建设工程项目的高科技含量促进了项目全生命周期管理的实施

现代建设工程项目日趋庞大、技术含量越来越高,已成为研究、开发、建设和运营的结合体,而不仅仅是传统意义上的工程项目。由于工程设计、施工技术的不断进步,工程项目建设过程,特别是施工阶段的重要性、难度相对降低,而项目的投资管理、经营管理、资产管理的任务和风险日益加大,从而使项目从策划、可行性研究、设计、施工直至运营维护的全过程一体化管理要求增加。

4)建设项目法人责任制的实行为项目全生命周期管理提供了制度保障

为改善建设工程项目管理,提高项目投资效益,国家计划委员会于1996年发布了《关于实行建设项目法人责任制的暂行规定》,要求国有单位经营性基本建设大中型项目在建设阶段必须组建项目法人,由项目法人对项目的策划、资金筹措、建设实施、生产经营、债务偿还和资产保值增值实行全过程负责。建设项目法人责任制的实行,既是顺应项目全生命周期管理的需求,同时也为项目全生命周期管理提供了制度保障。

(二)建设工程项目全生命周期管理的主要内容

建设工程项目全寿命周期集成化管理的主要内容包括目标系统、组织系统和信息系统三个方面。

1. 目标系统

1)建设工程项目全生命周期目标系统的基本要求

建设工程项目全生命周期目标系统的基本要求有如下方面。

(1)整体性。应反映建设工程项目全寿命周期的要求,既包括建设期的目标,也注重运营期的目标。

(2)包容性。既要注重建设单位和用户的需求,也要考虑其他相关方的需求。

(3)社会性。应体现对社会的贡献,反映社会环境、可持续发展对建设工程项目的要求。

项目利益相关者应就项目全生命周期目标达成共识,这是建设工程项目管理成功的重要前提条件。

2)建设工程项目全生命周期目标系统的主要内容

建设工程项目全生命周期目标系统的主要内容是指工程项目建设目标与运营目标的整合。其中,建设目标主要是指工程质量目标、建设工期目标和建设投资目标;运营目标主要是指服务质量目标、运营成本目标和经济收入目标。上述目标属于建设工程项目的基本目

标。除此之外，工程项目的建设目标和运营目标还应包括：使项目利益相关人（项目投资者、建设单位用户、承包商、政府、所在地周边组织等）满意，与自然、社会、经济、法律等环境相协调，满足项目所在地区、城市可持续发展的要求。总之，建设工程项目全寿命其目标系统应着重体现功能目标、费用目标、时间目标和社会目标的统一，后者反映建设工程项目的社会责任和历史责任。

2. 组织系统

建设工程项目全生命周期管理组织系统不仅是建设单位方项目全生命周期管理组织的一体化考虑，而且应考虑建设单位与工程项目参建各方之间的相互关系。

1）建设单位方项目全生命周期管理组织的一体化

应考虑的因素主要包括：

（1）项目策划决策、建设实施及运营维护的不同阶段，项目组织形式的选择。

（2）项目策划决策、建设实施及运营维护的不同阶段之间、管理界面的协调性。

2）建设单位与工程项目参建各方之间的相互关系

应从传统意义上的企业间合作模式，向动态联盟模式发展。所谓动态联盟，是以信息技术为基础，为适应全球一体化的市场环境，由多个各有专长的敏捷性企业组成的临时型组织。联盟内的企业各自承担其义务，共担风险并共享成果。项目建设单位作为动态联盟的盟主，通过招标等方式选择合作单位（盟员）并与其签订项目合作协议。盟员与盟主之间以信任为合作基础，以合同为法律依据，在信息技术基础上实现组织集成，形成一个虚拟企业。盟员按盟主所规定的技术规范和数据完成任务，项目的成功和增值成为其共同的目标，只有实现共同的目标，才能实现各自利益的最大化。

通过建立和实施项目全生命周期动态联盟管理模式，可以使盟主的管理核心由项目建设目标转移到项目全寿命周期目标，能够使项目参建各方及用户尽早介入项目，使项目的策划决策能够面向实施和运营。随着项目的进展，由首先得到机会并具有项目建设特定阶段所需核心资源的企业作为盟主，与盟员企业派出的动态组织一起组建项目各阶段的动态联盟功能组，能够较好地解决传统管理模式下各阶段相互分离和信息共享困难等问题。

建立和实施建设工程项目全生命周期动态联盟管理模式的优越性在于：

（1）作为企业群体的动态联盟组织，由于采用项目团队的组织形态，其组织结构是柔性和动态的，可以适应项目全生命周期管理目标的变化，从而提高管理绩效。

（2）动态联盟的扁平化和网络化组织结构有利于项目全生命周期中各组织之间的沟通与合作，既可以加快信息请求反馈的节奏，也可以减少信息传递过程中的扭曲和失真，同时还能降低信息获取成本。

（3）项目的成功和增值成为动态联盟中各组织的共同目标，有利于盟主和盟员将优势资源集中于项目，以降低项目的风险，保障项目总体目标的实现。

3. 信息系统

实施建设工程项目全生命周期集成化管理，需要一个使项目策划决策、建设实施、运营维护各个阶段所有参与方实现信息共享的平台——建设工程项目全生命周期集成化管理信息系统。该系统应是一个利用现代计算机和信息处理技术，在项目全生命周期中进行信息处理，为项目所有参与方提供信息服务，辅助其进行决策、实施和控制的集成化人机系统。

建设工程项目全生命周期集成化管理信息系统的构建应在科学规划的基础上由建设单

位推动,系统的成功实施将为建设工程项目全生命周期集成化管理目标的实现提供有力的支持,同时也能提高项目管理效率,促进项目管理现代化。

二、监理工程师在项目全生命周期管理中的服务内容

建设工程项目全生命周期管理涉及项目建设单位及参建各方,覆盖项目策划决策、建设实施和运营维护所有阶段。在由项目建设单位与参建各方组成的建设工程项目管理系统中,建设单位方项目管理始终处于核心位置,其项目管理工作贯穿项目始终;监理工程师作为工程项目管理专业人士,可以利用自己的知识和技能在建设工程项目策划决策、建设实施及运营维护阶段为建设单位提供项目全生命周期管理服务。

(一)项目策划决策阶段的服务内容

在建设工程项目策划决策阶段,监理工程师可以接受建设单位委托进行项目策划和可行性研究。

1. 项目策划

项目策划的主要内容包括:

(1)项目的定义和定位。描述项目的性质、用途和基本内容;项目的建设规模、建设水准;项目在社会经济发展中的地位、作用和影响力。

(2)项目的系统构成。描述系统的总体功能,系统内部各单项工程、单位工程的构成及各自作用和相互联系,内部系统与外部系统的协调、配套思路及方案。

(3)项目目标系统。分析论证项目的质量标准、投资估算、建设工期,寻求项目三大目标的最佳匹配方案。

(4)项目融资策划。

2. 项目可行性研究

设计融资方案、分析融资成本及融资风险项目可行性研究的主要内容包括:

(1)市场预测。对工业项目而言,包括国内外产品市场供应与需求预测市场分析、国内外市场销售价格预测、市场竞争力分析、市场风险分析。

(2)建设规模与产品方案比选。进行建设规模方案比选并确定推荐方案。

(3)场址选择。分析场址所在位置现状、场址建设条件,进行场址条件比选。

(4)技术方案、设备方案和工程方案分析。对工业项目而言,包括描述生产方法、工艺流程、工艺技术来源,绘制推荐技术方案的主要工艺(生产装置)流程图、物料平衡图;描述主要设备选型、主要设备来源,提出推荐方案的主要设备清单;描述主要建、构筑物的建筑特征、结构及面积方案,特殊基础工程方案,进行建筑安装工程量及“三材”用量估算。

(5)环境影响评价。分析场址环境条件,项目建设和生产对环境的影响;确定环境保护措施方案及其投资。

(6)组织机构与人力资源配置。描述项目法人组建方案、管理机构组织方案、人力资源配置方案。

(7)项目实施进度安排。确定建设工期,进行项目实施进度安排。

(8)投资估算。描述投资估算依据,估算建设投资和流动资金。

(9)融资方案分析。包括资本金筹措和债务资金筹措两个方面。

(10)经济评价。包括财务评价和国民经济评价。其中,财务评价应区分新设项目法人

或既有项目法人进行。国民经济评价分析项目对社会的影响、项目与所在地的互适应性及社会风险。

(11)风险分析,识别项目主要风险因素;分析项目风险程度;提出防范和降低风险的措施。

(二)项目建设实施阶段的服务内容

在建设工程项目建设实施阶段,监理工程师在建设单位委托授权范围内,可以协助建设单位办理规划许可、征地等手续;进行勘察设计、工程招标及施工阶段建设单位方项目管理。

1. 协助建设单位办理规划许可、征地等手续

协助建设单位办理建设工程规划许可证、建设用地规划许可证等手续。

2. 协助建设单位进行工程勘察设计阶段项目管理

(1)协助建设单位选定工程勘察设计单位。协助建设单位提出工程设计要求、组织评审工程设计方案、组织工程勘察设计招标、签订工程勘察设计合同。

(2)进行勘察设计过程管理。监督工程勘察设计合同的实施,组织设计单位进行工程设计优化、技术经济方案比选并实施投资控制。

3. 协助建设单位组织工程招标

协助建设单位通过招标方式选定工程总承包商或施工承包商、设备材料供应商,并协助建设单位与工程总承包商或施工承包商、设备材料供应商签订工程承包合同、设备材料供货合同。

4. 协助建设单位进行工程施工阶段项目管理

监督工程承包合同、设备材料供货合同的实施,协助建设单位制定工程实施用款计划,进行工程竣工结算和决算,处理工程索赔,参加工程竣工验收。

(三)项目运营维护阶段的服务内容

在建设工程项目投入运营后,监理工程师可以在建设单位委托授权范围内实施生产试运行及工程保修期管理,组织项目后评估,协助建设单位进行维修项目管理。

第二节　建设工程项目全面造价管理

一、建设工程项目全面造价管理的含义

按照国际全面造价管理促进会给出的定义,全面造价管理是指有效利用专业知识和专门技术计划及控制资源、造价、盈利和风险。建设工程项目全面造价管理应包括全生命周期造价管理、全过程造价管理、全要素造价管理和全方位造价管理。

(一)全生命周期造价管理

建设工程项目全生命周期造价是指建设工程初始建造成本和建成后的日常使用成本之和,它包括建设工程项目策划决策、建设实施、运营维护及拆除各个阶段的成本。在建设工程项目全生命周期造价管理中,尤其应重视项目策划决策及设计方案的选择,应以实现建设工程项目全生命周期造价最小化为指导思想,指导建设工程项目的投资决策及设计方案的选择。

(二)全过程造价管理

建设工程项目全过程造价管理是指覆盖建设工程项目策划决策及建设实施的各个阶段,包括项目策划决策阶段的项目策划、投资估算、项目经济评价、项目融资方案分析,设计阶段的限额设计、方案比较、概预算编制,招投标阶段的标段划分、承发包模式及合同形式的选择、标底编制、合同签订,施工阶段的工程计量与结算、工程变更控制、索赔管理,竣工验收阶段的竣工结算与决算等。

(三)全要素造价管理

尽管建设工程项目本身的建造成本是形成建设工程项目造价的主要组成部分,但建设工程项目造价管理不能仅考虑建设工程项目本身的成本,因为工期、质量、社会等因素均会对工程造价产生影响。因此,建设工程项目造价管理不仅应控制建设工程项目本身的建造成本,而且应同时考虑工期成本、质量成本、社会成本等方面的控制,从而实现工程成本、工期成本、质量成本、社会成本的集成管理。

(四)全方位造价管理

建设工程项目造价管理不仅是建设单位或承包单位的任务,而且是政府建设主管部门、行业协会、设计方及有关咨询机构的共同任务。尽管各方的地位、利益、角度等有所不同,但必须建立完善的协同工作机制,才能实现建设工程项目造价的有效控制。

二、建设工程项目全要素造价管理的内容

如前所述,建设工程项目全要素造价管理不仅包括项目本身建造成本的控制,而且包括工期成本、质量成本及社会成本的控制。这里仅讨论建设工程项目实施阶段全要素造价管理。

(一)建设工程项目建造成本控制

建设工程项目本身的建造成本可分为直接成本和间接成本两部分。按现行规定,项目直接成本由直接工程费(人工费、材料费和机械使用费)和措施费组成,而间接成本由规费和企业管理费组成。

建设工程项目建造成本的控制主要包括人工费、机械使用费、措施费及企业管理费的控制。成本控制主要包括计划预控、运行过程控制和纠偏控制三个环节。

1. 计划预控

计划预控是指运用计划管理的手段事先做好各项建设活动的成本安排,使项目预期成本目标的实现建立在充分的技术和管理措施保障基础之上,为项目技术与资源的合理配置和消耗控制提供依据。控制的重点是优化项目实施方案、合理配置资源和控制生产要素的采购价格。

2. 运行过程控制

运行过程控制是指控制实际成本的发生,包括实际采购费用发生过程的控制、劳动力和生产资料使用过程的消耗控制及管理费用的支出控制。

3. 纠偏控制

纠偏控制是指在项目成本运行过程中,对各项成本进行动态跟踪核算,当发现实际成本与目标成本产生偏差时,应分析原因,采取有效措施予以纠正。

(二)建设工程项目工期成本控制

在建设工程项目施工阶段中,完成一项工作通常可以采用多种施工组织方法。施工组织方法不同,工作持续时间和费用就不同。由于建设工程项目往往包括许多工作,所以在安排建设工程项目进度计划时,就会出现许多方案。进度计划方案不同,所对应的总工期和总成本就不同。

1. 工期成本优化

建设工程项目的直接成本会随着工期的缩短而增加,间接成本会随着工期的缩短而减少。在考虑项目总成本时,还应考虑工期变化带来的其他损益,包括效益增量和资金的时间价值等。

2. 工期成本的动态控制

寻求项目总成本最低时的工期安排是项目建设单位方和承包方共同追求的目标。对项目建设单位方而言,在进行建设工程项目目标策划与论证时,需要确定使项目总成本最低的合理工期。监理工程师应该为建设单位确定项目最低造价及合理工期提供咨询服务。对项目承包方而言,在项目承包合同价格固定的前提下,通过寻求项目总成本最低时的工期安排,可以使利润最大化。在实施建设工程监理的项目中,承包单位优化后的项目进度计划需经监理工程师审核,确认其可行性和合理性后才能执行。

在项目进度计划执行过程中,无论是承包单位,还是现场监理人员,均需要跟踪检查进度计划的执行情况,进行实际进度与计划进度的比较分析。出现偏差后,应在分析产生偏差原因的基础上,采取相应措施予以纠正或进行进度计划的调整,使工期成本始终处于合理最低状态。

(三)建设工程项目质量成本控制

在建设工程项目设计、施工及使用过程中,由于受系统性或偶然性因素的影响,建设工程项目质量百分之百地符合规范规定的质量标准的难度很大。为弥补不合格项目而引起的返工返修损失及为减少损失而加强预防控制,便会产生项目质量成本。所谓项目质量成本,是指在建设工程项目的设计、施工和使用阶段为达到规定的质量水平而支出的一切费用,以及因未达到规定的质量水平而造成的损失费用之和。

1. 项目质量成本的组成

项目质量成本由控制成本、损失成本及特定情况下的外部质量成本组成。

1)控制成本

控制成本包括预防成本和鉴定成本。预防成本是指为了防止项目质量缺陷和偏差出现,保证项目达到质量标准所采取的各项预防措施而发生的费用。具体包括:①质量规划费;②工序控制费;③新工艺鉴定费;④质量培训费;⑤质量信息费等。鉴定成本是指为了确保项目达到质量标准而对项目本身及对材料、构配件、设备等进行质量鉴别所需的一切费用。具体包括:①设计文件审查费;②施工文件审查费;③原材料和外购件试验、检验费;④工序检验费;⑤工程质量验收评审费等。

2)损失成本

损失成本包括内部损失成本和外部损失成本。对施工承包单位而言,内部损失成本是指在施工生产过程中因施工指挥决策失误、施工中违反操作规程、施工成品保护不善,以及由于施工工具、机械保养不善引起工程质量缺陷而造成的损失,还包括为处理质量缺陷而发生的费用。具体包括:①返工损失;②返修损失;③停工损失;④事故处理费用等。外部损失成本是指工程交工后,项目在使用过程中出现工程质量缺陷而应由施工承包单位负责的一切费用总和。具体包括保修费、损失索赔费等。

3)外部质量保证成本

外部质量保证成本是指在合同环境下,承包单位根据建设单位提出的要求而提供客观证据的演示和证明所支付的费用。具体包括:为提供特殊的和附加的质量保证措施等支付的费用;产品的证实试验和评定的费用;为满足建设单位要求,进行质量管理体系认证所支付的费用等。

在项目质量成本中,预防成本和鉴定成本是先期投入的控制成本,而内外部损失成本则是结果成本。就其性质而言,内外部损失成本是真正的损失。由于受科学技术水平的限制及质量管理方面存在不完善之处,要完全避免损失是很难的。然而在一定的科学技术水平条件下,通过采取有效的管理措施,可以使质量损失成本大大下降。为此,必须加强预防措施和质量鉴定活动,也即必须付出相应的代价(预防成本和鉴定成本)。控制成本与损失成本之间存在着此消彼长的关系。预防成本的增加将会使内部损失成本减少,鉴定成本的增加将会使外部损失成本减少。把握项目质量成本各组成部分之间的相关性变动趋势,可以为优化项目质量成本结构、降低质量总成本提供可能。

2. 项目质量成本分析

项目质量成本中的控制成本和损失成本与质量水平之间存在一定的变化关系。当项目质量水平较低时,预防成本和鉴定成本也较低。随着项目质量水平的提高,预防成本和鉴定成本就会逐渐增加。当项目质量达到一定水平后再需提高时,这两项成本将急剧上升。内部损失成本和外部损失成本的情况则正好相反。当项目质量水平较低时,内外部损失成本较高。随着项目质量水平的提高,内外部损失成本将会逐步下降。当项目质量达到一定水平后,即使大幅度增加质量控制成本,内外部损失成本下降的速度也会逐渐减慢。

项目质量水平的提高需要采取更多的预防控制措施与检验手段,这样会使控制成本增加;与此同时,项目质量水平的提高却能够减少内外部损失,从而降低损失成本。因此,便存在一个最佳质量水平点,使得预防成本、鉴定成本、内部损失成本和外部损失成本四项费用之和所构成的质量总成本最小。此时的质量总成本即为最佳质量成本。

因此,对项目质量进行控制,并不是要求项目质量越高越好。质量水平过高,会导致质量成本的增加;反之,质量水平过低,也将导致质量成本的增加。从经济角度看,应将质量水平控制在最适宜点附近。

3. 项目质量成本控制

项目质量成本控制应贯穿于质量形成的全过程,控制内容包括预防成本与鉴定成本、内部损失成本与外部损失成本。

(1)预防成本与鉴定成本的控制。预防成本与鉴定成本控制的关键在于提高项目施工人具有的技术素质和施工能力,施工承包单位应当实行以预防为主的质量成本管理。增加预防成本和鉴定成本不但可以减少质量故障损失成本,反过来,质量故障的减少又使预防成本和鉴定成本减少。因此,从源头阶段强化预防成本的投入,能够取得事半功倍的效果。监理工程师应督促施工承包单位注重提高项目施工人员的技术素质和施工能力。同时,监理工程师应要求施工承包单位根据工程项目的实际需要,配置相应的检测、检验设备和人员,并建立完善的质量检测、检验体系。要花钱预防质量故障的出现，而不是处理质量故障造成的后果。

(2)内部损失成本与外部损失成本的控制。项目内部损失成本与外部损失成本会随着项目质量水平的提高而下降。对施工承包单位而言，质量事故损失成本实际上就是工程项目的纯利润。监理工程师应监督施工承包单位严把各道工序质量关，提高工程验收合格率，防止返工及质量事故的发生。这样，施工承包单位可以有效降低质量成本，加快施工进度，提高经济效益；建设单位可以尽快获得优质工程，不仅可以尽早产生投资效益，而且可以减少运营维护成本，从而使项目全生命周期成本最小化。

(四)建设工程项目社会成本控制

1. 企业社会责任

随着经济全球化和跨国公司对世界影响力的与日俱增，企业社会责任运动逐步发展成为国际化潮流。所谓企业社会责任，是指企业在创造利润、对股东利益负责的同时，还要承担对员工、客户、供应商、金融机构、社区及所在地政府的社会责任。建筑企业履行社会责任的对象包括内、外两个方面。

(1)企业对内履行社会责任的对象。包括：①债权人，企业需要根据债务合同要求，按期还本付息；②投资者，企业需要提供较高利润，实现资产保值增值；③员工，企业需要承担安全、福利、教育等方面义务。

(2)企业对外履行社会责任的对象。包括：①消费者(建设单位)，企业需要提供优质的产品和令消费者满意的服务；②政府，企业需要遵守法律法规，要照章纳税；③社会公众，企业需要承担社会慈善事业、社会公益事业及社会、环境可持续发展方面的责任。

2. 项目社会成本的控制

施工承包单位要承担社会责任，必然会加大项目施工成本。项目社会成本虽然不会在工程量清单中列出，但通常会在项目招标文件中有所说明。施工承包单位在报价时会根据项目招标文件的要求考虑社会成本；监理工程师在投标文件的评审、合同签订后履行过程中均应注意对项目社会成本的控制。

第三节　全面一体化管理

全面一体化管理是当今企业管理的发展潮流。实施全面一体化管理，可以为建设工程项目实施提供良好的管理环境；工程监理企业不仅应审查工程承包单位的一体化管理体系，而且应建立自己的一体化管理体系，追求卓越绩效管理。

一、国际通用标准管理体系及卓越绩效标准

(一)国际通用标准管理体系

建立标准化管理体系是企业现代化管理发展的必然趋势。近年来，我国各类企业为提高自身的管理水平和竞争能力，尽快与国际市场接轨，纷纷开展了标准化管理体系的认证工作。继ISO9000质量管理体系普遍推行之后，ISO14000环境管理体系和OHSMS18000职业健康安全管理体系的认证工作也日趋普及。对建设工程承包单位而言，更是如此。质量、环境、职业健康安全三大管理体系标准涵盖了现代企业管理最重要的内容，是21世纪人类社

会生产实现可持续发展的三大基石。

1. ISO9000 质量管理体系标准

国际标准化组织于 1987 年发布了 ISO9000 质量管理体系标准,2000 年又通过修订发布了 2000 版 ISO9000 质量管理体系标准。我国等同采用了该标准,于 2000 年发布了 GB/T 19000—2000 质量管理体系标准。

ISO9000 系列标准采用了以"过程"为基础的质量管理体系模型,强调体系过程内在的统一联系,强化了体系建立和实施过程中的系统性思想。ISO9000 系列标准强调组织(企业)的质量管理应以顾客为关注焦点,确保产品及服务质量满足顾客要求,并争取超越顾客期望;应充分发挥组织(企业)中领导的作用,由领导者确立组织(企业)统一的宗旨和方向,为组织(企业)中所有员工充分参与组织(企业)目标的实现创造良好的内部环境;应系统地识别和管理组织(企业)所应用的过程与相互作用,并对质量管理体系、过程、产品及服务等进行持续改进。

企业通过建立完善的质量管理体系,不仅有利于企业质量管理的规范化、程序化和科学化,而且有利于企业提高市场竞争力,满足用户对产品或服务质量的要求,取得用户的信任,求得质量效益。

2. ISO14000 环境管理体系标准

国际标准化组织于 1996 年发布了 ISO14000 环境管理体系标准,2004 年又通过修订,发布了 2004 版 ISO14000 环境管理体系标准。我国于 2004 年发布了 GB/T 24001—2004 环境管理体系标准,替代了 GB/T 24001—1996 环境管理体系标准。

ISO14000 系列标准是为促进全球环境质量的改善而制定的。它是通过一套环境管理的框架文件来加强组织(企业)的环境意识、管理能力和保障措施,从而达到改善环境质量的目的。ISO14000 系列标准强调组织(企业)的环境方针应体现寿命周期的思想,组织(企业)应对产品的设计、生产、使用、报废和回收全过程中影响环境的因素加以控制。

企业通过建立完善的环境管理体系,不仅有助于企业推行清洁生产,实现污染预防,降低环境事故风险,而且有利于企业降低生产成本与能耗。对于改变企业形象、提高企业知名度也具有重要意义。

3. OHSMS18000 职业健康安全管理体系

英国标准协会(BSI)等 13 个国家的相关组织于 1999 年提出了职业健康安全管理体系(OHSMS, Occupation Health and Safety Management System)标准。我国以 OHSMS18001—1999 为蓝本,于 2001 年和 2002 年分别发布了《职业健康安全管理体系　规范》(GB/T 28001—2001)和《职业健康安全管理体系　指南》(GB/T 28002—2002),覆盖了 OHSMS18001—1999 的所有技术内容,并考虑了国际上有关职业健康安全管理体系文件的技术要求。

OHSMS18000 系列标准秉承 ISO14000 系列标准成功的思维及管理模式,运用系统工程原理,体现"预防为主"的方针,将管理过程和控制措施建立在科学的危险辨识和风险评价基础之上。通过科学的职业健康安全管理体系策划,形成职业健康安全管理体系作业文件,并通过实施过程中的动态跟踪和持续改进,不断提高组织(企业)的职业健康安全管理水平。

企业通过建立完善的职业健康安全管理体系,不仅有利于提高企业全员的安全生产意识，降低企业职业健康安全风险及相关费用，而且可以使企业管理模式符合国际通行的惯例，进而提升我国企业的综合形象，增强国际竞争力。

(二)卓越绩效标准

随着经济全球化的迅猛发展，国内外市场竞争日益加剧。为了应对新的形势，许多国家设立了质量奖，引导和帮助企业提高竞争力，从而更好地满足顾客需求。美国在1987年设立了国家质量奖——波多里奇质量奖，同时制定了卓越绩效评奖标准作为美国国家质量奖的评奖依据。近年来，美国波多里奇国家质量奖卓越绩效评奖标准风行世界各国，不仅成为世界主要国家及地区质量组织评审质量奖的标准，而且因其前卫的管理理念与科学的评价体系而成为一种独特的管理模式——卓越绩效管理模式。

卓越绩效管理模式标准反映了当今世界现代化管理的理念和方法，是许多成功企业的经验总结，是激励和引导企业追求卓越、成为世界级企业的有效途径。为了应对全球化的竞争及加入WTO后的挑战，我国引进了卓越绩效标准，于2004年发布了《卓越绩效评价准则》(GB/T 19580—2004)和《卓越绩效评价准则实施指南》(GB/T 19579—2004)，标志着我国质量管理进入一个新的发展阶段。

1. 卓越绩效标准的特点

卓越绩效标准以顾客为导向，其核心是强化组织(企业)的顾客满意意识和创新活动，追求卓越绩效的管理。该标准强调战略、绩效结果和社会责任，为组织(企业)提供了追求卓越绩效的经营管理模式。卓越绩效标准具有以下特点。

(1)卓越绩效标准是对质量管理的创新和发展。卓越绩效标准体现了全面质量管理从指导思想到技术方法的变革与发展，融合了世界最有影响的三大质量奖(美国的波多里奇质量奖、日本的戴明质量奖和欧洲的欧洲质量奖)的基本要求。虽然其源自全面质量管理的基本思想和方法，但在价值观、顾客与市场、社会责任、过程管理、以人为本、经营绩效等方面有许多创新，是质量管理发展的新篇章。

(2)卓越绩效标准反映了现代质量经营的先进理念和方法。由于当今质量概念的变化，质量已成为企业创造价值的核心。企业只有实施竞争性质量管理、战略性质量管理，才能实现企业经营绩效的持续提升。

(3)卓越绩效标准更加强调质量对组织绩效的增值和贡献。质量和绩效、质量管理和质量经营的系统整合将以追求组织效率的最大化和顾客价值的最大化为目标，从而引导企业追求卓越的经营质量。

(4)卓越绩效标准更加重视以顾客为中心的理念。卓越绩效标准将“以顾客和市场为中心”作为组织质量管理的首要原则，组织卓越绩效将顾客满意和忠诚(即顾客感知价值)作为关注焦点，反映了当今全球化市场的必然要求。

(5)卓越绩效标准进一步强调可持续发展原则。在制定战略时将可持续发展的要求和相关因素作为关键因素加以考虑，要求企业在长短期目标和方向中加以实施。通过长短期目标绩效的评审，对企业实施可持续发展战略相关因素的结果加以确认，并要求为此提供相应的资源保证。

(6)卓越绩效标准扩展了组织的社会责任。卓越绩效标准不仅要求企业阐述履行公共责任、公民义务及恪守道德规范，而且强调企业应确保符合诚信准则并要求提供评价指标和测量方法。

2.《卓越绩效评价准则》的主要内容

《卓越绩效评价准则》(GB/T 19580—2004)是在结合我国质量管理实际情况的基础上，充分融合世界最有影响的三大质量奖的基本要求而制定的。该准则从领导、战略、顾客与市场、资源过程管理、测量、分析与改进、经营结果七个方面规定了组织卓越绩效的评价要求。

《卓越绩效评价准则》的核心是通过质量管理来实现企业经营的卓越管理。虽然与ISO9000质量管理体系同属于质量管理标准,都是帮助组织(企业)提高质量管理水平、增强竞争能力,但二者之间存在较大差异。ISO9000质量管理体系属于符合性评价标准,重在发现与规定要求的偏差,进而达到持续改进的目的;而《卓越绩效评价准则》属于成熟度评价标准,是从企业管理的效率与效果着手,旨在发现组织(企业)当前最迫切、最需要改进的地方,从而使组织(企业)不断追求卓越。《卓越绩效评价准则》将所关注的质量管理上升为经营管理的"大质量"管理,强调企业的战略策划、经营结果和社会责任,体现了现代《卓越绩效评价准则》不仅为企业的经营质量提供了评价标准,而且为企业不断追求卓越绩效提供了动力和方法论。

二、全面一体化管理体系及其建立

(一)全面一体化管理及其体系的概念

1. 全面一体化管理

由于各个标准的问世时间不同,组织(企业)最初总是分别采用这些标准建立各自的管理体系。但是,由于这些标准都属于管理性标准,而且又有许多交叉重叠之处,这就难免给组织(企业)带来工作重复、资源浪费,并使管理效率、效益受到影响。解决这一问题的最佳途径,就是实施全面一体化管理。

所谓全面一体化管理,是指组织(企业)在其所有领域内以质量、环境、职业健康安全为核心,以全面质量管理理论为基础,依据国际管理标准框架,融合其他管理要求,通过建立一体化管理体系,优化整合协调一致管理,其目的是使顾客满意及员工、相关方受益而达到长期成功的管理途径。

2. 全面一体化管理体系

一体化管理体系可分为两种,即狭义的一体化管理体系和广义的一体化管理体系。

(1)狭义的一体化管理体系,又称为三标一体化管理体系。它是组织依据三大标准建立的质量、环境、职业健康安全的一体化管理体系,其目的是满足顾客、社会、员工及组织相关方的要求,用于第二方评价认定(如建设单位)或第三方审核认证注册,这是对组织管理体系的最基本要求。

(2)广义的一体化管理体系,亦称全面一体化管理体系。它是在狭义的一体化管理体系基础上的发展,其目的在于组织绩效改进,追求卓越,满足顾客、社会、员工及组织相关方的期望。广义的一体化管理体系是对组织一体化管理的较高要求。

(二)全面一体化管理体系的建立

1. 建立全面一体化管理体系的可行性

尽管各个标准及准则的目的、对象、适用范围及要求各不相同,但是由于GB/T 24001、GB/T 28001、GB/T 19000与GB/T 19580在内容、结构等方面都具有兼容性,从而为组织(企业)管理体系的整合奠定了基础。

1）三大管理体系标准及卓越绩效评价准则的内容具有相容性

GB/T 24001、GB/T 28001 与 GB/T 19000 三大管理体系标准都提倡与其他管理体系标准进行整合，同时不断增强其兼容性，从而为组织建立一体化管理体系奠定了基础，《卓越绩效评价准则》兼容了对环境管理和职业健康安全管理的要求。在组织（企业）"公共责任"中，要求评估并确定其产品、服务和运营给社会带来的环境保护、能源消耗、资源综合利用、安全生产等方面的影响，预见公众的隐忧，并针对相关风险，确立满足和超越法律法规要求的关键过程、测量方法和指标，制定相应的对策和改进措施；在"员工的权益与满意程度"中，要求不断改善工作环境中的职业健康与安全等条件，并确保对可能发生的紧急状态和危险情况做好应急准备。而 GB/T 24001 和 GB/T 28001 正是应对这些要求的方法。

2）三大管理体系标准卓越绩效评价准则的结构具有一致性

GB/T 24001、GB/T 28001 及 GB/T 19001 都是基于戴明模式（PDCA）的概念框架，有着相同的结构，提供了一个"规划实施检查改进"的动态循环过程模式，强调以预防为主的持续改进。《卓越绩效评价准则》中的"领导"、"战略"、"顾客与市场"构成"领导作用"三角，是驱动性的；"资源"、"过程管理"、"经营结果"构成"经营结果"三角，是从动性的；而"测量、分析与改进"犹如链接两个三角的"链条"，转动着改进和创新的 PDCA 之轮，不断提升组织的整体经营绩效和竞争能力。

3）三大管理体系及卓越绩效评价的实施原则和方法具有一致性

（1）都属于自愿采用的管理型标准。

（2）都要求采用系统的方法，通过实施完整的管理体系，在组织内建立起一个完整、有效的文件化管理体系。

（3）都通过管理体系的建立、实施与改进，采用过程控制的方法，对组织的活动过程进行控制和优化，实现方针、承诺，并达到预期的目的。

（4）都按照 PDCA 循环的思想，通过识别影响质量、环境、职业健康安全的因素有针对性地制定计划和管理方案，实施运行控制，并采取必要的监视和测量，发现问题，实施改进，从而实现管理体系的持续改进。

总之，三大管理体系及卓越绩效评价都要求遵守"领导作用、全员参与、过程方法、管理的系统方法、持续改进、基于事实的决策方法"等管理原则。

2. 建立一体化管理体系的程序和意义

1）编制一体化管理体系文件的前提条件

组织编制一体化管理体系文件至少应具备以下条件：

（1）初步确定了组织的方针目标；

（2）基本确定了管理体系的主要过程及其需要开展的主要活动；

（3）明确了组织结构设置或调整的方案；

（4）已完成组织职能的再分配。

2）一体化管理体系文件的编制程序

一体化管理体系文件的编制应在体系分析的基础上进行；管理体系的分析可以看做是管理体系的方案设计，而管理体系文件的编制则相当于管理体系的详细设计。

（1）建立管理体系时的文件编制顺序。组织（企业）新建立一体化管理体系时，管理体系文件一般按管理手册（含管理方针）、程序文件、工作指导书和记录的顺序进行编制，也可在分析管理体系的基础上,列出体系文件总表,然后根据实际需要,先编制急用的程序文件和工作指导书,最后完善管理手册及其他文件。实际上,管理体系文件的编制顺序不是一成不变的,必要时可同步交替编制管理体系文件。

(2)整合管理体系时的文件编制顺序。多数组织(企业)是在原有管理体系文件的基础上,编制一体化管理体系文件。因此,在着手编制一体化管理体系文件之前,首先应完成两项工作:一是在调查现行管理体系文件的基础上,制定一体化管理体系文件的编制计划;二是制定一体化管理体系文件的编写指南或范例,规定管理体系文件的体例及格式。

3)建立全面一体化管理体系的意义

主要体现在以下方面:

(1)简化工作程序;

(2)避免交叉重叠;

(3)明确管理职责;

(4)精简程序文件;

(5)理顺管理接口;

(6)降低生产成本;

(7)提高工作效率;

(8)追求卓越绩效。

第四节 建设工程项目管理信息化的意义和实施策略

一、建设工程项目管理信息化现状及意义

建设工程项目管理信息化是指在建设工程项目管理涉及的各方主体及各个阶段广泛应用信息技术、开发信息资源,以促进建设工程项目管理水平不断提高的过程。由于信息技术的渗透性强、发展快,以及工程项目自身的复杂性,建设工程项目信息化的内涵极为丰富,并处于不断的发展变化之中。建设工程项目信息化具有信息收集自动化、信息存储电子化、信息交换网络化、信息检索工具化及信息利用科学化等特征。

建设工程项目信息化不仅意味着利用信息设备替代手工方式的信息处理作业,更重要的是提高建设工程项目的经济效益和社会效益,以达到工程项目建设增值的目的。

(一)建设工程项目管理信息化现状

1. 信息技术在建设工程项目管理中的应用历程

自20世纪70年代开始,随着信息技术的迅速发展,信息技术在建设工程项目管理中的应用可分为以下四个阶段。

(1)单项程序应用阶段。20世纪70年代属于单项程序应用阶段,如工程网络计划时间参数计算程序、施工图预算程序等。

(2)程序系统应用阶段。20世纪80年代属于程序系统应用阶段,如项目管理信息系统、设施管理信息系统等。

(3)程序系统集成阶段。20世纪90年代,随着建设工程项目管理的集成化,信息技术的应用进入程序系统集成阶段。

(4)信息平台应用阶段。从20世纪90年代末期开始,基于网络的项目信息平台得到快速发展。

2. 建设工程项目管理信息化发展现状

近年来,信息技术在建设工程项目管理中的应用得到长足发展。部分大型企业建立了信息网络,并将其作为建设工程项目信息交流和管理不可缺少的工具。有的企业开发应用了建设工程项目管理信息系统,有少数建设工程项目管理中应用了监测和自动控制技术,更多的企业则在建设工程项目管理工作中使用了各类专业软件,如建设工程投标报价软件、进度计划管理软件、合同管理软件、材料管理软件等。具体而言,信息技术在建设工程项目管理中的应用体现在以下几个方面:

(1)基于互联网数据库技术的应用。应用诸如Oracle、DB2等数据库,开发建设工程项目管理信息系统,对工程项目进展过程中产生的海量信息,包括文字、图形文档和声音、视频资料实现有效存储和快速查询。

(2)项目信息门户PIP(Project Information Portal)的应用。PIP为工程项目建设各参与方提供项目全生命周期管理中所需要的大部分信息,如项目编码、权限管理、费用管理、进度管理、质量管理等。

(3)自动控制技术的应用。对建设工程项目费用、进度、质量影响因素进行量化,将系统行为和形态、数学模型和物理模型及其时空表现模式有机结合起来,建立系统仿真模型并求解,然后进行纠偏校正,实现工程建设目标的有效控制。

(4)先进监测系统的应用。采用摄像监视系统,覆盖整个施工现场,用以监视施工现场安全、消防等工作,既降低了施工现场的管理难度,又提高了项目管理效率。

(5)虚拟现实(VR)技术的应用。应用虚拟现实技术可以建立工程项目的多维信息感知模型,创造特定的工作方式和环境来解决需要花费大量人力、财力和物力才能解决的工程项目管理实际问题。虚拟现实技术的应用,使工程项目管理者获得一个先进的认识世界和改造世界的工具。

3. 建设工程项目管理信息化存在的问题

尽管信息技术在建设工程项目管理中已有比较广泛的应用,但是我国的建设工程项目管理信息化还存在着明显的局限与不足,主要表现在以下几个方面:

(1)对于建设工程项目的集成管理重视不够。信息技术在建设工程项目管理中的应用范围较窄,主要集中在项目设计阶段,项目施工的前期,如招标投标、工程预算、施工组织设计等,而在施工阶段中的进度、质量、费用控制方面的应用较少,项目施工管理仍然主要依靠管理人员的经验和处理能力。

(2)对建设工程项目管理信息系统的开发和应用重视不足。虽然有很多企业都看重建设工程项目各阶段相关软件的使用质量和效果,但缺少对各阶段、各子系统的统一计划、安排和管理,处于各自为政、各得其所的状态。管理信息系统的开发和利用没有得到重视,使得信息化的发展受到限制。

(3)对建设工程项目管理业务流程及组织机构的重组程度不够。由于很多建设工程项目管理中没有应用管理信息系统,在建设工程项目管理过程中的业务流程及组织机构仍然采用传统的模式。对于项目管理影响非常大的许多网络状信息沟通未能作为正式的沟通方式,在很大程度上影响了建设工程项目管理的发展。

(4)对建设工程项目管理的电子商务化程度重视不足。企业电子商务没有真正开展起来,多数企业也仅仅是建立了内容较为丰富的网页,作为企业业绩的展示平台。大多都以发布信息为主,信息的交流与互动还存在相当大的差距。

(5)信息污染的情况不断发展。由于现代通信技术的发展,人们可以获得的信息量大大增加,如果不注重信息的加工和传输,将会造成项目管理决策者被无用的琐碎信息所包围,从而导致决策者不能获得决策所需要的信息。此外,由于现代通信技术的应用,容易使人们依赖计算机在办公室获取信息而忽视面对面的沟通,从而减少获得软信息的可能性。

(二)建设工程项目管理信息化的意义

建设工程项目管理信息化的意义主要体现在以下几个方面。

1. 可以加快项目信息交流的速度

利用信息网络作为项目信息交流的载体,可以大大加快项目信息交流的速度,减轻项目参建各方管理人员日常管理工作的负担,使人们能够及时查询工程进展情况,及时发现问题,及时作出决策,从而提高工作效率。同时,项目管理信息化能够为项目参建各方提供完整、准确的历史信息,方便浏览并支持这些信息在计算机上的粘贴和拷贝,可以减少传统管理模式下大量的重复抄录工作,极大地提高项目管理工作的效率。

2. 可以实现项目信息共享和协同工作

利用公共的信息管理平台,既有利于项目参建各方的信息共享和协同工作,又有利于项目参建者组织内部各部门、各层级之间的信息沟通和协调。在信息共享环境下通过自动完成某些常规的信息发布,可以减少项目参与人之间的信息交流次数,并能保证信息传递的快捷、及时和通畅。这样,不仅有助于提高项目管理工作效率,而且可以提高项目管理水平。

3. 可以实现项目信息的及时采集

建设工程项目管理信息化能够适应项目管理对信息量急剧增长的需要,允许实时采集每天的各种项目管理活动信息,并可以实现对各管理环节进行及时便利的督促与检查,从而促进项目管理工作质量的提高。

4. 可以存储和分析项目全部信息

实现建设工程项目管理信息化,可以将项目的全部信息以系统化、结构化的方式存储起来,甚至可以对已积累的既往项目信息进行高效的分析,从而为项目管理的科学决策提供定量的分析数据。

5. 可以促进项目风险管理水平的提高

建设工程项目的规模、技术含量越来越大,以及现代市场经济竞争激烈等特点,使得工程项目的建设风险越来越大。项目风险管理需要大量的信息,而且需要迅速获得并处理这些信息,现代信息技术给项目风险管理提供了很好的方法、手段和工具。建设工程项目管理信息化能够大大提高项目风险管理的能力和水平。

二、建设工程项目管理信息化的实施模式与策略

(一)建设工程项目管理信息化实施模式

1. 建设工程项目管理信息化在工程项目中的具体应用

目前,建设工程项目管理信息化在工程项目中的具体应用主要有自行开发、直接购买和租用服务三种模式。

（1）自行开发。聘请咨询公司和软件公司针对项目的特点自行开发，完全承担系统的设计、开发及维护工作。

（2）直接购买。建设单位或总承包商等项目主要参建方出资购买商品化的项目管理软件，通常通过二次开发后安装在服务器上，供工程项目参建各方使用。

（3）租用服务。租用 PM – ASP（Project Management Application Service Provider）服务供应商已完全开发好的项目管理信息化系统，通常按租用时间、项目数、用户数、数据占用空间大小收费。

工程项目的一次性、单件性、流动性等特点，使 PM – ASP 模式越来越受到大多数建设单位、项目管理公司、工程承包公司等单位的欢迎。在美国，目前已有超过 200 家的 ASP 服务供应商提供 PM – ASP 服务。

在我国项目管理信息化程度不高的情况下，盲目的自行开发容易导致资金的浪费，直接购买又会因项目管理信息化的标准化程度不高而产生信息接口问题，因此在当今实施建设工程项目管理信息化的过渡阶段，租用 PM – ASP 服务不失为一种有效的项目管理信息化模式。

三种项目管理信息化实施模式（自行开发、直接购买和租用服务）的比较见表 9-1。

表 9-1　项目管理信息化实施模式的比较

实施模式	自行开发	直接购买	租用服务（PM – ASP 模式）
优点	对项目的针对性最强 安全性和可靠性最好	对项目的针对性较强 安全性和可靠性较好	实施费用最低 实施周期最短 维护工作量最小
缺点	开发费用最高 实施周期最长 维护工作量较大	购买费用较高 维护费用较高	对项目的针对性较差 安全性和可靠性较差
适用范围	大型工程项目 复杂程度高的工程项目 对系统要求高的工程项目	大型工程项目	中小型工程项目 复杂程度低的工程项目 对系统要求低的工程项目

2. 租用服务的应用模式

在建设工程项目管理信息化应用程度比较高的美国，租用服务大致可分为以下三种应用模式。

（1）项目协同工作平台 PCN（Project Collaboration Network）。项目协同工作平台主要用做工程项目参建各方的日常信息交流和协同工作，如文档管理、在线沟通、工作流程自动化等。主要功能包括上传和下载文件与图纸、在线打印、备份文件、版本控制、跟踪文件访问的记录、给文件添加注释、在线讨论、红线标注等。

（2）项目信息门户 PIP（Project Information Portal）。项目信息门户为工程项目参建各方提供项目全生命周期管理中所需要的大部分信息，如项目编码、权限管理、成本管理、进度管理、质量管理等。

（3）项目采购平台 PPE（Project Procurement Exchange）。项目采购平台提供工程项目所需的建筑材料和服务的电子采购与招标投标服务，自动化采购和招标投标流程。主要功能包括在线浏览产品目录和价格、发出询价单和订单、交换价格数据、网上采购和招标投标等。

目前，还有一些 PM－ASP 服务供应商将上述三种模式综合起来，成为一种提供完整服务的信息门户（Full Service Portal）。这些平台的构建，为建设工程项目参建各方实施项目管理提供了良好的沟通工具。

3. 实施租用服务需要解决的问题

与自行开发和直接购买模式相比，PM－ASP 模式具有实施费用低、周期短、维护工作量小等优越性。但是，在目前情况下推进 PM－ASP 模式的实施还存在以下问题。

1）投资回报的定量分析问题

由于采用 PM－ASP 后给企业带来的效益在很大程度上属于隐性效益，如工作效率的提高、信息的及时共享、管理的规范和决策的支持等，很难用定量的方式进行估算，使得很多企业对 PM－ASP 模式的投资回报持怀疑态度。

2）系统的安全性和稳定性

系统的安全性应该是用户在使用过程中最关心的问题，目前绝大多数的 PM－ASP 只采用了"用户名和密码"这样一个简单的安全策略来保护系统，很难满足用户对系统安全性的要求。此外，PM－ASP 是一种完全基于互联网的系统，如果系统出现故障，网络无法连接，用户将无法进行工作。因此，PM－ASP 系统的稳定性也是用户非常担心的问题。

3）电子数据的法律问题

虽然我国已经立法认可电子文件在法律上的合法性，但由于建设工程项目管理的复杂性和多变性，工程项目参建各方出于自身法律安全性的考虑，长期以来一直习惯于书面文件，尤其是一些涉及自身关键利益的文件，如合同、变更单、联系单等，往往对电子文件比较排斥，从而使得 PM－ASP 的应用效果大打折扣。

PM－ASP 在发达国家经过多年的商业运作，已经成为比较成熟的商业模式。随着我国工程建设领域信息化应用程度的加深，PM－ASP 模式将会得到进一步发展。

（二）建设工程项目管理信息化的实施策略

建设工程项目管理信息化的实施离不开成熟的信息技术、稳定的硬件运行环境，更需要整套科学合理的建设工程项目组织管理体系。实施建设工程项目管理信息化，应重点做好以下几方面的工作。

1. 强化建设单位的作用，强调全员参与

建设单位不同于一般的工程建设参与者，建设单位是工程项目生产过程的总集成者，是推动建设工程项目管理信息化的"发动机"，是建设工程项目管理信息化的关键。同时，信息交流是一个双向或多向的过程，只有强调全员参与，才能使信息交流顺畅，产生应有的效果。

2. 编制信息管理手册，建立健全信息管理制度

信息管理制度是建设工程项目管理信息系统得以正常运行的基础，建立制度的目的就是规范信息管理工作，规范和统一信息编码体系，规范和统一信息的输入和输出报表，规范建设工程项目信息流，促进建设工程项目管理工作的规范化、程序化和科学化。

3. 明确信息管理工作流程，充分利用信息资源

为应用信息技术，达到充分利用信息资源的目的，应明确信息管理手册编制和修订的工作流程，收集、录入、审核、加工、传输和发布信息的工作流程，工程档案管理的工作流程，信息技术二次开发的工作流程等。

4. 建立基于网络的信息处理平台，实现项目信息的共享

建设工程项目具有跨地域、参与单位多、单件生产和生产过程组织复杂等特性，信息技术的广泛应用极大地促进了建设工程项目管理的变革。互联网促进了计算机的连通，网格计算机技术则试图实现互联网上所有资源的全面连通，尝试将整个互联网整合成一台巨大的超级计算机，实现计算资源、存储资源、通信、软件、信息、知识的全面共享。通过采用网格计算机技术，建立建设工程项目信息共享中心，可以进一步促进工程项目参建各方的协同工作。

第五节 基于 Internet 的建设工程项目信息平台

随着科学技术的不断进步和项目管理需求的不断提高，人们对项目信息管理和沟通提出了更高的要求，主要体现在：

（1）工程建设参与各方都能在各个阶段随时随地获得工程项目各组成部分的各种信息；

（2）能够用虚拟现实的、逼真的工程项目模型指导工程项目的决策、设计与施工全过程；

（3）减少距离的影响，使项目管理者之间沟通时有同处一地的感觉；

（4）对信息的产生、保存及传播能够得到有效的管理。

基于 Internet 的项目信息平台（Internet based PIP）能够在一定程度上解决上述问题，其主要功能是安全地获取、记求、寻找和查询项目信息。它相当于在项目实施全过程中，对项目参建各方产生的信息和知识进行集中式管理，即项目各参建方有共有的文档系统，同时也有共享的项目数据库。

一、基于 Internet 的项目信息平台的特点和体系结构

1. 基于 Internet 的项目信息平台的特点

在一般情况下，基于 Internet 的项目信息平台具有以下基本特点：

（1）以 Internet 作为信息交换工作的平台，其基本形式是项目主题网，它具有较高的安全性；

（2）采用 100% B/S（浏览器/服务器）结构，用户在客户端只需安装 1 个浏览器即可；

（3）与其他相关信息系统不同，基于 Internet 项目信息平台的主要功能是项目信息的共享和传递，而不是对项目信息进行加工、处理；

（4）基于 Internet 的项目信息平台不是一个简单的文档系统，通过信息的集中管理和门户设置为项目参建各方提供一个开放、协调、个性化的信息沟通环境。

2. 基于 Internet 的项目信息平台的体系结构

一个完整的基于 Internet 的项目信息平台的体系结构包括两层。

（1）基于 Internet 技术标准的信息集成平台。它是项目信息平台实施的关键，必须对来自于不同信息源的各种异构信息进行有效集成。

（2）项目信息分类层。在项目集成平台基础上，对信息进行有效的分类编目，以便于项目参建各方的信息利用。

二、基于 Internet 的项目信息平台的功能

基于 Internet 的项目信息平台的功能分为基本功能和拓展功能两个层次。其中，基本功能是大部分商业化的基于 Internet 的项目信息平台和应用服务所具备的功能，它可以看成基于 Internet 的项目信息平台的核心功能，而拓展功能则是部分应用服务商在其应用服务平台上所提供的服务，这些服务代表了基于 Internet 的项目信息平台的未来发展趋势。

（一）基本功能

基于 Internet 的项目信息平台的基本功能如下。

1. 通知与桌面管理

通知与桌面管理包括变更通知、公告发布、项目团队通信录及书签管理等功能。其中，变更通知是指当某一个项目参建单位有关的项目信息发生改变时，系统用 E-mail 进行提醒和通知，它是基于 Internet 的项目信息平台应具备的一项基本功能。

2. 日历和任务管理

日历和任务管理是一些简单的项目进度控制工作功能，包括共享项目进度计划的日历管理和任务管理。

3. 文档管理

文档管理是基于 Internet 的项目信息平台一项非常重要的功能，它是在项目的站点上提供标准的文档目录结构，项目参建各方可以根据需求进行定制。项目参建各方可以完成文档（包括工程照片、合同、技术说明、图纸、报告、会议纪要、往来函件等）的查询、版本控制、文档上传和下载、在线审阅等工作。其中在线审阅的功能是基于 Internet 的项目信息平台的一项重要功能，可支持多种文档格式，如 CAD、Word、Excel、Power Point 等，项目参建各方可以在同一个文件上进行标记、圈阅和讨论，这样可以大大提高项目组织的工作效率。

4. 项目通信与协同工作

在基于 Internet 的项目信息平台为用户定制的主页上，项目参建各方可以通过基于 Internet 的项目信息平台中的内置邮件通信功能进行项目沟通，所有的通信记录在站点上都有详细的记录，从而便于争议的处理。另外，还可以就某一个主题进行在线讨论，讨论的每一个细节都会被记录下来，并分发给有关各方。项目信息门户系统的通信与讨论都可以获得大量随手可及的信息作为支持。

5. 工作流管理

工作流管理是对项目工作流程的支持，包括在线完成信息请求、工程变更、提交请求及原始记录审批等，并对处理情况进行跟踪统计。

6. 网站管理与报告

网站管理与报告包括用户管理、使用报告生成等功能，其中很重要的一项功能就是要对项目参建各方的信息沟通（包括文档传递、邮件信息、会议等）及成员在网站上的活动进行详细记录。数据的安全管理也是一项十分重要的功能，它包括数据的离线备份、加密等。

（二）拓展功能

基于 Internet 的项目信息平台的拓展功能包括多媒体的信息交互、在线项目管理、集成电子商务等功能，如视频会议的功能、进度计划和投资计划的网上发布、电子采购、电子招标等功能，这些将是基于 Internet 的项目信息平台的主要发展趋势。

第十章　建设工程项目后评价

第一节　概　述

一、建设工程项目后评价概念

建设工程项目后评价是指对已完成的建设工程项目的目标、执行过程、效益、作用和影响所进行的系统及客观的分析、检查和总结,并确定建设工程项目的预期目标是否达到,检验建设工程项目计划是否合理可行,建设工程项目的主要效益指标是否实现。通过分析评价找出成败的原因,总结经验教训;同时,及时的信息反馈也为未来新建设工程项目的决策提供依据,为后评价项目实施运营中出现的问题提出改进建议,从而达到提高投资效益的目的。

建设工程项目后评价的概念揭示了以下几方面含义:

(1)建设工程项目后评价是学习、提高和总结建设工程项目管理水平的一个过程。建设工程项目后评价是在项目投资完成后,通过对建设工程项目目标、执行过程、效益、作用和影响所进行的系统及客观的分析,积累在建设工程项目实施过程中所取得的经验、总结、教训,提高项目决策者和管理者的项目决策与管理水平。

(2)建设工程项目后评价是增强项目决策者和管理者责任心与信心的重要手段。由于建设工程项目后评价的透明性和公开性的特点,通过对投资活动的成绩和失误的主客观原因分析,可以比较公正、客观地评价项目决策者和管理者在项目投资决策及管理工作中所取得的成绩和存在的问题。

(3)建设工程项目后评价是一个为项目投资决策提供服务的过程。通过建设工程项目后评价结论信息的反馈,可以完善和调整项目投资的方针、政策和管理程序,提高决策者和管理者的决策与管理水平,进而达到提高和改善项目投资效益的目的。

二、建设工程项目后评价的任务和要求

(一)建设工程项目后评价的任务

(1)根据项目的进程,审核在项目准备和评估文件中所确定的目标。

(2)确定在项目实施各阶段实际完成情况,找出实际与计划的差异所在。

(3)通过实际与预期的对比分析,总结项目成功的经验,分析项目失败的原因。

(4)分析项目的经济效益,评价项目对社会和环境的影响。

(5)从被评价的项目中吸取教训并提出建议,为未来项目决策和实施提供借鉴。

(二)建设工程项目后评价的要求

1. 建设工程项目后评价必须保证公正性和独立性

公正性和独立性是项目后评价的重要原则。公正性标志着后评价及后评价者的信誉,

避免在发现问题、分析原因和得出结论时避重就轻，做出不客观的评价；独立性就是后评价应从项目投资者或项目建设单位以外的第三者角度出发，独立地进行，避免项目决策者和管理者自己评价自己的情况发生。公正性和独立性应贯穿于后评价的全过程，即从后评价项目的选定、计划的编制、任务的委托、评价者的组成、评价过程直至评价结论和评价报告。

2. 建设工程项目后评价所采用的资料、信息要可靠，评价的方法要适用

建设工程项目的决策者和管理者可以参与项目的后评价，这样有利于收集资料和查明情况。但为增强评价者的责任感和可信度，评价报告要注明评价者的名称或姓名。评价报告要注明所用资料的来源或出处，报告的分析结论应有充分可靠的依据。评价报告还应说明评价所采用的方法及原因。

3. 建设工程项目后评价的报告必须具有可操作性

为了使评价成果对决策能产生作用，后评价报告应具有可操作性，即实用性要强。因此，后评价报告要有针对性，文字要简练准确，尽量避免引用过多的专业术语，以满足多方面的要求。后评价报告应突出重点，所提出的建议应有具体的措施和要求。

4. 建设工程项目的后评价必须具有透明度

从可信度来讲，后评价的透明度越大越好，因为评价往往需要引起公众的关注，对国家预算内资金和公众储蓄资金的投资决策活动及其效益实施更为有效的社会监督。从后评价成果的扩散和反馈的效果来讲，成果及其扩散的透明度也是越大越好，这样能使更多的人借鉴过去的经验和教训。

5. 建设工程项目后评价应具有反馈性

建设工程项目后评价的结果需要反馈到项目的决策部门，作为新项目的立项和评价的基础，以及调整投资规划和政策的依据，这是后评价的最终目标。因此，后评价结论的扩散和反馈机制、手段和方法成为后评价成败的关键环节之一。

三、建设工程项目后评价与前评估的区别

建设工程项目后评价与项目前期准备阶段的评估，在评价原则和评价方法上没有明显的区别，也采用定量和定性相结合的方法。但是，两者的评价时点不同，目的也不完全相同，因此两者也还存在着一些区别。

前评估是在项目建议书和可行性研究阶段进行的，它是在项目开工前对拟建项目的必要性和可能性所进行的分析，论证项目实施的社会经济条件和状况，为建设方案的比较选择、决策提供科学依据。其目的就是确定项目是否可以立项，应用预测技术分析评价项目未来的经济效益和社会效益。

后评价则是在项目运行一定时期后对已实施的项目进行的全面综合评价、分析项目实施的实际经济效果和影响力，以论证项目的持续能力和最初决策的合理性，为以后决策提供经验和教训。其目的就是总结经验和教训，为改进决策和管理服务。因此，项目后评价要同时进行项目的回顾总结和前景预测。

前评估的资料是项目后评价进行比较的基础，而后评价的报告又是同类后建项目前评估的重要参考依据；前评估的重要判别标准是投资者要求获得的收益率或基准收益率（社会折现率），而后评价的判别标准则重点是前评估的结论，主要采用对比的方法。

四、建设工程项目后评价的基本内容

（一）建设工程项目目标评价

建设工程项目目标的评价是通过对项目立项审批决策时所确定的目标，与项目实际运作所产生的某些经济、技术指标进行比较，检查项目是否达到了预期目标或达到目标的程度，分析实际发生变化的原因。如项目原定的目标不明确，或不符合实际情况，或在项目实施过程中发生了重大的变化（政策性变化或市场变化），项目后评价都要给予重新分析和评价。

（二）建设工程项目实施过程评价

建设工程项目实施过程评价应对照立项评估或可行性研究报告时所预计的情况和实际执行的过程进行比较与分析，找出差别，分析原因，对项目的实施效率作出评价。过程评价的内容包括立项决策评价、勘测设计评价、施工评价、生产运行评价、项目的管理和机制评价、财务执行情况评价等。

（三）建设工程项目效益评价

建设工程项目的效益评价包括财务评价和经济评价，其评价的主要内容与项目前评估无太大的差别，主要分析的指标是内部收益率、净现值和贷款偿还期等反映项目盈利能力和清偿能力的指标。

财务评价是从项目投资者的角度，根据后评价时点前各年实际发生的投入产出数据，以及这些数据重新预测得出的项目计算期内未来各年将要发生的数据，综合考察项目实际的或者更接近于实际的财务盈利能力状况，据以判别项目在财务意义上的成功与失败，并与项目前评估相比较，找出产生重大变化的原因，总结经验教训。

经济评价从考察项目的费用和效益出发，采用价格、工资、汇率、折现率等参数对后评价时点以后，项目计算期未来各年度预测的财务费用与财务效益进行调整，计算项目的净收益，据以判别项目的经济合理性。

（四）建设工程项目的影响评价

建设工程项目的影响评价内容包括经济影响、环境影响和社会影响三个方面。

（1）经济影响评价。主要分析评价项目对所在地区、所属行业和国家所产生的经济方面影响。要把经济影响评价与项目效益评价中的经济分析区别开来。经济影响评价的内容主要包括：项目效益在各个利益主体之间的分配比例是否合理，项目对技术进步影响分析，项目建立与实施的成果对国家、地区生产力布局、结构调整和产业结构合理化的影响分析。

（2）环境影响评价。由于各地环保法的规定细则不尽相同，评价的内容也有区别。项目的环境影响评价内容一般包括污染的控制、地区环境质量的控制、自然资源的保护和利用、对生态平衡的影响等。

（3）社会影响评价。项目的社会影响评价是对项目在社会经济发展方面的有形和无形的效益与结果的一种分析，重点评价项目对所在地区和社会的影响。社会影响评价的内容主要包括就业影响、居民生活条件和生活质量影响、项目对当地基础设施建设和未来发展的影响等。

（五）建设工程项目的持续性评价

建设工程项目的持续性评价是指项目建设完成、投入运行以后，对项目的既定目标是否按期实现、项目是否可以持续保持既定的产出效益、接受投资的项目建设单位是否愿意并可以依靠自己的能力继续实现项目的既定目标、是否可在未来以同样的方式建设同类项目等方面所作出的评价。

建设工程项目效益的持续发挥是要受到一定因素制约的,政府政策因素、管理组织、财务、技术、社会文化、生态环境及经济等因素都可能影响到项目的持续性。因此,仅从项目的实施情况得出评价结论是不全面的,还应进行项目的持续性评价,即对项目未来发展趋势进行科学的分析和预测。

第二节　建设工程项目后评价的程序与指标

一、建设工程项目后评价的评价程序

后评价的评价程序一般包括制定后评价的计划、选定后评价的项目、确定后评价的范围、选择后评价的咨询专家、后评价的执行及后评价报告的撰写。

(一)建设工程项目后评价计划

建设工程项目后评价计划在项目评估和执行过程阶段中就应制定出来,以便项目管理者和执行者在项目实施过程中收集资料。从项目周期的概念出发,每个项目都应重视和准备后评价工作。因此,可以说项目后评价的计划工作是基本建设程序中必不可少的一项重要工作。

(二)建设工程项目后评价项目的选定

选择建设工程项目后评价有两条基本原则,即特殊的项目和规划、计划总结需要的项目。选定后评价项目的标准是:由于项目实施而引起项目运营中出现重大问题的项目,一些非常规项目,急需了解项目作用及影响的项目,可为重大决策提供信息的项目,对未来发展方向具有代表性的项目,对开展后评价具有重要意义的项目等。

(三)建设工程项目后评价范围的确定

由于后评价的范围很广,因此项目后评价的内容是限定在一定范围的。在后评价实施前必须明确评价的范围和深度,按评价要求的范围进行后评价。

(四)建设工程项目后评价咨询专家的选择

建设工程项目后评价咨询专家的聘用,要根据所评价项目的特点、后评价要求和专家的专业特长及经验来选择。评价专家组一般由委托评价机构内部专家和项目后评价执行机构以外的独立咨询专家组成。前者熟悉项目后评价过程和报告程序,了解后评价的目的和任务,可以保证顺利完成项目后评价的工作;后者则能公正、客观地进行评价。

(五)建设工程项目后评价的执行

建设工程项目后评价的执行首先要收集项目的有关资料、项目所在地区的资料、评价方法的有关规定和原则等;其次要进行后评价现场调查,主要包括项目的基本情况、项目目标的实现程度、项目的影响和作用等;再次应做出分析和结论,要回答:总体结果如何?项目的可持续性如何?是否有更好的方案来实现这些成果?取得的经验和教训是什么?

(六)建设工程项目后评价报告的撰写

建设工程项目后评价报告是评价总结的汇总,应真实反映情况,客观分析问题,认真总

结经验和教训。

后评价报告根据不同需要分为项目建设单位编制的自我评价报告和后评价的综合报告两种形式。

后评价报告的内容主要包括：①简述。包括对项目的简短介绍、项目将来的运行计划、项目实施经验及总结、汲取的教训和建议等。②主体。主要包括项目背景和立项、项目的经济效益评价、项目的影响评价、项目的持续能力评价、项目的实施过程评价、项目后评价的结论和经验教训等。③附件。主要包括后评价任务书、后评价单位名称、主要评价者介绍、地方和部门的评审意见等。

二、建设工程项目后评价的评价指标

（一）内部收益率

内部收益率是项目后评价中效率评价的主要指标。内部收益率与行业基准收益率相比较，如前者大于后者，则财务评价经济效益较好；如前者小于后者，则财务评价经济效益较差。

（二）项目决策周期变化率

项目决策周期变化率＝[实际项目决策周期（月数）－预期项目决策周期（月数）]/[预期项目决策周期（月数）]×100%

（三）实际达产年限变化率

实际达产年限变化率反映实际达产年限与设计达产年限的偏离程度：

实际达产年限变化率＝（实际达产年限－设计达产年限）/设计达产年限×100%

（四）实际投资总额变化率

实际投资总额变化率反映实际投资总额与项目前评估中预计的投资总额的偏差大小，包括静态投资总额变化率和动态投资总额变化率。

静态（动态）投资总额变化率＝[静态（动态）实际投资总额－预计静态（动态）投资总额]/预计静态（动态）投资总额×100%

（五）主要产品价格（成本）变化率

其指标计算可分三步进行：

（1）计算主要产品价格（成本）年变化率：

主要产品价格（成本）年变化率＝（实际产品价格（成本）－预测产品价格（本））/预测产品价格（成本）×100%

（2）采用加权法计算各年主要产品平均价格（成本）年变化率：

主要产品平均价格（成本）年变化率＝∑产品价格（成本）年变化率×该产品产值（成本）占总产值（成本）的比率

（3）计算考核期实际产品价格（成本）年变化率：

实际产品价格（成本）年变化率＝各年产品价格（成本）年平均变化率之和/考核期年限×100%

（六）实际投资利润率

实际投资利润率是反映建设工程项目投资效果的一个重要指标。

实际投资利润率＝年实际利润或年平均实际利润/实际投资总额×100%

在实际的建设工程项目后评价中,可根据不同的项目和后评价的要求,设置其他一些评价指标。通过这些评价指标的计算和对比,找出项目实际运营情况与预计情况的偏差程度,通过分析,找出原因,制定解决问题的措施,以保证项目的正常运营。

第十一章　建设工程项目风险概论

建设工程项目,特别是大中型建设工程项目,是极其复杂的系统工程,其实施是充满风险的过程。一个建设工程项目的实施过程可分为若干阶段,而每一阶段又由许多子过程组成。这些确定的子过程的实现一般有规定的程序、工作规程、检查或验收标准等。这类常规性的工作是程序化和结构化的管理问题,管理工作的复杂性并不大。但在建设工程项目实施中,不可避免地会受到不确定因素的影响,即存在不确定性和风险性的问题,其管理相当复杂。这一方面在于信息的不完整或信息的相对滞后,对它们的识别及性质的把握相当困难;另一方面对它们处理的工具、方法或手段常常是无章可循的。因此,可以毫不夸张地说,建设工程项目管理中最重要的任务是对不确定性或风险性问题的分析和管理。

第一节　建设工程项目风险

一、风险概述

风险的客观性和存在的普遍性,以及风险对人们的威胁,引起了许多专家学者对其进行深入研究的兴趣,促进了风险管理学科的发展。

(一)风险的概念

风险是外来语,源于法文的 Rispue,在 17 世纪中叶被引入到英文中,拼写成 Risk。其最早出现在保险交易中。许多学者试图用简明扼要的语言对风险的含义作出描述。

(1)A. H. Mowhray 等认为,风险是一种不确定。

(2)J. S. Rosenbloom 将风险定义为:损失的不确定。

(3)F. G. Crane 称风险是未来损失的不确定。

(4)C. Arther William 等将风险定义为:给定情况下的可能结果的差异性。

(5)卢有杰等认为,风险就是活动或事件消极的、人们不希望的后果发生的潜在可能性。

上述各种对风险的不同描述,其要素可以概括为下列两个方面:

(1)风险是活动或事件发生的潜在可能性;

(2)风险是一种消极的不良的后果。

(二)风险产生的原因

风险是活动或事件发生并产生不良后果的可能性。显然其主要是由不确定活动或事件造成的。而活动或事件的确定或不确定是由信息的完备与否决定的,即风险是由于人们无法充分认识客观事物及其未来的发展变化而引起的。因此,从理论上讲,风险的这种信息的不完备性可以通过各种努力去加以不断完备,但却无法通过主观努力去使其完备。这主要在于下列两方面的原因。

(1)人们认识客观事物的能力有局限性。随着科学技术的发展,人们认识世界的能力在不断提高。然而，世界上的任何事物均有其属性，对这些属性，人们首先是用各种数据或信息来描述的；其次是通过对这些数据或信息的分析处理，去了解和认识事物，并预测事物未来的发展和变化。但由于人们认识事物在深度和广度上均有局限性，这种描述和分析处理能力均是有限的。建设工程项目可视为客观事物的集合体。因此，人们对建设工程项目的认识不可避免地存在信息上的不完备问题，从而造成人们对建设工程项目的环境缺乏客观认识，对建设工程项目的实施过程缺乏符合实际的预见，这是导致建设工程项目出现风险的重要原因。如对于工程地基，人们通常通过局部的勘探，就将其获得的资料数据作为设计的依据。这是工程设计中信息不完备的一个典型例子。当然，事实上也只能这样做，因为由于条件的限制，无法使信息完备，或者是得到完备信息的代价太高，不可能实现。因此，在地质情况较复杂的地方，建设工程项目在地基处理方面就有较大的风险。又如，在水利水电工程建设的水文分析中，人们经常是用历史上几十年的水文资料去预测未来的水文状态，从理论上讲，这是存在着风险的。因为客观世界在不断地发展变化，水文历史系列资料再长，也不可能精确预测未来某一年的水文状态。

(2)信息本身的滞后性。从信息科学理论出发，信息的不完备性是绝对的，而完备性是相对的。这主要在于信息具有滞后性。因为人们对客观事物的属性是用数据和信息去描述的，而这种描述仅当事物发生或形成之后才能进行，况且做这种客观的描述也是需要时间才能完成的。因此，这种数据或信息的形成总是滞后于事物的形成或发展，这样就导致了信息滞后的现象。从这个意义上说，完全确定的事物是不存在的，对于建设工程项目更是如此。信息滞后性是造成信息不完备的重要原因之一。

二、建设工程项目风险概述

(一)建设工程项目风险的概念

建设工程项目风险(Project Risk)，它是指建设工程项目在设计、施工和竣工验收等各个阶段可能遭受到的风险，可将其定义为：在建设工程项目目标规定的条件下，该目标不能实现的可能性。为了把建设工程项目风险作为风险管理的数量化界限，就有必要引进下列两个基本概念。

(1)建设工程项目风险率(Risk Probability)。按照建设工程项目风险的定义，其风险率就是在建设工程项目目标规定的条件下，该目标不能实现的概率，用 P_r 表示。

$$P_r = P(X < X_0) \tag{11-1}$$

式中 X——随机变量；

X_0——建设工程项目目标的计划值或规定值。

(2)建设工程项目风险量 R(Risk Quantification)。R 是衡量建设工程项目风险大小的一个参数，可将其定义为

$$R = f(P_r, q) \tag{11-2}$$

式中 q——风险事件发生对建设工程项目的影响程度，即损失值(Risk Event Value)。

(二)建设工程项目风险特性

建设工程项目风险具有下列特性。

(1)客观性。风险的存在取决于决定风险的各种因素的存在。也就是说，不管人们是否意识到风险，只要决定风险的各种因素出现了，风险就会出现，它是不以人们的主观意志

为转移的。因此，要减少和避免风险，就必须及时发现可能导致风险的因素并进行有效管理。从另一方面看，在建设工程项目活动过程中，产生风险的因素又是多种多样的，要完全消除或有效控制风险也是不可能的，很多因素本身就是不确定的。因此，风险总是客观存在于建设工程项目活动的各个方面。风险的客观性要求人们应充分认识风险、承认风险，采取相应的管理措施，以尽可能降低或化解风险。

（2）突发性。风险的产生往往给人以一种突发的感觉。当人们面临突然产生的风险时，往往不知所措，其结果是加剧了风险的破坏性。风险的这一特点，要求我们加强对风险的预警和防范研究，建立风险预警系统和防范机制，完善风险管理系统。

（3）多变性。风险的多变性是指风险会受到各种因素的影响，在风险性质、破坏程度等方面呈现动态变化的特征。例如，企业在生产经营管理中面临的市场就是一种处在不断变化过程之中的风险。当市场容量、消费者偏好、竞争结构、技术资金等环境要素发生变化时，风险的性质和程度也将随之改变，因而要求实施动态、柔性的风险管理。

（4）相对性。一方面，人们对于风险都有一定的承受能力，这种能力往往因活动、人和时间而异，一般而言，人们的风险承受能力受到收益的大小、投入的大小、拥有财富状况等因素的影响。如收益的大小，收益总是与有损失的可能性相伴随，损失的可能性和数额越大，人们希望为弥补损失而得到的收益也越大；反之，收益越大，人们愿意承担的风险也越大。另一方面，风险和任何事物一样也是矛盾的统一体，一定的条件会引起风险的变化，风险性质、风险后果等都存在可变性。随着科学技术的发展，某些风险可以较为准确地进行预测和估计，如天气预报。

（5）无形性。风险不像一般的物质实体，能够非常确切地被描绘和刻画出来。因此，在分析风险中，应运用系统理论、概率、弹性、模糊等概念和方法进行界定或估计、测定，从定性和定量两个方面进行综合分析。虽然风险的无形性增加了人们认识和把握风险的难度，但只要掌握了风险管理的科学理论，系统分析产生风险的内外因素，恰当地运用技术方法和工具手段，就可以有效地管理风险。

第二节　建设工程项目风险管理

一、建设工程项目风险管理概念

不同的组织、不同的专家对建设工程项目风险管理有不同的认识。德国人早在20世纪初第一次世界大战结束后，就为重建提出了风险管理。他们强调风险的控制、风险的分散、风险的补偿、风险的转嫁、风险的预防、风险的回避与抵消等。除德国外的欧洲其他一些发达国家直到20世纪70年代才接受这一概念，在20世纪50年代才过渡到全面的风险管理。美国国防部认为，风险管理是指应付风险的行动或实际做法，包括制定风险问题规划、评估风险、拟定风险处理备选方案、监控风险变化情况和记录所有风险管理情况。从系统和过程的角度来看，建设工程项目风险管理是一种系统过程活动，是建设工程项目管理过程中的有机组成部分，涉及诸多因素，应用到许多系统工程的管理技术方法。根据美国建设工程项目管理学会的报告，风险管理有以下三个定义。

（1）风险管理是系统识别和评估风险因素的形式化过程。

(2)风险管理是识别和控制能够引起不希望变化的潜在领域和事件的形式、系统的方法。

(3)风险管理是在建设工程项目期间识别、分析风险因素,采取必要对策的决策科学与艺术的结合。

综上所述,建设工程项目风险管理是指建设工程项目管理组织对建设工程项目可能遇到的风险进行规划、识别、估计、评价、应对、监控的过程,是以科学的管理方法实现最大安全保障的实践活动的总称。建设工程项目风险管理的目标是控制和处理建设工程项目风险,防止和减少损失,减轻或消除风险的不利影响,以最低成本取得对建设工程项目安全保障的满意结果,保障建设工程项目的顺利进行。建设工程项目风险管理的目标通常分为两部分:一是损失发生前的目标,二是损失发生后的目标,两者构成了风险管理的系统目标。

建设工程项目的风险来源、风险的形成过程、风险潜在的破坏机制、风险的影响范围及风险的破坏力等错综复杂,单一的管理技术或单一的工程技术、财务、组织、教育和程序措施都有其局限性,都不能完全奏效。因此,风险管理是识别和评估风险,建立、选择、管理和解决风险的可选方案的组织方法,建设工程项目管理组织综合运用多种方法、手段和工具辅助建设工程项目管理者管理建设工程项目风险、理解建设工程项目出现偏差的危险信号,尽可能早地采取正确的行动,以最少的成本将各种不利后果减小到最低程度。所以,建设工程项目风险管理是一种综合性的管理活动,其理论和实践涉及自然科学、社会科学、工程技术、系统科学、管理科学等多种学科,建设工程项目风险管理在风险估计和风险评价中使用概率论、数理统计甚至随机过程的理论和方法。

管理建设工程项目风险的主体是建设工程项目管理组织,特别是项目经理。建设工程项目风险管理要求建设工程项目管理组织采取主动行动,而不应仅仅在风险事件发生之后被动地应付。建设工程项目管理人员在认识和处理错综复杂、性质各异的多种风险时,要统观全局抓主要矛盾,创造条件,因势利导,将不利转化为有利,将威胁转化为机会。

建设工程项目风险管理的基础是调查研究,调查和收集资料,必要时还要进行试验。只有认真地研究建设工程项目本身和环境以及两者之间的关系、相互影响和相互作用,才能识别建设工程项目面临的风险。

风险管理是由风险规划、识别、估计、评价、应对、监控等环节组成的,通过计划、组织、协调、控制等过程,综合、合理地运用各种科学方法对风险进行识别、估计和评价,提出应对办法,随时监视建设工程项目进展,注视风险动态,妥善地处理风险事件造成的不利后果。

二、建设工程项目风险管理的目标、原则与责任

(一)风险管理的目标

在风险管理的过程中,不同的阶段有不同的目标。一般追求的目标有两个:发生损失前的目标和发生损失后的目标。

1. 发生损失前的目标

(1)节约经营成本。企图通过科学的手段,寻求最合适的技术,以降低成本获得最大的安全保证。

(2)减少恐惧心理。通过对风险的科学认识、评价和控制,做到心中有数,使管理人员放手进行各项业务。

(3)满足外界的要求。比如政策法规要求建设工程项目管理单位都应建立安全管理机构,采取有关安全措施,保证切实进行风险管理。

(4)担负起社会责任,不让所产生的损失危及整个社会;要把管理重点放在预防上。

2. 发生损失后的目标

(1)设法渡过难关,让受损的企业能继续生存下去。

(2)让受损的企业不仅能继续生存,而且能继续经营下去。

(3)让受损的企业能获得稳定的收入和合理的资金回流。

(4)通过企业的逐步复原,并促使企业继续发展,也使整个社会受益。

(二)风险管理的基本原则

建设工程项目风险管理的首要目标是避免或减少建设工程项目损失的发生,进行建设工程项目风险管理主要遵循以下几个原则。

(1)经济性原则。风险管理人员在制定风险管理计划时应以总成本最低为总目标,即风险管理也要考虑成本。以最合理、经济的处置方式把控制损失的费用降到最低,通过尽可能低的成本,达到建设工程项目的安全保障目标,这就要求风险管理人员对各种效益和费用进行科学的分析和严格核算。

(2)“二战”原则。即战略上蔑视而战术上重视的原则。对于一些风险较大的建设工程项目,在风险发生之前,对风险的恐惧往往会造成人们心理和精神上的紧张不安,这种忧虑心理会严重影响工作效率并阻碍积极性。这时应通过有效的风险管理,让大家确信建设工程项目虽然具有一定的风险,但风险管理部门已经识别了全部不确定因素,并且已经妥善地作出了安排和处理,这是战略上蔑视。而作为建设工程项目风险管理部门,则要坚持战术上重视的原则,即认真对待每一个风险因素,杜绝松懈麻痹。

(3)满意原则。不管采用什么方法,投入多少资源,建设工程项目的不确定性是绝对的,而确定性是相对的。因此,在风险管理过程中要允许一定的不确定性,只要能达到要求,满意就行了。

(4)社会性原则。建设工程项目风险管理计划和措施必须考虑周围地区及一切与建设工程项目有关并受其影响的单位、个人等对该建设工程项目风险影响的要求;同时风险管理还应充分注意有关方面的各种法律、法规,使建设工程项目风险管理的每一步骤都具有合法性。

(三)风险管理的责任

风险管理人员的一般责任范围是:

(1)认识和评估所有的风险;

(2)测度各种风险的大小;

(3)对不同程度的风险采取不同的处理对策;

(4)决定可保风险的保单种类;

(5)选择合适的保险代理人、经纪人和保险人;

(6)与保险人进行洽商和谈判;

(7)处理损失赔偿业务;

(8)保持良好的损失记录以及保险业务记录。

除上述责任外,风险管理负责人还应与诸如营业、财务、物资、技术、人事等部门保持密切联系，因为这些部门的业务均与企业可能遭受的风险有密切关系。另外，借助社会服务机构如保险公司、代理公司或经纪人的协助合作也是必不可少的。风险管理负责人还应认真研究分析分散和转移风险措施，确保本组织不受分散和转移措施的牵连。

（四）建设工程项目风险管理的目标

正如建设工程项目管理是一种目标管理一样，建设工程项目风险管理同样也是一种有明确目的的管理活动，只有目标明确，才能起到有效的作用。建设工程项目风险管理的目标从属于建设工程项目的总目标，通过对建设工程项目风险的识别，将其定量化，进行分析和评价，选择风险管理措施，以避免建设工程项目风险的发生；或在风险发生后，使损失量减小到最低限度。

建设工程项目风险管理的目标是：

（1）使建设工程项目获得成功；

（2）为建设工程项目实施创造安全的环境；

（3）降低工程费用或使建设工程项目投资不突破限度；

（4）减少环境或内部对建设工程项目的干扰，保证建设工程项目按计划有节奏的进行，使建设工程项目实施时始终处于良好的受控状态；

（5）保证建设工程项目质量；

（6）使竣工建设工程项目的效益稳定。

总而言之，建设工程项目风险管理是一种建设工程项目主动控制的手段，它最重要的目标是使建设工程项目的三大目标——投资/成本、质量、工期得到控制。这种主动控制与传统的偏差—纠偏—再偏差—再纠偏的被动控制方式不同。风险管理对建设工程项目目标的主动控制体现在通过主动辨识干扰因素（风险）并予以分析，事先采取风险处理措施进行建设工程项目的主动控制。

目前，世界各国已把风险管理视为建设工程项目管理的组成部分。建设工程项目管理方法的核心是风险管理和目标管理，只有把两者有机地结合起来，才能使建设工程项目目标尽可能好地实现。如买保险是转移风险的有效办法，但是需要支付保险费。保险费并非为一常数，而是随着风险量的增大而增加的。通过风险管理，建设工程项目双方（建设单位和承包商）不但能有效地保证目标控制的顺利进行，并且可以合理地确定并支付保费；与此同时，又可以寻找建设工程项目顺利实施的最大保障，最终使建设工程项目的总目标最佳地实现。

第三节　建设工程风险管理周期

通常认为，法国著名管理学家法约尔是风险管理的最早提出者。法约尔把企业活动分为技术、商业、财务、保全、会计和管理等六种经营职能。他把管理仅仅看做一种经营职能。而如今的管理已被理解为包括了上述其他五个经营职能。再者，会计职能如今应理解为信息职能。此外应增设劳务职能。因此，在法约尔理论的基础上，将经营职能修正为生产、销售、财务、劳务、保全和信息等项更符合当今的情况。第五项的保全职能，就是研究风险管理的出发点。当然，它还仅仅停留在研究损害管理的水平上，尚跟不上 20 世纪八九十年代的潮流。

法约尔提出的管理过程,包括计划、组织、指挥、协调和控制等五要素。考虑到协调也是一种组织功能,指挥在很大程度上也就是指导。美国管理学家艾伦和纽曼把管理过程分为计划、组织、指导和管制四个环节。如果把保全职能理解为风险管理职能,那么风险管理过程可以认为由以下四个环节组成:风险管理的计划、组织、指导、控制。若像构成产品寿命周期一样,可将风险管理周期表述为:风险管理的计划—风险管理的组织—风险管理的指导—风险管理的控制,风险状态则是该周期的出发点和归宿点。

以下将分别阐述风险管理周期各阶段的内容。

一、风险管理的计划

这一阶段的内容是指通过风险分析选择风险处理的手段、设计方案、编制预算,并制定处理风险的实施计划。

(一)风险分析

其主要内容包括风险辨识、风险估计和评价。

1. 风险辨识

这是整个风险管理过程中最困难也是最具挑战性的一步。常规的风险如火灾、洪水、索赔等对风险经理来说是容易识别的。而对那些损失较大的突发风险的辨识就较困难。事实上,正是这些潜在的风险,才是风险经理工作的重点。

风险辨识是一项基础性工作,需与各方面有关人员不断地交流信息。交流的过程可以通过书面的形式进行。这种书面形式可称为风险辨识手册。手册主要包括以下几部分内容:

(1)本组织风险的历史记录与汇总评价;

(2)对本组织各项风险活动及资产情况的综述;

(3)对相关人员的评价;

(4)对本组织风险现状的认识。

通过不断的信息交流与反馈,风险管理部门最终与其他部门达成共识,辨识出本组织存在的风险,而相关的部门及个人也在这一过程中对风险管理有了初步认识,为将来风险管理决策的执行创造有利条件。

常见的风险辨识的方法有以下几种:专家调查法、故障树分析法、幕景分析法、筛选—监测—诊断技术等。

2. 风险估计和评价

风险估计和评价是指应用各种技术,采用定性与定量相结合的方式,最终估计风险的大小,找出主要风险并评价风险的可能影响,以便采取相应的对策。常见的方法有八种:调查和专家打分法、层次分析法、模糊数学法、统计和概率法、敏感性分析、蒙特卡罗模拟、CIM 模型、影响图法。其中前两种方法侧重于定性分析,中间三种方法侧重于定量分析,后三种方法侧重于综合分析。

(二)风险处理手段选择

风险处理手段可分为风险控制和风险理财。但这两种手段在不同国家都有几种不完全相同的替代方案。不管哪种手段,其适用与否的判断标准都是“以最少的费用,收到最大的风险处理效果”。实践表明,无需一个风险选择一种手段,比较妥当的是采用综合手段,即把几种手段组合起来。

风险控制，是指防止发生风险，或一旦发生了风险要使造成的损害成为最小所采取的手段，也即在风险发生前的防止和减轻的技术性措施，如回避和排除等。

风险理财，是指发生风险并导致损害时，预先计划需筹措的资金以作为后备。至于损害发生后可能支付资金的后备，是指财务上的货币提存所支出的费用，如保留和转嫁等。

（三）风险管理预算的编制

处理风险当然需要费用。为此，事先必须进行预算。由于风险管理手段不一样，预算编制工作也不同。如采用风险控制手段，按其替代方案编制预算有一定的困难；若替代方案是风险的回避、防止、分散、结合和限制，短期内就不需开支费用，但从长远看，仍需要费用，所以预算难以准确合乎要求；若采用预防和减轻损害的手段，必须估计人和物所必需的费用；若采用风险理财手段，无论是消极的保有或风险的冲销，还是积极的保有或转嫁，都需支付相应的费用。

（四）风险管理实施计划的制定

就企业而言，风险管理计划是经营计划的一部分，由个别计划和阶段计划组成。个别计划也称建设工程项目计划，是指对风险探讨和评定若干替代性处理方案，并选择出一个或几个替代方案，以此作为处理风险的依据。阶段计划是一定时间内的计划，根据许多个别计划综合制定，可以是一年以内的短期计划，也可以是一年以上的长期计划。

二、风险管理的组织

根据风险管理计划，对各种风险管理手段的业务分担、权限下放、职权调整等进行组织。具体表现为以下几方面。

(1)把风险管理计划的业务分配给适宜的部门。如把风险管理的执行权限集中在风险管理部门；或撤销风险管理部门，将这方面业务分散到财务、人事、生产、销售等部门；或风险管理部门虽然存在，只赋予保险业务执行权限；或风险管理部门没有实权，仅起参谋作用。

(2)计划业务一经确定，就要将所分配的各项业务在专业人员中进行分工，实行分权化或专业化。即每人承担的业务只要不超过一定的限度，要尽可能实行专业化，保证提高工作效率。但是为了确保业务质量，都要明确一定的权限和责任，使每个人有责有权地努力完成任务。

(3)在工作过程中，各个业务部门之间虽有分工，但难免产生矛盾，因而必须理顺组织关系，适当调整各部门的职权，形成一个较合理的整体。风险管理很重要，涉及内容又很广，因此需要设立一个专门机构。即使这个机构处于一个主管部门地位，也要把执行权限下放给各有关部门。若把风险管理的职能集中于一个部门，就不可能完成全面的风险管理。对企业而言，把企业中生产、销售、财务、劳务各主管部门的有关风险管理业务集中于某个专门部门，虽然并不合理，但还是有可能的。但若把保险以外的管理业务均移到风险管理部门，实际上是不可能的。风险管理部门的领导者虽然不可能是全能的。例如他确实很关心企业的倒闭风险，但构成企业倒闭的风险很多，并且分散在各个部门。最了解生产风险的，应该是车间主任。风险管理部门最好是处于参谋部门地位，对生产、销售、财务、劳务等主管部门的有关风险业务进行协调、联系，并提出建议及咨询意见。

三、风险管理的指导

对风险管理计划进行解释和判断，对各有关部门进行必要的信息沟通和交流，并指导其完成所承担的工作。在组织成员交流信息的过程中，要设法提高成员的工作责任心，使他们以高度自觉的精神行使职权和承担责任，实现既定的目标。

四、风险管理的控制

检查风险管理是否按风险管理计划的规定进行业务业绩的登记、评估和分析。分析计划和业务出现差距的性质，对业务实际进行评估和分析。但风险管理的控制不仅要控制业务实际本身，而且更重要的是评估计划本身。风险管理的控制，有十方面的内容需要确认：

(1)对风险的调查是否有欠妥之处；

(2)对风险的预测和测定是否有误；

(3)风险管理手段的选择是否奏效；

(4)风险管理手段的配合是否非常得当；

(5)自保和基金是否相当；

(6)控制风险的手段能否防止或减轻事故；

(7)按编制的预算能否保障计划内的保险；

(8)事故发生后能否领到预定的保险金；

(9)抵消风险的效果是否明显；

(10)是否能以最小的费用而使风险损失最小化。

作为风险管理周期的最后一个阶段，风险管理的控制还要和第一个阶段风险管理的计划衔接起来，在实施过程中，不断地根据风险管理控制的有关结论修改风险管理计划，形成一个互有联系、互有影响的循环圈，使风险管理成为一个动态管理。这才是风险管理周期的实际意义所在。

第四节　建设工程项目风险管理的研究进展

虽然风险是无形的，但人们在一切社会经济和其他活动中时刻面临着各种各样的风险，风险作为一种客观存在，是不可避免的，而且在一定条件下也带有某些规律性。因此，人们只能把风险影响降低到某种可接受的程度，而不可能将其完全消除。风险是无形的，对这种抽象的概念进行管理是颇具挑战性的，而正是这种挑战性，使得人们在与风险斗争的过程中不断深化对风险的认识，逐渐形成了相对完善的风险系统管理思想和理论。

风险管理问题最先起源于第一次世界大战后的德国，因此德国人较早建立了风险管理的系统理论。而美国早期的风险管理研究比较狭窄，他们以费用管理为出发点，把风险管理作为经营合理化的手段。在20世纪50年代初，美国一些大公司发生的重大损失使高层决策者认识到了风险管理的重要性。同时，随着科学技术的快速发展，技术至上的长期信仰受到了挑战，当人们利用新的科学和技术来开发新的材料、工艺流程和产品时，也面临着诸多的不确定因素，由于社会、法律、经济和技术的压力，风险管理运动在美国迅速开展起来。

从学术机构和学术会议方面来看，最重要也最有影响的是国际项目管理协会（IPMA，

International Project Management Association），该协会每两年召开一次世界项目管理大会（World Congress on Project Management），例如1990年6月在奥地利的维也纳召开了第10届大会（90WCPM，Vienna，Austria），出版了论文集《Management by Projects》。1992年6月在意大利的佛罗伦萨召开的第11届大会（92WCPM，Florence，Italy），将项目风险分析（Project Risk Analysis）作为第一个主题（共有六个主题）的四个分题之一，论文集《Project Management Without Boundaries》分两卷出版，其中与项目风险有关的文章约占10%。1994年6月在挪威的奥斯陆召开的第12届大会（94WCPM，Oslo，Norway），将项目风险管理作为大会四大主题之一。1996年6月在法国的巴黎召开第13届大会（96WCPM，Paris，France），并出版论文集《Capital of Project Management》。另外，还有一些地区性或各国内的学术机构也经常组织一些学术会议之类的活动，如俄罗斯项目管理协会（SPMA）1995年9月在圣彼得堡（St. Petersburg）召开了国际管理会议，美国项目管理协会（PMI）1995年10月在新奥尔良（New Orleans）召开了第26届国际学术年会，印度优秀项目管理中心（CEPM，Center for Excellence in Project Management）与项目管理协会PMA于1995年12月在新德里（New Delhi）召开了主题为"促进项目管理成熟的战略"的国际会议，1978年成立的芬兰项目管理协会（Project Management Association Finland）也开展了许多活动。英国的项目经理协会（Association of Project Managers）除组织一些学术活动外，还经常为项目管理的实际操作充当顾问并提供咨询等。

从出版的著作和发表的论文方面看，英国学者J. R. Turner的著作《The Handbook of Project - based Management》专辟一章讨论项目风险的管理问题（见该书Chapter 11：Managing Risk），最具代表性的期刊是由英国Butterworth - Heinemann Ltd主办的《International Journal of Project Management》，其中经常刊登有关项目风险管理的文章。常刊登有关项目风险管理方面文章的杂志还有英国的《Project Appraisal》，美国的《Journal of Risk and Uncertainty》、《Risk Analysis》、《The Engineering Economist》等，与此有关的其他杂志还有《Insurance：Mathematics and Economics》、《Decision Sciences》、《Management Science》等。论文的内容主要集中在技术方法的开发和理论体系的完善上，也有一定数量的应用报告和体会文章。

从开发的软件和应用方面看，已经开发出的软件很多，如美国的Palisade Corportion开发的"Analytical Power Tbols"系列软件，英国的"RiskNet"软件，挪威的"Dyn - Risk"软件，芬兰的"RiskMan"软件等。在西方工业发达国家，项目风险管理的应用范围很广，已从最初的国防、航天和建筑部门，广泛普及到了医药、化工、矿山、石油等部门。值得注意的是，英、美等国的许多部门在应用项目风险管理技术的同时，还编著并不断修订针对本部门特点的项目风险管理手册，从而保证了采用项目风险管理的科学化、规范化和制度化，如美国防务系统管理学院（Defense Systems Management College）编著的《Risk Management：Concepts and Guidance》就是美国国防部关于在武器装备研制中如何减少和控制风险的规范化著作，此书1989年版本的中译本已于1992年由我国国防科工委军用标准化中心译出。

从20世纪60年代起，风险管理研究逐步趋向系统化、专业化，使风险管理成为管理领域中一门独立的学科专业和一项特殊职能，专门处理那些因未发生的事而带来可能性的负面影响。随着风险管理被广泛应用到社会经济活动的各个层面，工商界和学术界对风险管理的功能及其重要性也有了全新的认识。风险管理成为现代管理科学的一个重要分支，被视为一种广泛的管理职能，其目标是科学地确定、评估及监控组织内因业务活动而必须承受的所有风险，采取经济有效的应对策略，趋利避害，使组织可靠、高效地达成预定目标。

在20世纪60～70年代，美国许多主要大学的工商管理学院都开设了风险管理课程，传统的保险系也将教学重点转移到风险管理方面，保险仅作为一种风险筹资的工具而加以研究。有的工商管理学院把保险系改名为风险管理和保险系，越来越多的大学开设有关风险管理的主修课程及相关的科目，部分著名学府更将其列入工商管理以及金融工程学（Financial Engineering）必修课程。随着风险管理研究和应用的深入，风险管理日渐受到了学术界的广泛重视，逐渐发展为一门比较成熟的学科专业。

随着经济的全球化和社会活动的大型化，世界市场趋向一体化，各行各业正面对着高度不确定的环境条件，面临着不同层面的风险，风险管理已成为当今社会的热门话题，工商界和企业界对这方面的需求也越来越大，风险管理由原来的辅助性角色逐渐演变为一个相对独立的专门行业。在美国，大多数大企业都设置一个专职部门进行风险管理。虽然企业的人事部门单独或部分地管理雇员的福利计划，但就它处理社会保险金、养老金、医疗保险金、死亡和残疾的抚恤金等而言，这些仍属于风险管理的职能。

在20世纪70年代，风险管理的概念、原理和实践已传播到加拿大和欧洲、亚洲、拉丁美洲的一些国家。在欧洲，日内瓦协会（又名保险经济学国际协会）协助建立了“欧洲风险和保险经济学家团体”，该学术团体的会员都是英国和欧洲其他国家大学的教授，讨论风险管理和保险学术问题。英国大学开设风险管理课程已有20多年历史，日本的一些大学也开设了风险管理课程。之后，在亚洲地区，我国台湾和香港的部分学者也先后对风险管理进行理论研究和应用，我国在恢复国内保险业务后也开始重视风险管理研究，并翻译和编写出版了数种教材。

风险管理协会等组织的建立、风险管理教育的普及，表明风险管理已渗透到社会的各个领域。美国的风险与保险管理协会（RIMS）和美国风险与保险协会（ARIS）是美国最重要的两个风险管理协会。1978年日本风险管理协会（JRMS）成立。英国建立有工商企业风险管理与保险协会（AIRMIC）。风险管理方面的课程及论著数量大增。20世纪70年代中期，美国大多数大学的工商管理学院普遍开设了风险管理课程。美国还设立了ARM（Associate in Risk Management）证书，授予通过风险管理资格考试者。协会的活动为风险管理在工商企业界的推广、风险管理教育的普及和人才培养诸方面作出了突出的贡献，促进了全球性风险管理运动的发展。

随着风险管理和建设工程项目管理的日益普及，迫切需要更为规范的建设工程项目管理学科体系作为理论基础，于是世界各国的建设工程项目管理专业组织纷纷建立各自国家的建设工程项目管理知识体系（Project Management Body of Knowledge，简称PMBOK），在各国的建设工程项目管理知识体系中都把风险管理作为重要的管理内容之一。美国项目管理学会（PMI）项目管理知识体系（PMBOK）把项目管理划分为9个知识领域，风险管理是其中的一个知识领域。我国也于2001年5月由中国优选法统筹法与经济数学研究会项目管理研究委员会（PMRC）正式推出了中国的项目管理知识体系文件《中国项目管理知识体系》（C. PMBOK），对风险管理进行了详细规范，以作为建设工程项目管理规范化运作的理论基础和技术指南。

中国优选法统筹法与经济数学研究会项目管理研究委员会1991年6月在西安召开了第一届全国项目管理学术交流会，并出版论文集《网络计划技术应用与发展》，1993年9月在沈阳召开了第二届全国项目管理学术交流会,并出版论文集《中国的项目管理——实践与方法》,1995 年 10 月在西安组织召开了首届国际项目管理学术会议,并出版论文集。由原航空航天部、冶金部、中国国防科技信息中心、大庆石化总厂等单位的有关专家组成的“新时期大型建设工程项目管理理论与方法”联合课题组,得到了国家科委、国防科工委和国家自然科学基金委员会的共同资助,于 1991 年 10 月在上海宝钢召开了“新时期大型建设工程项目管理理论与方法”研讨会,出版了论文集《中国大型工程管理》。中国运筹学会可靠性学会 1993 年 5 月底至 6 月初召开了全国第一届系统可靠性与概率风险研究学术交流会。

我国的项目管理着重于对项目进度、费用的控制,主要是从引进国外的网络计划技术开始的。由著名数学家华罗庚教授倡导,于 20 世纪 60 年代初开始对网络计划技术进行研究,并在一些部门进行了试点应用,华罗庚教授将网络计划技术概括为统筹法。后来也有人称之为统筹学。同时,我国杰出科学家钱学森也从系统工程的角度积极倡导科学管理,并把计划协调技术应用于国防建设的重要项目中,取得了令人满意的结果。这期间的网络计划技术基本上是按 CPM、PERT、VERT 逐步发展的。而后两者是在前者的基础上增加了风险不确定性分析功能。

我国对于风险问题的研究是从风险决策开始的,起步很晚。“风险”一词是 1980 年首次由周士富提出的。这是与我国改革开放前长期实行高度集中统一的计划经济体制相适应的。1991 年,顾昌耀和邱菀华在《航空学报》上首次将熵域拓展到复数,用于风险决策研究。十多年来,我国有关风险分析、风险决策的论著已有一些,但讨论项目风险分析的并不多,讨论项目风险管理的则更少。

从开发的软件和应用方面看,管理学院、计算技术研究所、北京梦龙科技开发公司、大连同洲电脑有限公司(中日合资)等单位都对管理项目的进度开发过一些软件,但主要仍是采用计划协调技术而没有针对项目风险。项目风险分析在我国也曾应用于实践,如三峡建设工程项目、上海地铁建设工程项目、大亚湾核电站项目等。

综上所述,可以看出在项目风险管理方面,无论是理论研究还是应用,与西方发达国家相比,我国都有较大差距,我国的水平仍处于引进、吸收和消化阶段。为尽快缩小国内外差距并力争有所突破和创新,不仅要求项目经理们提出一系列直接针对现实项目风险问题的对策,也要求经济管理科学工作者提出一整套对理解现实问题有补、对解决现实问题有益,且适合中国国情的项目风险管理理论,同时还要对各种历史和现实的问题进行细致的实证分析,用丰富翔实的经验材料,对各种理论的科学性和各种方法的有效性做出检验,并不断地拓展应用范围。这是摆在我国项目风险管理理论研究工作者和实际管理人员面前的一项艰巨的任务。

第十二章　建设工程项目风险管理的一般原理

第一节　建设工程项目风险管理的定义、属性、分类

一、建设工程项目风险管理的定义

建设工程项目风险管理就是对建设工程项目中的风险进行管理。也就是说，建设工程项目风险管理是指建设工程项目管理人员对可能导致损失的建设工程项目不确定性进行预测、识别、分析、评估和有效的处置，以最低成本为建设工程项目的顺利完成提供最大安全保障的科学管理方法。

建设工程项目风险管理以观察、试验和分析损失资料为手段，以概率论和数理统计为数学工具，以系统论为科研方法，去研究建设工程项目的部门、进度、成本、市场各方面可能存在的风险，寻求控制风险的规律。

二、建设工程项目风险管理的特性

建设工程项目风险管理的特性可归纳为以下几点。

(1)必须分析承担风险的利益相关者。对于不同的利益相关者，他们承担的风险也是不同的。正如哥伦比亚号航天飞机失事时，NASA 的风险是其财产和信誉；而对飞机上的宇航员而言，最大的风险则是他们的生命。

(2)风险是有时限的。不同的风险可能只存在于建设工程项目的某一阶段。同样，风险的承担者也只在特定的时间内才承担这些风险。

(3)建设工程项目风险管理的目的在于预测。建设工程项目风险管理不是在风险事件发生后用来追查和推卸责任的。因此，建设工程项目的团队应当在一个相互信任、开放的环境中工作。信息的及时沟通对于风险管理十分重要。

(4)建设工程项目风险管理是有代价的。建设工程项目风险的计划编制、识别、分析、监控和处置都需要分配建设工程项目的资源。由于建设工程项目风险管理是用来减轻或预防未来可能出现的问题，其真正价值只有在未来才能体现出来。但是，也许用于风险管理的投入在将来会抵消甚至多于风险造成的损失。

(5)建设工程项目风险将随建设工程项目进展而变化。一旦建设工程项目的目标、时间和费用计划确定，该建设工程项目的风险计划也应当随之完成。在建设工程项目执行过程中如果建设工程项目的时间、费用等约束有重大变化，相对于这些约束的风险也要重新进行评估。

三、建设工程项目风险的分类

为了深入、全面地认识建设工程项目风险,并有针对性地进行管理,有必要将风险分类。根据不同的需要,从不同的角度,按不同的标准将风险进行分类,其目的在于理论上便于研究,实践上便于根据不同类别的风险采取不同的管理策略。

(一)按风险后果划分

按照风险后果的不同,风险可划分为纯粹风险和投机风险。

1. 纯粹风险

不能带来机会、无获得利益可能的风险,叫纯粹风险。纯粹风险只有两种可能的后果:造成损失和不造成损失。纯粹风险造成的损失是绝对的损失。活动主体蒙受了损失,全社会也跟着受损失。例如某建设工程项目空气压缩机房在施工过程中失火,蒙受了损失。该损失不但是这个工程的,也是全社会的,没有人从中获得好处。纯粹风险总是和威胁、损失和不幸相联系的。

2. 投机风险

既可能带来机会、获得利益,又隐含威胁、造成损失的风险叫投机风险。投机风险有三种可能的后果:造成损失、不造成损失和获得利益。投机风险如果使活动主体蒙受了损失,但全社会不一定也跟着受损失;反之,其他人有可能因此而获得利益。例如,私人投资的房地产开发项目如果失败,投资者要蒙受损失,但是发放贷款的银行却可将抵押的土地和房屋收回,等待时机转手高价卖出,不但可收回贷款,而且有可能获得高额利润。纯粹风险和投机风险在一定条件下可以相互转化,项目管理人员必须避免将投机风险转化为纯粹风险。在许多情况下,涉及风险的各有关方面都要蒙受损失,无一幸免。

(二)按风险来源划分

按照风险来源或损失产生的原因可将风险划分为自然风险和人为风险。

1. 自然风险

由于自然力的作用,造成财产毁损或人员伤亡的风险属于自然风险。例如,水利工程施工过程中因发生洪水或地震而造成的工程损害、材料和器材损失。

2. 人为风险

人为风险是指由于人的活动而带来的风险。人为风险又可以细分为行为、经济、技术、政治风险和组织风险等。

(1)行为风险是指由于个人或组织的过失、疏忽、侥幸、恶意等不当行为造成财产毁损、人员伤亡的风险。

(2)经济风险是指人们在从事经济活动中,由于经营管理不善、市场预测失误、价格波动、供求关系发生变化、通货膨胀、汇率变动等所导致经济损失的风险。

(3)技术风险是指伴随科学技术的发展而来的风险。如核燃料泄漏之后产生核辐射风险。

(4)政治风险是指由于政局变化、政权更迭、罢工、战争等引起社会动荡而造成财产损失及人员伤亡的风险。

(5)组织风险是指由于建设工程项目有关各方关系不协调以及其他不确定性而引起的风险。现代的许多合资、合营或合作建设工程项目组织形式非常复杂。有的单位既是建设工程项目的发起者,又是投资者,还是承包商。由于项目有关各方参与项目的动机和目标不一致,在项目进行过程中常常出现一些不愉快的事情,影响合作者之间的关系、项目进展和项目目标的实现。组织风险还包括项目发起组织内部的不同部门由于对项目的理解、态度和行动不一致而产生的风险。例如我国的一些项目管理组织各部门意见分歧,长时间扯皮,严重影响了项目的准备和进展。

(三)按风险是否可管理划分

按风险是否可管理来划分,风险可分为可管理风险和不可管理风险。可管理风险是指可以预测,并可采取相应措施加以控制的风险;反之,则为不可管理风险。风险能否管理取决于风险不确定性是否可以消除以及活动主体的管理水平。要消除风险的不确定性,就必须掌握有关的数据、资料和其他信息,随着数据、资料和其他信息的积累及管理水平的提高,有些不可管理的风险可以变为可管理的风险。

(四)按风险影响范围划分

按影响范围划分,可以将风险分为局部风险和总体风险。局部风险影响的范围小,总体风险影响的范围大。局部风险和总体风险也是相对的,但建设工程项目管理组织应特别注意总体风险。例如,项目所有的活动都有拖延的风险,但是处在关键路线上的活动一旦延误,就要推迟整个项目的完成日期,形成总体风险,而非关键路线上活动的延误在许多情况下是局部风险。

(五)按风险后果的承担者划分

按其后果的承担者来划分，建设工程项目风险有建设单位风险、政府风险、承包商风险、投资方风险、设计单位风险、监理单位风险、供应商风险、担保方风险和保险公司风险等，这样划分有助于合理分配风险，提高建设工程项目对风险的承受能力。

(六)按风险的可预测性划分

按风险的可预测性划分,风险可以分为已知风险、可预测风险和不可预测风险。

(1)已知风险是在认真、严格地分析建设工程项目及其计划之后就能够明确的那些经常发生的,而且其后果亦可预见的风险。已知风险发生概率高,但一般后果轻微,不严重。建设工程项目管理中典型的已知风险有:建设工程项目目标不明确、过分乐观的进度计划、设计或施工变更,材料价格波动等。

(2)可预测风险就是根据经验可以预见其发生,但不可预见其后果的风险。这类风险的后果有时可能相当严重。建设工程项目管理中典型的可预测风险有:建设单位不能及时审查批准、分包商不能及时交工、仪器设备出现故障等。

(3)不可预测风险就是有可能发生,但其发生的可能性即使最有经验的人亦不能预见的风险。不可预测风险有时也称未知风险或未识别的风险。它们是新的、以前未观察到或很晚才显现出来的风险。这些风险一般是外部因素作用的结果,例如地震、战争、通货膨胀、政策变化等。

四、建设工程项目风险的归类分析

上述的建设工程项目风险分类,为从建设工程项目风险外延的角度考察风险提供了一个有利条件。为了进一步把握建设工程项目风险的范畴,下面我们对建设工程项目风险作一归类分析。

(1)建设工程项目风险归属于基本风险。基本风险是相对于特定风险而言的一种风险,它是指存在于群体行为之中的,风险结果会直接影响整个群体的风险,而不是指仅与某个特定的个人行为相关的,风险结果仅会直接影响有关特定个人的风险。作为建设工程项目风险的风险因素,一定时间内的建设工程项目运行活动是由相当广泛的人所从事的群体行为;建设工程项目风险的风险结果是建设工程项目运行中与建设工程项目有关的经济因素、技术因素、组织因素以及环境因素等在一定时间内发生意想不到的变化,其直接影响在该时间内与建设工程项目有关的人的利益,所产生的风险后果也是由这些与建设工程项目有关的人组成的群体来承担的,即建设工程项目风险属于基本风险的范畴。

(2)建设工程项目风险归属于纯粹风险。纯粹风险是相对于投机风险而言的一种风险,它是指风险后果单纯是使有关主体蒙受损失的风险,其后果只有两种:一种是损失,另一种是无损失,而不像投机风险那样有三种后果:损失、无损失、获利。建设工程项目风险大都是纯粹风险,纯粹风险是建设工程项目风险管理的主要对象,也是本书的重点内容。

(3)建设工程项目风险归属于经济风险、组织风险和技术风险。经济风险、组织风险和技术风险是相对于自然风险、社会风险而言的风险,它是以经济、组织、技术等因素发生意想不到的变化为风险事故的风险。建设工程项目风险中有些是自然风险和社会风险,如自然界中的不规则运动所造成的风险和环境污染风险等,而本书侧重于考察那些与建设工程项目有关的经济因素、组织因素、技术因素等发生意想不到的变化而产生的风险。

第二节 建设工程项目风险管理的几个基本概念

一、风险规划

风险规划是指确定一套完整、全面、有机配合、协调一致的策略和方法,并将其形成文件的过程,这套策略和方法用于辨识和跟踪风险区、拟定风险缓解方案、进行持续的风险评估,从而确定风险变化情况并配置充足的资源。

风险管理规划的依据有以下几点。

(1)建设工程项目规划中包含或涉及的有关内容,如项目目标、项目规模、项目利益相关者情况、项目复杂程度、所需资源、项目时间段、约束条件及假设前提等,可作为规划的依据。

(2)建设工程项目组织及个人所经历和积累的风险管理经验及实践。

(3)决策者、责任方及授权情况。

(4)建设工程项目利益相关者对建设工程项目风险的敏感程度及可承受能力。

(5)可获取的数据及管理系统情况。

二、风险识别

风险管理的第一步是识别和评估潜在的风险领域,这是风险管理中最重要的步骤。风险识别要系统地、连续地识别它们;风险识别包括列出所有与建设工程项目相关的过程、客户及存在的问题。风险识别包括确定风险的来源、产生条件。风险识别不是一次就可以完成的，应在建设工程项目的自始至终定期进行。

建设工程项目风险是每个人和风险因素的结合体。风险产生于猜测的结果和现实的偏离。风险可以简单地分为静态风险和动态风险。静态风险是自然力的不规则作用、人们的错误判断和错误行为导致的风险；动态风险是由于人们欲望的变化、生产方式和生产技术的变化，以及企业组织的变化导致的风险。另外风险也可以分为纯粹风险和投机风险。纯粹风险是当风险发生时，仅仅会造成损害的风险；而投机风险是当风险发生时，可能造成利润也可能造成损失的风险。当然，它们还可以进一步细分。现在，人们习惯上说的风险是指那些可能对建设工程项目产生负面影响的风险源。如技术风险、质量风险、过程风险、管理风险、组织机构风险、市场风险及法律法规变更风险等。项目的风险种类应能反映出项目所在行业及应用领域特征。

进行风险识别的方法有：

(1)头脑风暴法；

(2)检查表法；

(3)流程图法；

(4)情景分析法；

(5)敏感性分析法；

(6)环境分析法（相关方和社会环境变化趋势、可能变更的法律法规）等。

三、风险事件

风险事件是指可能导致某个建设工程项目或系统发生问题，需要作为建设工程项目要素加以评估以确定风险水平的大事。对风险事件所下的定义应使人们易于理解其潜在影响和致因。例如，涡轮发动机的潜在风险事件有可能是叶片振动。当然，也可能会有一系列潜在的风险事件，需由有关专家进行筛选、考察和评估。

四、风险评估

风险评估是指对建设工程项目各个方面的风险和关键性技术过程的风险进行辨识和分析的过程，其目的是促进建设工程项目管理者更有把握地实现其性能、进度和费用目标。风险辨识指对建设工程项目各个方面和各个关键性技术过程进行考察研究，从而辨识并记录，以进一步细化风险描述，从而找出风险致因并确定影响。风险大小的次序按风险的发生概率、后果及与其他风险区或技术过程的相互关系确定。

风险评估一般有定性和定量两种分析方法。常用的定性分析方法有：

(1)故障树分析法；

(2)外推法（使用历史数据）；

(3)头脑风暴法；

(4)德尔菲法；

(5)主观评分法。

常用的定量分析方法有：

(1)期望值优化法；

(2)计划评审技术；

(3)模拟技术(蒙特卡罗法);

(4)层次分析法(AHP法);

(5)列表排序法;

(6)矩阵分析法。

五、风险处理

风险处理是指对风险进行辨识、评价、选定并实施应对方案的过程,目的是在给定建设工程项目约束条件和目标下使风险保持在可接受水平上。风险处理包括确定应当做些什么,应于何时完成,由谁负责,需要多少费用这样一些具体问题。要从应对方案中选取最适当的策略。风险处理是一个包罗万象的术语,而风险缓解和风险控制则是它的子集。它是针对风险定性、定量分析结果,为降低建设工程项目风险的负作用而制定的风险应对措施。风险应对计划必须与风险的严重程度、成功实现目标的费用有效性相适应,必须与建设工程项目成功的时间性、现实性相适应。它也必须得到建设工程项目所有利益相关者的认可,应有专人负责。

风险处理措施通常是从几个备选方案中挑选出的最优的一个。

常用的风险处理措施有:

(1)风险回避;

(2)风险转移措施;

(3)减轻风险措施;

(4)风险自留;

(5)应急措施;

(6)风险分担措施。

六、风险监控

风险监控是指在整个建设工程项目管理过程中,按既定的衡量标准对风险处理活动进行系统跟踪和评价的过程,必要时还包括进一步提出风险处理备选方案。风险监控依据风险管理计划、风险应对计划、附加风险识别和分析、建设工程项目审计,利用核对表、定期建设工程项目风险评估、净值分析、附加风险应对计划和独立风险分析,得出工作计划、纠正计划、建设工程项目变更请求、风险应对计划更新等成果。

七、风险文档

风险文档是指记录维护和报告风险的评估、处理分析方案及监控结果的文件,包括所有的计划、给建设工程项目主管和决策者的报告及建设工程项目管理办公室的内部报表。

第三节　建设工程项目风险管理的过程和内容

建设工程项目风险管理的过程在近两年中获得了很大的改善,而建设工程项目风险管理的内容也获得了很大的丰富。这在很大的程度上全面改善了建设工程项目管理的方法和效果,对于这两方面最新的内容分别介绍如下。

一、建设工程项目风险管理的过程

一个建设工程项目的风险管理涉及建设工程项目风险管理指南的制定、建设工程项目风险管理的识别、建设工程项目风险管理的度量、建设工程项目风险应对措施计划的编制及建设工程项目风险的监督和控制这样五个步骤。

二、建设工程项目风险管理的内容

建设工程项目风险全过程各个步骤的内容涉及许许多多的建设工程项目风险管理工作，建设工程项目风险管理过程各个步骤中的主要内容如下。

（一）建设工程项目风险管理指南的编制

任何一个建设工程项目风险的管理都必须有章可循，因此任何一个建设工程项目的管理都必须编制建设工程项目风险管理指南、规划或手册之类的东西，以确定建设工程项目风险管理的规则和方法。编制建设工程项目风险管理指南的主要依据包括建设工程项目章程（有关一个具体建设工程项目管理工作的全面规定）、建设工程项目组织的风险管理政策、建设工程项目团队成员的角色与职责分工、建设工程项目相关利益主体的风险容忍程度、建设工程项目工作分解结构、建设工程项目生命周期与流程、建设工程项目组织以前曾经使用过的建设工程项目风险管理指南或规划的模板或标准等。建设工程项目风险管理指南的编制一般采用建设工程项目风险管理指南或规划会议的方法，这种会议的主要参加人包括建设工程项目经理和建设工程项目团队管理人员、主要的建设工程项目相关利益主体、建设工程项目实施组织的风险管理人员等。

建设工程项目风险管理指南或规划的编制结果是生成一份建设工程项目风险管理指南、规划或手册。这种指南的主要内容包括：该建设工程项目的风险管理方法、工具和技术及相关的管理规定，该建设工程项目风险管理的角色和责任（包括项目相关利益主体、项目团队及个人的责任规定），建设工程项目风险的预算和资源安排，建设工程项目风险管理的时间进程安排（项目风险管理的时间安排和项目风险识别与度量的循环周期安排），建设工程项目风险度量方法的规定（包括项目风险、项目风险后果、项目风险时间进程和项目风险临界值的规定），建设工程项目风险管理和应对措施的报告规定（包括对于给项目相关利益主体的风险报告的要求与格式的规定），以及建设工程项目风险跟踪的办法和要求等方面的规定。

（二）建设工程项目风险的识别

这是指识别和确定建设工程项目存在哪些风险及这些建设工程项目风险可能造成的影响程度和可能带来的后果等方面的一种建设工程项目风险管理工作。建设工程项目风险识别的主要任务是找出建设工程项目风险事件，识别出引起建设工程项目风险事件的主要因素，并对建设工程项目、风险事件和后果作一些初步的定性估计。建设工程项目风险识别中最重要的原则是通过系统分析和因素分解把一个建设工程项目比较复杂的事物分解成一系列的建设工程项目要素，并找出这些建设工程项目要素中可能存在的风险。在识别建设工程项目风险时需要将一个综合性的建设工程项目风险问题按照分类或聚类的原则首先分解成许多具体的建设工程项目风险问题，然后进一步分析找出可能的建设工程项目风险事件及形成这些建设工程项目风险事件的可能影响因素。

建设工程项目风险识别的参加者主要包括项目经理、项目团队、项目实施组织的风险管理人员、建设工程项目建设单位、技术专家和其他相关利益主体。建设工程项目风险识别的主要工作包括两个方面:其一是识别并确定建设工程项目有哪些潜在的风险事件,其二是编制相应的建设工程项目风险事件识别报告。建设工程项目风险识别报告的主要内容包括:识别出的各种建设工程项目风险和建设工程项目风险事件,这些建设工程项目风险的来源,建设工程项目风险的可能征兆与表现,建设工程项目实施组织能够容忍的风险,以及下一次建设工程项目风险识别工作的计划安排。

建设工程项目风险识别的主要方法包括建设工程项目文档分析法、建设工程项目假设前提条件分析法、系统分解法、流程图法(借助于因果图、系统和过程流程图、影响分析图等各种流程图去识别项目风险的方法)、核检表法(使用预先编制的项目风险核检表去识别项目风险的方法),以及各种常规的信息收集和分析方法。在这种建设工程项目风险识别的过程中,各种程序化和结构化的方法都可以使用,如故障树、风险树等方法都是常用的建设工程项目风险识别方法。另外,建设工程项目风险识别的好坏还在很大程度上取决于建设工程项目决策者与建设工程项目风险分析者的知识和经验,因此像德尔菲法、专家会议法、情景分析法、面谈调查法、问卷调查法、现场调查法、头脑风暴法、SWOT 分析方法等这样一些“软科学”的方法都使用得较多。本书下一章将对这些方法进行详尽的描述。

(三)建设工程项目风险的度量

建设工程项目风险的度量是指对建设工程项目风险和建设工程项目风险后果所进行的定性及定量的评估与界定的建设工程项目风险管理工作。建设工程项目风险度量的任务是对建设工程项目风险发生可能性和建设工程项目风险后果严重程度等作出定量的估计或作出统计分布描述。建设工程项目风险度量的主要内容包括:对于建设工程项目风险发生可能性的度量,对于建设工程项目风险后果严重程度的度量,对于建设工程项目风险影响范围的度量,对于建设工程项目风险发生时间进程的度量。

建设工程项目风险是一种不确定性,即存在着出现一定损失或机遇的可能性。首先,人们之所以会冒一定的风险去开展一个建设工程项目就是因为建设工程项目风险可能发生,也可能不发生,而且建设工程项目风险发生的后果有可能是损失,也有可能是收益。因此,建设工程项目风险的发生概率(P)是建设工程项目风险度量中最重要的一个参数。其次,建设工程项目风险的后果严重程度(C,损失或收益多少)也是度量建设工程项目风险大小的一个基本参数。因此,建设工程项目风险度量 R 就可看成建设工程项目发生概率 P 与建设工程项目风险后果严重程度 C 的函数,即有:$R=F(P,C)$。因此,度量建设工程项目风险就需要使用统计学的一些方法和大量的数据资料。建设工程项目风险度量的主要依据包括:建设工程项目风险管理指南中的相关规定,建设工程项目风险识别报告给出的已识别出的建设工程项目风险,建设工程项目本身的特性与实际绩效统计数据,建设工程项目的计划中给定的建设工程项目假设前提条件,建设工程项目风险概率、进程、影响程度等方面的度量技术办法和各种建设工程项目风险的历史信息与相关数据等。

建设工程项目风险度量的常用方法包括:建设工程项目风险概率估算法(这是确定建设工程项目风险事件概率分布的估算方法,一般来说,建设工程项目风险事件概率估算主要使用根据历史信息资料进行统计分析和估算的方法)、建设工程项目风险后果的预计方法

（这种方法一般包括三个方面的项目风险度量方法：风险损失性质的度量、风险损失大小的度量和风险损失的时间分布度量方法）、模拟仿真法（使用计算机和数学模拟去分析和度量项目风险的方法，包括蒙特卡罗法和三角模拟分析法）、决策分析法（包括专家决策法、决策树、敏感性分析、统计分析、期望值计算）等。建设工程项目风险度量的最终结果是给出建设工程项目风险度量报告，其主要内容包括建设工程项目的全部风险发生概率、后果和影响范围的度量结果，未来建设工程项目风险应对的优先序列安排，建设工程项目风险的发展趋势分析与说明，需要进一步跟踪、分析和识别的建设工程项目风险，以及建设工程项目目标实现可能性的全面分析（又叫项目风险的综合度量）。

（四）建设工程项目风险应对措施的制定

建设工程项目风险应对措施的制定也是建设工程项目风险管理中一项非常重要的工作，制定建设工程项目风险应对措施的主要任务是计划和安排对于建设工程项目的风险需要采取的应对措施和活动方案。制定建设工程项目风险应对措施的主要依据包括：已识别建设工程项目风险的具体特性，建设工程项目风险管理指南或规划，建设工程项目风险识别与度量给出的建设工程项目风险应对的优先序列，建设工程项目组织的抗风险能力，可供选择的建设工程项目风险应对措施，建设工程项目风险应对责任的归属，建设工程项目风险的界限值（征兆或采取措施的界限）和其他的建设工程项目风险识别与度量结果等。

在制定建设工程项目风险应对措施的过程中需要采用一系列的建设工程项目风险决策方法，通常最多使用的方法是建设工程项目风险应对的成本与效益分析、建设工程项目风险应对措施的效用分析、建设工程项目风险应对措施的多因素分析和集成控制等方法。在制定建设工程项目风险应对措施时必须充分考虑建设工程项目风险损失和机遇与它们的代价之间的关系。这里代价是指为应对建设工程项目风险而进行的信息收集、调查研究、分析计算、科学试验和采取措施等一系列活动的全部费用。人们必须一方面设计好建设工程项目风险应对的措施，另一方面尽量减小风险应对措施的代价。当然，在制定建设工程项目风险应对措施时还需要考虑建设工程项目风险应对措施可能带来的收益，并根据收益的大小决定是否需要付出一定量的代价去应对这些建设工程项目风险，以避免出现建设工程项目风险应对中的得不偿失情况。

建设工程项目风险应对措施千变万化，但是建设工程项目风险应对措施的主要分类有如下几种：其一是建设工程项目风险容忍措施，即对于已识别出的可容忍项目风险不采取任何措施；其二是建设工程项目风险规避措施，即对于已识别出的建设工程项目组织无法承受的建设工程项目风险必须予以规避；其三是建设工程项目风险转移措施，即对于介于可容忍和无法承受之间的建设工程项目风险可以采取承发包或购买保险等措施；其四是建设工程项目风险削减措施，即对于无预警信息的建设工程项目风险一般只能等待采取削减建设工程项目风险后果的措施。制定建设工程项目风险应对措施的结果包括如下几个方面：生成一份建设工程项目风险应对措施计划书，给出建设工程项目组织可容忍的建设工程项目风险清单，确定建设工程项目风险转移的合同，安排好建设工程项目预备金（应对项目风险的管理储备），建设工程项目需要外购的资源和劳务等（风险转移给承包商或供应商）。

(五)建设工程项目风险的监督与控制

这是指根据建设工程项目风险管理指南、建设工程项目风险识别与度量结果以及制定出的建设工程项目风险应对措施所开展的,对于整个建设工程项目全过程中各种风险的监督与控制工作。建设工程项目风险监控的目标包括:监控建设工程项目风险管理指南与建设工程项目风险应对措施计划的实施情况,监控建设工程项目风险应对措施的有效性并积极采取必要的纠偏措施,努力发现建设工程项目风险征兆并采取必要的建设工程项目风险应对措施,监督有关建设工程项目风险跟踪识别与度量和新的建设工程项目风险应对措施制定工作的开展与落实。

建设工程项目风险监控工作的具体内容包括:根据建设工程项目发展与变化的情况,不断地重新识别和界定建设工程项目的风险,不断地更新建设工程项目风险应对措施,不断地决策和实施建设工程项目风险应对措施,以最终确保建设工程项目目标的成功实现。确切地说,建设工程项目风险控制工作是一个动态的工作过程,在这一过程中建设工程项目风险管理的各项作业(包括建设工程项目风险识别、界定和建设工程项目风险应对措施的制定)是相互交叉和相互重叠开展及进行的。通常,在建设工程项目各个阶段都要开展建设工程项目风险控制,这种控制是以一种周而复始地、全面地开展建设工程项目风险识别、界定、应对措施制定和实施(建设工程项目风险应对措施的实施就是建设工程项目风险控制的核心内容)的工作循环。

建设工程项目风险监控的主要方法包括:建设工程项目风险应对措施实施情况的审计方法,周期性的建设工程项目风险识别与度量和建设工程项目风险应对措施制定的方法,集成性的建设工程项目风险分析与应对方法,建设工程项目绩效度量的技术与方法,建设工程项目风险应对措施的附加计划法等。建设工程项目风险监控的最终结果是:对于建设工程项目风险的及时应对及由此产生的建设工程项目风险或建设工程项目风险后果降低的结果,建设工程项目风险管理中所采取的各种建设工程项目变更工作与结果,建设工程项目风险应对措施计划的不断补充与更新,建设工程项目各种变更的集成管理与控制,建设工程项目风险识别和度量结果的不断更新及建设工程项目风险数据的积累与更新等。

第四节　建设工程项目风险管理成熟度模型

一、建设工程项目管理成熟度模型(PMMM)

所有的公司都希望在建设工程项目管理中达到成熟与卓越的效果。但并不是所有的公司都能意识到可以通过执行为建设工程项目管理所制定的战略计划来缩短时间。肤浅地应用建设工程项目管理,即便持续很长一段时间,也不会达到出色的效果。相反,这会导致重复错误,并且更糟糕的是,你所学习的是你自己的错误而不是别人的错误。

建设工程项目管理已成为企业维持竞争优势的关键战略之一。改进建设工程项目管理方法、培训计划及组织变更计划等逐渐成为改进组织有效性的战略计划的一部分。也就是说,建设工程项目管理已不单单是项目经理的责任,而是高层经理进行战略规划的一部分,这就是所谓的建设工程项目管理战略规划。

组织在进行建设工程项目管理战略规划时希望能够制定一个完美的计划。可是,如果要完全实施建设工程项目管理战略规划,就需要以试验为基础。为了配合建设工程项目管理战略规划的实施,著名的建设工程项目管理大师哈罗德·科兹纳博士专门研究出了建设工程项目管理成熟度模型,并通过在北电网络等公司的试验得到了认可。

建设工程项目管理成熟度模型可以帮助公司评判自己建设工程项目管理的现状。要在建设工程项目管理中达到卓越的效果,其基础可由建设工程项目管理成熟度模型(由五层组成)做出很好的表述。

第一阶段:通用语言。在这一阶段中,组织意识到了建设工程项目管理的重要性并且需要很好地理解建设工程项目管理的基础知识,以及相应的语言(或术语)。

第二阶段:通用程序。在这一阶段中,组织意识到通用的程序需要被定义并发展,以便使一个成功的建设工程项目开发程序能够被重复地应用于其他方案。在这一阶段还要意识到,建设工程项目管理的原则还要能够应用到并且支持公司所运用的其他方法上去。

第三阶段:单一方法论。在这一阶段中,组织要认识到将所有公司的方法组合成一个单一的方法所产生的综合效果,这一单一方法的中心就是建设工程项目管理。由于使用的是单一方法而不是多种方法,这样的综合效果还会将程序控制简单化。

第四阶段:标准化。在该阶段主要意识到改进程序对于保持竞争优势是非常必要的。标准化必须实施于连续的基础上。公司必须决定标准化的对象和内容。

第五阶段:持续提高。在这一阶段中,组织要对通过标准化得到的信息进行评价,而且必须决定该信息是否对单一方法有提高作用。

二、建设工程项目风险管理成熟度模型(RMMM)

由风险管理研究与开发建设工程项目合作组(Risk Management Research and Development Program Collaboration)提出了风险管理成熟度模型。组织通过使用该模型评估他们当前风险管理能力成熟度级别,为改进识别现实的目标、发展或提高他们的风险管理成熟度等级设计行动计划。这是一个非常简单化的模型,设计用于快速定位风险管理薄弱之处,但它不是很正式。该模型只是作为一个简单的评估工具帮助组织理解他们风险管理过程的成熟度及可能的缺陷。

风险管理在组织内的实施不是一个小挑战,不可能在短期内接受。风险管理不是一个简单的识别技术,也不是派人培训、购买软件并学会使用的过程。风险管理能力是一个范围很广的概念,包括从非正式的特定建设工程项目的风险技术的应用到常规的正式过程的广泛应用,再到前瞻的管理不确定性的风险意识文化。

PMMM 容许组织按照四个成熟度等级来检查他们风险管理的实际能力,同时容许组织识别出需要做些什么来改善他们管理风险的能力。利用 PMMM 也能使客户、供应商及组织其他领域判断建设工程项目或组织实施风险管理的好坏程度,帮助发展特殊策略以达到更高的成熟度等级。

PMMM 包括四个成熟度等级,通过表 12-1 可帮助组织检查自己管理风险的能力,从而进一步改善它。

表 12-1　风险管理成熟度检查表

项目	1 临时级	2 初始级	3 可重复级	4 管理级
定义	没有意识到对不确定性(风险)管理的需要;无系统的方法对付不确定性;反复地反映管理过程,很少甚至根本不从过去的项目中学习以备将来之用	通过少数个人进行风险管理的试验期;无适当的系统方法;意识到风险管理的潜在收益,但没有有效地实施	将对不确定性的管理纳入所有组织活动中;在多数项目中实施风险管理;正式的普通风险过程,组织的各级都理解风险管理的好处,尽管不是总能达到组织的目标	风险意识植根于组织的各个层面,采取主动策略进行风险管理;积极利用风险信息改善组织的活动并获得竞争优势
文化	无风险意识,无上层管理参与,对变化进行抵制,倾向继续已有的过程,甚至面临项目失败时仍然如此;报复转播消息的人	风险过程可视为使利润变化的额外的管理费用;上层管理鼓励但不要求使用风险管理;风险管理仅用于某些项目上	公认的风险管理政策,意识到并期望受益;上层管理需要风险报告;为风险管理配备专门的资源,接受“坏消息”风险信息	自上向下参与风险管理,领导以身作则,上层管理利用风险信息作决策;鼓励积极的风险管理并给予奖励;组织的观点是承认人们会犯错误
过程	没有正式的过程,无风险管理计划或文档存在,几乎无应用风险管理法则的企图,仅仅在客户要求下才尝试运用风险管理的方法	无通用的正式方法,尽管可能用到某些特定的方法;方法的有效性依赖于项目风险团队的技能及获得外界的支持;所有风险人员都在项目的领导之下	通用过程应用于大多数项目;正式过程纳入质量体系,在各个层面积极分配和管理风险预算;对外部支持的有限需要;收集风险度量,关键供应商参与风险管理过程;与组织管理的沟通是非正式渠道	基于风险的组织过程,风险管理文化渗透到整个组织;对方法经常进行评估和提炼;使用常规风险手段与改进的反馈表;关键供应商和客户参与风险管理过程;直接的、正式的与组织交流风险信息的渠道
经验	不了解风险的原理;不了解或没经验来实现风险管理	限于个别人可能有少量经验但非正式的培训	专门技能的内部核心,在基本风险管理技能方面正式培训,开发和使用特定方法与工具	所有职员都有风险意识而且有使用风险基本技能的能力,经验学习作为一部分,通过正式培训来提高技巧
应用	无系统应用,无专用资源,无风险管理工具,无风险分析过程	资源应用的不一致性;只用定性风险分析法	常规地、稳定地应用于所有项目,专用的组织资源,综合的一套方法和工具,使用定性的和定量的风险分析方法	风险的概念应用于所有活动;基于风险的报告和决策;艺术的方法和工具;使用定性的和定量的风险分析方法及强调利用有效的、可靠的历史数据资源;专用的组织资源

第五节　建设工程项目风险管理的意义和作用

随着科学技术和社会生产力的迅猛发展,项目的规模化及技术和组织管理的复杂化突出了项目管理的复杂性与艰巨性。作为项目管理的重要一环,项目风险管理对保证项目实施的成功具有重要的作用和意义。项目风险管理的研究和推广应用,对于项目组织具有重要的现实指导意义。其作用主要体现在以下几个方面。

(1)项目风险管理能促进项目实施决策的科学化、合理化,降低决策的风险水平。项目风险管理利用科学的、系统的方法,管理和处置各种项目风险,有利于该项目的项目组织减少或消除各种经济风险、技术风险、决策失误风险等,这对项目科学决策、正常经营具有重大意义。

(2)项目风险管理能为项目组织提供安全的经营环境。项目风险管理为处置项目风险提供了各种措施,从而消除了项目组织的后顾之忧,使其全身心地投入到各种项目活动中去,保证了项目的稳定发展。

(3)项目风险管理能够保障项目组织经营目标的顺利实现。项目风险管理的实施可以使项目组织面临的风险损失减小到最低限度,并能在损失发生后及时合理地提供补偿,从而能促使项目组织增加收入和减少支出,并获取稳定的、不断增长的盈利,保障组织目标的实现。

(4)项目风险管理能促进项目组织经营效益的提高。项目风险管理是一种以最小成本达到最大安全保障的管理方法,它将有关处置风险管理的各种费用合理地分摊到产品、过程之中,减少了费用支出;同时,项目风险管理的各种监督措施也要求各职能部门提高管理效率,减少风险损失,这也促进了项目组织经营效益的提高。

项目风险管理的研究和推广应用不仅对单个组织有重要意义,而且对整个社会的发展都有积极的作用。

(1)项目风险管理有利于中国特色社会主义市场经济的健康发展。环境的剧变,竞争的加剧,资源的稀缺,使我国的社会经济建设充满了风险。特别是随着我国加入 WTO,我国经济与世界经济的接轨,经济建设需要更为科学而全面的风险管理。项目风险管理,对于消除和控制社会经济建设中的不确定性,规范社会经济行为,保障我国社会主义市场经济的健康发展具有积极意义和重要作用。

(2)项目风险管理有利于资源分配达到最佳组合，有利于提高全社会的资金使用效益，从而促进国民经济产业结构的优化。项目风险管理不是消极地承担风险，而是积极地预防和控制风险。它可以在很大程度上减少风险损失，并为风险损失提供补偿，促使更多的社会资源和资金合理地向所需产业部门流动。因此，它有利于消除或减少风险存在所带来的社会资源和资金的浪费，从而促进社会资源和资金的良性运转及国民经济产业结构的优化。

(3)项目风险管理有利于社会的稳定发展。项目风险管理的实施有助于消除风险给经济、社会带来的损失及由此而产生的各种不良后果,有利于社会生产的顺利进行,促进经济稳定发展和经济效益的提高,而且各组织通过项目风险管理对整个经济、社会的正常运转和不断发展起到了重要的稳定作用。

(4)项目风险管理有利于创造出一个保障经济发展和人民生活安定的社会经济环境。项目风险管理为项目提供最大安全保障,从而消除了人们对项目风险的忧虑,使人们生活在一个安定的社会经济环境中,有助于经济的发展和人民生活水平的提高。

第十三章　建设工程项目风险识别

建设工程项目风险管理的首要任务是建设工程项目风险识别。本章在对建设工程项目风险识别的概念、依据、步骤及风险识别的结果表达进行系统介绍的同时，还对常用的建设工程项目风险识别技术和工具进行了重点介绍。这些方法不仅可以应用在建设工程项目风险识别中，还可以应用在风险管理的各个方面。

第一节　建设工程项目风险识别概述

一、建设工程项目风险识别的概念

建设工程项目风险识别是建设工程项目风险管理的基础和重要组成部分，风险识别就是确定何种风险事件可能影响建设工程项目，并将这些风险的特性整理成文档。

风险识别是建设工程项目管理者识别风险来源、确定风险发生条件、描述风险特征并评价风险影响的过程。

风险识别需要确定三个相互关联的因素。

(1)风险来源：时间、费用、技术、法律等。

(2)风险事件：给建设工程项目带来积极或消极影响的事件。

(3)风险征兆：又称为触发器，是指实际的风险事件的间接表现。

建设工程项目风险识别的作用：

(1)风险识别是风险管理的基础。没有风险识别的风险管理是盲目的，通过风险识别，才能使理论联系实际，把风险管理的注意力集中到具体的建设工程项目上来。通过风险识别，可以将那些可能给建设工程项目带来危害和机遇的风险因素识别出来，是制定风险应对计划的依据。

(2)风险识别还可以帮助我们找出最重要的合作伙伴，为以后的管理打基础。

(3)风险识别为风险分析提供必要的信息，是风险分析的基础性工作。

(4)通过风险识别可以确定被研究的体系或建设工程项目的工作量。

(5)风险识别是系统理论在建设工程项目管理中的具体体现，是建设工程项目计划与控制的重要基础性工作。

(6)通过建设工程项目风险识别，有利于建设工程项目组成员树立建设工程项目成功的信心。

二、建设工程项目风险识别的特点

建设工程项目风险识别具有以下特点。

(1)全员性：建设工程项目风险的识别不只是项目经理或项目组个别人的工作，而是建设工程项目组全体成员参与并共同完成的任务。因为每个建设工程项目组成员的工作都会有风险,每个建设工程项目组成员都有各自的建设工程项目经历和建设工程项目风险管理经验。

(2)全期性:建设工程项目风险无处不在,无时不有,决定了风险识别的全期性,即建设工程项目生命周期中的风险都属于风险识别的范围。

(3)动态性:风险识别并不是一次性的,在建设工程项目计划、实施甚至收尾阶段都要进行风险识别。根据建设工程项目内部条件、外部环境以及建设工程项目范围的变化情况适时、定期进行建设工程项目风险识别是非常必要和重要的。因此,风险识别在建设工程项目开始、每个建设工程项目阶段中间、主要范围变更批准之前进行。它必须贯穿于建设工程项目全过程。

(4)信息性:风险识别需要做许多基础性工作,其中重要的一项工作是收集相关的建设工程项目信息。信息的全面性、及时性、准确性和动态性决定了建设工程项目风险识别工作的质量和结果的可靠性及精确性,建设工程项目风险识别具有信息依赖性。

(5)综合性:风险识别是一项综合性较强的工作,除在人员参与上、信息收集上和范围上具有综合性特点外,风险识别的工具和技术也具有综合性,即风险识别过程中要综合应用各种风险识别的技术和工具。

第二节　建设工程项目风险识别的依据

建设工程项目风险识别的主要依据包括风险管理规划、项目规划、历史资料、制约因素和假定。

一、风险管理规划

建设工程项目风险管理规划是规划和设计如何进行建设工程项目风险管理的过程,它定义了建设工程项目组织及成员风险管理的行动方案及方式,指导建设工程项目组织如何选择风险管理方法。建设工程项目风险管理规划针对整个建设工程项目生命周期制定如何组织和进行风险识别、风险评估、风险量化、风险应对及风险监控的规划。

从建设工程项目风险管理规划中可以确定:

(1)风险识别的范围;

(2)信息获取的渠道和方式;

(3)建设工程项目组成员在建设工程项目风险识别中的分工和责任分配;

(4)重点调查的建设工程项目相关方;

(5)建设工程项目组在识别风险过程中可以应用的方法及其规范;

(6)在风险管理过程中应该何时、由谁进行哪些风险重新识别;

(7)风险识别结果的形式、信息通报和处理程序。

因此,建设工程项目风险管理规划是建设工程项目组进行风险识别的首要依据。

二、建设工程项目规划

建设工程项目规划中的建设工程项目目标、任务、范围、进度计划、费用计划、资源计划、采购计划及建设工程项目承约方、建设单位方和其他利益相关方对建设工程项目的期望值等都是建设工程项目风险识别的依据。

三、历史资料

建设工程项目风险识别的重要依据之一就是历史资料,即从本建设工程项目或其他相关建设工程项目的档案文件中、从公共信息渠道中获取对本建设工程项目有借鉴作用的风险信息。

以前同本建设工程项目类似的建设工程项目及其经验教训对于识别本建设工程项目的风险非常有用。建设工程项目管理人员可以翻阅过去建设工程项目的档案,向曾参与该建设工程项目的有关各方征集有关资料。这些人保存的档案中常常有详细的记录,记载着一些事故的来龙去脉,对本建设工程项目的风险识别极有帮助。任何可能显示潜在问题的资料都可用于风险的识别,这些资料包括如下内容:

(1)工程系统的文件记录;

(2)生命周期成本分析;

(3)计划或工作分解结构的分解;

(4)进度计划;

(5)文件规定;

(6)文件记录的事件教训;

(7)假想分析;

(8)产业分析或研究;

(9)技术绩效测评计划或分析;

(10)模型(影响图);

(11)决策驱动者;

(12)专家判断;

(13)估计成本底线。

四、制约因素与假定

建设工程项目的建议书、可行性研究报告、设计等建设工程项目计划和规划性文件一般都是在若干假设、前提条件下估计或预测出来的。这些前提和假设在建设工程项目实施期间可能成立,也可能不成立。因此,建设工程项目的前提和假设之中隐藏着风险。

建设工程项目必然处于一定的环境之中,受到许多因素的制约。其中国家的法律、法规和规章等因素都是建设工程项目活动主体所无法控制的。这些构成了建设工程项目的制约因素,都是建设工程项目管理人员所不能控制的,这些制约因素中也隐藏着风险。

为了明确建设工程项目计划和规划的前提、假设及限制,应当对建设工程项目的所有管理计划进行审查。例如:

(1)范围管理计划中的范围说明书能揭示出建设工程项目的成本、进度目标是否定得太高,而审查其中的工作分解结构,则可以发现以前未曾注意到的机会或威胁。

(2)审查人力资源与沟通管理计划中的人员安排计划,能够发现对建设工程项目的顺利进展有重大影响的人员,可判断这些人员是否能够在建设工程项目过程中发挥其应有的作用。这样就会发现该建设工程项目潜在的威胁。

(3)审查建设工程项目采购与合同管理计划中有关合同类型的规定和说明。不同形式的合同,规定了建设工程项目各方承担不同的风险。外汇汇率对建设工程项目预算的影响,建设工程项目相关方的各种改革、购并及战略调整给建设工程项目带来直接和间接的影响。

第三节　建设工程项目的主要风险

工程风险(Project Risk)是指一项工程在设计、施工及移交运行各个阶段可能遭受的风险。不同的行业会有不同的风险,同一事件对不同的人同样会产生不同的效应。承包工程涉及建设单位、投资商、承包商、咨询监理、设计师、材料供应商等多方面,有些风险对他们来说是共有的,而有些风险则不然,对一些人是风险,而对另一些人则不是风险。还有些风险产生于其中的一部分人,一些人的行为有时会构成对另一些人的风险。本章的主要内容是介绍承包工程领域中最常出现的风险因素和事件。所涉及的当事人主要是工程建设单位或投资商、工程承包商和设计咨询监理人。

一、建设单位或投资商的风险

工程建设单位或投资商通常遇到的风险可归纳为三种类型,即人为风险、经济风险和自然风险。

(一)人为风险

人为风险是指因人的主观因素导致的种种风险。这些风险虽然表现形式和影响的范围各不相同,但都离不开人的思想和行为。这类风险有些起因于工程建设单位的主管部门乃至政府,有些来自工程建设单位的合作者,还有些则应归咎于其内部人员。归纳起来,人为风险可起因于以下诸方面。

1. 政府或主管部门的专制行为

政府或某一行业的主管部门常常因为全局利益而采取一些带有全局性的决策,如调整国民经济计划,强行下令某些已开工的建设工程项目下马,或对一些企业实行关停并转,或强行征地,或颁发新的政策法规等。从全局考虑,这些决策无可非议,但任何全局性决策总会难免造成一些牺牲品。许多工程建设单位或投资商常常不得不因此而改变其投资计划或经营决策。因此,相关企业不可避免地要遭受重大损失,而这些损失常常无法取得补偿。这类风险有时可导致投资商或工程建设单位破产倒闭,尤其是私营企业。

2. 主管部门设置障碍

有些企业的主管部门常常有意无意地给企业设置重重障碍,致使企业或工程建设单位和投资商的种种努力付之东流。例如工程建设单位或投资商根据其业务特征选好建房用地,而拥有土地的当地政府却图谋私利,将周围的用地卖给另一家从事严重影响该建设单位或投资商经营目标的房地产经营商,从而严重破坏建设工程项目未来的外部环境条件。

3. 资金筹措无门

实施工程的前提条件是资金有保证。任何企业都离不开融资,靠自己的本金发展企业或兴建工程是极其有限的。得不到金融机构的支持,投资商的资金筹措无门,工程无法动工,或者中途夭折,建设单位已投入的资金无法产生效益,已经购买的土地会因长期不能开工而被政府收回,或不得不廉价卖出。如果出现全局性金融危机,则低价转手都不可能,借债无门,而债权人又不断催还债务,最后只有以破产告终。我国近年来许多房地产经营者一败涂地就是明显的例证。

4. 不可预见事件

不可预见事件通常指发生在经济领域里,且导致工程实施的经济条件发生变化的、有经验的工程承包商也无法预料的事件。若发生这类事件,工程成本无疑要加大,甚至远远超出原始投资估算。

不可预见事件可以因地质勘探取得的资料不准,也可以因对自然因素预测错误,还可以因政治因素如政府法规或政策变化导致经济条件改变而发生。若发生了这类事件,工程设计有可能不得不修改或变更,合同条件不得不被修改,承包商自然会提出索赔,因而工程成本必然加大。这种连锁反应自然加大了投资人或建设单位的工程风险。

5. 合同条款不严谨

通常情况下,工程合同由咨询工程师负责起草,但也有不少合同是由建设单位根据政府规定的格式拟订的。除国际通用的合同条款外,多数合同条款都难免有不严谨或漏洞之处,实施过程中又常常发生不少超出预见的情况。有经验的承包商不会不充分利用以扩大利润。承包商的合法权利之一就是索赔(Claim),而索赔在许多情况下是基于合同条款不严谨而使建设单位无法拒绝。在当前工程承包竞争异常激烈的形势下,承包商靠报价而赢取利润几乎不可能,于是索赔就成为承包商的主要盈利手段。实践中常常有些合同条款含混不清或模棱两可以致给承包商可乘之机。承包商根据合同条款据理索赔是完全正常的。如果合同条款严谨,可以保护建设单位的正当利益;但是若合同条款有空子可钻,则建设单位就只好自吞苦果了。

6. 道德风险

道德风险是指建设单位或投资商的执行人员应有的品行道德发生背离,失去应有的事业心和责任感,道德败坏、贪污受贿,对工程材料设备明取暗偷,玩忽职守等行为不轨,致使建设单位或投资商的财产遭受损失,或工程质量缺乏监督保证。在人类社会中,离经叛道、行为恶劣、利欲熏心、道德败坏等自古有之。这种道德风险对建设单位威胁极大,它犹如蛀虫一般毁损工程建设单位或投资商的事业肌体,甚至断送他们的事业。

7. 群体行为越轨

群体行为越轨通常有两种情况:一种是来自社会的越轨行为,如全国性、地区性或行业性的罢工或骚乱甚至暴乱。这类事件一旦发生,社会将不得安宁,正常的秩序将被打乱,直接或间接地影响工程的施工,甚至使工程瘫痪。发生这类事件,建设单位或投资商只有自认命运不佳,因为他们的损失无从获得补偿。另一种群体行为越轨是来自建设单位的直接合作者——工程承包商。通常可见于因承包商苛扣或拖欠工人的工资或处事不公引起公愤。发生这类事件,虽然建设单位可以通过罚款以减少工程开支,但于事无补。因为通过罚款所省下的钱绝对不能弥补工程拖延、竣工误期、投产推迟所造成的损失。何况,一旦承包商的雇员举行罢工或发生暴乱,势必会造成许多意外损失。例如需要连续作业的工程部分不得不中断,设备材料长期搁置无人保管会发生损毁或变质,从而影响工程的质量。群体行为越轨给工程建设单位或投资商造成的风险是十分严重的,不可等闲视之。

8. 承包商缺乏合作诚意

商场如战场,交易双方常常是互相斗智。自古以来无商不奸。为了谋取最大的利益,交易者总是千方百计地给对方设计圈套。由于当前的竞争更加激烈,承包商既要获取建设工程项目,又必须确保最起码的利润,争取最大的效益,而这些效益又不能明显露在明处,只能分散潜伏于承包工程的各个环节。有经验的承包商通常善于做出姿态,以低报价诱惑建设单位授予建设工程项目,而一旦签订合同,则使尽心计,甚至要弄手腕,制造索赔机会,使工程的实际价格远远超出投资估算,从而加大建设单位或投资商的风险。

9. 承包商履约不力或不履约

承包商履约不力是常见的。虽然工程承包合同对承包商规定了种种义务和惩罚措施,但实际操作时常有很多情况使得合同不能圆满履行。除客观原因导致履约不完全外,承包商有意无意地履约不力也是常见的。当然,有经验的承包商不会明显地给建设单位造成履约不力的印象或让建设单位找到可以认定其履约不力的机会,他们会以种种借口掩盖其履约不力的真相。他们常常以种种理由推卸其履约不力的责任。例如,工程进度缓慢时,他们会推说建设单位没有采取保证措施,或者推说材料不到位,或者推说工程师未能及时检验已竣工部分或未能及时下达指令等。总之,他们随时都可以找出借口以推卸自己应尽的责任。

承包商不履约的事也时有发生。有些承包商因投标报价失误或因当初出于竞争需要报价过低,合同谈判时对建设单位比较迁就,一旦合同到手随即态度大变,千方百计地迫使建设单位追加合同价格。这种情况下,建设单位常常不能断然拒绝,只好做出让步,特别是当建设单位骑虎难下时,承包商更是层层加码,扩大收益。其结果只能是加大建设单位和投资商的风险。

10. 指定分包商履约不力

指定分包商常常有一定背景,他们或者与建设单位有着千丝万缕的联系,或者有政治上的后台,虽然他们可能在技术或施工能力方面很难使建设单位满意,但因某种背景,建设单位不得不起用。然而,许多情况下,他们并不能给工程施工以较大的促进。恰恰相反,他们常常在客观上影响工程的正常进展或不能达到要求标准。由于是指定分包商,多数情况下,总包商要求他们直接向建设单位承担责任。虽然总包商有责任对其进行管理,但他们通常没有义务代指定分包商承担施工不合格的责任。因此,指定分包商造成的麻烦或者不履约应由建设单位承担。这种情况无疑加大了建设单位的风险。

11. 监理工程师失职

监理工程师作为建设单位按契约聘用的工程技术负责人,本应保护建设单位的利益,对建设单位尽职尽责以确保工程的质量和进度。行为公正、认真负责是监理工程师的行为准则。但监理工程师并不是建设单位的全权代表,在技术及工程管理上他有特殊的地位。如果监理工程师失职或缺乏应有的职业道德,则建设单位将大受其害。在工程承包实践中,并非所有的监理工程师都能办事公正,操行廉洁。有相当数量的监理工程师以权谋私,拿原则做交易。承包商则往往善于利用其弱点,拉拢腐蚀以达偷工减料蒙混过关之目的,而建设单位则蒙在鼓中。许多情况下,工程的隐蔽性缺陷并不能立即被察觉。一旦正式移交后,承包商和监理工程师各奔东西,潜伏的危险只能由建设单位来承受了。

12. 设计错误

工程设计是工程质量的根本。虽然工程实施前,设计方案或图纸都应交付建设单位审核批准,但许多情况下,建设单位不具备审核能力,常常任凭设计师解释或作出有关决定。如果设计出现错误,轻则返工修复,重则可能导致工程毁损。虽然设计师要为其错误承担法律和民事责任(Ciyil Liability),但这不能完全抵消建设单位所遭受的损失,特别是因设计师对基础设计资料掌握不准作出的施工设计无法实施,施工时临时修改,从而导致工程延误,给建设单位造成重大损失。

(二)经济风险

对于所有从事经济活动的行业来说,经济风险都在所难免。而对于工程建设单位或投资商则更是难以避免。通常情况下,工程建设单位或投资商所遇到的经济风险主要产生于以下原因。

1. 投资环境恶劣

投资环境是投资能否取得成功的关键因素。如前所述,投资环境包括硬环境和软环境。对于工程建设单位或投资商来说则更为具体,就是说与具体行业区域的软、硬环境都分不开。例如房地产经营既需要有较好的全局性软、硬环境,也需要良好的局部环境,比如销售市场形势、资金渠道等。目前在中国,各地房地产经营效果大不一样就是很好的例证。至于工业项目投资,则既要考虑市场需要,又要考虑国家的工业发展政策。有些项目虽然在经济效益方面具有可观的前景,但与国家的工业发展政策有抵触,同样会带来风险。

2. 市场物价不正常上涨

在正常情况下,人们通常能比较准确地作出投资估算,但如果经济形势不稳,物价飞涨,则投资人将很难作出较为准确的预测,其结果将是工程决算大大超过预算。这种局面无疑导致工程费用猛增。如果投资商没有足够的应变能力,势必会出现工程追加资金无着落,而承包商将会因为资金不足而中途停工。这种后果对建设单位来说将是不堪设想的。

3. 通货膨胀幅度过大

在市场经济的情况下,通货膨胀是难免的。一般来说,一定幅度的通货膨胀是可以理解的,也是可以接受的,只要这个幅度符合正常规律。但是如果幅度过大,比如超过警戒线(即高于50%),则经济秩序将会完全被搞乱,承包商和建设单位都将苦不堪言。承包商的损失通常可以向建设单位索赔以获得补偿,而建设单位则只有追加投资。若是政府工程,尚可向政府要求增加拨款,从而将风险转移给政府;但如果是私营工程或与外商合资的工程,则只有投资人自己承担这笔增加的款额了。

4. 投资回收期长

有些工程属于长线工程,投资规模大,回收期长。虽然总利润可能比较高,但由于资金具有时间价值,加之商场上风云多变,很可能因周期长而出现各种不测事件,从而导致预期的利润不能实现。

投资回收期长还有可能降低单位回报率或降低投资利润现值,特别是在经济实力脆弱、政策多变的地区。

5. 基础设施落后

基础设施对于工程建设工程项目的投资具有重要影响。任何一项工程都不是与世隔绝可独立存在的,其施工所要求的条件也不是仅仅局限于工地周围的小范围。外部的客观环境,尤其是公共基础设施的好坏对工程影响极大。交通落后,能源不足,必然严重制约工程的正常进行。例如公路质量太差会影响材料供应的及时性,加大运输设备的损耗;能源供应不足会影响施工进度,延误工期,而这些制约因素(Restrict Element)无疑会加大承包商的报价。这笔增加费用只能由建设单位或投资商承担。

(三)自然风险

自然风险是指建设工程项目所在地区客观存在的恶劣自然条件,工程实施期间可能碰上的恶劣气候,建设工程项目所在地的周围环境和恶劣的现场条件等因素可能给工程建设单位或投资商构成的威胁。自然风险通常由下列非人为原因所致。

1. 恶劣的自然条件

建设工程项目所处地域的自然条件对建设工程项目成本影响很大。不同地域的自然条件各不相同。例如寒带地区严冬无法施工;酷暑地带施工作业时间短;火山影响区域,地震多发带,洪水、海啸、泥石流多发区都潜伏着直接威胁工程的严重自然灾害。这些灾害轻则破坏已竣工工程,重则完全摧毁建设工程项目。即便不发生自然灾害,基于防止受灾害侵袭,必须在设计方面考虑加固措施,从而加大工程造价。施工期间,如果发生这类自然灾害,其损失都将由建设单位或投资商承担,即使投保,在时间上也将造成重大损失。

2. 恶劣的气候与环境

除自然条件会构成建设工程项目的自然风险外,恶劣的气候或环境也会导致建设单位或投资商蒙受风险。恶劣气候是指偶尔发生的超出正常规律的气候变化,如长时间的暴雨、台风、酷暑等都会给工程实施带来不便,从而增加工程成本。

恶劣的环境是指施工现场周围客观存在的严重制约因素。例如施工地点距离核反应堆过近,有可能受核辐射威胁;工程选址于震后灾区,周围场地或交通要道堵塞。

3. 恶劣的现场条件

工程的现场条件受多种因素影响,特别是进出场通道,供排水设施,供电、供气的可能性,夜间或节假日加班作业的可能性等。位于闹市区的建设工程项目虽然供排水、供电、供气都不成问题,但材料进出及夜间或节假日加班就没有可能。这样,工程的施工期必然拖长,从而推迟了投产时间,加大成本;位于偏僻地区的工程,则存在供电、供水困难,同样构成施工制约条件。

现场条件中更大的制约因素是工程地质条件差。如果钻探资料与实际情况相符倒不用担心,因为设计施工人员已有思想准备,已预先采取了各种应急措施。若是土壤地质水文条件属于未知或已有资料不准确,这种情况轻则导致修改设计和施工方案,重则发生工程毁坏、人员伤亡。这类事故一旦发生,虽然可以向保险公司索赔,但建设单位或投资商也难免不受其害。

(四)特殊风险

特殊风险是指根据 FIDIC 条款应由建设单位承担的风险。这些风险包括以下方面。

(1)在工程所在国发生的战争、敌对行动(不论宣战与否)、外敌入侵等。

(2)在工程所在国发生的叛乱、暴力革命、军事政变或篡夺政权,或发生内战。

(3)由于任何核燃料燃烧后的核废物、放射性毒气爆炸,或任何爆炸性装置或核成分的其他危险所引起的离子辐射或放射性污染。

(4)以音速或超音速飞行的飞机或其他飞行装置产生的压力波。

(5)在工程所在国发生的不是局限在承包商或其分包商雇用人员中间,且不是由于从事本工程而引起的暴乱、骚乱或混乱。

(6)由于建设单位使用或占用非合同规定提供的任何永久工程的区段或部分而造成的损失或损害。

(7)因工程设计不当而造成的损失或损坏,而这类设计又不是由承包商提供或由承包商负责的。

(8)不论何时何地发生任何因地雷、炸弹、爆破筒、手榴弹或是其他炮弹、导弹、弹药或战争用爆炸物或冲击波引起的破坏、损害、人身伤亡,均应视为特殊风险的后果。

发生上述特殊风险事件,承包商对其后果都不承担责任。因此,这类风险损失只能由工程建设单位或投资商承担,而且这类特殊风险给承包商造成的任何损失也都应由建设单位给予补偿。

以上所列风险是指工程实施过程中最经常发生的风险根源和风险事件。就某项具体工程而言,不一定每种风险事件都注定要发生,但作为工程建设单位或建设工程项目投资人必须预先考虑到这些风险因素,以便采取预防措施,防患于未然。

二、承包商的风险

承包商作为工程承包合同的一方当事人,所面临的风险并不比建设单位或投资商小。承包商与建设单位是合作者,但在各自利益方面则又是对立的两方,双方既有共同利益、同样的风险,又有各自独特的风险。承包商的行为固然会对建设单位构成风险,但建设单位的处事也会威胁承包商的利益。承包商所面临的风险贯穿于建设工程项目的始终。

(一)决策错误风险

承包商在考虑是否进入某一市场、是否承包某一建设工程项目时,首先要考虑是否能承受进入该市场或承揽该建设工程项目可能遭遇的风险。承包商首先要对此作出决策。而在作出决策之前,承包商必须完成一系列的工作。所有这些工作无不潜伏着各具特征的风险。

1. 中介与代理风险

中介业务虽然自古已有,但真正获得发展只是近代。尤其是近 30 年来,随着商业交易的日益复杂,许多业务需要借助中介业务而促成。诚然,中介业务对商业交易有其独特的贡献,但人们越来越清楚地认识到中介业务会给交易带来风险。在近代社会,许多从事中介业务的人以谋取私利为目的,凭着三寸不烂之舌,以种种不实之词诱惑交易双方成交,从中渔利,至于交易中双方可能蒙受的损失则与其无关。有些中介业务相当活跃,一个建设工程项目发包,常常会有数十个中间人四处活动,几乎每一个中间人都拍胸脯保证能拿下建设工程项目,以此骗取许多缺乏经验的承包商的巨额佣金。

2. 保标与买标风险

近年来,随着建设工程承包市场竞争日趋激烈,工程风险日益加大,建设单位和承包商为了保护自身的利益,都在不断地变换手段,建设单位买标和承包商联合保标当算现今招投标活动中的绝招。

建设单位买标是指建设单位为了压低标价,花钱雇用一两家投标人投低标,开标后要求报价较高但又很想得标的承包商降价至最低标以下方予受标。这一绝招常常能收到特殊的效果,因为承包商一旦投标,往往由于得标心切,在其未曾识别圈套情况下,让其降价至一定程度并不太难。这种情况多见于建设单位已有意中得标人,或出于政治原因必须授建设工程项目于某一承包商,但该承包商的报价却难以降下来。为达到既能授建设工程项目于意中投标人,又能获得低价标,建设单位便暗中出资让一些有特殊关系的投标商故意报低价,开标后再要求报价较高的意中投标人降价至最低标以下,继而授予建设工程项目。当然采用这种手段仅限于有限招标，而且是在秘密开标的前提下。采用这种手段常常能轻而易举地达到既能选择意中承包商，又能达到低价成交之目的。这一绝招之所以能获得成功，关键在于成功地利用了承包商夺标的迫切心情。

承包商联合保标是指同一国家的若干家承包商出于统一策略，内定保举某一家公司中标且不冒标价过低风险。因此，除被保举中标的公司外，其他各家报价普遍较高，从而定下高价基调，而被保举的公司则报价相应较低。在没有较多的强有力的外国竞争对手情况下，这种策略常常能够奏效。

无论是建设单位买标，还是承包商保标，都会给承包商带来风险，因为前一种情况会导致承包商降低标价，而后一种情况则限制了非保举对象的承包商的得标机会，而损失只能由承包商承担。

3. 报价失误风险

报价策略是承包商中标获取建设工程项目的保证。策略正确且应用得当，承包商自然会获取很多好处，但如果出现失误或策略应用不当，则会造成重大损失。

潜伏有风险的报价策略主要有以下情况。

1）低价夺标寄盈利希望于索赔

这是当前国际承包商普遍采用的基本策略。在遵循国际惯例的承包市场上，这种策略应该说是可行的，且一般能奏效。但世界上毕竟还有为数不少的国家缺乏惯例意识。在这些国家，索赔往往成为刺激人的字眼。在我国许多省市，许多建设单位也是对索赔一词大为恼火。

2）低价夺标进入市场，寄盈利希望于后续建设工程项目

这种策略多在进入市场时采用。在对市场形势判断比较准确的前提下，这种策略应该说是正确的，而且是必需的。但是，如果承包商判断失误，或者工程所在地政策多变，承包商花了血本完成第一个建设工程项目后，未能获得后续建设工程项目，其购置的大批机械设备下场后将不得不转移，前一个工程的亏损额难以找到补偿机会，最后不得不付出巨大代价接受更为苛刻的条件。

3）盲目用计，弄巧成拙

报价技巧是获得理想的经济效益的重要手段，但技巧使用不当则有可能弄巧成拙。

弄巧成拙常见于以下情况：

（1）吊胃口策略。为了获取建设工程项目或争得预想的好处，承包商常常采用吊胃口策略，即许诺对方以种种好处。一般情况下，这种策略是可以奏效的。但有些时候，建设单位非常精明，识破了承包商的意图，将计就计，胃口越来越大，甚至贪得无厌，最后弄得承包商无法招架。

（2）不平衡报价。出于索赔目的，承包商在报价时采取不平衡报价办法，这是完全正确的。但如果估算错误或因未曾复核图纸而对一些本来可追加工程量的子项内容报价过低，在追加工程款时以该报价为计算基础。这对于承包商将无疑是雪上加霜。

（3）抽象报价。抽象报价是指承包商在夺标时为给建设单位造成低标印象，有意识地对一些子项报出抽象笼统的价格，留待履约时再逐步具体化，进而层层加码要价。这种手法多用于议标建设工程项目。一般来说，采用此法的确能达到目的。但如果履约时不注意积累资料，不能找出适当的依据，且与监理工程师合作不好，则当初的抽象报价将很难通过具

体化内容而追加款额，从而导致增加的开支无法收回。

(4)背水一战。竞标后期，承包商常常被置于欲罢不能的处境，无奈之下狠下决心，背水一战。这种策略并非不可行，但背水一战的结局并不都是胜利，掉进水里淹死的并不罕见。关键是背水一战的辅助条件是否具备。例如硬行压价，价差将通过什么途径予以弥补？压缩工期，将采取何种手段赢得时间？如果不准备好备用措施，则背水一战的后果将是十分可怕的。

(二)缔约和履约风险

缔约和履约是承包工程的关键环节。许多承包商对缔约和履约过程的风险认识不足，致使本不该亏损的建设工程项目亏得一塌糊涂，甚至破产倒闭。

缔约和履约风险主要潜伏于以下方面。

1. 合同条款

建设工程承包所遵循的合同条款多种多样。而任何合同范本都离不开当事人的责任、权利、义务三项主要内容。合同条款中潜伏的风险往往是责任不清、权利不明所致。通常表现在以下方面：

(1)不平等条款。建设工程承包本来应以合同为约束依据，而合同的重要原则之一就是平等性，但在工程承包实践中，建设单位与承包商很少有平等可言。鉴于当前的国际工程承包买方市场的特点，建设单位常常倚仗着僧多粥少这一于己有利的优势，对承包商蛮不讲理，甚至缺乏商业道德，特别是政府工程的建设单位部门。在签订合同时，建设单位常常强加种种不平等条款，例如合同中只有罚则而没有奖励办法，不写汇率保值条款等，赋予建设单位种种不应有的权力，对承包商则只强调义务，而不提其应有的权利。例如索赔条款本应是合同的主要内容，但许多合同中却未提及；又如误期罚款条款，几乎所有合同中都有详细规定，而且罚则极严。承包商如果在拟订合同条款时不坚持合理要求，则给自己留下隐患。

(2)合同中定义不准确。有不少合同由于人为或非人为原因，对一些问题定义不准或措辞含混不清。一旦事件发生，建设单位往往按其自己的意图歪曲解释。特别是涉及质量标准时，合同中虽然也规定按照相关规范，但都加上"要达到工程师满意"这类字句，而在实施期间，则只强调达到工程师满意，而不提遵循相关规范。还有些合同对承包商的义务规定得非常具体，而对其应享有的权利则只是笼统地一笔带过，甚至对有些关键事项含糊其辞。例如有些合同中关于追加款额条款写道："发生重大设计变更可增加款额。"然而，对何为重大设计变更则并无细则说明。一旦发生这类情况，建设单位或监理工程师便随意解释。

2. 工程管理

工程管理对于有经验的承包商来说通常并不算困难，但若是大型复杂工程，参与实施的分包公司太多，工序错综复杂，加上地质、水文及自然条件发生意外变化，总包商将面临很多风险。首先，总包商要做好协调，处理好交叉衔接问题，处理好人际关系，特别是对待一些有背景的当地分包公司，更非一般办法可行。其次，由于高科技的不断涌现，施工管理不能再依靠传统办法，要求用现代手段管理工程。如果承包商不掌握现代手段，例如网络技术，则难以保证整个工程的进度，各个环节的配合也难以保证，其结果将导致工期延误或质量不合要求，由此而造成巨额损失。

3. 合同管理

合同管理是承包商盈利的关键手段。不善于管理合同的承包商是绝不可能获得理想的经济效益的。

合同管理主要是利用合同条款保护自己,扩大收益。要求承包商具有渊博的知识和娴熟的技巧,要善于开展索赔,精通纳税技巧(Technique of Paying Duty),擅长运用价格调值。不懂得索赔,只能自己承担损失;不掌握纳税技巧,又想逃税(Evade Tax),结果只会“鸡飞蛋打”;不善于运用价格调值办法,就无法挽回因通货膨胀所造成的损失,投标报价时也会因担心将来的通货膨胀而报高价,从而失去中标机会。所有这一切都会直接或间接地造成经济损失。

4. 物资管理

物资管理直接关系到工程能否顺利地按计划进行、材料能否充足供应、人员能否充分发挥效力等一系列问题。这些问题直接或间接地影响工程效益。物资管理同样要求科学化,既要保证工程的需要,又不能大量囤积材料而占用大笔资金,尤其是资金具有时间价值,材料早购与晚购结果大不一样。当今的国际市场充满着激烈竞争,如果物资管理人员不掌握准确的价格信息和可靠的货源,对物价变化趋势缺乏预见,其可能遭受的损失将是巨大的。

5. 财务管理

财务管理是承包工程获得理想经济效益的重要保证。财务工作贯穿于建设工程项目的始终,任何一个环节的疏忽或差错都可能导致重大风险。

就一个具体建设工程项目而言,最初的财务工作是筹资。工程筹资的渠道很多,有承包商自己垫付资金的,有通过银行或信贷机构融资的,也有采取由股东投资或社会集资的。不管采取什么筹资手段,都需要周密计划部署,要认真比较利弊得失,还应充分考虑不同筹资办法所导致的效益差别和税负情况。这里尤其要注意的是存款与借贷利息的正确比较和最终决策。如果筹划不当或计算不周,就会导致资金运用不当,从而造成损失。

财务管理工作还有一个重要环节,就是收款与支付的时机选择,通常是收款越早越好,而支付应尽量推迟。但工程承包则很难实现早收晚付的愿望。如果财务管理人员在这方面缺乏自觉主动意识,则不知不觉之中就会造成损失。另一个值得注意的问题是付款条件。有些负责人出于种种要求,对上级领导采取瞒天过海的办法,为了实现其预定的合同成交额或利润额,不考虑收取货币的实际价值,以当地货币代替外汇,或接受延期付款,在账面上掩盖事实真相,造成巨额的虚假利润。所有这些都会给公司利益造成重大损失。

(三)责任风险

建设工程承包是基于合同当事人的责任、权利和义务的法律行为。承包商对其承揽的工程设计和施工负有不可推卸的责任,而承担工程承包合同的责任是有一定风险的。承包商的责任风险主要发生在以下方面。

1. 职业责任

职业一词暗示在特殊学识方面有不同于纯粹技能的专业造诣。工程承包商被认为是运用专业知识为他人服务的职业,他对自己所从事的职业必须承担责任。承包商的职业责任主要体现于工程的技术和质量。任何工程都有严格的质量要求,不具备相应的专业技术是无法承揽工程的。技术的高低、质量的好坏对工程具有相当重要的影响。

2. 法律责任(Legal Liability)

工程承包是法律行为,合同当事人负有不可推卸的法律责任。

法律责任包括民事责任和刑事责任(Criminal Responsibility)。承包商应承担的法律责任主要是民事责任。民事责任的起因可以有多种。

(1)起因于合同(合同诉讼)。包括违约(Breach of Contract)、废约(Invalidate the Contract)和不履约(Fail to Carry out the Contract)。

(2)起因于行为或疏忽(侵权诉讼)。包括故意侵权、无意侵权、受绝对或严格责任约束的侵权和妨害私人利益、工业事故、汽车事故及残次产品等。

(3)起因于欺骗和错误等。

(4)起因于其他诉讼和赔偿。包括破产倒闭、财产扣押、工程被接管和被取消承包资格等。

3. 他人的归咎责任——替代责任

由于承包商的活动不是孤立的,离不开他人的合作或具体实施,而合作者或实施者是以承包商的名义活动或为其利益服务。因此,承包商还必须对以其名义活动或为其服务的人的行为承担责任。最常见的替代责任主要起因于代理人和承包商的雇员。因为根据代理原则,当代理人代表委托人的利益行事时,委托人要对代理人的侵权行为负责。至于承包商的雇员,如果属民事侵害行为,自然亦应由承包商承担责任。

如果实行工程分包,承包商还应承担因分包商过失或行为而造成损失的连带责任(Contiguous Obligations)。

此外,承包商还必须对由其活动产生的相关损失或过失承担责任。例如非法侵占土地、妨害公共利益或私人利益、进入工地的物资受损或被盗等。

4. 人事责任

承包商系企业之主,对企业的每个成员的人身安全、就业保证及福利待遇都负有责任。任何雇员,尤其是关键人员的潜在损失都将可能成为承包商的责任风险。承包商要想发展自己的事业,保证或提高其经济效益,必须吸引和稳定高水平的雇员,提高雇员的士气和生产率。而要达此目的,承包商必须承担最起码的经济支出。在西方国家,承包商还必须承受工会为提高雇员的福利待遇而施加的压力,由此必然导致费用加大。承包商的雇员由于死亡、失业、生病或衰老而面临着潜在收益能力的损失和意外支出的损失。

(1)关键人员损失。关键人员是指承包公司的经营或管理骨干。这些人员的调离、死亡或丧失工作能力可能导致其营业额下降、成本增加或信贷萎缩,从而使企业蒙受严重损失,还可能导致承包商不得不放弃争取只有该关键人才能争取得到的建设工程项目。当然,承包商可以另外找人替代,但替代的成本将是相当大的,而且效果会有折扣。

(2)信用损失。关键人员的调离、死亡或丧失工作能力有可能导致承包商偿还债务不力或履约能力下降。承包商的债权人如银行、公司债券购买者也会因关键人物离开原职岗位或死亡而怀疑承包商的偿债能力,由此可能对承包商的信用产生不良影响。

(3)企业清偿。由于关键人员的调离、死亡,或其合伙人可能不愿意接受继承人作为伙伴,或者后续的合作将很不成功,最终可能导致企业清偿。

承包商在人事责任方面所面临的风险有时可以被察觉或预料,但有时则可能是潜伏性的,到一定的条件下才显露出来,这也是一些人常常意想不到的原因,应引起承包商的重视。

三、咨询监理的风险

咨询监理虽然不是工程承包合同的当事人,但他受建设单位聘用作为建设工程项目的技术负责人,对合同建设工程项目的实施负有完全的责任。同建设单位和承包商一样,工程师也要面临工程所在国潜在的各种风险。然而,咨询监理还因其独特的职业和在建设工程项目实施中所处的独特的地位而难免要承受其自身的风险。

咨询监理的风险归纳起来起源于以下三个方面。

(一)来自建设单位的风险

咨询监理与建设单位之间的关系是契约关系,确切地说是一种雇用关系。建设单位聘用工程师作为其技术咨询人,为其建设工程项目进行咨询、设计和监理。许多情况下,咨询监理的任务贯穿于自建设工程项目可行性研究直至工程正式验收的全过程。咨询监理的责任自始至终都是很大的,所承担的风险自然也不会少。归纳起来,来自建设单位方面的风险主要产生于以下原因。

1. 建设单位希望少花钱多办事

有些建设单位不遵循客观规律,对工程提出的要求往往有些过分。例如要求工程标准高、实施速度超出可能性。咨询监理常常不能说服建设单位改变观点,不得不勉为其难。这就有可能导致投资难以控制或者质量难以保证,由此而导致咨询监理的责任风险。

2. 可行性研究缺乏严肃性

有些建设单位凭着一时的感情冲动或心血来潮,一心只想上建设工程项目,委托咨询公司完成可行性研究时常常附加种种倾向性要求。咨询工程师在做可行性研究时,建设单位的主意已定,可行性研究实则只是出于向上级报批的需要,而不是真正研究建设工程项目是否可行。这样,咨询公司的可行性研究实际变成可批性研究。一旦付诸实施,各种矛盾都将暴露出来,而这些矛盾处理不好,所导致的责任自然都要由咨询监理来承担。

3. 宏观管理不力,投资先天不足

许多建设单位或投资人只片面追求投资效益,对于如何获得投资预期效益却很少考虑,特别是对建设工程项目的宏观管理,既缺乏能力,又缺乏意识,不努力改善投资环境,创造条件,把一切工作全推给咨询公司去办,而咨询公司在许多方面又不具备条件和相应的权力,因而建设工程项目实施严重受阻,而这些责任则通常落在咨询公司身上。

4. 盲目干预

有些建设单位虽然与咨询监理签有服务协议书,但并不把权力交给咨询监理工程师。建设工程项目实施期间,建设单位随意作出决定,对工程师的工作干扰过多,甚至横加指责,严重影响工程师行使权利,影响合同的正常实施,而责任却由咨询监理来承担。

(二)来自承包商的风险

由于咨询监理工程师作为建设单位委聘的工程技术负责人,在合同实施期间代表建设单位的利益,在与承包商的交往中难免会出现分歧和争端。如果承包商能守合同重信誉,通情达理,则分歧和争端不难解决。但客观实践中,承包商并非都是如此。承包商出于自己的利益,常常会有种种不轨图谋,势必给工程师的工作带来许多困难,甚至导致工程师蒙受重大风险。

来自承包商方面的风险通常有以下情况。

1. 承包商投标不诚实

承包商出于策略需要,投标时往往施用种种不光明正大的手段,例如投钓鱼标,即投标时报价很低,一旦获得建设工程项目后,施工过程中层层加码。若工程师不答应,则以停工相要挟。虽然工程师可以凭着合同条款对其惩罚，甚至撤销合同，但这样做的结果对建设单位并没有什么好处。如果建设单位对这种结果有所准备，事先采取了预防措施，尚可避免因停工造成的损失。但多数情况下，建设单位总是希望工程能早日竣工投产，取得效益，对于承包商所采取的钓鱼策略并不曾防范，且承包商若真的因罚款而破产，对建设单位并不是一件好事，至少工程竣工投产时间要大大推迟。若发生这种情况，建设单位常常迁怒于咨询监理工程师，抱怨咨询公司管理不严或迁就承包商，而咨询监理工程师则有苦难言。

2. 承包商缺乏商业道德

有些承包商缺乏应有的商业道德，对咨询监理工程师软硬兼施。通常情况下，承包商总是千方百计地争取工程师手下留情，对其履约不力或质量不合要求网开一面。如果承包商的企图不能得逞，则有可能走向反面，给工程师出难题，蓄意败坏工程师的名誉，以达借建设单位之手驱逐工程师之目的。例如某工程施工期间，承包商闻知建设单位的代表要来检查工程。在建设单位代表到达之前，监理工程师曾先行预检查，并已签字。该承包商为达到撵走工程师的目的，故意在建设单位代表到达之前，将工程师业已检查认可的工程弄得面目全非。待建设单位代表查问原因时，承包商便出示工程师的认可签字以证明其是按照工程师的意图实施的，从而使建设单位认定错在工程师方面。

3. 承包商素质太差

承包商的素质太差，履约不力，甚至没有履约诚意或者弄虚作假，对工程质量极不负责，都有可能使工程师蒙受责任风险。虽然工程师有权监督甚至处罚承包商，但由于工程面大，内容复杂，工程师无法时时处处严加监督。承包商弄虚作假蒙混过关的机会很多，且工程的隐患一般不会立即显露。等到真正显露时，固然可以追究承包商的责任，但工程师的责任更难免除。

（三）职业责任风险

咨询监理工程师的职业要求其承担重大的职业责任风险。这种职业责任风险一般由下述因素构成。

1. 设计不充分不完善

在承担设计任务情况下，若设计不充分、不完善，无疑是工程师的失职。但这种情况常常事出有因。例如建设单位提供的技术资料不全或不准，而工程师又无法亲自取得第一手材料，特别是有关地质、水文的勘探资料。当然，工程师的责任心不强也是这种失职的原因之一。不管出于何种原因，设计不充分、不完善而引发的风险损失自然应由咨询监理工程师承担。

2. 设计错误和疏忽

设计错误和疏忽可以铸成重大责任事故，不仅会造成财产损失，甚至可能发生人员伤亡。一旦发生这种因设计错误或疏忽而造成的风险损失，咨询工程师不仅要承担经济赔偿责任，还要承担相应的刑事责任。

3. 投资估算和设计概算不准

根据咨询委托服务协议，咨询监理工程师应完成建设工程项目的投资估算和设计概算。然而，完成这项工作并非轻而易举，咨询工程师对各项经济数据、物价上涨指数、人工费上升指数、银行贷款利息等必须全面掌握，还要对各种静态和动态因素进行正确的分析。工程师必须对由其完成的估算和概算负责。如果工程实施后实际投资大幅度超出其估算和概算，则工程师应承担相当一部分责任。

4. 自身的能力和水平不适应

咨询监理业务是一项高难度的技术工作,要求担负这项工作的技术人员掌握投资、金融、财会、经济、贸易、法律、工程、物资管理及外语等多学科知识,还要具有在多方位、多领域工作的丰富阅历和经验,要善于处理各种烦杂的事务纠纷,还要有高度的应变能力。施工监理必须熟悉规范、细节、人工以及材料等级和处理方法。此外,还必须及时掌握各种发展态势,不断掌握新的知识,而高度的事业心和责任感以及正直、廉洁的道德水平更是不可缺少的。不具备这些条件,就很难完成咨询监理这一艰难的任务,随之而来的风险自然就难以避免了。

第四节 建设工程项目风险识别的技术与方法

建设工程项目风险识别过程中一般要借助于一些技术和工具,不但识别风险的效率高,而且操作规范,不容易产生遗漏。在具体应用过程中要结合建设工程项目的具体情况,组合起来应用这些工具。

一、检查表

检查表是管理中用来记录和整理数据的常用工具。用它进行风险识别时,将建设工程项目可能发生的许多潜在风险列于一个表上,供识别人员进行检查核对,用来判别某建设工程项目是否存在表中所列或类似的风险。

检查表中所列的内容都是历史上类似建设工程项目曾发生过的风险,是建设工程项目风险管理经验的结晶,对建设工程项目管理人员具有开阔思路、启发联想、抛砖引玉的作用,一个成熟的建设工程项目公司或建设工程项目组织要掌握丰富的风险识别检查表工具。

检查表可以包含以下内容:

(1)建设工程项目成功或失败的原因;

(2)建设工程项目其他方面规划的结果(范围、融资、成本、质量、进度、采购与合同、人力资源与沟通等计划成果);

(3)建设工程项目产品或服务的说明书;

(4)建设工程项目组成员的技能;

(5)建设工程项目可用的资源。

此外,还可以到保险公司去索取资料,认真研究其中的保险案例,防止将那些重要风险因素忽略掉。

制定检查表的过程如下。

(1)对问题有准确的表述,确保达到意见统一。

(2)确定资料搜集者和资料来源;资料搜集人根据具体建设工程项目而定,资料来源可以是个体样本或总体;资料搜集人要有一定的耐心、时间和专业知识,以保证资料的真实可靠;搜集时间要足够长,以保证搜集的数据能够体现建设工程项目风险规律;如果在总体中有不同性质的样本,在抽样调查时要进行分类。

(3)设计一个方便实用的检查表。

经过系统地搜集资料，并进行初步的整理、分类和分析，就可着手制作检查表。

在复杂工作中，为避免出现重复或遗漏，采取工作核对表，每完成一项任务就要在核对表上标出记号，表示任务已结束。

表 13-1 ~ 表 13-4 给出了一些项目风险检查表。在实际工作中还要结合具体的项目制作专业的项目风险检查表。

表 13-1　项目管理成功与失败原因检查表

项目管理成功的原因	项目管理失败的原因
·项目目标清楚，风险措施切实可行 ·与项目各参与方共同决策 ·项目各方的责任和承担的风险明确划定 ·项目所有的采购、设计和实施都进行了多方案比较论证 ·对项目规划阶段进行了潜在问题分析（包括组织和合同问题） ·委派了非常敬业的项目经理并给予了充分授权 ·项目团队精心组织，能力、沟通和协作好，集体讨论项目重大风险问题 ·制定了针对外部环境变化的预案并及时采取了行动 ·进行了项目组织建设，表彰和奖励及时、有度 ·对项目组成员进行了有计划和针对性的培训	·项目决策前未进行可行性研究或论证 ·项目提出非正常程序，从而导致项目建设单位缺乏动力 ·沟通不够，决策者远离项目现场，项目各有关方责任界定不清 ·规划工作做得不细，计划无弹性或缺少灵活性 ·项目分包层次太多 ·把工作交给了不称职的人的同时又缺少检查、指导 ·变更不规范、无程序，或负责人、责任、项目范围或项目计划频繁变更 ·决策前的沟通和信息收集不够，未征求各方意见 ·未能对经验教训进行分析 ·其他错误

表 13-2　项目融资风险检查表

项目融资成功的条件	项目融资风险
·项目融资只涉及信贷风险，不涉及资本金 ·切实进行了可行性研究，编制了财务计划 ·项目使用的产品或材料费用要有保障 ·价格合理的能源供应要有保障 ·项目产品或服务要有市场 ·能够以合理的运输成本将项目产品运往市场 ·要有便捷、通畅的通信手段 ·能够以预想的价格采购到建筑材料 ·承包商富有经验且诚实可信 ·项目管理人员富有经验，诚实可靠 ·不需要未经考验的新技术 ·合营各方签有各方皆满意的协议书 ·稳定、友善的政治环境，已办妥有关的执照和许可证 ·不存在被政府没收的风险 ·国家风险令人满意 ·主权风险令人满意 ·对于货币、外汇风险事先已有考虑 ·主要的项目发起者已投入足够的资本金 ·项目本身的价值足以充当担保物 ·对资源和资产已进行了满意的评估	·工期延误，因而利息增加，收益推迟 ·成本费用超支 ·技术失败 ·承包商财务失败 ·政府过多干涉 ·未向保险公司投保人身伤害险 ·原材料涨价或供应短缺、供应不及时 ·项目技术陈旧 ·项目产品或服务在市场上没有竞争力 ·项目产品或服务寿命期比预期缩短 ·项目管理不善 ·对于担保物的估计过于乐观 ·项目所在国政府无财务清偿能力

续表 13-2

项目融资成功的条件	项目融资风险
·已向保险公司缴纳了足够的保险费,取得了保险单 ·对不可抗力已采取了措施 ·成本超支的问题已经考虑过 ·投资者可以获得足够高的资本金收益率和资产收益率 ·对通货膨胀率已进行了预测 ·利率变化预测现实可靠	

表 13-3　项目演变过程中可能出现的风险因素检查表

生命周期	可能的风险因素
全过程	·对一个或更多阶段的投入时间不够 ·没有记录下重要信息 ·尚未结束一个或更多前期阶段就进入了下一阶段
概念	·没能书面记录下所有的背景信息与计划 ·没有进行正式的成本－收益分析 ·没有进行正式的可行性分析 ·不知道是谁首先提出了项目创意
计划	·准备计划的人过去没有承担过类似项目 ·没有写下项目计划 ·遗漏了项目计划的某些部分 ·项目计划的部分或全部方面没有得到所有关键成员的批准 ·指定完成项目的人不是准备计划的人 ·未参与制定项目计划的人没有审查项目计划,也未提出任何疑问
执行	·主要客户的需要发生了变化 ·搜集到的有关进度情况和资源消耗的信息不够完整或不够准确 ·项目进展报告不一致 ·一个或更多重要的项目支持者有了新的分配任务 ·在实施期间替换了项目团队成员 ·市场特征或需求发生了变化 ·做了非正式变更,并且没有对它们带给整个项目的影响进行一致分析
结束	·一个或更多项目驱动者没有正式批准项目成果 ·在所有项目工作尚未完成的情况下,人员就被分配到了新的项目组织中

表 13-4　合营或合资项目的组织风险检查表

风险	防范措施
合作各方目标不一致: 合伙人对于合资或合营的目的有不同的理解或解释	在组成合资或合营体时,所有各方就应该把为什么建立合资或合营体的原因和理由弄清楚,并取得一致的看法

续表 13-4

风险	防范措施
要求发生变化： 在项目进行过程中，合伙人的需要和风险发生变化；为了完成项目，合伙人之间的合作关系会变得越来越复杂	在各合伙人未明确各自的管理责任和就管理系统取得一致意见之前不要签订合同或开始项目；在组成合资或合营体时，所有各方就应该商量好当合伙人之间的关系变得越来越复杂时，合资或合营体的组织结构应该怎样做出相应的变动
合伙人之间的利益分歧： 合资或合营体建立容易，持久难；如果组成合资或合营体的目的是分担项目费用或风险，合伙人之间出现利益分歧的风险就大	建立一个由各合伙方负责人组成的领导小组；领导小组制定合资或合营体的计划，并任命一个单独的管理班子，使其有权监督各方履行义务和责任
风险资金的准备： 各合伙方往往对合资或合营体的风险估计不足，各合伙方在合资或合营体中要承担的风险比一般业务要大，但无经验的合伙人不能正确地估计这些风险	各合伙人应共同对费用风险进行估计，避免重复考虑风险费用；合资或合营体的风险应当划分为两类，合伙方共同的风险应由合资或合营体的管理班子考虑，而各合伙人的风险应由各合伙人自己考虑
合资或合营体的利益平衡： 合资或合营体项目只是各合伙人利益的一部分，各合伙人在合资或合营体中的利益不相同，合伙人的一些或全部利益可能会发生变化，例如当他们看到其他市场上的新机会时就会如此	当各合伙人是同行时，在制定合资或合营体的经营规划时就必须预计到利益的冲突；合伙人同行，彼此之间容易理解，易于共同克服困难；如果各合伙人不同行，彼此之间的依赖性就大，但彼此之间的理解就不如同行的情况，在这种情况下，需要建立一个表达式的规划和控制系统
对待项目的态度不同： 各合伙人在合资或合营项目和风险方面所拥有的经验不同，因此合伙人向他们的代表授权也不尽相同，而被授权的代表对项目的态度也各不相同	对于不同行的合资或合营体，各合伙人应派一人参加合资或合营体的领导小组

二、流程图

流程图是又一种建设工程项目风险识别的常用工具。借助于流程图可以帮助建设工程项目识别人员去分析和了解建设工程项目风险所处的具体建设工程项目环节、建设工程项目各个环节之间存在的风险及建设工程项目风险的起因和影响。通过对建设工程项目流程的分析，可以发现和识别建设工程项目风险可能发生在建设工程项目的哪个环节或哪个地方，以及建设工程项目流程中各个环节对风险影响的大小。

建设工程项目流程图是用于给出一个建设工程项目的工作流程、建设工程项目各个不同部分之间的相互联系等信息的图表。建设工程项目流程图包括建设工程项目系统流程图、建设工程项目实施流程图、建设工程项目作业流程图等多种形式,以及不同详细程度的建设工程项目流程图。借用这些流程图去全面分析和识别建设工程项目的风险。

绘制建设工程项目流程图的步骤以下。

(1)确定工作过程的起点(输入)和终点(输出)。

(2)确定工作过程经历的所有步骤和判断。

(3)按顺序连接成流程图。

流程图用来描述建设工程项目工作的标准流程,它与网络图的不同之处在于:流程图的特色是判断点,而网络图不能出现闭环和判断点;流程图用来描述工作的逻辑步骤,而网络图用来确定建设工程项目工作时间。

三、头脑风暴法

头脑风暴法又叫集思广益法,它是通过营造一个无批评的自由的会议环境,使与会者畅所欲言,充分交流、互相启迪,产生出大量创造性意见的过程。

头脑风暴法以共同目标为中心,与会人员在他人的看法上建立自己的意见。它可以充分发挥集体的智慧,提高风险识别的正确性和效率。

头脑风暴法包括收集意见和对意见进行评价两个阶段五个过程。

(一)人员选择

参加头脑风暴会议的人员主要由风险分析专家、风险管理专家、相关专业领域的专家,以及具有较强逻辑思维能力、总结分析能力的主持人组成。主持人是一个非常重要的角色,通过他的引导、启发,可以充分发挥每个与会者的经验和智慧火花。主持人要尊重他人,不要喧宾夺主,要善于鼓励组员参与;主持人要理解力强并能够忠实地记录,要善于创造一个和谐开放的会议气氛;主持人要具有较高的素质,特别是反应灵敏、较高的归纳力和较强的综合能力。

(二)明确中心议题,并醒目标注

各位专家在会议中应集中讨论的议题主要有:如果承接某个工程、从事新产品开发与风险投资等建设工程项目会遇到哪些风险,这些风险的危害程度如何等。议题可以请两位组员复述,以确保每人都正确理解议题的含义。

(三)轮流发言并记录

无条件接纳任何意见,不加以评论。在轮流发言时,任何一个成员都可以先不发表意见而跳过。应尽量按原话记录每条意见,主持人应一边记录,一边与发言人核对表述是否准确。

(四)发言终止

轮流发言的过程可以循环进行,但当每个人都曾在发言中跳过(暂时想不出意见)时,发言即可停止。

(五)对意见进行评价

组员在轮流发言停止之后,共同评价每一条意见。最后由主持人总结出几条重要结论。所以,头脑风暴会要求主持人有较高的素质和较强的归纳、综合能力。应用头脑风暴法要遵循一个原则:在发言过程中没有讨论,不进行判断性评论。

四、情景分析法

(一)情景分析法的概念

情景分析法就是通过有关数字、图表和曲线等,对建设工程项目未来的某个状态或某种情况进行详细的描绘和分析,从而识别引起建设工程项目风险的关键因素及其影响程度的一种风险识别方法。它注重说明某些事件出现风险的条件和因素,并且要说明当某些因素发生变化时,又会出现什么样的风险,会产生什么样的后果等。

(二)情景分析法的主要功能

情景分析法在识别建设工程项目风险时主要表现为以下四个方面的功能。

(1)识别建设工程项目可能引起的风险性后果,并报告提醒决策者。

(2)对建设工程项目风险的范围提出合理的建议。

(3)就某些主要风险因素对建设工程项目的影响进行分析研究。

(4)对各种情况进行比较分析,选择最佳结果。

(三)情景分析法的主要过程

情景分析法可以通过筛选、监测和诊断,给出某些关键因素对于建设工程项目风险的影响。

(1)筛选。所谓筛选,就是按一定的程序将具有潜在风险的产品过程、事件、现象和人员进行分类选择的风险识别过程。

(2)监测。监测是在风险出现后对事件、过程、现象、后果进行观测、记录和分析的过程。

(3)诊断。诊断是对建设工程项目风险及损失的前兆、风险后果与各种起因进行评价与判断,找出主要原因并进行仔细检查。

图 13-1 是一个描述筛选、监测和诊断关系的风险识别元素图。该图表述了风险因素识别的情景分析法中的三个过程使用着相似的工作元素,即疑因估计、仔细检查和征兆鉴别三项工作,只是在筛选、监测和诊断这三种过程中,这三项工作的顺序不同。具体顺序如下:

· 筛选:仔细检查→征兆鉴别→疑因估计;

· 监测:疑因估计→仔细检查→征兆鉴别;

· 诊断:征兆鉴别→疑因估计→仔细检查。

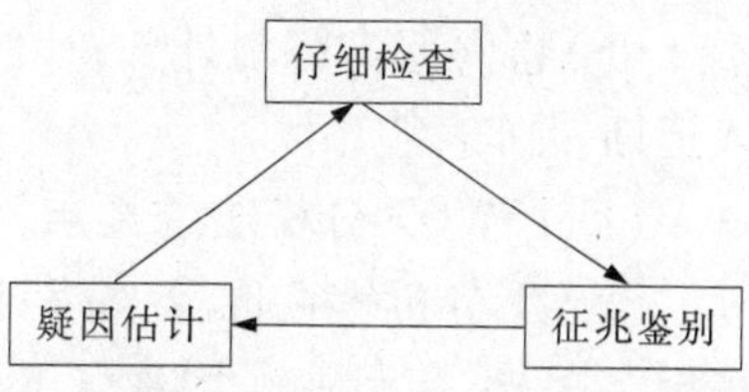

图 13-1　风险识别元素图

五、德尔菲法

德尔菲法是一种反馈匿名函询法。其做法是:在对所要预测的问题征得专家意见之后,进行整理、归纳、统计,再匿名反馈给各专家,再次征求意见,再集中,再反馈,直至得到稳定的意见。其过程可简单表示如下。

匿名征求专家意见→归纳、统计→匿名反馈→归纳、统计。若干轮后,停止。

德尔菲法的应用步骤如下。

第一步:挑选企业内部、外部的专家组成小组,专家们不会面,彼此互不了解。

第二步:要求每位专家对所研讨的内容进行匿名分析。

第三步:所有专家都会收到一份全组专家的集合分析答案,并要求所有专家在这次反馈的基础上重新分析,如有必要,该程序可重复进行。

六、SWOT 分析法

(一)什么是 SWOT 分析法

SWOT 分析法是一种环境分析方法,所谓的 SWOT,是英文 Strength(优势)、Weakness(劣势)、Opportunity(机遇)和 Threat(挑战)的简写。SWOT 分析的基准点是对企业内部环境之优劣势的分析,在了解企业自身特点的基础之上,判明企业外部的机会和威胁,然后对环境做出准确的判断,继而制定企业发展的战略和策略,后借用到建设工程项目管理中进行建设工程项目战略决策和系统分析。

(二)SWOT 分析法的作用

(1)把外界的条件和约束同组织自身的优缺点结合起来,分析建设工程项目或企业所处的位置。

(2)可随环境变化做动态系统分析,减少决策风险。

(3)是一种定性的分析工具,可操作性强。

(4)可以与多米诺法结合起来,针对机遇、挑战、优势、劣势为各战略决策打分。

(三)SWOT 分析法的步骤

SWOT 分析一般分成五步。

(1)列出建设工程项目的优势和劣势、可能的机会与威胁,填入道斯矩阵表的Ⅰ、Ⅱ、Ⅲ、Ⅳ区。

(2)将内部优势与外部机会相组合,形成 SO 策略,制定抓住机会、发挥优势的战略,填入道斯矩阵表的Ⅴ区。

(3)将内部劣势与外部机会相组合,形成 WO 策略,制定利用机会克服弱点的战略,填入道斯矩阵表的Ⅵ区。

(4)将内部优势与外部威胁相组合,形成 ST 策略,制定利用优势减少威胁战略,填入道斯矩阵表的Ⅶ区。

(5)将内部劣势与外部挑战相组合,形成 WT 策略,制定弥补缺点、规避威胁的战略,填入道斯矩阵表的Ⅷ区。

(四)SWOT 分析法的要点

SWOT 分析重在比较,特别是建设工程项目(或企业)的优劣势要着重比较竞争对手的情况。另外,与行业平均水平的比较也非常重要。

SWOT 分析形式上很简单,但实质上是一个长期积累的过程,只有在对自身企业和所处行业准确认识的基础上,才能对建设工程项目(或企业)的优劣势和外部环境的机会与威胁有一个准确的把握。

SWOT 分析必须承认现实,尊重现实,特别对建设工程项目(或企业)自身优劣势的分析要基于事实的基础之上,要量化,而不是靠个别人的主观臆断。

七、敏感性分析法

敏感性分析是研究在建设工程项目生命周期内,当建设工程项目的变数(可从现金流量表中找到,比如销售量、单价、投资、成本、项目寿命、建设期等)及建设工程项目的各种前提假设发生变动时,建设工程项目的经济评价指标(如净现值 NPV,Net Present Value;内部收益率 IRR,Inner Revenue Rate 等)会出现何种变化及变化范围有多大。

第五节 风险辨识的过程

风险识别主要包括收集资料、分析不确定性、确定风险事件、编制风险识别报告等,其过程如图 13-2 所示。

一、收集数据或信息

一般认为风险是数据或信息的不完备而引起的。因此,收集与风险事件直接相关的信息可能是困难的,但是风险事件总不是孤立的,可能会存在一些与其相关的信息,或与其有间接联系的信息,或与本建设工程项目可以类比的信息。建设工程项目风险识别应注重下列几方面数据信息的收集。

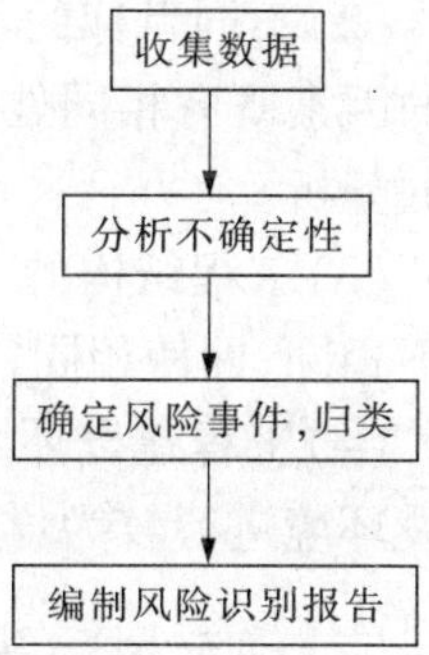

图 13-2 风险识别过程

(一)建设工程项目环境方面的数据资料

建设工程项目的实施和建成后的运行离不开与其相关的自然环境和社会环境。自然环境方面的气象、水文、地质等对建设工程项目的实施有较大的影响;社会环境方面的政治、经济、文化等对工程建设也有重要的影响。如,经常下雨会影响到工程的进度,对某些工程还会影响到施工的成本和质量;工程地质条件的变化经常会引起工程量和工程造价的上升,也可能威胁到施工的安全和工程的进度;物价的上涨会引起建筑材料和施工机械台班费用的上升。诸如此类,均会给建设工程项目目标的实现构成威胁。因此,在风险识别时有必要收集和分析工程建设环境方面的数据资料。

(二)类似工程的有关数据资料

以前经历的建设工程项目的数据资料,以及类似建设工程项目的数据资料均是风险识别时必须收集的。对于亲身经历过的建设工程项目,一定会有许多经验教训,这些经验和体会对识别本项目的风险是非常有用的。对于类似的建设工程项目,可以是类似的建设环境,也可以是类似的工程结构,或者两方面均类似则更好。它们的建设经验教训对当前建设工程项目的风险分析也是很有帮助的。因此,要注重这两方面数据资料的收集,包括过去建设过程中的档案记录、工程总结、工程验收资料、工程质量与安全事故处理文件,以及工程变更和施工索赔资料等。这些数据资料记载着工程质量与安全事故、施工索赔等处理的来龙去脉,对本建设工程项目风险的识别极有价值。

(三)工程的设计、施工文件

工程设计文件规定了工程的结构布置、形式、尺寸,以及采用的建筑材料、规程规范和质量标准等,对这些内容的改变均可能引来风险。如,在工程施工中,设计施工人员会觉得按规范设计的某结构太浪费,计划对其进行优化。此时,应认识到,做这样的优化可能会遇到风险。因此,有必要进行详细的分析论证,进行风险分析。工程施工文件明确了工程施工的方案、质量控制要求和工程验收的标准等。工程施工中经常会碰到施工方案设计或优化选择的问题,此时,应对工程的进度、成本、质量和安全目标的实现进行风险分析,进而选择合理的方案。

二、分析不确定性

在基本数据或信息收集的基础上，应从下列几个不同方面对建设工程项目的不确定性进行分析。

(1)不同建设阶段的不确定性分析。工程建设有明显的阶段性，而在不同建设阶段，不论是不确定事件的种类，还是不确定事件的不确定程度，均有很大的差别，应将不同建设阶段的不确定性分别进行分析。

(2)不同目标的不确定性分析。工程建设有进度、质量和费用三个目标，影响这三个目标的因素既有相同处，也有不同的地方，要从实际出发，对不同目标的不确定性做出较为客观的分析。

(3)工程结构的不确定性分析。不同的工程结构，其特点不同，影响不同工程结构的因素不相同；即使相同，其程度也可能有差别。

(4)工程建设环境的不确定性分析。工程建设环境是引起各种风险的重要因素。应对建设环境进行较为详尽的不确定性分析，进而分析由其而引发的建设工程项目。

三、确定风险事件，并将风险归纳、分类

在建设工程项目不确定分析的基础上，进一步分析这些不确定因素引发建设工程项目风险的大小。然后对这些风险进行归纳、分类。为风险管理的方便，对这种分类，首先，可按建设工程项目内、外部进行分类；其次，按技术和非技术进行分类，或按建设工程项目目标分类。

四、编制建设工程项目风险识别报告

在建设工程项目风险分类的基础上，应编制出风险识别报告。该报告是风险识别的成果。通常其包括的内容有如下方面。

(一)已识别出的风险

已识别出的建设工程项目风险是风险识别重要的成果之一。该结果经常以风险清单的形式出现，表13-5为建设工程项目风险清单。风险清单将建设工程项目所面临的风险汇总并按类进行排列，可给人们一个整体的感觉，能使建设工程项目管理人员不仅把握自己的岗位所面临的风险，而且能使其了解到其他管理人员可能会碰到的风险，还能使他们预感到风险可能发生的连锁反应。

表13-5 建设工程项目风险清单(格式)

建设工程项目名称		
概述： 负责人： 日期：		
风险事件名称	风险事件描述	风险事件应对计划和措施

对表13-5中有关风险事件的描述应该包括：

(1)已识别建设工程项目风险发生概率的估计；

(2)建设工程项目风险可能的影响范围；

(3)建设工程项目风险发生的可能时间、范围；

(4)建设工程项目风险事件可能带来的损失。

(二)潜在的建设工程项目风险

潜在的建设工程项目风险是指尚没有迹象表明将会发生的风险，是人们主观判断的风险，其一般是一些独立的建设工程项目风险事件，如自然灾害、项目特殊团队成员的辞职等。当然，其潜在的建设工程项目风险可能会发展成为现实的建设工程项目风险，即其发生有一定的可能性。所以，对于可能性或者损失相对较大的潜在的建设工程项目风险，应该注意跟踪和评估。

(三)建设工程项目风险的征兆

建设工程项目风险的征兆是指建设工程项目风险发展变化的可能的趋向。如，当工程工期紧张，需要赶工的时候，往往就有可能出现。如，国家或地区发生通货膨胀，可能会使建设工程项目需要的资源价格上涨，从而导致建设工程项目投资超概算的风险，所以通货膨胀一般是发生建设工程项目投资风险的一种征兆。对建设工程项目风险征兆也需密切注视，并考虑应对计划和措施。

第六节　建设工程项目风险识别的结果

风险识别的结果就是风险识别之后的输出，它也是建设工程项目风险量化的输入，一般由建设工程项目风险来源表、风险征兆、风险的类型说明、其他要求四部分组成。

一、建设工程项目风险来源表

建设工程项目风险来源表将所有已经识别出的建设工程项目风险罗列出来并将每个风险来源加以说明。至少要包括如下一些说明：

(1)风险事件的可能后果；

(2)对该来源产生的风险事件预期发生时间所做的估计；

(3)对该来源产生的风险事件预期发生次数所做的估计。

二、建设工程项目风险征兆

风险征兆，有时也被称为触发器(Triggers)或预警信号，是指示风险已经发生或即将发生的外在表现，是风险发生的苗头和前兆。比如建设工程项目管理没有按照计划程序去执行，或项目组成员矛盾重重，沟通欠缺，施工组织混乱，关键资源没有应急获取措施等都是建设工程项目风险的触发器。

三、建设工程项目风险的类型说明

为了便于进行风险分析、量化、评价和管理，还应该对识别出来的风险进行分组或分类。分组或分类有多种角度，一般可以按建设工程项目阶段进行划分，也可以按管理者来划分。

建设工程项目的风险可以分为建设工程项目建议书、建设工程项目可行性研究、建设工程项目融资、建设工程项目设计、建设工程项目采购、建设工程项目施工及运营七组。建设工程项目施工阶段的风险则可按管理者分为建设单位风险和承包商风险两类。每一组和每一类风险都可以按需再进一步细分。

四、其他要求

建设工程项目管理是一个不断改进和不断完善的过程,因此任何一个阶段的工作结果都要包括对前面工作进行改进的建议和要求,建设工程项目风险识别工作的结果当然也应该包括对风险识别过程中发现的建设工程项目管理其他方面的问题进行完善和改进的建议和要求。例如,在利用 WBS 进行风险识别时,如果发现 WBS 存在可以改进之处,则应该要求负责 WBS 工作的项目成员进一步完善和改进 WBS。又如,当发现项目成本控制过程中成本报告管理不规范时,也可以要求成本控制人员进行必要的改进。

第七节　建设工程项目风险定性分析案例

一、英吉利海峡隧道工程案例

(一)概要介绍

英吉利海峡隧道(The Channel Tunnel)又称欧洲隧道,由 3 条长 51 km 的平行隧洞组成,总长度 153 km,其中海底段的隧洞长度为 3×38 km,是目前世界上最长的海底隧道。两条铁路洞衬砌后的直径为 7.6 m,开挖洞径为 8.36~8.78 m;中间一条后勤服务洞衬砌后的直径为 4.8 m,开挖洞径为 5.38~5.77 m。从 1986 年 2 月 12 日英法两国签订隧道连接条约到 1994 年 5 月 7 日正式通车,历时 8 年多,耗资约 100 亿英镑(约 150 亿美元),是目前世界上规模最大的利用私人资本建造的工程项目,也是 BOT 最大规模的实践。BOT 意为“投资建造 - 经营 - 移交”,是指政府把急需建设而资金短缺的基础设施建设工程项目,通过招标与谈判,交由私营部门(多为国际私人财团)直接投资建设,并给予投资者在项目建成后一定时期内的特许经营权。

欧洲隧道的开通填补了欧洲铁路网中短缺的一环,大大方便了欧洲各大城市之间的来往。由英、法、比利时三国铁路部门联营的“欧洲之星”列车车速可达 300 kin/h;平均旅行时间,在伦敦与巴黎之间为 3 小时,在伦敦和布鲁塞尔之间为 3 小时 10 分。如果把从市区到机场的时间算在内,乘飞机还不如乘火车快。欧洲隧道还专门设计了一种运送公路车辆的区间列车,可以使各种大小汽车全天候地通过英吉利海峡,从而使欧洲公路网也连成了一体。

(二)项目需求——欧洲一体化的要求

这一项目概念的提出,可以追溯到 19 世纪初的拿破仑一世时代。从拿破仑时代提出建设隧道到英吉利海峡隧道通车,经过了 200 多年,其间至少中断或中途放弃了 26 次。直到 1973 年 11 月,英法两国政府签订了关于修建海底隧道的条约,才应该说进入了真正意义上的项目概念阶段。1978 年,两国国营铁路公司恢复了对开凿隧道计划的研究。1984 年 11 月,英国首相撒切尔夫人与法国总统密特朗达成基本协议。1985 年 5 月,两国政府又邀请各国主要工程公司和银行财团提出工程计划草案。1986 年 2 月英法两国关于隧道连接的坎特布利条约的签订,使项目进入实质性进展阶段。

欧洲隧道竣工,尽管在工程技术上取得了重大的成功,然而 200 年来对是否建造英吉利海峡隧道的决策始终不是取决于科技方面,而是取决于围绕这个计划的政治环境。长期以来英国方面反对建设海峡隧道的主要原因是考虑到军事上的风险,他们希望利用海峡作为抵御来自欧洲大陆军事入侵的天然屏障。随着国际局势的变化,上述顾虑逐渐消退。后来,英国加入了欧洲共同体,预期会有一个统一的欧洲市场,因而在英国和欧洲大陆之间建立更为方便、快捷的通道成了显而易见的需求。在 1972 ~ 1992 年的 20 年间,跨越英吉利海峡的客、货运交通量实际上翻了 1 倍。1992 年英国与欧洲大陆的贸易占其全部对外贸易的 60%。

20 世纪 70 年代以来,建设英吉利海峡隧道的决策主要受到欧洲一体化进程的影响。1987 年 12 月隧道工程得以破土动工,也是由于当时英、法两国政府对欧洲一体化都持比较积极的态度。英国首相、保守党领袖撒切尔夫人,支持把 1975 年曾被工党政府下令停止的隧道工程重新提上议事日程。法国总统密特朗则把这项工程视为“国家强大的象征”。这次欧洲隧道得以竣工建成,两国首脑的推动起了至关重要的作用。也就在欧洲隧道举行正式通车仪式的前一年(1993 年秋),包括英、法在内的欧共体十二国签订了马斯切克条约,并将欧共体改名为欧洲联盟。

从欧盟有关国家政府的观点来看,还有两个因素与隧道建设有关:一是运输政策,即通过建设高速铁路网,以利于节约能源和保护环境。这将大大扩展海峡隧道的影响范围和增加它的长期效益。二是地区政策,英、法两国都希望通过隧道带动海峡两岸地区的繁荣。现在隧道连接地区已成为一个专门名称,包括英国的和法国的 Nord Pasde Calais 地区;后来把比利时的一些地区也包括进来,称做欧洲专区。通过地区性的合作,一个称做 TDP 的金融发展计划已经启动。这些“从政治角度看显然有重大意义,对欧盟的发展,欧洲单一市场的形成和国际经济、文化合作交流,都会有重大促进”,但近期还不大可能对经济产生直接的重大影响。

(三)项目构思与实施

项目构思是指从提出项目设想到论证、立项和组建主办机构的过程。欧洲隧道经历和面临的危机,其原因可追溯到它的构思期。

项目在论证阶段曾聘请多方面的独立咨询的交通专家进行预测。专家普遍认为 1992 年之后的 15 ~ 20 年内跨海峡的交通需求可能会翻一番。1991 年英、法、比利时之间的跨海峡旅客市场已达到 3 130 万人次(包括飞机、水路和火车轮渡)。当时预测 2003 年会达到 5 830万人次,其中 3 930 万人次将通过隧道旅行。但实际情况表明当初对效益的预测偏于乐观。

欧洲隧道在组织结构上有明显缺陷。参加过隧道建设的人也认为,如果现在开始干的话,不能让发起人(英法隧道集团 CTG - FM)作为建设方允许其合作伙伴(指总承包商 TML 和牵头银行)与他们自己(指欧洲隧道公司)签订合同。隧道公司财务主管说:“财务上最致命的教训是必须有一个强硬的、独立的建设单位,来对建设和贷款问题进行谈判。”

总承包商 TML 是一个庞大的集团,一家总包,削弱了投标的竞争性,也是导致造价高昂的一个因素。捕捉立项时机是项目构思的核心内容。欧洲隧道立项在过去至少被放弃或中断了26次,这次是不是最佳的时机呢？有人说:“如果20世纪70年代隧道工程不中断,造价不会像现在那样高昂,财务上的困难会小得多。”这种说法有待推敲。不过欧洲隧道几起几伏的演变至少说明重大项目的论证不能只进行一次;昨天不可行的,今天也许变成可行,错过机遇,明天又可能成为不可行。这需要保持一个小组,进行长期的可行性预测和跟踪,捕捉立项的最佳时机。

尽管欧洲隧道在构思期带来某些先天不足,目前项目建设单位又负债累累,但它的银行财团负责人摩登仍宣称:“这个赌注的结果要看本世纪末欧洲隧道的所有权掌握在谁的手里。”他认为能够在21世纪初度过平衡点(Break Even Point),开始盈利。

对英吉利海峡隧道工程做全面评价,目前还为时过早。不过回顾一下世界上以往一些大型土木工程的建造历史,也许不无好处。苏伊士运河和巴拿马运河的实际费用都超过预算50倍以上。再近一点,连接日本本土和北部岛屿北海道的青函隧道24年才建成,比原计划整整超过了14年。相比之下欧洲隧道的命运就算不错的了。无论如何这些伟大的工程都在地球上发挥着重大的作用。

(四)项目中的冲突与风险

隧道公司高层管理人员认为,“工程技术问题相对来说解决得比较顺利,主要教训来自组织机构、合同和财务方面”。该项目涉及众多的“干系人”和“当事人”,包括英、法两国和当地政府的有关部门,欧、美、日等220家贷款银行,70多万个股东,许多建筑公司和供货厂商,管理的复杂性给合作和协调带来了困难。

合同是合作的基础。掘进工程采用的目标费用合同是比较合理的,因而掘进工程基本上按计划完成。隧道列车的采购采用成本加酬金合同,因为无激励因素带来较多延误和超支。固定设备工程采用总价合同并不是一个好办法。由于欧洲隧道是以设计、施工总包方式和快速推进方法建设的,在签订合同时还没有详细的设计,这就在合同执行过程中潜伏了分歧、争议和索赔。因而,总价合同决不意味着固定价！

合同各方的对抗曾经引起欧洲隧道的多次危机。例如,1989年总承包商(TML)的费用增加,导致了1990年初建设单位(欧洲隧道公司)的资金告罄。因此,银行财团、建设单位和承包商各方产生了尖锐的矛盾,几乎到了项目告吹的边缘。经过艰难的谈判,各方才接受了一个折中办法,英、法两国以政府机构名义参与贷款来代替政府的直接支持,从而暂时度过了这次危机。

(五)先进成熟的技术保证工程的成功

西方传媒和学术著作都称欧洲隧道是人类工程史上的一个伟业。这不仅因为它总长居世界之冠,投入资金巨大,工程量宏大,更重要的是它成功地解决了许多工程技术上的难题。它在技术上的方针是要求可靠、先进。可靠与先进之间不总是统一的,所以它几乎“排除了为隧道工程进行专门的创新设计的可能性”,而是“采取经过试验的成熟技术”,“在各个部分精心选取欧美不同国家的标准设计,以确保其高质量和可靠性”。将成熟的先进技术在复杂的工程中成功地加以综合应用,本身就是一种创造,这样做大大减小了工程风险。

(1)充分的地质工作和正确的判断。地质钻探工作从1958年做到1987年,重要的钻孔达94个。浅层勘探在海底以下150 m之内,考虑隧道布置的范围;深层勘探在海底以下800 m之内,主要为评价地震风险提供数据。

(2)精心、合理的安全设计。海底隧道的规划设计把施工和运行安全放在极重要的地位。之所以不采用一条大跨度双线铁路共用隧洞，是为了减小海底施工的风险和提高运行、维护的可靠性。在两条单线铁路洞之间是后勤服务洞，每间距 375 m 设置直径为 3.3 m 的横向通道与两个主洞连接，连接处有防火撤离门。后勤服务洞的主要功能是在隧道全长范围内提供正常维护和紧急撤离的通道，向主洞提供新鲜空气的通道，并保持其气压始终高于主洞，使主洞中的烟气在任何情况下都不能侵入后勤服务洞。后勤服务洞在施工期是领先掘进的，这为主洞的掘进提供了详尽的地质资料，对保证安全施工有重要意义。此外，隧道的运输、供电、照明、供水、冷却、排水、通风、通信、防火等系统都充分考虑了紧急备用的要求。

(3)较好地解决了某些特殊的工程技术问题。列车在很长的隧洞中高速行驶时会产生压差和空气动力阻抗。特别是欧洲隧道列车的阻塞比（列车与隧道断面之比）很高，如果没有卸压管，列车的驱动力需要增加很多。为此，隧道沿线每 250 m 设一个直径 2 m 的卸压管，从后勤服务洞的顶上跨过，把两个铁路主洞连接起来。在设计阶段对卸压管的作用做了许多模型研究，使其有较好的空气动力效应，并避免在管中产生气流冲击。

铁路隧道和列车要承受车辆振动的长期反复荷载。为此，铁道路轨采用了一系列连续焊接的铁轨下面设弹性减振装置的办法，使车辆在轨道上行驶非常平稳。该系统的部件要经过多种性能测试，包括经历 1 000 万次荷载周期的疲劳试验，以确保系统的可靠性。

该隧道还采用一种由铁路控制中心操纵的"司机台"信号系统，这种信号不是在机车外面或轨道旁边，而是显示在司机台的屏幕上。一旦司机对信号没有做出反应，自动列车保护装置就会使列车减速，直到停止，保证列车安全行驶。

长隧洞掘进时的通风往往是施工中的一个难题。欧洲隧道对空气循环的途径和风机的布置都作了详细的规划和研究。不仅设置通风管，而且利用隧洞本身作为通风通道，使开挖面的风量达到 13.5 m^3/s，符合社会保障与安全组织和地下工程协会规定的通风标准。

(4)掘进机发挥重要作用。隧道施工的主要设备是隧道掘进机，它们从英国海岸的莎士比亚崖和法国海岸的桑洁滩两个掘进基地开始，分别沿 3 条隧洞的两个方向开挖，共有 12 个开挖面，其中 6 个面向陆地方向掘进，另 6 个面向海峡方向掘进。开敞式掘进机适用于透水性较小的地层；封闭式掘进机适用于透水性较强的地层，它能完成掘进、钢筋混凝土衬砌块的安装、灌浆及施工轨道敷设等一连串工序，实际就像一条自动化作业线。最高掘进纪录为 428 m/周，英国一边的 6 台掘进机平均掘进速度为 150 m/周。整个掘进工作按计划完成，只用了三年半时间。由于欧洲隧道工程每延误一天工期，仅贷款利息就要支付约 200 万英镑，因而施工速度至关重要。在工期对经济效益有重大影响而掘进工作面又受限制的情况下，采用隧道掘进机能发挥很好的作用。

二、案例风险分析

英吉利海峡隧道项目所面临的风险可以从以下几方面分析。

(一)政治风险

在本案例中，政治风险首先影响到该项目的立项，由于英国方面考虑到军事上的安全，所以这一项目才有了历经 200 年，至少被放弃或中断 26 次之后才得以实施的过程。政治上的风险直接影响了该项目的产生，并且也是政治上的利益——欧洲一体化的需求，才促成了该项目的开工。另外，由于该项目采取的是 BOT 形式，对于项目建设单位及承包商也都存在政治风险,因为项目延续时间很长,难免要经历东道国的不同政府执政时期。如果后续政府拒不承认上届政府的承诺,以及政局动荡致使项目投资无回收保证等情况出现,均可造成投资者无法获取最起码的回报的结局。因此,这一项目政治风险非常大。

(二)经济风险

经济风险主要表现在以下几点。

(1)东道国的经济发展规划,金融发展情况,其中包括货币利率、外汇汇率、信贷管理制度等。由于项目建设时间长、建设规模大,因此资金占用就会非常大,如果没有强大的金融体系及信用体系作为保障,项目建设的资金就不能及时到位,会造成极大的项目风险。例如,1989 年总承包商(TML)的费用增加,导致了 1990 年初建设单位(欧洲隧道公司)的资金告罄,就差点使项目破产,如果不是英、法两国政府给予支持,就极可能造成项目流产的危机。

(2)建设费用。由于建设过程的不可预见因素,这个工程的预算从 1987 年估计的 48 亿英镑上升到建成时的 106 亿英镑。因此,这也为项目建成后的运营增加了负担。

(3)市场情况。其中包括价格竞争风险和需求风险,如果项目建成运营后,由于与其他跨海交通方式的竞争,而使价格不能定在合理的位置,或是有效需求不足都有可能导致项目收益不佳。而实际情况表明当初对效益的预测的确偏于乐观。

(三)法律风险

法律风险是指由于东道国法律的完善程度和变动情况给项目带来的风险,包括专门设计和规范 BOT 所要求的法律文本,出现金融、工期和费用索赔等纠纷时,能得到及时仲裁或处理,保障投资人的建设和经营权、投资收益和抵押品赎卖权。项目获准风险应注明法律条文对项目特许保障,如优选移交权、废止或拒绝续订等违约风险。

(四)技术风险

(1)地质勘探与选址风险。由于是海底隧道,选择合适的位置具有重要的意义,并且隧道要能经受地震、海水压力等自然条件变化造成的环境风险。

(2)隧道设计风险。采用什么样的设计方案,一方面关系到隧道安全,另一方面关系到建设成本的大小,另外还要充分考虑运营之后的维护工作。因此,合理的设计也是该项目最终成功的必要条件。

(3)施工风险。由于项目建设工程量大,史无先例,并且具有非常特殊的政治意义,因此施工过程一定要确保可靠、先进。这就要解决许多工程技术上的难题。项目实施过程中"采取经过试验的成熟技术",将成熟的先进技术在复杂的工程中成功地加以综合应用,大大减小了施工的风险。

(4)进度风险。由于欧洲隧道工程每延误一天工期,仅贷款利息就要支付约 200 万英镑,因而项目的进度风险非常大,如果造成进度滞后,费用就会急剧增加。在项目建设中,承包商采用价值高昂的隧道掘进机进行工作,从整个项目的角度来看,应该是比较合理的。

(五)环境保护风险

在建造英吉利海峡铁路隧道的决策中有一个举足轻重的影响因素,就是欧洲委员会制定了一个长期的运输战略,即发展电气化铁路网以减小汽车对环境的污染。这说明欧洲的老牌工业化国家在大型基础设施的规划和决策中,已把环境污染的问题放到了一个十分重要的地位。根据这一原则,这一项目必然要面临环保的问题。由于环保的要求,一方面施工成本会提高，另一方面，项目建设过程中要考虑可能因环境问题引起的投诉。

（六）经营管理风险

经营管理风险是指项目公司在项目经营和管理过程中，由于外部环境的变化或经营者的疏忽，直接影响到项目获利能力的情况。在本案例中比较典型的问题就是项目建设中组织结构上的明显缺陷。英法隧道集团作为建设方及建设单位，允许自己的合作伙伴（总承包商 TML 和牵头银行）与他们自己签订合同，从而导致项目投标竞争性的减弱，产生了项目实施过程中的矛盾及项目费用的严重超支。

通过分析，我们可以看到，在这一项目中最关键的风险因素应该是政治风险。政治的作用直接影响到项目的产生与实施过程中的每一环节。英国政府把这一项目"看做私人部门有能力建设这样大规模工程的标志"，认为是政府"树立的一个样板项目，来引导私人企业投资基础设施建设"；法国政府则把这项工程视为"国家强大的象征"。两国政府对该项目的重视应该说是这一项目建设成功的关键风险要素。项目建设过程中任何一国态度的变化，都有可能造成项目的重大风险。同样也是由于政治的因素，才会出现英、法政府与英吉利海峡隧道公司的协议由最初的建设经营 55 年延长到 65 年，到目前已延长至 99 年这一情况。因此，从总体上来讲，对两国政府来说，利用私人资本建设这样大规模的基础建设工程项目，是将建设的风险转嫁了出去。对项目承接方来说，虽然动用巨额资本进行了投资，但由于有政府的支持，如果不出现经营的危机或巨大的社会动荡，应该说这是一个非常可行的项目。

第十四章　建设工程项目工程风险估计

第一节　建设工程项目风险估计概述

一、风险估计概述

风险估计是在风险识别之后，通过对建设工程项目所有不确定性和风险要素全面系统的分析而估计风险发生的概率和对建设工程项目的影响程度。风险估计的对象是建设工程项目的单个风险，而非建设工程项目的整体风险，以加深对风险及风险后果的认识，进一步帮助人们管理不确定性因素。

风险估计又称风险测定、测试、衡量和估算等，因为在一个建设工程项目中存在着各种各样的风险，估计可以说明风险的实质，但这种估计是在有效辨识建设工程项目风险的基础上，根据建设工程项目风险的特点，对已确认的风险，通过定性和定量分析方法量测其发生的可能性和破坏程度的大小，对风险按潜在危险大小进行优先排序和评价、制定风险对策及选择风险控制方案有重要的作用。建设工程项目风险估计较多采用统计、分析和推断法，一般需要一系列可信的历史统计资料和相关数据，以及足以说明被估计对象特性和状态的资料作保证；当资料不全时往往依靠主观推断来弥补，此时建设工程项目管理人员掌握科学的建设工程项目风险估计方法、技巧和工具就显得格外重要。根据建设工程项目风险和建设工程项目风险估计的含义，风险估计的主要内容包括：

(1)风险事件发生的可能性大小；

(2)风险事件发生可能的结果范围和危害程度；

(3)风险事件发生预期的时间；

(4)风险事件发生的频率等。

二、风险估计与概率

风险是指损失发生的不确定性(或可能性)，所以风险是不利事件发生的概率及其后果的函数，而风险估计就是估计风险的性质、估算风险事件发生的概率及其后果的严重程度，以降低其不确定性。因此，风险与概率密切相关，概率是建设工程项目风险管理研究的基础。

概率是度量某一事件发生的可能性大小的量，它是随机事件的函数。必然发生的事件，其概率为1，记为$P(u)=1$，其中u代表必然事件；不可能事件，其概率为零，记为$P(V)=0$，其中V代表不可能事件；一般的随机事件，其概率在0与1之间，记为$0\leqslant P(A)\leqslant 1$，$A$代表任一随机事件。到目前为止，对概率的认识可分为客观概率、主观概率和合成概率。

(一)客观概率

(1)古典概率。如果一个事件A可以划分为m个后果，而这些都属于N个两两互不相

容并且是等可能性的事件所构成的完备事件群，则事件 A 的概率 $P(A)$ 为

$$P(A) = \frac{m}{N} \tag{14-1}$$

古典概率是建立在等可能性基础上的，这在考虑复杂问题时会遇到困难，在许多场合能否符合等可能性就成问题。

(2)统计定义。概率的统计定义是从大多数试验中事件出现的频率出发的，在不变的条件下重复进行试验，观察事件 A 发生或不发生，若 n 表示在 N 次独立重复试验中事件 A 的发生次数，则频率值为 n/N。在 N 充分大时几乎保持固定的数值，试验次数越大，观察到的偏差越小，事件 A 出现的频率可视为概率：

$$P(A) = \lim_{N\to\infty} \frac{n}{N} \tag{14-2}$$

但统计定义仍有其缺陷：①概率值是大样本的估计结果，很难得出一个精确值；②所采用的样本并不十分清楚；③精确地重复这个概念有一定的缺陷，例如掷硬币，如果是完全的重复，那么它应产生同样的结果（正面或反面），这就引出了不确定性源的问题，来自内部还是外部？答案与每个人的世界观密切相关。因此，有人认为存在不能避免的不确定性，而有人则摒弃真正的随机性。

上述有关概率的两个定义都是将概率看做是反映集体现象的客观性质，独立于认识主体而存在的，故称之为客观概率。应用客观概率对建设工程项目风险进行估计称之为客观估计。

（二）主观概率

主观概率是与客观概率相对立的一个概念，认为概率所反映的是主观心理对事件发生所抱有的“信念程度”（Degree of Briefs）。例如投掷硬币，如已进行过 6 次，并有下列结果：THHHHH（H 为正面，T 为反面），则第 7 次出现的概率应独立于原先各次试验结果，正反概率均为 0.5。但参与该游戏的人却往往认为前 5 次已未出现过反面，即他认为下次出现反面结果的概率应大于 0.5。在这种场合下，人们对实际发生的概率作出符合他们对事件可能性认识的直觉判断，称做主观概率。

主观概率和客观概率是由对概率的不同认识引起的。客观概率论支持者认为，概率如同重量、体积、硬度一样，是研究对象的一种物理属性，例如投掷硬币这一问题，出现某个面朝上的概率是抛硬币这一事件的物理属性；主观概率论支持者认为概率是人们对现象状况的一种测度，而不是现象本身的测度，因此概率不是研究对象的一种物理属性，而是建立在人们对某一随机事件物理现象认识而做出的主观判断。因此，根据对某事件是否发生的主观认识，选取一个 0 ~ 1 之间的数值来描述事件发生的可能性，该值就称为主观概率。主观概率虽然是由专家利用较少的统计信息作出的估计，但它是根据个人或集体的隐性知识而作出的合理判断，加上一定的信息、经验和科学分析而得到的，这种认识适合于复杂事件、可用信息资料严重不足或根本无可用信息资料等情况。应用主观概率对建设工程项目风险进行估计称之为主观估计。

（三）合成概率

介于主观和客观估计之间形成的概率，称之为合成概率。它不直接由大量试验或计算分析得到，也不是完全由主观判断或计算分析得出，而是介于两者之间。应用合成概率对建

设工程项目风险进行估计称之为行为估计。

风险估计包括事件发生的概率和事件后果的估计两个方面。在风险事件后果估计中也有三种估计之分,即主观后果估计、客观后果估计和行为后果估计。以某一个人或某一集体的价值观为主要判断形式的估计称为主观后果估计;直接进行观测并进行客观全面的显性描述后果的估计称为客观后果估计;而在考虑主、客观后果估计的同时,对特定风险主体的行为加以研究和观测并对主、客观后果估计进行修正的估计称为行为后果估计。

在传统的风险分析过程中,多数研究集中在客观风险上,这种风险比较容易辨识和估计。而在实践中,由于建设工程项目的复杂性和动态变化性,以及风险后果的多样性,客观估计往往难以"客观",因而逐渐开始关注风险主体行为的风险因素研究,并且常常用主观概率估计作出决策判断,这种使人的价值观和感情意志因素优先于客观概率估计的现象,虽然其准确性值得研究,但其在一定程度上反映了建设工程项目风险的规律特征。这种估计方法已在管理决策领域得到了广泛应用。

(四)建设工程项目风险估计与概率分布

风险事件发生的概率和概率分布是风险估计的基础,因此风险估计的一个重要方面是确定风险事件的概率分布。概率分布是显示各种结果发生概率的函数。风险估计中常用的概率分布有离散分布、等概率分布、泊松分布、二项分布、威布尔分布、正态分布和对数正态分布等。在风险估计中,概率分布用来描述损失原因所致各种损失发生可能性大小的分布情况。研究概率分布时,需要注意充分利用已获得的各种信息进行估测和计算,在获得的信息不够充分的条件下则需要根据主观判断和近似的方法来确定概率分布,具体采用何种分布应根据建设工程项目风险特点而定。

确定风险事件的概率分布一般有三种方法:根据历史资料、利用理论概率分布和主观概率法。一般来讲,风险事件的概率分布应当根据历史资料来确定,但当建设工程项目管理人员没有足够的资料来确定风险事件概率分布时,也可以利用理论概率分布进行风险估计。

三、估计的不确定性与偏向

估计的本质,是在信息不完全情况下的一种主观评价。因此,进行风险估计时有两个问题要注意。第一,不管使用哪种标度,都需要有某种形式的主观判断。所以,风险估计的结果必然带有一定程度的不确定性。第二,计量本身也会产生一定程度的不确定性。建设工程项目变数(如成本、进度、质量、规模、产量、贷款利率、通货膨胀率)不确定性程度依赖于计量系统的精确性和计量的准确性。计量风险的准确性同不确定性是有区别的。

风险估计还涉及信息资料问题。人们一般不能从收集到的信息资料直接获得有关风险大小、后果严重程度和发生频率的信息。在传播过程中,信息资料的意义常常被人们歪曲地理解或解释。如果事件给人留下的印象深,则其损失容易被高估。有人研究过这种现象,结论是,广为传播的事件发生频率常常被高估,而传播少的事件则被低估。

人们对事物的感知是有选择的。这种选择性倾向使人们戴上了有色眼镜。符合自己思路的信息资料容易被接受,而不符合的则容易被大脑过滤掉或排斥掉。这种偏向的另一种表现是对专家的迷信。

对事物感知的选择性或偏向性还表现在人们往往只依赖一种信息资料,例如只依赖定量的或只依赖定性的信息资料,而排除另外一种。在进行风险估计时还存在着若干认知上的偏向：第一，人们往往过分自信。对风险的估计要么比实际风险大，要么比实际风险小。当他们渴望建设工程项目成功时，就不愿意看到对建设工程项目不利的方面。第二，当获得新资料时，人们常常不能或不愿意对原来作的估计进行准确、前后一致的修改。最初形成的印象常常在脑子里驻留很久，不肯退去。在识别出新的风险时，人们就常有这种表现。因为新的风险刚被识别之时，很少经过量化，容易使人的感知产生很大的偏向性。这种偏向一旦形成，则日后难以排除。第三，人们似乎很少注意样本的大小。也就是说，大多数人思考问题时缺乏概率的概念。第四，人们作初步判断时总要选择一个起点，并根据这个起点修改以后的各次判断。因此，最初判断对以后的预测都将产生重大影响。所以，在开始估计时，一定要把脑子里没有事实根据，甚至错误的东西清除干净。第五，在进行估计时，人们常常做简单的类比。例如，如果一个人认为建设工程项目的技术风险低，他就有可能认为技术风险对建设工程项目的费用影响也小。

以上只是人类认知偏向的几种表现。认知偏向对风险估计的影响很大，因此建设工程项目管理人员一定要提高警惕，不要让认知偏向干扰自己的思想。那么，如何减少或消除这些不确定性和估计偏向呢？

（1）我们必须知道风险估计的精确性和准确性取决于发生风险事件的哪些过程。从风险估计的角度来看，过程分为行为过程、自然过程和随机过程三类。

行为过程指有人参与的过程。人的行为或行动带有大量的不确定性。由自然规律支配的自然过程具有“重复性”，是具有“确定性”的过程，因而可被预测。自然过程的因果关系可被人类揭示和理解。所以，在理论上自然过程的不确定性可以减少到零。

随机过程是自然过程的一种。其不确定性需要依靠统计手段来理解和掌握。表 14-1 列出了识别和估计上述三种过程不确定性的限制。

表 14-1　不确定性的限制

过程	说明性不确定性的减少	计量性不确定性的减少
行为过程	受人们能否对自身行为有清楚明确的认识并给出一个正确定义的限制	受人类理性行为的限制
自然过程	理论上无限制，但实际上有限制	受计量系统精确度的限制
随机过程	理论上无限制，但实际上有限制	无法减少

（2）使用德尔菲法，把各种潜在的有关问题、想法、意见和见解尽可能地都提出来，并让多人分别进行仔细认真的考虑，最后取得集体意见的一致，提高风险估计的准确性。如果参加考虑的人不带有严重的偏见，而且关键的信息资料不遗漏的话，德尔菲法很有效。

（3）确定风险估计中的“确定性”和“购买”有关的资料与信息建立系统原型、随机模拟、实际调查、试验、建立数学模型都属于这类方法。这些方法都需要支出费用，“购买”二字的含义即在于此。因此，建设工程项目管理人员在支出费用之前要认真地想一想，值得不值得。

四、风险估计的计量标度

建设工程项目风险后果的多样性，要求根据风险性质对风险后果采取多种计量标度。

计量是为了取得有关数值或排列顺序。目前计量一般使用标识、序数、基数和比率四种标度。

标识标度是标识对象或事件的,可以用来区分不同的风险,但不涉及数量。不同的颜色和符号都可以作为标识标度,序数标度是事先确定一个基准,然后按照与这个基准的差距大小将风险排出先后顺序,可以区别出各风险之间的相对大小和重要程度。但序数标度无法判断各风险之间的具体差别大小,只能给出一个相对的先后排列顺序,例如将风险分为已知风险、可预测风险和不可预测风险就是一种序数标度。基数标度是指建设工程项目风险也像其他物质一样可以计算出其大小来,虽然它的计量单位是相对的或抽象的。基数标度不仅可以把建设工程项目各个风险彼此区别开来,而且可以表示它们彼此之间差别的大小。比率标度不但可以确定风险彼此之间差别的大小,还可以确定一个计量起点,风险事件发生的概率就是一种比率标度。

五、风险估计与效用

(一)效用与效用函数

有些风险事件后果,即收益和损失大小很难计算,即使能够计算出来,但同一数额的收益或损失对于不同的人或组织其承受能力或感受也不一样,这就需要引入效用这个概念。

(1)效用。是一个在经济学、管理学及日常生活中广泛使用的一个概念。所谓效用,是指人们对风险的满足或感受程度。不同人对风险的评价也不同。因此,效用是一个相对概念,其数值也是一个相对值。效用的度量一般有两种:序数效用和基数效用。序数效用只是给出效用的先后排列顺序,基数效用则给出效用的量化计量值。

(2)效用函数。风险信念、风险后果随着风险后果的大小、环境的变化而有所变化,这种变化关系可用效用函数 $u(x)$ 来表示。如不同数额的收益或损失在同一个人中有不同的感受,描述收益或损失大小 x 的函数就是效用函数。效用函数在经济学、管理学中具有广泛的应用,可用于衡量人们对风险及其他事物的主观评价、态度、偏好和倾向等。在建设工程项目风险管理中,效用常被用来量化建设工程项目管理人员的风险观念。建设工程项目管理人员对待风险的态度或主观认识也可以用效用曲线来直观地描述。

(二)效用曲线

在直角坐标系里,以横坐标表示收益或损失的大小,以纵坐标表示效用值,将建设工程项目管理人员对风险所抱态度的变化关系用曲线来反映,这种曲线就叫做该建设工程项目管理人员的效用曲线。图 14-1 给出了三种常用效用曲线,反映了人们对待风险的不同态度。

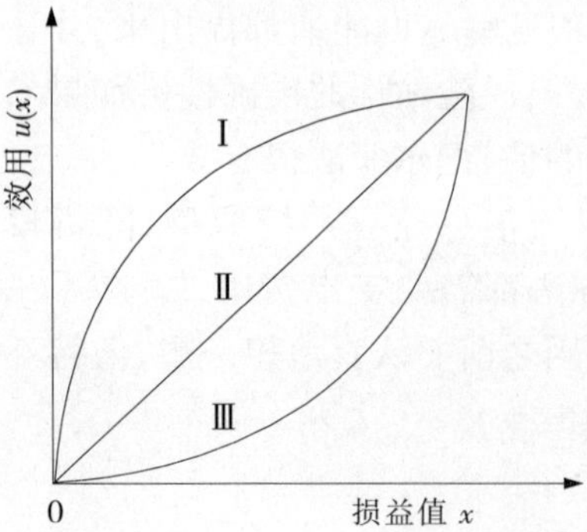

图 14-1 典型效用曲线类型

曲线Ⅰ称为保守型效用曲线,属于这种类型的建设工程项目管理人员对收益的反映比较迟缓,而对损失比较敏感,这是一种谨慎小心、规避风险、不求大利的保守型决策者。

曲线Ⅲ称为冒险型效用曲线,属于这种类型的建设工程项目管理人员的风险观念与曲线Ⅰ相对立,他们对损失的反映比较迟缓,而对收益则比较敏感,这是一种不怕风险、谋求大利的进取型决策者。

曲线Ⅱ称为中间型效用曲线，属于这种类型的建设工程项目管理人员把能够得到的收益期望值本身与效用大小看成是比例关系，这是一种愿冒一定风险，完全按期望值大小选择行动方案的决策者。

效用、效用函数和效用曲线在建设工程项目风险管理中考虑建设工程项目管理人员的主观因素时很有用。不同的人有不同的效用曲线，如何确定建设工程项目管理人员的效用函数（曲线）可参考相关的文献资料。

第二节　建设工程项目风险估计过程及内容

风险估计是在建设工程项目风险识别的基础上，运用定性和定量的分析方法估计建设工程项目中各个风险发生的可能性和破坏程度的大小，并按潜在危险大小进行优先排序的过程。可以从内部和外部两种视角来看待建设工程项目风险估计过程：外部视角详细说明过程控制、输入、输出和机制，内部视角详细说明用机制将输入转变为输出的过程活动。

一、风险估计过程目标

当风险估计过程满足下列目标时，就说明它是充分的。

（1）能用成本效益的方式估计建设工程项目中的各个风险。

（2）确定风险发生的可能性。

（3）确定风险的影响。

（4）确定风险的优先排列排序。

二、风险估计过程定义

根据 PMBOK 风险处理框架，风险估计过程定义参见图 14-2 的 IDEFO 图。通过控制、输入、输出和机制描述了风险估计的顶级过程。风险估计概括了将输入转变为输出这一过程的所有活动。控制（位于顶部）调节过程，输入（位于左侧）进入过程，输出（位于右侧）退出过程，机制（位于底部）支持过程。

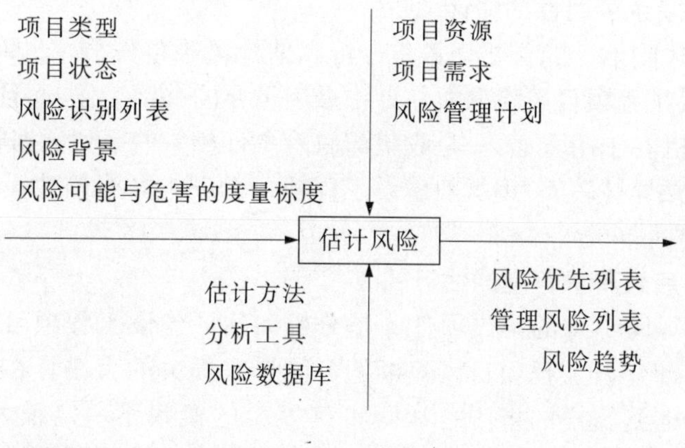

图 14-2　项目风险估计过程

(一)过程控制

建设工程项目资源、建设工程项目需求和风险管理计划调节风险估计过程,其方式类似于控制风险规划过程。

(二)过程输入

风险估计是对建设工程项目中的风险进行定性或定量分析,并依据风险对建设工程项目目标的影响程度而对建设工程项目风险进行分级排序的过程。风险估计主要有以下的依据。

(1)风险管理计划。

(2)风险识别的成果。已识别的建设工程项目风险及风险对建设工程项目的潜在影响需进行估计。

(3)建设工程项目进展状况。风险的不确定性常常与建设工程项目所处的生命周期阶段有关。在建设工程项目初期,建设工程项目风险症状往往表现得不明显,随着建设工程项目的进程,建设工程项目风险及发现风险的可能性会增加。

(4)建设工程项目类型。一般来说,普通建设工程项目或重复率较高的建设工程项目的风险程度比较低,而技术含量高或复杂性强的建设工程项目的风险程度比较高。

(5)数据的准确性和可靠性。用于风险识别的数据或信息的准确性和可靠性应进行估计。

(6)概率和影响的程度。用于估计风险的两个关键方面。

(三)过程输出

按优先等级排列的风险列表及其趋势分析是风险估计过程的输出。一个按优先等级排列的风险列表是一个详细的建设工程项目风险目录,其中包含了所有已识别风险的相对排序及其影响分析。

(四)过程机制

估计方法、分析工具和风险数据库是风险估计过程的机制。机制可以是方法、技巧、工具或为过程活动提供结构的其他手段。风险发生的可能性、风险后果的危害程度和风险发生的概率均有助于衡量风险影响和风险的排序。

三、建设工程项目风险估计的内容

(一)风险事件发生可能性的估计

建设工程项目风险估计的首要任务是分析和估计风险事件概率,即风险事件发生可能性的大小,这是建设工程项目风险分析估计中最为重要的一项工作,而且常常也是最困难的一项工作。主要原因在于两方面:一是收集与风险事件相关的系列数据收集相当困难;二是不同建设工程项目差异性较大,用类似建设工程项目数据推断当前建设工程项目风险事件发生的概率,其误差可能较大。

(二)风险事件后果严重程度的估计

建设工程项目风险估计的第二项任务是分析和估计建设工程项目风险事件发生后其后果的严重程度,即建设工程项目风险事件可能带来损失的大小。在建设工程项目实施的过程中,经常会遇到这样的情况:风险事件发生的概率不一定很大,但它一旦发生,其后果是十分严重的。如,在水利水电施工导流过程中,常用围堰进行挡水,当施工导流标准选得较高,即围堰漫水的风险较小时,围堰尺寸就较大,但一旦出现了超标准的洪水，围堰发生漫水，就是风险事件。对于土石围堰而言，当围堰漫水后就会给工程造成巨大的损失。

(三)风险事件影响范围的估计

建设工程项目风险估计的第三项任务是对风险事件影响范围的估计,其包括分析风险事件可能影响的部位,或可能影响的方面和工作。在建设工程项目实施过程中,对某些风险事件,其发生的概率和本身造成的后果都可能不是很大,但一旦发生,会影响到建设工程项目的各个方面或许多工作,此时,对其有必要进行严格的控制。如,水利水电施工截流,一般而言,按正常设计组织施工,其失败的风险是很小的,若不成功,即风险发生了,则工程要受到严重的直接的经济损失。同时,施工工期通常要推迟一年,而建设工期推迟一年带来的间接损失也是十分严重的。因此,在水利水电工程实践中,人们对水利水电施工中的截流十分重视,如长江三峡建设工程项目的大江截流,国家主要领导人出席了最后的截流合龙仪式。

(四)风险事件发生时间的估计

建设工程项目风险事件的发生时间,即风险事件出现的时间,也是建设工程项目风险事件分析中的重要工作。这有两方面的考虑:一是从风险控制角度看,根据风险事件发生的时间先后进行控制。一般情况下,早发生的风险应优先采取控制措施,而对于相对迟发生的风险,则可通过对其进行跟踪和观察,并抓住机遇进行调节,以降低风险控制成本。二是在建设工程项目实施中,对某些风险事件,完全可以通过时间上的合理安排,大大降低其发生的概率或减少其可能带来的后果。如,对于大体积混凝土的施工,在其他条件相同的情况下,夏季施工和冬季施工相比,夏季施工出现温度裂缝的风险要大。因此,在可能的范围内,一般尽可能将大体积混凝土的施工安排在冬季。

四、风险估计过程活动

风险估计过程活动是将识别的建设工程项目风险转变为按优先顺序排列的风险列表所需的活动。风险估计过程活动主要包括以下内容:

(1)系统研究建设工程项目风险背景信息。

(2)详细研究已辨识建设工程项目中的关键风险。

(3)使用风险估计分析方法和工具。

(4)确定风险的发生概率及其后果。

(5)做出主观判断。

(6)排列风险优先顺序。

第三节　建设工程项目风险事件发生概率估计方法简介

风险事件发生的概率或概率分布分析是进行建设工程项目风险估计的基础。一般而言,风险事件的发生概率或概率分布应由历史资料和数据来确定,即得所谓客观概率;但当人们没有足够的历史资料和数据来确定风险事件的发生概率或概率分布时,可以利用理论概率分布或主观概率进行风险估计。

一、利用已有数据资料分析风险因素或风险事件的概率分布

当建设工程项目某些风险事件或其影响因素积累有较多的数据资料时，就可通过对这些数据资料的分析，找出风险因素或风险事件的概率分布。这是分析风险事件发生概率和分析风险损失的重要途径。下面给出这方面的两个例子。

(一)由已有资料确定风险因素的概率分布

在工程地基边坡稳定性风险分析中，土体抗剪强度的概率分布是一重要的基本参数。一般是通过勘察和试验取得基本数据，然后通过分析，确定土体抗剪强度的概率分布。表14-2给出了某工程土体单元抗剪强度整理后的试验数据。

表 14-2　土体单元抗剪强度试验数据统计

数据分析(MPa)	组中值(MPa)	频数	频率	累计频率(%)
7.0~8.0	7.5	3	7.5	7.5
8.0~9.0	8.5	5	12.5	20.0
9.0~10.0	9.5	7	17.5	37.5
10.0~11.0	10.5	9	22.5	60.0
11.0~12.0	11.5	7	17.5	77.5
12.0~13.0	12.5	5	12.5	90.0
13.0~14.0	13.5	3	7.5	97.5
14.0~15.0	14.5	1	2.5	100.0

当试验数据充分多时，表14-2中的累计频率就可称为概率。表14-2中的频(概)率分布是由40个土体单元抗剪强度试验数据得到的，因而叫样本分布或经验分布。把表14-2中的经验分布用图来描述，即可得图14-3所示直方图。将该直方图中每一小矩形上边的中点用光滑曲线相连，得到的曲线即为经验分布曲线。显然，图14-3中的经验分布曲线和正态分布曲线十分接近，必要时可根据这些数据，对其假设的分布类型进行检验。通过检验确认假设成立后，可认为土体抗剪强度这一随机变量近似服从正态分布。

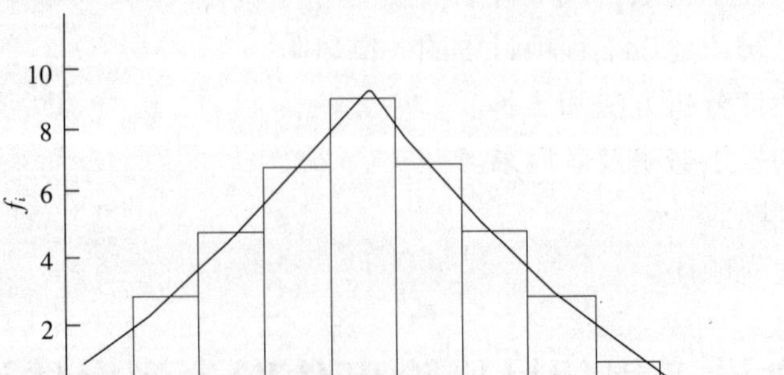

图 14-3　土体抗剪强度经验分布

有了所有风险因素的概率分布，根据一定的风险计算模型，就可计算风险事件的发生概率、风险事件后果的期望值等。

(二)由已有资料确定风险事件的概率

某建设公司在过去的几年中完成了72项施工任务,由于种种原因,其中一部分工程拖延了工期。将工程拖延工期的情况加以整理,得到表14-3统计数据。表14-3中,拖延时间单位为月,数据分组区间和组中值均为拖延月数的相对值;频数为工程的数目。把表14-3统计数据用图描述,则得如图14-4所示直方图。

表14-3　工期拖延数据统计

数据分组区间(%)	组中值(%)	频数	频率(%)	累计频率(%)
-34 ~ -30	-32.5	0	0	0
-29 ~ -25	-27.5	2	2.78	2.78
-24 ~ -20	-22.5	1	1.39	4.17
-19 ~ -15	-17.5	3	4.17	8.34
-14 ~ -10	-12.5	7	9.72	18.06
-9 ~ -5	-7.5	10	13.89	31.95
-4 ~ 0	-2.5	15	20.83	52.78
1 ~ 5	2.5	12	16.67	69.45
6 ~ 10	7.5	9	12.50	81.95
11 ~ 15	12.5	8	11.11	93.06
16 ~ 20	17.5	4	5.56	98.62
21 ~ 25	22.5	0	0	98.62
26 ~ 30	27.5	1	1.39	100.01
31 ~ 35	32.5	0	0	100.01

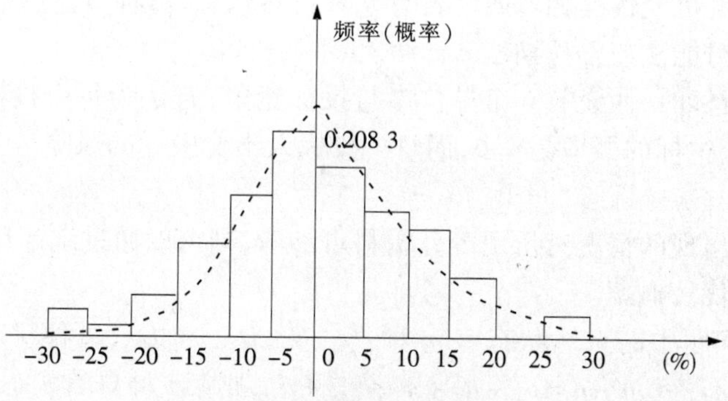

图14-4　工期拖延经验分布

通过表14-3或图14-4,就可估计工期拖延事件发生的概率。如该公司拟新承包一个建设工程项目,计划工期16个月,建设工程项目管理人员要知道工期拖延3个月的概率。由此可知,工期拖延的相对值为(3/16)×100% =18.8%。可得到工期拖延3个月的概率大约是5.56%。若建设工程项目管理人员要了解工期拖延2个月的概率,则可先算工期拖延的相对值

$$(2/16)\times 100\% = 12.5\%$$

然后由表14-3或图14-4,可得到工期拖延2个月的概率是11.11%。

(三)利用理论概率分布确定风险因素或风险事件的概率

在工程实践中,有些风险因素或风险事件的发生是一种较为普遍的现象,前人已做过了许多的探索或研究,并得到了这些风险因素或风险事件的随机变化的规律,即分布的规律。对这种情况,就可利用已知的理论概率分布,根据工程的具体情况去求风险因素或风险事件发生的概率。

在建设工程项目的质量管理过程中,专家们做了大量的研究后发现,质量数据具有波动性,这种波动性是由许多因素造成的,而在正常生产条件下,每一因素的作用并不十分明显,而且没有一个因素在起主导作用。因此,这种波动是有规律性的,即服从正态分布。因此,在建设工程项目质量的风险分析时,就可直接利用这一结论来计算其质量风险的大小。

在我国水利工程建设中,许多水文工作者对河流洪峰流量的随机性进行分析研究,发现在许多河流上,其服从 P-Ⅲ型分布。因此,在进行水利水电工程泄洪风险计算和施工导流风险分析时,一般可直接利用该分布。

(四)用主观概率分析风险事件发生的概率

由于建设工程项目具有明显的一次性和单件性,建设工程项目的可比性较差,建设工程项目的风险来源和风险特性往往也相差很远,根本就没有或很少有可以利用的历史数据和资料。在这种情况下,建设工程项目管理人员就只能根据自己的经验猜测风险事件发生的概率分布或概率。当然,利用主观概率分析建设工程项目风险时应注意到,主观概率反映的是特定的个体对特定事件的判断。在某种程度上,主观概率反映了个体在一定情况下的自信程度。用主观概率估计风险因素或风险事件发生概率的常用方法有下列几种。

1. 等可能法

在分析风险因素或风险事件发生概率时,在没有任何历史资料和数据的情况下,可认为各个自然状态出现的可能性是相等的。若有 n 种自然状态,每种自然状态出现的概率是 $1/n$,这种方法又称等可能法或普拉斯法。

例如,在工程投标时,假设有 6 个单位参与投标竞争,若认为每个投标单位的中标概率相同,则每一投标人中标的概率是 1/6,而每一投标人不能中标的风险是 $1-1/6=5/6$。

2. 统计估算法

若对自然状态出现的情况有历史统计资料可参考,则可以通过统计计算,以各种状态在历史上出现的频率代替概率。

如,某种决策问题中的自然状态有 m 种:Q_1、Q_2、Q_3、…、Q_m,每种状态在历史上出现的次数依次为 n_1、n_2、n_3、…、n_m,$n=n_1+n_2+n_3+\cdots+n_m$,则第 i 种自然状态出现的概率近似为

$$P(x=Q_i)=\frac{n_i}{n},\quad i=1,2,3,\cdots,m \tag{14-3}$$

3. 主观测验法

对于自然状态出现的概率,项目管理人员也可用比较、试探的方法去估计,即为主观测验法。如令 Q 表示某种自然状态发生,$\overline{Q}$ 表示它不发生。首先比较 Q 和 $\overline{Q}$ 哪个更可能出现。若 Q 比 $\overline{Q}$ 更易发生,则有 $P(X=Q)\geqslant 1/2$;此时再将$(1/2,1)$分成 2 段,分点是 3/4,让项目管理者选择,是接受 $P(X=Q)\geqslant 3/4$,还是接受 $1/2\leqslant P(X=Q)<3/4$,若项目管理者认为后者成立,再把$(1/2,3/4)$分成 2 段,分点是 5/8,接着让项目管理决定是接受$P(X=Q)\geqslant 5/8$,还是愿意接受 $1/2\leqslant P(X=Q)<5/8$,…,依次类推。直到项目管理者对 $P(X=Q)=p$

认可为止。

4. 专家估计法

个体对风险因素或风险事件发生概率的判断可能主观性较大，为避免个体行为的偏差，使估计结果更符合客观实际，常充分利用专家们的集体智慧，由专家们来确定风险因素或风险事件的发生概率。

该方法是请若干专家，分别对风险因素或风险事件发生概率作出估计，然后由建设工程项目管理者加以综合。由于每个专家的学识、经历和经验不一，因此每位专家对事物的认识会有差异，建设工程项目管理者对每位专家的信赖程度也不同，常给每位专家的意见赋以不同的权重 α_i 并且要求 $\alpha_1+\alpha_2+\alpha_3+\cdots+\alpha_m=1$（设有 m 位专家参加估计），然后计算出加权平均结果，作为对风险因素或风险事件发生概率的估计值。

例如某工程分成 5 个标，将实行分项招标，某一投标人拟参与其中 1 个标的投标，假设投标人对每个标的中标概率不一样，即每个标不能中标的风险不一样。投标人请来 4 位专家对投标风险作分析，评估投哪个标更能中标，或不中标的风险较小。不能中标的风险从小到大排出次序的结果如表 14-4 所示。

表 14-4　各种状态评价次序

排序	名次					
	1	2	3	4	5	α
专家 A	X_1	X_3	X_5	X_2	X_4	0.25
专家 B	X_3	X_2	X_1	X_5	X_4	0.28
专家 C	X_2	X_1	X_3	X_4	X_5	0.22
专家 D	X_3	X_2	X_5	X_1	X_4	0.25

投标决策者对专家们的信赖程度用系数 α 来表示，分别为 0.25、0.28、0.22、0.25，且 $0.25+0.28+0.22+0.25=1$，则每种状态的综合得分为

X_1:　$1\times0.25+2\times0.22+3\times0.28+4\times0.25=2.53$

X_2:　$1\times0.22+2\times0.28+2\times0.25+4\times0.25=2.28$

X_3:　$1\times0.28+1\times0.25+2\times0.25+3\times0.22=1.69$

X_4:　$4\times0.22+5\times0.25+5\times0.28+5\times0.25=4.78$

X_5:　$3\times0.25+3\times0.25+4\times0.28+5\times0.22=3.72$

总得分为：$2.53+2.28+1.69+4.78+3.72=15$。因此，投标人投不同标不能中标的概率分别为

$$P(x=X_1)=\frac{2.53}{15}=0.17$$

$$P(x=X_2)=\frac{2.28}{15}=0.15$$

$$P(x=X_3)=\frac{1.69}{15}=0.11$$

$$P(x=X_4)=\frac{4.78}{15}=0.32$$

$$P(x = X_5) = \frac{3.72}{15} = 0.25$$

显然，当投标人投第四个标时，其风险最大，而投第三个标时，其风险最小。

（五）综合推断法

综合推断法是将已有数据与主观分析判断相结合的一种综合的建设工程项目风险发生概率的估计方法。综合推断法又可分前推法、后推法和旁推法。

1. 前推法

前推法就是根据历史经验和数据来推断风险发生的概率。例如，兴建一个化肥厂，需要考虑大雨成灾的风险。为此，可根据这一地区水灾事件的历史记录进行前推，这里也有各种可能性。如果历史记录呈现出明显的周期性，那么外推可认为是简单的历史重现，也就是将历史数据序列投射到未来，作为未来风险的估计。有时不能预见水灾发生的确切时间，只能根据历史数据估计出重现期的概率。

有时由于历史数据往往是有限的，或者看不出什么周期性，可认为已获得的数据只是更长的关于水灾历史数据序列的一部分，关于这一序列又假设它服从某一用曲线或函数再进行外推。有时需要根据逻辑上或实践上的可能性去推断过去未发生过的事件在将来发生的可能性。这是因为历史记录往往有失误或不完整的地方，气候和环境也在变化。另外对历史事件的解释也可能掺进某些个人的意见。因此，必须考虑历史上未发生事件在未来发生的可能性。实际上，如果将历史数据看做是更长数据序列的一部分，亦有可能推断出历史上未曾发生的事件。在进行这一推断工作时，要采用各种方法，从简单的统计到复杂的曲线拟合和物理系统的分析，这要用到个人或集体经验外推的某些形式。

2. 后推法

如果没有直接的历史经验数据可供使用，可以采用后推的方法，亦即把未知想象的事件及后果与某一已知的事件及其后果联系起来，这也就是把未来风险事件归算到有数据可查的造成这一风险事件的一些起始事件上。在时间序列上也就是由前向后推算。如对水灾这一例子，如果没有关于水灾的直接历史数据可查，可将水灾的概率与一些水文数据如年降水量等联系起来考虑。考虑到某一地区已有的或设计的排水条件，根据降水量的数据，估算出足以引起一定大小水灾的“假想的大雨”，再根据此假想大雨的概率，即可对水灾出现的可能性作出估计。

3. 旁推法

旁推法就是利用不同的但情况类似的其他地区或建设工程项目的数据对本地区或建设工程项目进行外推。例如可以收集一些类似地区的水灾数据以增加本地区的数据，或者使用类似地区一次大雨的情况来估计本地区的水灾出现的可能性等。应当说，旁推法在我国工程界早已被采用。例如，在水文分析中的“水文比拟法”。在进行风险较大的建设工程项目时，如采用新的建筑材料或新的工程结构，常采用“试点”、“由点到面”的方法，这是工程中较为典型的一种旁推法。用某一建设工程项目取得的数据，去预测其他建设工程项目的状态，这是建设工程项目风险估计常用的方法之一。

第四节　建设工程项目风险估计方法

风险可定义为不希望事件的发生概率及发生后果的严重性，与不确定性有区别，不确定性仅考虑事件发生的肯定程度，而从管理的角度来看，要真正判断一个建设工程项目是否“危险”，就应全面了解事件发生/不发生所包含的潜在影响。因此，建设工程项目风险估计至少涉及以下三个方面。

(1)事件发生的概率。这个变量一般可以根据历史情况用统计参考数据进行估算。

(2)后果的严重性。这个变量要求建设工程项目管理人员明确有哪些后果及其影响程度。

(3)主观判断。这个变量是前两个方面的综合，综合反映了风险估计者的主观色彩，即不同的人或组织对风险有不同的感受和承受能力。

风险估计应综合考虑上述三个方面的综合影响；同时，由于建设工程项目的独特性、变动性和复杂性，风险估计、评价的方法往往因建设工程项目的不同而不同，通常可分为定性估算法和定量估算法。根据建设工程项目风险管理人员掌握信息资料的不同，有确定型、风险型和不确定型三种类型的风险估计。这里重点讨论这三种类型建设工程项目风险的估计方法。

一、确定型风险估计

确定型风险是指那些建设工程项目风险出现的概率为1，其后果是可以预测的，由精确、可靠的信息资料支持的建设工程项目风险估计问题。风险环境仅有一个数值且可以确切预测某种风险后果时，称为确定型风险估计。确定型风险估计有许多方法，这里重点讨论建设工程项目经济使用的盈亏平衡分析、敏感性分析等方法。

(一)盈亏平衡分析

盈亏平衡分析侧重研究建设工程项目风险管理中的盈亏平衡点的分析，对建设工程项目的产量、成本和利润三者之间的平衡关系进行研究分析，确定建设工程项目在产量、价格、成本等方面的盈亏界限，据此判断在各种不确定因素作用下建设工程项目的适应能力和对风险的承受能力。盈亏平衡点越低，表明建设工程项目适应变化的能力越强，承受风险的能力越大。

盈亏平衡分析一般是根据建设工程项目正常生产年份的产量或销售量、可变成本、固定成本、产品价格和销售税金等资料数据计算盈亏平衡点。其隐含的一个假设是销售收入等于销售成本，认为销售收入和销售成本是产品销售量的函数，在盈亏平衡图上表现为销售收入与销售成本函数曲线的交点，表示该建设工程项目不盈不亏的生产经营水平，从另一个侧面也表示为建设工程项目在一定生产水平时收益与支出的平衡关系，所以也称为收支平衡点。由于销售收入与销售量、销售成本与销售量之间存在着线性和非线性两种可能的关系，因此盈亏平衡分析也分为线性盈亏平衡分析和非线性盈亏平衡分析，此外还有优劣盈亏分析。

1. 线性盈亏平衡分析

线性盈亏平衡分析是指项目的销售收入与销售量、销售成本与销售量之间的关系为线性关系情况下的盈亏平衡分析。这种关系可表示为

项目年总收入　$T_r = pQ$

项目年总成本　$T_c = \omega Q + F$

项目年总利润　$P_t = T_r - T_c = pQ - \omega Q - F = (p - \omega)Q - F$　(14-4)

式中　T_r—— 年销售总收入；

T_c—— 年销售总成本；

P_t—— 年总利润；

Q—— 年销售量；

p—— 产品价格(单价)；

F—— 年固定成本；

ω ——单位产品可变成本。

线性盈亏平衡点的确定方法一般有两种:一种是图表法,另一种是解析法。

1)图表法

图表法是将项目销售收入函数和销售成本函数在同一坐标图上描述出来,从而得到一盈亏平衡图,图中两条直线的交点是盈亏平衡点(*BEP*,Break Even Point),如图 14-5 所示。

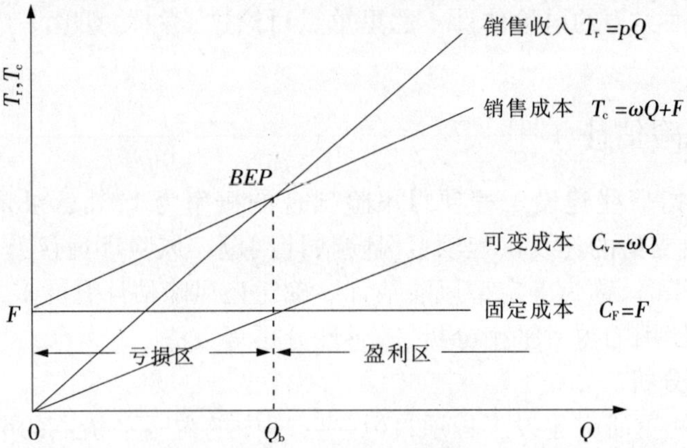

图 14-5　盈亏平衡图

图 14-5 纵坐标表示销售收入和销售成本,横坐标表示销售量,图中 Q_b 为盈亏平衡点 *BEP* 所对应的盈亏平衡销售量(或称盈亏界限)。在盈亏平衡点 *BEP* 右边,销售量大于盈亏界限 Q_b,销售收入大于销售成本,项目盈利;在盈亏平衡点 *BEP* 左边,销售量小于盈亏界限 Q_b,销售收入小于销售成本,项目亏损;在盈亏平衡点 *BEP* 上,销售收入等于销售成本,项目不亏不盈。因此,盈亏平衡点 *BEP* 就构成了项目盈利和亏损的临界点,该临界点越低,项目盈利的机会就越大,项目亏损的风险就越小。从风险管理的角度,项目管理组应设法确保项目的产出达到甚至超过产量盈亏界限。由于盈亏平衡点是项目收入和成本共同作用的结果,因此要改善项目盈利机会,还必须尽量降低项目的固定成本和可变成本。

2)解析法

解析法是指通过求解方程来确定盈亏平衡点。根据盈亏平衡原理,在盈亏平衡点上,销售收入与销售成本相等。由式(14-3)和式(14-4)得

$$pQ = \omega Q + F \tag{14-5}$$

由式(14-5)推导可得以下几点:

(1)盈亏平衡产量或销售量,即盈亏平衡界限为

$$Q_b = \frac{F}{p - \omega} \tag{14-6}$$

式中各符号含义同前。

(2)盈亏平衡销售收入为

$$T_r^* = \frac{pF}{p-\omega} = \frac{F}{1-\dfrac{\omega}{p}} \tag{14-7}$$

(3)生产负荷率。设项目的年设计产出能力为 Q,则定义比值

$$BEP(Q) = \frac{Q_b}{Q_t} = \frac{F}{(p-\omega)Q_t} \times 100\% \tag{14-8}$$

为项目生产负荷率。生产负荷率是衡量项目生产负荷状况的重要指标。在项目的多种方案比较中,生产负荷率越低越好。一般认为,当生产负荷率不超过 0.7 时,项目可承受较大风险。

(4)盈亏平衡点价格为

$$p^* = \omega + \frac{F}{Q_t} \tag{14-9}$$

(5)盈亏平衡点单位产品变动成本为

$$\omega^* = p - \frac{F}{Q_t} \tag{14-10}$$

以上各式对盈亏平衡点的分析计算都是以假设式中的其他因素不变为前提条件的,因此有一定的局限性,而且也未考虑税金这个因素。在实际分析中,应对税率加以考虑,则式(14-5)应变为

$$(p-r)Q = \omega Q + F \tag{14-11}$$

式中　r——单位产品价格中包含的税金。

其余各式也应作相应的变化:

$$Q_b = \frac{F}{p-r-\omega}$$

$$T_r^* = \frac{F}{1-\dfrac{r-\omega}{p}}$$

$$BEP(Q) = \frac{F}{(p-r-\omega)Q_t} \times 100\%$$

$$p^* = r + \omega + \frac{F}{Q_t}$$

$$\omega^* = p - r - \frac{F}{Q_t}$$

利用上述各式计算得到的结果与对项目的预测值进行比较,即可判断项目各风险的承受能力。同时我们还可以发现,固定成本越高,盈亏平衡产量越高,盈亏平衡单位变动成本就越低;高的盈亏平衡产量和低的盈亏平衡变动成本意味着项目的经营风险较大,因此固定成本有扩大项目风险的效应,在实际的管理决策及设备、工艺等的选择中应给予足够的重视。

【例 14-1】　一生产项目有两个方案可供选择。两个方案的年设计生产能力、产品单价、变动成本、税率和年固定成本分别为

方案1：$Q_t=90\ 000$ 件，$p=45$ 元，$\omega=18$ 元，$r=9$ 元，$F=810\ 000$ 元；

方案2：$Q_t=85\ 000$ 件，$p=45$ 元，$\omega=16$ 元，$r=9$ 元，$F=960\ 000$ 元。

试比较这两个方案的年最大利润、产量盈亏界限和生产负荷率。当产品价格下跌为 $p=37$ 元时，这两个方案的年最大利润、产量盈亏界限和生产负荷率将会发生怎样的变化？

解：

方案1

年最大利润为

$$P=(p-\omega-r)Q_t-F=(45-18-9)\times 90\ 000-810\ 000=810\ 000(\text{元})$$

产量盈亏界限为

$$Q_b=F/(p-\omega-r)=810\ 000/(45-18-9)=45\ 000(\text{件})$$

这就是说，当年产量达到45 000件时，该方案就能使项目不亏损；当年产量超过45 000件时就能使项目盈利。

生产负荷率为

$$BEP(Q)=Q_b/Q_t=45\ 000/90\ 000=0.5$$

即该方案的产量盈亏界限仅达到设计生产能力的一半，项目有很大的盈利余地，即该方案可使项目有很大的风险承受能力。

方案2

年最大利润为

$$P=(p-\omega-r)Q_t-F=(45-16-9)\times 85\ 000-960\ 000=740\ 000(\text{元})$$

产量盈亏界限为

$$Q_b=F/(p-\omega-r)=960\ 000/(45-16-9)=48\ 000(\text{件})$$

即当年产量达到48 000件时，该方案才能使项目不亏损，只有当年产量超过48 000件时才能使项目盈利。

生产负荷率为

$$BEP(Q)=Q_b/Q_t=48\ 000/85\ 000=0.565$$

这就是说，方案2的产量盈亏界限已达到设计生产能力的56.5%。

对比以上计算结果可知，无论是在盈利额还是在产量盈亏界限与生产负荷率方面，方案2的风险承受能力都不如方案1。

当产品价格下跌为 $p=37$ 元时两方案的年最大利润、产量盈亏界限和生产负荷率分别如下。

方案1

年最大利润为

$$P=(p-\omega-r)Q_t-F=(37-18-9)\times 90\ 000-810\ 000=90\ 000(\text{元})$$

产量盈亏界限为

$$Q_b=F/(p-\omega-r)=810\ 000/(37-18-9)=81\ 000(\text{件})$$

即当年产量达到81 000件时，该方案才能使项目不亏损。

生产负荷率为

$$BEP(Q)=Q_b/Q_t=81\ 000/90\ 000=0.9$$

可见，产品价格下跌为 $p=37$ 元时，项目的风险承受能力大大降低。

方案2

年最大利润为

$$P = (p - \omega - r)Q_t - F = (37 - 16 - 9) \times 85\ 000 - 960\ 000 = 60\ 000(\text{元})$$

产量盈亏界限为

$$Q_b = F/(p - \omega - r) = 960\ 000/(37 - 16 - 9) = 80\ 000(\text{件})$$

即当年产量达到80 000件时,该方案才能使项目不亏损。

生产负荷率为

$$BEP(Q) = Q_b/Q_t = 80\ 000/85\ 000 = 0.941$$

可见,产品价格下跌为 $p=37$ 元时,方案2的风险承受能力要比方案1降低得多。因此,项目管理组应避免采用方案2。

在以上盈亏平衡分析中,项目年总收入和年总成本都是产量 Q 的线性函数,所以又叫线性盈亏平衡分析。有些项目年总收入和年总成本可以是产量 Q 的非线性函数。这时盈亏平衡分析可以类似的方式进行。

2. 非线性盈亏平衡分析

在实际的项目管理活动中,经常会受到诸如政策变化、使用需求等环境变化的影响,从而使销售收入、销售成本与销售量不成线性关系。因此,在项目管理活动中利用非盈亏平衡分析来确定盈亏平衡点。非盈亏平衡分析一般使用解析法进行分析计算。

假设非线性销售收入函数与销售成本函数用一元二次函数表示:

销售收入函数　$$R(Q) = aQ + bQ^2 \tag{14-12}$$

销售成本函数　$$C(Q) = c + dQ + eQ^2 \tag{14-13}$$

式中　a、b、c、d、e——常数;

　Q——产量。

根据盈亏平衡原理,在平衡点有 $R(Q)=C(Q)$,可以得出

$$aQ + bQ^2 = c + dQ + eQ^2$$

解此二次方程,得盈亏平衡界限

$$Q_b^* = -\frac{d-a}{2(e-b)} \pm \frac{\sqrt{(d-a)^2 - 4(e-b)c}}{2(e-b)} \tag{14-14}$$

由式(14-14)可得,销售收入与销售成本曲线有两个交点,因此有两个盈亏平衡点 Q_i 和 Q。如产量或销售量低于 Q_i 或高于 Q,项目都亏损,只有在 Q_i 和 Q 之间,项目才能盈利。当产品销售量在 Q_i 和 Q 之间时,项目的盈利 B 为

$$B = R(Q) - C(Q) = (b-e)Q^2 + (a-d) \tag{14-15}$$

在最大利润点上,边际利润为零,因此对式(14-15)进行求导,可求得最大利润点产量 $Q_{\max B}$。

$$\frac{dB}{dQ} = 2(b-e)Q + (a-d) = 0$$

$$Q_{\max B} = \frac{d-a}{2(b-e)}$$

在最大利润点左侧,利润率是上升的;在最大利润点右侧,利润率则是下降的。

(二)敏感性分析

建设工程项目管理活动一般处在一种动态的复杂环境中,所以一般要进行敏感性分析。

敏感性分析是指通过分析、预算建设工程项目的主要制约因素发生变化时引起建设工程项目评价指标变化的幅度,以及各种因素变化对实现预期目标的影响程度,从而确认建设工程项目对各种风险的承受能力。在建设工程项目的整个寿命周期内,存在着各种不确定性因素,而且这些因素对建设工程项目的影响程度也是不一样的,有些因素很小的变化就会引起建设工程项目指标较大的变化,甚至于变化超过了临界点(所谓临界点,是指在该点处所分析的因素使某建设工程项目备选方案从被接受转向被否决)。直接影响到原来的建设工程项目管理决策,这些因素称为敏感性因素;有些因素即使在较大的数值范围内变化,但只引起建设工程项目评价指标很小的变化甚至"无动于衷",这些因素被称为不敏感性因素。敏感性分析的目的就是要在建设工程项目诸多的不确定性因素中,确定敏感性因素和不敏感性因素,并分析敏感性因素对建设工程项目活动的影响程度,从而使建设工程项目管理人员掌握建设工程项目风险水平,明确进一步的建设工程项目风险管理途径和技术方法。

敏感性分析是经济决策中常用的一种不确定分析方法,其目的是了解各种不确定因素,为建设工程项目的正确决策提供依据。具体而言,其作用主要体现在以下几个方面。

(1)了解建设工程项目的风险水平。

(2)找出影响建设工程项目效果的主要因素。

(3)揭示敏感性因素可承受的变动幅度。

(4)比较分析各备选方案的风险水平,实现方案选优。

(5)预测建设工程项目变化的临界条件或临界数值,确定控制措施或寻求可替代方案。

敏感性分析可以是对建设工程项目中单一因素进行分析,即假设建设工程项目活动其他因素不变,只分析一个敏感性因素的变化对建设工程项目活动的影响,这称为单因素敏感性分析;敏感性分析也可以是对建设工程项目中多个因素进行分析,即同时分析多个因素变化对建设工程项目活动的影响,这称为多因素敏感性分析。由于多因素敏感性分析需要综合考虑多种敏感性因素可能的变化对建设工程项目活动的影响,分析起来比较复杂。下面举一实例进行单因素的敏感性分析。

【例 14-2】 某一小型生产项目有几个备选方案,其中之一的建设期投资额、年设计生产能力、产品单价、变动成本、税率、折现率和项目 10 年折旧期结束时的残值分别为 P_i = 340 000 元,Q_t = 600 元,P = 400 元/t,ω = 220 元/t,r = 20 元/t,i = 16% 和 S = 10 000 元。试研究该方案的项目变数——产量、产品价格和变动成本的变动对项目性能指标——净现值和内部收益率的影响。

解:由技术经济学知,项目净现值 NPV 为

$$NPV = -Pi + (p - \omega - r)Q\frac{(1+i)^n - 1}{i(1+i)^n} + \frac{S}{(1+i)^2} \tag{14-16}$$

式中 i——贴现率。

内部收益率就是使净现值 NPV 等于零的贴现率。

为了测试净现值和内部收益率分别对上述三个变数的敏感性,在上面公式中分别让产量、产品价格和变动成本三个变数中一个变动,而另两个保持不变,然后计算出变动后的净现值和内部收益率。变数变动的幅度一般按变数原值的百分比来取,如 10%、20%、30%、-10%、-20%、-30% 等。表 14-5 就是产量、产品价格和变动成本变动后的净现值和内部收益率数值。

表 14-5　产量、产品价格和变动成本变动后的净现值和内部收益率

项目		变动幅度						
		-30%	-20%	-10%	0%	10%	20%	30%
产量 Q	*NPV*	12 940. 28	34 358. 71	79 857. 69	126 256. 67	172 655. 6	21 954. 64	26 543. 63
	IRR	14. 98%	18. 58%	22. 03%	25. 37%	28. 62%	31. 80%	34. 92%
价格 p	*NPV*	-221 735. 70	-10 573. 25	10 259. 21	126 256. 67	242 254. 13	358 251. 59	474 249. 05
	IRR	-5. 27%	7. 14%	16. 78%	25. 37%	33. 37%	41. 03%	48. 49%
成本 ω	*NPV*	33 502. 10	265 453. 63	195 855. 15	126 256. 67	56 658. 20	-1 240. 28	-82 538. 75
	IRR	39. 52%	34. 92%	30. 22%	25. 70%	20. 32%	14. 98%	9. 20%

图 14-6 是按表 14-5 中的计算结果画出的净现值对产量、产品价格和变动成本的敏感性曲线。从图中可以看出，产品价格对净现值影响最大，其次是变动成本，产量影响最小。

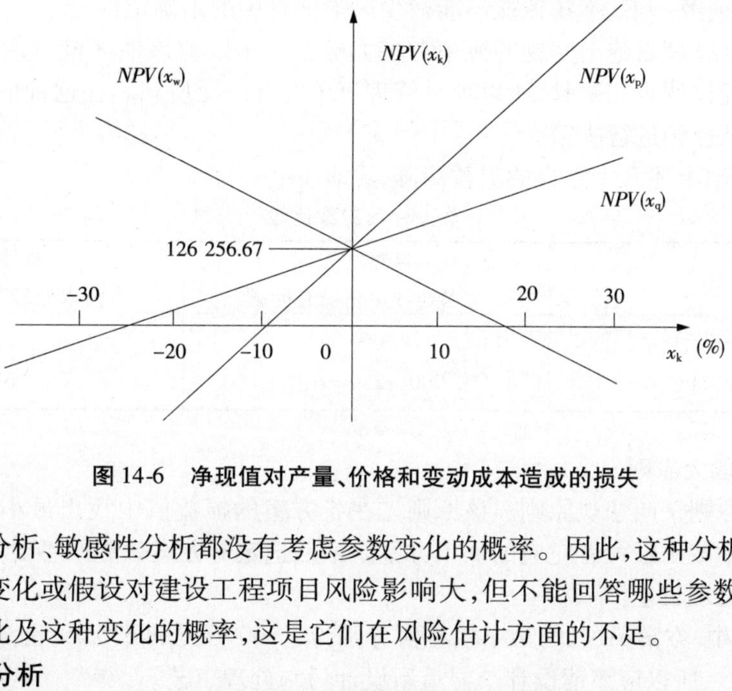

图 14-6　净现值对产量、价格和变动成本造成的损失

盈亏平衡分析、敏感性分析都没有考虑参数变化的概率。因此，这种分析方法虽然可以回答哪些参数变化或假设对建设工程项目风险影响大，但不能回答哪些参数变化或假设最有可能发生变化及这种变化的概率，这是它们在风险估计方面的不足。

（三）组合分析

敏感性分析一次只让一个变数变动。但实际情况一般是几个变数同时变动。为了反映这种现实，可以让几个变数同时变动，各变数的变动幅度可以取不同的组合，然后计算它们共同变动时建设工程项目性能的变化。这种做法叫做组合分析。不难想象，如果建设工程项目变数多，则组合方式将数不胜数。在实际应用时，可以根据经验，选择有限的几种最不利组合进行计算。

盈亏平衡分析、敏感性分析和组合分析，都不考虑变数变动的概率。它们虽然能够回答哪些变数或假设对建设工程项目性能影响大，但不能回答哪些变数或假设最有可能发生变化及变化的概率，这是它们在风险估计方面的缺点。

二、不确定型风险估计

如果对于各种自然状态发生的概率一无所知,而且对有哪种状态可能出现也心中无数,在这种情况下,可以遵循以下几种不同的公认原则进行估计。

例如东北林区搞木材综合利用的合成板生产项目。因生产过程要产生大量污水,建立了污水处理设施。项目竣工验收之后,应该马上投产。这时,有人提出:该污水处理设施采用的处理工艺以前在该地区没有用过,投产后会不会出问题呢?项目管理班子听到后,马上警觉起来。经过初步讨论,提出了两种方案:方案一,认为这套设施是专业人员设计的,投产后不会出现问题,马上按设计能力投产;方案二,请设计单位重新设计污水处理工艺,采用稳妥可靠的工艺。但这样一来,就要增加费用。按方案一,污水处理工艺若没有问题,投产成功,则当年可盈利 900 万元;若有问题,厂下游河水及附近地区的地下水将严重污染,各种损失粗略估计为 500 万元。按方案二,需要另外支出 270 万元的费用。

现在的问题是,值不值得为提高污水处理工艺风险的确定性而重新设计污水处理工艺,即花钱买情报。为了回答这个问题,我们分两步走。

第一步,先研究一下,不花钱能不能减少风险估计中的不确定性。

投产后污水处理设施出问题的概率有多大呢?由于以前该地区没有用过这种工艺,现在又没有进行任何调查和试验,所以项目管理班子对此一无所知。在这种情况下,可以遵循几种不同的公认原则进行决策。

为此,先写出上述两个方案的损益矩阵,见表 14-6。

表 14-6　方案比较

方案	自然状态 污水处理工艺没有问题	自然状态 污水处理工艺有问题
方案一 A_1	900	-500
方案二 A_2	900 - 270 = 630	630

(一)小中取大原则

小中取大原则又叫悲观原则。该原则先在各方案的损益值中找出最小的,然后在各方案最小损益值中找出最大者对应的那个方案。最后选定的方案就能回答要不要请设计单位重新设计污水处理工艺。

在表 14-4 中,方案一、二的最小损益值分别为 -500 万元和 630 万元。其中最大者 630 万元对应方案二,所以应该请设计单位重新设计污水处理工艺。

此外,还同时解决了方案一、二两者之间的排序和后果大小差距的问题,即方案二比方案一的后果好。两者之间差距是 630 - (-500) = 1 130(万元)。

(二)大中取大原则

大中取大原则又叫乐观原则。此法先在各方案损益值中找出最大的,然后在各最大损益值中找出最大者对应的那个方案。最后选定的方案告诉决策者,要不要请设计单位重新设计污水处理工艺。

在表 14-6 中,方案一、二的最大损益值分别为 900 万元和 630 万元。其中最大者 900 万元对应方案一,所以不请设计单位重新设计污水处理工艺。

乐观原则也能解决方案一、二两者之间的排序和后果大小差距问题,但结论却完全相反,即方案一比方案二的后果好。两者之间差距是 900 - 630 = 270(万元)。

以上两个例子表明,不花钱买情报,风险估计有很大的随意性。因此,我们不能说方案二比方案一的风险小,充其量只能说,决策者认为方案一比方案二的后果好。

应用乐观原则是要冒很大风险的,要十分慎重。一般只有在没有损失或损失不大时或者有十分把握时才可采用。

(三)遗憾原则

遗憾原则又叫最小后悔原则。如果项目管理班子知道污水处理工艺肯定有问题,那么就一定会请设计单位重新设计污水处理工艺。重新设计之后,该厂当年最大利润是 630 万元。如果不重新设计,污水处理工艺又真的出了问题,那么该项目就要亏损 500 万元。盈与亏两者之间相差 630 - (-500) = 1 130(万元)。这时项目管理班子一定会后悔。

如果项目管理班子知道污水处理工艺肯定没问题,那么就一定马上按设计能力投产,当年利润是 900 万元。如果请了设计单位重新设计,而污水处理工艺本来没有问题,那么该项目只能获利 630 万元,两者相差 900 - 630 = 270(万元),这时项目管理班子也一定会后悔。

上面的 1 130 万元和 270 万元叫后悔值。显然,项目管理班子一定会选择后悔值最小者对应的那个方案。那么,最小后悔值对应的是哪个方案呢?为此,列出表 14-7。

表 14-7　方案比较

方案	污水处理工艺没有问题	污水处理工艺有问题	后悔值
方案一 A_1	[900] - 900 = 0	630 - (-500) = 1 130	1 130
方案二 A_2	900 - 630 = 270	[630] - 630 = 0	{270}

表 14-7 中各个数值计算步骤如下:

(1)在表中各列,即各自然状态对应的各方案损益值中找出最大者,用方括号标出;

(2)在每一列,用该列的最大损益值减去该列各方案的损益值,求得各方案的后悔值;

(3)找出各行,即各方案所有自然状态下后悔值的最大者,列在表的最右一列;

(4)在表最右一列的各个后悔值中找出最小者,此最小者所在行对应的方案就是最好方案,用花括号标出。也就是说,要请设计单位重新设计污水处理工艺。

(四)最大数学期望原则

首先计算出各方案的所有后果的数学期望,然后挑出其中的最大者。数学期望最大者对应的那个方案就能告诉决策者,要不要请设计单位重新设计污水处理工艺。

在计算不同方案各种后果的数学期望时,需要知道各种后果发生的概率。但是,此时项目管理班子对此却一无所知。这时可以遵循等可能原则,即认为各种不同后果发生的概率都相同。对于本例,污水处理工艺有问题和没问题的概率各取 50%。

在表 14-7 中,方案一、二各种后果的数学期望分别是

$$E\{A_1\} = x_{11}p_{11} + x_{12}p_{12} = 900 \times 0.5 + (-500) \times 0.5 = 200$$

$$E\{A_2\} = x_{21}p_{21} + x_{22}p_{22} = 630 \times 0.5 + 630 \times 0.5 = 630$$

方案二各种后果的数学期望是 630 万元,最大。所以,要重新设计污水处理工艺。

在根据等可能原则回答"要不要请设计单位重新设计污水处理工艺"问题时,也同时解决了方案一、二两者之间的排序和后果大小差距的问题,即方案二比方案一的风险小。两者之间差距是 630 - 200 = 430(万元)。由于等可能原则本身就是一种主观推断,所以在这里做出的风险估计仍然包含着很大的不确定性。

如果各种后果出现的可能性一样大,等可能原则就是一个很好的原则。但实际上并非如此。如果各种后果出现的可能性实际上不相同,按等可能原则得出的结果与实际情况就会有差距。

对于表 14-4 中的两种自然状态,假设这种工艺没有问题的概率是 p,那么,方案一、二后果的数学期望分别是

$$E\{A_1\} = 900p + (-500) \times (1-p) = 1\,400p - 500$$

$$E\{A_2\} = 630p + 630 \times (1-p) = 630$$

显然,方案一后果的数学期望成了概率 p 的函数。我们把这个函数点画在图 14-7 中。

从图 14-7 中可以看出,当概率 $p=0$ 时,$E\{A_2\} > E\{A_1\}$,方案二优于方案一。这时的结论相当于小中取大原则。当概率 $p=1$ 时,$E\{A_1\} > E\{A_2\}$,方案一优于方案二。这时的结论相当于大中取大原则。

当概率 $p=0.807\,1$ 时,两个方案相等。我们可以把 $p=0.807\,1$ 称为平衡点。如果项目管理班子认为污水处理工艺没有问题的概率 p 大于 0.807 1,则可采用方案一,马上按设计能力投产;反之,若认为 p 小于 0.807 1,则应采用方案二,重新设计污水处理工艺。

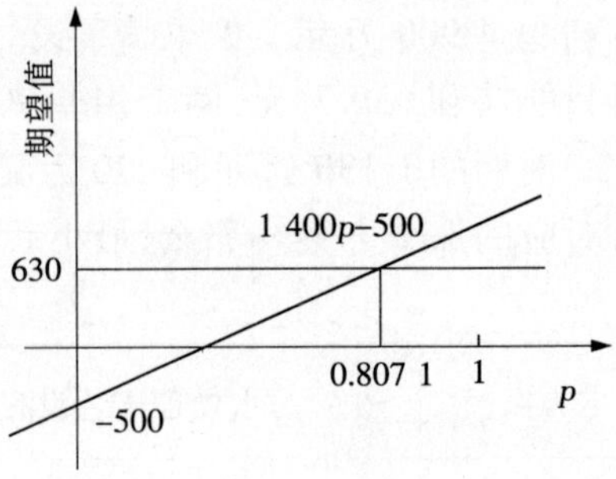

图 14-7 相关函数

上面讨论的虽然是只有两种方案、两种后果的例子,但其原则也适用于多种方案、多种后果的情况。

(五)完全情报的价值

现在已经看到,不付出一定的代价就不能减少风险估计中的不确定性。所以,现在我们走第二步,进行必要的调查研究,花钱买情报,即请设计单位重新设计。看一看为了减少风险估计中的不确定性,这样做值得不值得。

能够让我们准确地估计风险事件可能性大小及后果的数据、资料或其他信息,称为完全情报,又称完全信息。为了得到完全情报,需要付出多大的代价呢?也就是说,完全情报的价值是多少呢?完全情报的价值是在与某个方案比较后果(收益和损失)数学期望值时确定的。

【例 14-3】 仍以合成板厂污水处理工艺问题为例分析。假设项目管理班子认识一家环境保护咨询公司。环境保护咨询公司可以查出污水处理工艺是否有问题,但不能进行设计。环境保护咨询公司索取的检查费用是 5 万元。项目管理班子现在提出第三个方案,即如果真的查出污水处理工艺有问题,再重新进行设计。这时重新搞一套污水处理工艺的费用仍是 270 万元。这三个方案的损益矩阵列在表 14-8 中。

仍然假设这套工艺没有问题的概率是 p,那么,方案三的后果数学期望是

$$E\{A_3\} = x_{31}p + x_{32}(1-p) = 895p + 625(1-p) = 270p + 625$$

显然,方案三后果的数学期望也成了概率 p 的函数。

表 14-8　方案比较

方案	自然状态 污水处理工艺没有问题	自然状态 污水处理工艺有问题
方案一 A_1	900	-500
方案二 A_2	900 - 270 = 630	630
方案三 A_3	900 - 5 = 895	900 - 5 - 270 = 625

如果遵循等可能原则，认为概率 $p = 0.5$，那么，方案一、方案二后果的数学期望分别是200 和 630，其中最大值用 *EMV* 表示，得 $EMV = 630$。

方案三后果的数学期望是 760，它是由于项目管理班子在重建污水处理设施之前请了环境保护咨询公司来检查，获得了污水处理工艺是否有问题的信息之后得到的，用 *EPPL* 表示，称为全情报数学期望，于是 $EPPL = 760$。

EPPL 与 *EMV* 之差用 *EVPI* 表示，叫做完全情报价值，因此有

$$EVPI = EPPL - EMV = 760 - 630 = 130 > 0。$$

这里完全情报价值 $EVPI > 0$，说明在重建污水处理设施之前请环境保护咨询公司来检查是值得的。

如果 $EVPI < 0$，则不值得请环境保护咨询公司来检查。也就是说，不值得为了准确地估计风险发生概率及后果花钱向有关方面咨询或进行调查研究和收集资料。

三、随机型风险估计

假设项目管理人员不但知道有哪些状态出现，而且知道它们出现的概率（可能性大小）。下面举例说明在这种情况下的风险估计。

【例 14-4】　某环境保护公司，经政府授权准备建设一个城市污水处理系统。希望通过向用户收取污水排放服务费回收建设投资并维持本系统的长期运转。能否达到这一目标，取决于有多少用户愿意将自己的污水排放管路接到这个新建的系统上来。为此，该环境保护公司进行了抽样调查。根据调查结果，把将来用户的情况分成三种状态：用户多、用户一般和用户少。这三种状态出现的概率列在表 14-9 中。在调查的基础上提出了三种建设方案：大规模、中等规模和小规模。三种方案在不同用户情况下盈亏数额也列在表 14-9 中。试问该环境保护公司应怎样减少建设方案选择上的不确定性？

表 14-9　方案比较（一）

建设方案	用户多 $p_1 = 0.25$	用户一般 $p_2 = 0.55$	用户少 $p_3 = 0.20$
A_1 大规模	300	190	120
A_2 中等规模	240	200	150
A_3 小规模	165	165	165

由于环境保护公司进行了抽样调查，了解了将来用户中三种情况出现的概率，因此这个问题的不确定性已经比不确定型决策问题减少了许多。解决这种问题也有多种原则或方法可用。

(一)最大可能原则

从表 14-9 中我们知道,“用户一般”这一状态出现的概率户 $p_2=0.55$ 为最大。最大可能原则只考虑“用户一般”这一状态下的三种方案,于是表 14-9 变成了表 14-10。

表 14-10　方案比较(二)

建设方案	用户一般 $p_2=0.55$
A_1大规模	190
A_2中等规模	200
A_3小规模	165

表 14-10 表明,中等规模的建设方案的盈利最大,因此环境保护公司应选择中等规模的建设方案。

使用最大可能原则时需要注意如下几点:在一组识别出来的风险状态中,其中有一种状态出现的概率比其他各种状态出现的概率大很多,而且它们相应的损益值也相差不很大时,使用最大可能原则才比较稳妥。如果各种状态出现的概率都很小,而且彼此相差也不多,是否使用最大可能原则必须谨慎。

(二)最大数学期望原则

根据表 14-9 中的数据,计算三种建设方案风险后果的数学期望如下:

$$E\{A_1\}=300\times0.25+190\times0.55+120\times0.20=203.5$$

$$E\{A_2\}=240\times0.25+200\times0.55+150\times0.20=200$$

$$E\{A_3\}=165\times0.25+165\times0.55+165\times0.20=165$$

这个结果说明,大规模的建设方案的盈利数学期望最大,因此环境保护公司应选择大规模的建设方案。

如果项目方案在某一自然状态下的后果是损失,即数值小于 0,应用最大数学期望原则要特别注意。因为该自然状态虽然出现的概率不大,但毕竟有可能。万一出现,项目就要蒙受损失。因此,出现这种情况时就会有人拒绝使用最大数学期望原则。一般人也应该注意这个问题。

(三)最大效用数学期望原则

最大效用数学期望原则不能反映决策者对风险的个人感觉。

【例 14-5】　在例 14-4 中,如果三种建设方案在不同用户情况下盈亏数额如表 14-11 所示,试问该环境保护公司应怎样减少建设方案选择上的不确定性?

表 14-11　方案比较

建设方案	用户多 $p_1=0.25$	用户一般 $p_2=0.55$	用户少 $p_3=0.20$
A_1大规模	304	240	-40
A_2中等规模	240	200	150
A_3小规模	165	165	165

解:对于此例,三种建设方案风险后果的数学期望如下:

$$E\{A_1\} = 304 \times 0.25 + 240 \times 0.55 - 40 \times 0.20 = 200$$

$$E\{A_2\} = 240 \times 0.25 + 200 \times 0.55 + 150 \times 0.20 = 200$$

$$E\{A_3\} = 165 \times 0.25 + 165 \times 0.55 + 165 \times 0.20 = 165$$

从计算结果来看,大规模和中等规模建设方案的盈利数学期望同样大。若按最大数学期望原则,这两个方案一样,采用哪个都行。但根据人们的经验,这两个方案是不一样的。因为大规模建设方案毕竟有亏损的可能。如何区分这两个方案实际上的差别呢?下面来看效用理论的应用。

【例 14-6】 某自来水公司,经政府授权建设一个纯净水厂。提出了两种建设方案:大厂和小厂,分别需要投资 340 万元和 180 万元。两种方案都按生产 10 年考虑。在不同用户情况下盈亏数额列在表 14-12 中。该公司进行了抽样调查,了解了纯净水将来两种销售情况出现的概率(见表 14-12)。试问:自来水公司应采取哪个建设方案:大厂还是小厂?

表 14-12　两种方案年度收益情况

建设方案	销路好 $p_1=0.7$	销路不好 $p_2=0.3$
A_1大厂	132	-18
A_2小厂	54	12

解:如果在 10 年生产期间,销路一直保持良好,则建大厂和建小厂方案可分别盈利 $132\times10-340=980$(万元)和 $54\times10-180=360$(万元)。相反,如果在 10 年生产期间,销路一直不好,则建大厂和建小厂方案将分别亏损 $18\times10+340=520$(万元)和 $180-12\times10=60$(万元)。

可见,本例中最大盈利为 980 万元,最大亏损是 -520 万元。所以,规定 $U(980)=1$, $U(-520)=0$。然后,对自来水公司的决策者进行心理试验,画出他的效用曲线,见图 14-8。从图中可以找到 360 万元的效用值为 0.85,而 -60 万元的效用值等于 0.6。因此,大厂方案效用值的数学期望是

$$0.7U(980) + 0.3U(-520) = 0.7\times1 + 0.3\times0 = 0.7$$

小厂方案效用值的数学期望是

$$0.7U(360) + 0.3U(-60) = 0.7\times0.85 + 0.3\times0.6 = 0.78$$

按最大效用数学期望原则,自来水公司的决策者应选用建小厂方案。

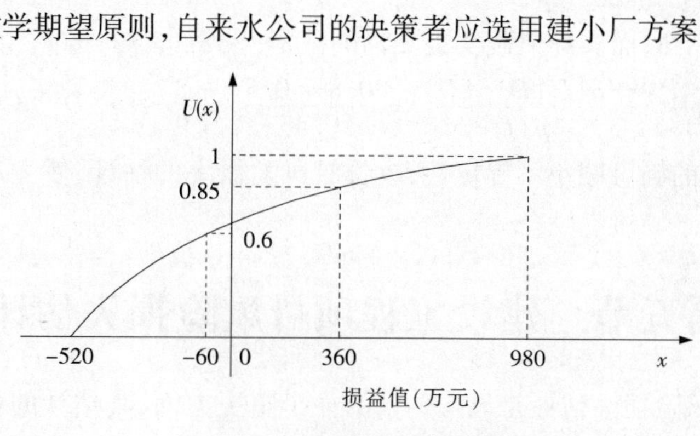

图 14-8　决策者的效用曲线

(四)贝叶斯后验概率法

在没有客观数据可用时,除了主观概率还有其他一些方法可以确定风险后果出现的概率,例如专家估计法。这些在没有历史数据可用时主观确定的概率,又称先验概率。主观概率背后总是隐藏着不确定性。要减小不确定性,就要收集资料,进行试验,建立数学模型、计算机模拟,进行市场调查、文献调查等。在获得了有关信息之后,可利用概率论中的贝叶斯公式来改善对风险后果出现概率的估计。改善后的概率称为后验概率。按贝叶斯公式,风险后果出现的后验概率是

$$p\{B_i \mid A\} = \frac{p\{A \mid B_i\}p\{B_i\}}{\sum p\{A \mid B_i\}p\{B_i\}} \tag{14-17}$$

【例 14-7】 有一石油开发项目,钻探大队在前景区进行勘探。主观估计该地区有油的概率为 $p\{O\}=0.5$,无油的概率为 $p\{D\}=0.5$。为了提高该地区是否有油的确定性,决定进行地震试验。根据历年积累的数据和资料得知,凡有油地区,地震试验结果表明有油的概率为 $p\{F|O\}=0.9$,表明无油的概率为 $p\{U|O\}=0.1$;凡无油地区,地震试验结果表明无油的概率为 $p\{U|D\}=0.8$,表明有油的概率为 $p\{F|D\}=0.2$。试问,在进行地震试验之后,该地区有油和无油的概率有何改善?

解:先计算地震试验结果表明有油和无油的概率。不管该地区是否有油,地震试验结果表明有油的概率是

$$p\{F\} = p\{F|O\}p\{O\} + p\{F|D\}p\{D\} = 0.9 \times 0.5 + 0.2 \times 0.5 = 0.55$$

地震试验结果表明无油的概率是

$$p\{U\} = p\{U|O\}p\{O\} + p\{U|D\}p\{D\} = 0.1 \times 0.5 + 0.8 \times 0.5 = 0.45$$

然后,利用贝叶斯公式计算地震试验结果表明有油,而实际上确实有油的概率

$$p\{O|F\} = \frac{p\{F|O\}p\{O\}}{p\{F\}} = \frac{0.9 \times 0.5}{0.55} = \frac{9}{11} > p\{O\} = 0.5$$

地震试验结果表明有油,而实际上却无油的概率为

$$p\{D|F\} = \frac{p\{F|D\}p\{D\}}{p\{F\}} = \frac{0.2 \times 0.5}{0.55} = \frac{2}{11} > p\{O\} = 0.5$$

地震试验结果表明无油,而实际上却有油的概率

$$p\{O|U\} = \frac{p\{U|O\}p\{O\}}{p\{U\}} = \frac{0.1 \times 0.5}{0.45} = \frac{1}{11} > p\{O\} = 0.5$$

地震试验结果表明无油,而实际上确实也无油的概率

$$p\{D|U\} = \frac{p\{U|D\}p\{D\}}{p\{U\}} = \frac{0.8 \times 0.5}{0.45} = \frac{8}{9} > p\{D\} = 0.5$$

此例表明,试验的确可减小不确定性,改善对风险概率的估计,使主观概率更接近客观实际。

第五节 建设工程项目风险损失估计

建设工程项目风险损失估计是风险估计的一个重要方面,其估计的精度直接影响到建设工程项目决策或建设工程项目风险应对措施的选择。

一、建设工程项目风险损失的标的

建设工程项目风险损失就是建设工程项目风险一旦发生后,将会对建设工程项目目标的实现形成不利的影响。这种影响对象,即损失的标的,一般包括下列四个方面。

(1)进度(工期)拖延。反映在各阶段工作的延误或工程工期的滞后。如恶劣的气候条件导致施工中断,处理质量事故要求暂停施工等。

(2)费用超计划。反映在建设工程项目费用的各组成部分的超支,如价格上涨引起材料费超出计划值,处理质量事故使费用增加等。

(3)质量事故或技术性能指标严重达不到要求。它是指质量严重不符合有关标准的要求,而且一般要求返工(Rework),造成经济损失或工期的延误。

(4)安全事故。它是指在工程建设活动中,由于操作者的失误、操作对象的缺陷以及环境因素等,或它们相互作用所导致的人身伤亡、财产损失和第三者责任等。

上述四类损失分属不同的性质。如,超支用货币来衡量,而进度则属时间的范畴,质量事故和安全事故既涉及经济,又可导致工期的延误,显得更加复杂。但在建设工程项目风险管理中,质量和安全的影响问题常可归结为费用和进度的问题。在某些场合还可进一步将建设工程项目的进度问题归结为费用的问题去分析处理。

二、建设工程项目进度(工期)损失的估计

对于一般建设工程项目活动持续时间不确定性的进度风险计算问题,已在第六章介绍。此处主要考虑风险事件对建设工程项目引起进度(工期)方面损失的估计问题,一般应分下列两步展开。

(一)风险事件对工程局部进度影响的估计

风险事件对工程局部进度影响的估计是分析风险事件引起建设工程项目进度(工期)损失的基础。这项分析既要确定影响局部进度风险事件的发生时间,又要确定局部施工活动延误的时间。

对于影响局部进度风险事件发生的时间,可根据工程整体的进度计划和工程建设环境的发展变化作出分析判断。

对于风险事件发生后对局部施工活动延误时间的计算,要根据工程实际情况进行。如发生了一个较大的质量事故,这个质量事故对局部施工活动延误时间的计算应包括质量事故调查分析所需要的时间、质量事故处理所需要的时间和质量事故处理后验收所需要的时间等。在合同管理和实行监理的建设环境下,质量事故对局部施工活动延误的时间一般应为发出暂停工令到发出复工令这段时间。又如,突发洪灾对工程局部施工活动延误时间的计算应包括计算恢复生产(施工)所需要的时间和恢复工程所需要的时间。

(二)风险事件对整个工程工期影响的估计

当风险事件对局部施工活动延误的时间确定后,就可借助于关键线路法进行分析,以确定风险事件发生后对建设工程项目工期的影响程度。一般而言,对关键路线上的施工活动,其时间上的滞后即为建设工程项目工期滞后的时间;对非关键线路上的施工活动,其时间上的滞后对工期是否有影响要作具体分析。对非关键线路上的某一些施工活动,其完成时间虽有滞后,但对建设工程项目的正常完成可能没有影响。

三、建设工程项目费用损失的估计

费用损失的估计和风险发生概率的估计相比，在风险管理中占有同样重要的地位，特别在风险决策分析中，费用损失估计不准，可能会导致相反的结果，选择完全不同的方案。对风险管理者而言，费用损失估计需要估计风险事件带来的一次性最大损失和对建设工程项目产生的总损失。

（一）一次性最大损失的估算

风险事件的一次性最大损失（Maximum Possible Loss）是指一次标的在最坏情况下可能发生的最大可能损失额。这一指标常常很重要，因为数额很大的损失若一次落在某一个建设工程项目上，建设工程项目很可能因流动资金不足而终止，永远失去该建设工程项目可能带来的机会；而同样数额的损失，若是在较长的时间里分几次发生，则建设工程项目班子可能会设法弥补，使建设工程项目能进行下去。

一次最大损失应包括在同一时段发生的各类风险引起的损失之和，包括经济、工期、质量、安全和第三者责任等引起的损失。

（二）对建设工程项目整体造成损失的估计

建设工程项目风险发生后，经常会马上出现损失，这就是一次性的损失。对有一些风险除一次性损失外，对后阶段建设工程项目的实施还会有影响，即还会有损失。当然这种损失可能包括经济、工期、质量和安全等几方面。在进行风险决策、风险控制方案选择方面常常不仅需要估计建设工程项目风险事件发生后一次性的损失费用，还要估计这种对后阶段建设工程项目实施带来的损失。

（三）各种不同类型风险损失的具体估算

（1）因经济因素而增加费用的估算。因经济因素而引起费用的增加，可直接用货币的形式来表现。这些因素包括价格、汇率、利率等的波动或工程建设资金筹措不当等。

（2）赶工程进度而增加费用的估计。工程进度和经济问题密切相关，由赶工程进度而引起的费用增加包括两个方面：

①资金的时间价值。进度风险的形成可能会对现金流造成影响，从而在利率作用下引起经济损失。

②赶工的额外支出。为赶进度而增加的成本，包括建筑材料供应强度增加而增加的费用、工人加班而增加的人工费、机械使用费和管理费等的增加等。

（3）处理质量事故而增加费用的估算。质量事故导致的经济损失包括直接经济损失，以及返工、修复、补救等过程发生的费用和第三者责任的损失。具体可分为下列全部或若干项。

①建筑物、构筑物或其他结构倒塌或报废所造成的直接经济损失。

②修补措施的费用。

③返工费用。

④引起工期拖延引起的损失。

⑤工程永久性缺陷对使用功能引起的损失。

⑥第三者责任引起的损失。

（4）处理安全事故而增加费用的估算。处理安全事故而引起的损失包括以下几项。

①伤亡人员的医疗或丧葬费用,以及补偿费用。

②财产损失费用,包括材料、设备等的损失费用。

③引起工期延误带来的损失。

④为恢复正常实施而发生的费用。

⑤第三者责任引起的损失。

(四)建设工程项目风险损失的估计应注意的问题

建设工程项目风险损失是否科学合理直接关系到风险评价或风险决策的结果。在建设工程项目风险损失估计时一般应注意下列问题。

(1)有关工程损失费用的计算和原工程估价的计算口径最好一致,包括基础单价标准、费率标准、工程的计量方法等。

(2)当计算工程进度损失、质量和安全事故的费用损失时,一方面要考虑到直接损失和间接损失,另一方面要紧密结合工程的实际情况。因为不同工程的差异性很大,同样或类似的风险事件,但对不同的施工条件或不同的工程结构,其经济损失相差甚远。

(3)在建设工程项目风险决策或风险控制措施选择等问题上,在计算不同方案的风险损失时,其方法要一致,计算参数选择、工程计量方法、基础单价标准等方面要统一,这样才有可比性,所得方案才是满足优化目标的方案。

第六节　案　例

华奥公司经过投标,投中一份设计和生产一种大型国际性运动会场地所需的微型电子设备定单,总需求量 8 000 件,每件单价为 300 元。

在该项目的概念阶段,公司高层管理曾认为生产该种设备的成本较低,其中大部分部件都是公司现有的中间产品,可以实现自给,唯有一种关键性小部件公司尚无生产,需要从市场购买。经过市场调研,发现该种部件在大量采购的情况下,其最低价格为 80 元,于是该部件所构成的费用估算额为 640 000 元。此项任务的设计、生产、组装等工作交给了项目经理张超。

项目经理张超接到任务后,在公司领导的支持下,成立了矩阵式项目组结构模式。张超首先带领来自工程部、技术部等部门的项目组成员进行产品设计工作。由于市场的波动,在设计时发现该种关键性部件的市场价格已经由两个月前的最低单价 80 元飚升到 100 元,这意味着仅该部分的成本在项目实施时将增加 25%。

张超意识到了问题的严重性,如果采用外购的办法,将增加 160 000 元的成本,意味着公司将失去一大笔利润,甚至可能导致此项目的最终结果是亏本。张超想到了能否自己制造这种部件。在征询了工程师、工艺师之后,张超得到的信息是:该公司完全可以自己制造这种部件,但需要投资 150 000 元购买一套设备,包括原材料、动力等费用,生产每个部件的变动成本是 50 元。根据保本点分析,只要生产量在 3 000 件以上,公司应该选择自制的方式。但是由于公司以前没有生产加工过该种部件,在加工过程中可能会出现有缺陷的产品,这意味着将影响整个产品的质量,同时也会增加一笔修理或更换费用,据初步测算,在产品交付安装后,对有缺陷的产品进行维修或更换的成本费每个是 90 元。

张超组织有关专家对生产该种部件可能发生缺陷的情况做出了预测(见表 14-13)。

表 14-13　可能发生缺陷的情况

缺陷率(%)	0	10	20	30	40
发生概率(%)	15	20	30	25	10

(1)如果你是张超,如何进行工艺选择?

(2)对项目而言,最经济的方法是否是公司最佳选择?

案例分析:

张超是项目经理,他的任务是在公司要求的时间内,按照预算的费用保质保量地完成订单。但现在面临的问题既有成本增加的风险,又有降低成本支出而带来质量问题(缺陷)的风险,最终也将导致成本上升。这体现了项目管理的三维管理的矛盾性和统一性,即时间—质量—成本的三维结构关系。

首先,按照保本点分析,设保本点的数量为 X,则自制和外购的成本关系如下:

$$150\ 000 + 50X = 100X,\text{解得 } X = 3\ 000 \text{ 件}$$

表明:只要用量在 3 000 件以上,从经济的角度上选择自制是合算的。但是自制是有风险的,其中既有成本风险,也有质量风险。对此,先从经济的角度来分析其成本风险。

根据专家的预测结果及该项目所需总的部件数,可以计算出有缺陷部件的期望值为

$$N_E = 8\ 000 \times (0 \times 0.15 + 0.1 \times 0.20 + 0.2 \times 0.30 + 0.3 \times 0.25 + 0.4 \times 0.1) = 1\ 560(\text{件})$$

生产这部分产品的总成本,费用要由两部分构成:一是直接费用,包括变动费用和固定费用;二是发生缺陷所带来的维修费,两项之和的总费用为

$$C_1 = 150\ 000 + 8\ 000 \times 50 + 90 \times 1\ 560 = 690\ 400(\text{元})$$

而如果从外部采购,其总成本费用为

$$C_2 = 8\ 000 \times 100 = 800\ 000(\text{元})$$

两者相比,显然是自制更经济、更合算。

进一步分析:此选择是从期望值的角度进行分析所得出的结论。但任何事情包括项目管理在内,风险的发生还要看发生的可能性有多大。对于自制或外购而言,此案例可以很轻松地得出自制的结论,而自制的结论是在依赖缺陷 1 560 件期望值的情况下得出的,其发生的概率自然是 50%,所以还可以进一步进行保本点的期望值优化分析。即缺陷部件的期望值只要不大于某个数值,自制就是合算的,设为 N_{min},即有 $150\ 000 + 8\ 000 \times 50 + 90 \times N_{min} \leqslant 8\ 000 \times 100$,解得 $N_{min} \leqslant 2\ 778$ 件。

根据案例所提供的数据,该项目发生缺陷部件的方差为

$$\delta^2 = \sum_{j=1}^{4} (8\ 000 r_j - 1\ 560)^2 p_j = 561\ 360$$

式中　r_j—— 缺陷比例数。

　　　p_j—— 缺陷的可能性。

标准差为 $\delta = 749$。

根据正态分布,该项目的关键部件发生小于 2 778 个缺陷的概率为 $p(X < 2\ 778) = p(Z < \frac{2\ 778 - 1\ 560}{749}) = p(Z < 1.63) = 94.84\%$。

说明:选择自制的方式是很安全的。

第十五章　建设工程项目风险评价

第一节　建设工程项目风险评价概述

建设工程项目风险评价就是系统分析和权衡建设工程项目风险的各种因素，综合评估建设工程项目风险的整体水平。风险估计的重点是对建设工程项目各阶段的单个风险进行估计或量化，而没有从系统的角度来考虑建设工程项目风险影响，也没有系统考虑这些风险能否被建设工程项目主体所接受。本章是在建设工程项目风险估计的基础上，对建设工程项目风险进行系统评价。首先建立建设工程项目风险评价的系统过程，描述建设工程项目评价的各种活动；其次介绍建设工程项目风险评价所用的方法、工具及其应用分析。

一、建设工程项目风险评价的含义

风险评价是对建设工程项目风险进行综合分析，并依据风险对建设工程项目目标的影响程度进行建设工程项目风险分级排序的过程。它是在建设工程项目风险规划、识别和估计的基础上，通过建立项目风险的系统评价模型，对建设工程项目风险因素影响进行综合分析，并估算出各风险发生的概率及其可能导致的损失大小，从而找到该建设工程项目的关键风险，确定建设工程项目的整体风险水平，为如何处置这些风险提供科学依据，以保障建设工程项目的顺利进行。

在风险评价过程中，建设工程项目管理人员应详细研究决策者决策的各种可能后果并将决策者做出的决策同自己单独预测的后果相比较，进而判断这些预测能否被决策者所接受。由于各种风险的可接受或危害程度互不相同，因此就产生了哪些风险应该首先或者是否需要采取措施的问题。风险评价一般有定量和定性两种。进行风险评价时，还要提出预防、减少、转移或消除风险损失的初步方法，并将其列入风险管理阶段要进一步考虑的各种方法之中。

二、建设工程项目风险评价的依据

风险评价的依据主要有以下几点。

(1)风险管理计划。

(2)风险识别的成果。已识别的建设工程项目风险及风险对建设工程项目的潜在影响需进行评估。

(3)建设工程项目进展状况。风险的不确定性常常与建设工程项目所处的生命周期阶段有关。在建设工程项目初期，建设工程项目风险症状往往表现得不明显，随着建设工程项目的实施，建设工程项目风险及发现风险的可能性会增加。

(4)建设工程项目类型。一般来说，普通建设工程项目或重复率较高建设工程项目的风险程度比较低；技术含量高或复杂性强的建设工程项目的风险程度比较高。

(5)数据的准确性和可靠性。用于风险识别的数据或信息的准确性和可靠性应进行评估。

(6)概率和影响程度。用于评估风险的两个关键方面。

三、建设工程项目风险评价的作用

在建设工程项目管理中,建设工程项目风险评价是一必不可少的环节,其作用主要表现在以下几点。

(1)通过风险评价,确定风险大小的先后次序。对建设工程项目中各类风险进行评价,根据它们对建设工程项目目标的影响程度,包括风险出现的概率和后果,确定它们的排序,为考虑风险控制先后次序和风险控制措施提供依据。

(2)通过风险评价,确定各风险事件间的内在联系。建设工程项目中各种各样的风险事件,乍看是互不相干的,但进行详细分析后,便会发现某一些风险事件的风险源是相同的或有着密切的关联。例如,某工程由于使用了不合格的材料,承重结构强度严重达不到规定值,引发了不可预见的重大质量事故,造成了工期拖延、费用失控,以及工程技术性能或质量达不到设计要求等多种后果。对这种情况,从表面上看,工程进度、费用和质量均出现了风险,但其根源只有一个,即材料质量控制不严格,以后的管理中只要注重材料质量控制,就可消除此类风险。

(3)通过风险评价,把握风险之间的相互关系,将风险转变为机会。例如,承包商对建设工程项目施工总承包,和分项施工相比,存在较多的不确定性,即具有较大的风险性,如对某些子建设工程项目没有施工经验。但如果承包商把握机会,将部分不熟悉的施工子建设工程项目分包给某一个有经验的专业施工队伍,对总包而言,这可能会挣得更多的利润。当然还要注意到,原认为是机会的东西,在某些条件下也可能会转化为风险。

(4)通过风险评价,可进一步认识已估计的风险发生的概率和引起的损失,降低风险估计过程中的不确定性。若发现原估计和现状出入较大,必要时可根据建设工程项目进展现状,重新估计风险发生的概率和可能的后果。

四、建设工程项目风险评价的准则

建设工程项目风险评价是评价风险存在的影响、意义及应采取何种对策处理风险等问题。为了解决好上述问题,风险评价应遵循一些基本的准则。

(一)风险回避准则

风险回避是最基本的风险评价准则。根据该准则,建设工程项目管理人员应采取措施有效控制或完全回避建设工程项目中的各类风险,特别是对建设工程项目整体目标有重要影响的那些风险因素。

(二)风险权衡准则

风险权衡的前提是建设工程项目中存在着一些可接受的、不可避免的风险,风险权衡原则需要确定可接受风险的限度。

(三)风险处理成本最小准则

风险权衡准则的前提是假设建设工程项目中存在一些可接受的风险。这里有两种含义:其一是小概率或小损失风险,其二是付出较小的代价即可避免风险。对于第二类当然希望风险处理成本越小越好，并且希望找到风险处理的最小值。虽然风险处理的最小成本是理想状态，同时也是难以计算的。因此，人们定性地归纳为：若此风险的处理成本足够小，人们是可以接受此风险的。

（四）风险成本/效益比准则

开展建设工程项目风险管理的基本动力是以最经济的资源消耗来高效地保障项目预定目标的达成。建设工程项目管理人员只有在收益大于支出的条件下，才愿意进行风险处置。在实际的建设工程项目活动中，建设工程项目风险水平一般与风险收益成正比，只有风险处理成本与风险收益相匹配，建设工程项目风险管理活动才是有效的。生活中有大量风险投资活动成功后获得高回报的例子。

（五）社会费用最小准则

在进行风险评价时还应遵循社会费用最小准则。这一指标体现了一个组织对社会应负的道义责任。当一个组织实施某种建设工程项目活动，如企业的经营活动时，组织本身将承担一定的风险，并为此付出了一定的代价，同时企业也能从中获得风险经营回报。同样社会在承担风险的同时也将获得回报。因此，在考虑风险的社会费用时，也应与风险带来的社会效益一同考虑。

第二节　建设工程项目风险评价过程

风险评价是在建设工程项目风险识别、估计的基础上进一步对建设工程项目风险进行综合分析，确定建设工程项目风险整体水平和风险等级。可以从内部和外部两种视角来看待风险评价过程：外部视角详细说明过程控制、输入、输出和机制；内部视角详细说明用机制将输入转变为输出的过程活动。

一、建设工程项目风险评价的步骤

建设工程项目风险评价，一般可按下列步骤进行。

（1）确定建设工程项目风险评价标准。建设工程项目风险评价标准就是建设工程项目主体针对不同的建设工程项目风险确定的可以接受的风险率。一般而言，对单个风险事件和建设工程项目整体风险均要确定评价标准，分别称为单个评价标准和整体评价标准。

（2）确定评价时的建设工程项目风险水平。其包括单个风险水平和整体风险水平。建设工程项目整体风险水平是综合了所有风险事件之后确定的。要注意的是，确定建设工程项目整体风险水平的方法有讲究。确定建设工程项目整体风险水平后，总是要和建设工程项目整体评价标准相比较，因此整体风险水平的确定方法要和整体评价标准确定的原则与方法相适应，否则两者就缺乏可比性。

（3）比较，即将建设工程项目单个风险水平和单个评价标准、整体评价标准和整体风险水平进行比较，进而确定它们是否在可接受的范围之内，或者考虑采取什么样的风险应对措施。

二、建设工程项目风险评价过程目标、定义

当风险评价过程满足下列目标时，就说明它是充分的。

(1)能用有效的系统分析方法综合分析项目整体风险水平。

(2)确定项目风险的关键因素。

(3)确定项目风险管理的有效途径。

(4)确定项目风险的优先等级。

根据PMBOK风险处理框架,风险评价过程定义参见图15-1。图15-1概括了将输入转变为输出这一过程的所有风险评价活动。控制(位于顶部)调节过程,输入(位于左侧)进入过程,输出(位于右侧)退出过程,机制(位于底部)支持过程。

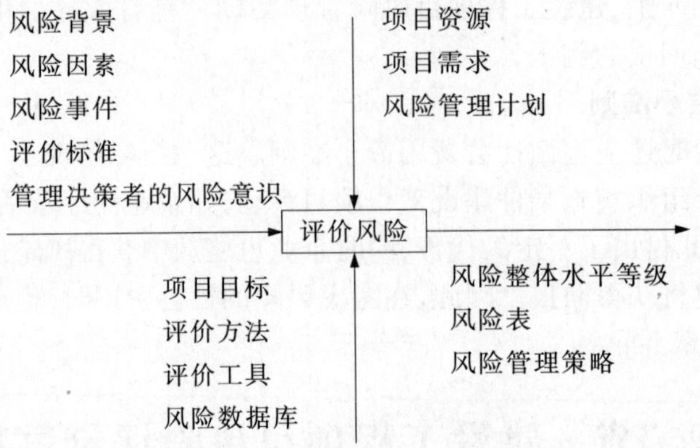

图15-1 项目风险评价过程

(一)过程控制

建设工程项目资源、建设工程项目需求和风险管理计划调节风险评价过程,其方式类似于控制风险规划过程。

(二)过程输入

风险评价是对建设工程项目中的风险进行定性或定量分析,并依据风险对建设工程项目目标的影响程度对建设工程项目整体风险水平和风险等级进行综合分析的过程。

(三)过程输出

建设工程项目风险的整体水平、风险表、风险管理策略等是风险评价过程的输出。

(1)建设工程项目整体风险等级水平。通过比较建设工程项目风险间的风险等级,对该建设工程项目的整体风险程度作出评价。建设工程项目的整体风险等级将用于支持各建设工程项目资源的投入策略及建设工程项目继续进行或取消的决策。

(2)风险表。风险表将按照高、中、低类别的方式对风险和风险状况作出详细的表示,风险表可以表述到WBS的最低层。风险表还可以按照建设工程项目风险的紧迫程度,建设工程项目的费用风险、进度风险、功能风险和质量风险等类别单独作出风险排序和评估,对重要风险的发生概率和影响程度要有单独的评估结果并作出详细说明。

(3)风险管理策略。对高等或中等重要程度的风险应列为重点并作出更详尽的分析和评价,制定附加分析计划表,其中应包括下一步的风险定量评价和风险应对计划。

(四)过程机制

建设工程项目目标、评价方法、分析工具和风险数据库是风险评价过程的机制。机制可以是方法、技巧、工具或为过程活动提供的其他手段。风险发生的可能性、风险后果的危害程度和风险发生的概率均有助于衡量风险整体影响。

三、建设工程项目风险评价过程活动

风险评价过程活动是依据建设工程项目目标和评价标准，将识别和估计的结果进行系统分析，明确建设工程项目风险之间的因果联系，确定建设工程项目风险整体水平和风险等级等。风险评价过程活动主要包括以下内容。

(1)系统研究建设工程项目风险背景信息。

(2)确定风险评价基准。风险评价基准是针对建设工程项目主体每一种风险后果确定的可接受水平。风险的可接受水平是绝对的，也是相对的。

(3)使用风险评价方法确定建设工程项目整体风险水平。建设工程项目风险整体水平是综合了所有单个风险之后确定的。

(4)使用风险评价工具挖掘建设工程项目各风险因素之间的因果联系，确定关键因素。

(5)作出建设工程项目风险的综合评价，确定建设工程项目风险状态及风险管理策略。

第三节　建设工程项目风险评价方法

风险评价最简单的方法是在所有建设工程项目风险中找出最严重者，将其和评价标准相比较，若高于评价标准则拒绝该风险，即放弃建设工程项目或建设工程项目的方案；若低于其评价标准，则接受该风险，即实施该建设工程项目或建设工程项目的方案。这种方法虽是最简单的，但也是最保守的，其假定在建设工程项目的实施过程中始终存在着最严重的风险，忽视了时间的因素和事物发展变化的规律，在一定程度上也否定了风险管理的必要性。

改进上述方法的思路是：充分利用在建设工程项目管理中收集到的各种信息，以及管理人员以往的经验积累，首先对单个风险按单项指标进行评价，并根据风险的大小将其排序；其次对建设工程项目整体风险进行评价；最后制定风险管理应对措施。

风险评价方法一般可分为定性、定量、定性与定量相结合三类，有效的建设工程项目风险评价方法一般采用定性与定量相结合的系统方法。对建设工程项目进行风险评价的方法很多，常用的有主观评分法、决策树法(Decision Tree Analysis)、层次分析法(AHP，the Analytical Hierarchy Process)、模糊风险综合评价(Fuzzy Comprehensive Evaluation)、故障树分析法(FTA，Fault Tree Analysis)、外推法(Extrapolation)和蒙特卡罗模拟法(Monte Carlo Simulation)

一、建设工程项目主观评分法

主观评分法，也称综合评价法，是一种最常用、最简单又易于应用的风险评价方法。这种方法分三步进行：首先，识别和评价对象相关的风险因素、风险事件或发生风险的环节，列出风险调查表(Checklist)；其次，请有经验的专家对可能出现的风险因素或风险事件的重要性进行评价；最后，综合整体的风险水平。下面用两个例子说明这种方法的具体应用。

【例 15-1】　某公司拟对海外某一国家的水电工程投标，项目经理组织有关人员对投标风险进行评价，并采取评分法。评价步骤如下：

第一步，识别可能发生的各种风险事件，见表 15-1。

表 15-1　投标风险综合评价

可能的风险事件	权重 W	风险事件发生的可能性 C					$W \times C$
		很大 (1.0)	比较大 (0.8)	中等 (0.6)	不大 (0.4)	较小 (0.2)	
政局不稳	0.05			★			0.03
物价上涨	0.15		★				0.12
建设单位支付能力	0.10			★			0.06
技术难度	0.20					★	0.04
工期紧迫	0.15			★			0.09
材料供应	0.15		★				0.12
汇率变化	0.10			★			0.06
无后续项目	0.10				★		0.04
$\sum W \times C = 0.56$							

第二步，由专家们对可能出现的风险因素或风险事件进行评价，给出每一风险事件的权重，用其反映某一风险事件对投标风险的影响程序。

第三步，确定每一风险事件发生的可能性，并分 5 个等级表示。

第四步，将每一风险事件的权重与风险事件可能性的分值相乘，求出该风险事件的得分；再将每一风险事件的得分累加，得到投资风险总分，其即为投标风险评价的结果。显然，风险总分越高，说明投标风险越大。

第五步，将投标风险评价结果和评价标准进行比较。根据该公司的经验，采用这种方法评价投标风险的风险标准为 0.8 左右。显然，本投标项目的评价结果小于该标准，是可以接受的。因此，这个工程是可以去参加投标的。

【例 15-2】　某拟建工程项目，需对该项目整体风险水平进行评价，并作是否实施该建设工程项目的决策。

对该建设工程项目进行评价，按下列步骤进行：

第一步，将工程项目的建设分为 5 个过程，经识别，在每一过程中存在的风险有费用、工期、质量、组织和技术等 5 个方面，见表 15-2。

表 15-2　建设工程项目风险综合评价

建设过程	风险类别					$\sum$
	费用风险	工期风险	质量风险	组织风险	技术风险	
可行性研究	5	6	3	8	7	29
工程设计	4	5	7	2	8	26
工程招标	6	3	2	3	8	22
工程施工	9	7	5	2	2	25
工程试运行	2	2	3	1	4	12
$\sum$	26	23	20	16	29	114

第二步，请有经验的专家对每一建设过程的每一风险赋分并假设每一风险的分值为

0～9，共 10 等级。其中 0 表示没有风险，9 表示风险最大。每一风险因素的分值见表 15-2。

第三步，计算每一建设过程中每一风险因素的分值之和；计算每一风险因素的不同建设过程的分值之和；然后计算赋分总分值。由表 15-2 可见，其总分值为 114。

第四步，分析总体风险水平。由于每一风险因素的最大分值为 9，显然，表 15-2 中最大的风险分值之和应为 5×5×9＝225。表 15-2 中的实际总分值为 114，因此该建设工程项目的整体风险才为 114/225＝0.506 7。

第五步，将该建设工程项目的风险评价结果和评价标准进行对比，设定采用该方法评价的建设工程项目整体风险的标准为 0.6。显然，实际风险水平低于风险标准，该建设工程项目的风险水平是可以接受的，即该建设工程项目是可以考虑实施的。

从上述两例可见，综合评价法很简单，但该方法的可靠性主要决定于专家赋分的客观性和评价标准的合理性。若专家赋分和评价标准比较客观，则其结果基本是可信的；若专家赋分不能比较客观地反映实际，或者评价标准不合理，则评价结果的可信度是比较低的。然而，不管如何，综合评价法同时考虑了众多因素对整体风险的影响，它的评价结果的可信度总要比仅考虑单因素的评价结果的可信度高。

二、建设工程项目决策树法

根据建设工程项目风险问题的基本特点，建设工程项目风险的评价既要能反映建设工程项目风险背景环境，同时又要能描述建设工程项目风险发生的概率、后果及建设工程项目风险的发展动态。决策树这种结构模型既简明，又符合上述两项要求。

采用决策树法来评价建设工程项目风险，往往比其他评价方法更直观、清晰，便于建设工程项目管理人员思考和集体探讨，因而是一种形象化和有效的建设工程项目风险评价方法。

（一）决策树的结构

树是图论中的一种图的形式，因而决策树又叫决策图。它是以方框和圆圈为节点，由直线连接而成的一种树枝形状的结构。图 15-2 是一个典型的决策树图。决策树图一般包括以下几个部分。

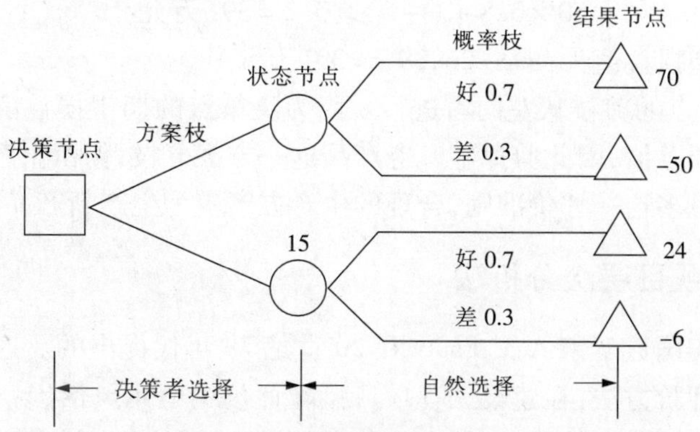

图 15-2　典型决策树结构

（1）□——决策节点，从这里引出的分枝叫方案分枝，分枝数量与方案数量相同。决策节点表明从它引出的方案要进行分析和决策，在分枝上要注明方案名称。

(2)○——状态节点，也称之为机会节点。从它引出的分枝叫状态分枝或概率分枝，在每一分枝上注明自然状态名称及其出现的主观概率。状态数量与自然状态数量相同。

(3)△——结果节点，将不同方案在各种自然状态下所取得的结果(如收益值)标注在结果节点的右端。

(二)决策树法应用分析

决策树法是利用树枝形状的图像模型来表述建设工程项目风险评价问题，建设工程项目风险评价可直接在决策树上进行，其评价准则可以是收益期望值、效用期望值或其他指标值。下面举例说明决策树法的应用。

【例 15-3】 某光学仪器厂生产照相机，现有两种方案可供选择：一种方案是继续生产原有的全自动型老产品，另一种方案是生产一种新产品。据分析测算，如果市场需求量大，生产老产品可获利 30 万元，生产新产品可获利 50 万元。如果市场需求量小，生产老产品仍可获利 10 万元，生产新产品将亏损 5 万元(以上损益值均指一年的情况)。另据市场分析可知，市场需求量大的概率为 0.8，需求量小的概率为 0.2。试分析和确定哪一种生产方案可使企业年度获利最多？

解：(1)绘制决策树，如图 15-3 所示。

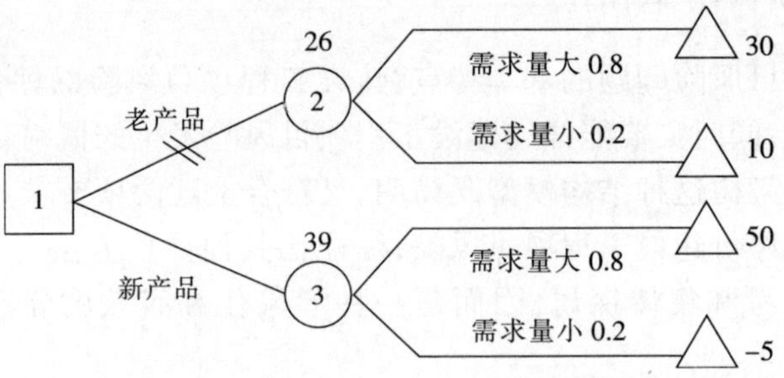

图 15-3 某光学仪器厂建设项目决策树

(2)计算各节点的期望损益值。期望损益值的计算从右向左进行。

节点 2： $30 \times 0.8 + 10 \times 0.2 = 26$(万元)

节点 3： $50 \times 0.8 + (-5) \times 0.2 = 39$(万元)

决策点 1 的期望损益值为：$\max\{26, 39\} = 39$(万元)

(3)剪枝。决策点的剪枝从左向右进行。因为决策点的期望损益值为 39 万元，为生产新产品方案的期望损益值，因此剪掉生产老产品这一方案分枝，保留生产新产品这一方案分枝。根据年度获利最多这一评价准则，合理的生产方案应为生产新产品。

三、建设工程项目层次分析法

层次分析法是美国数学家 A. L. Saaty 在 20 世纪 70 年代提出的。这是一种定性分析和定量分析相结合的评价方法，在建设工程项目风险评价中运用灵活、易于理解，而又具有一定的精度。其评价的基本思路是：评价者将复杂的风险问题分解为若干层次和若干要素，并在同一层次的各要素之间简单地进行比较、判断和计算，得到不同方案风险的水平，从而为方案的选择提供决策依据。该方法既可用于评价建设工程项目标段划分、工程投标风险、报价风险等单项风险水平，又可用于评价建设工程项目不同方案等综合风险水平。该方法的特点是:可细化建设工程项目风险评价因素体系和权重体系,使其更为合理;对方案评价,采用两两比较法,可提高评价的准确程度;对结果的分析处理,可以对评判结果的逻辑性、合理性进行辨别和筛选。

(一)层次分析法风险评价模型

用层次分析法评价建设工程项目风险,首先是确定评价的目标,再明确方案评价的准则和各指标,然后把目标、评价准则连同各方案构成一个层次结构模型,如图15-4所示。在这个模型中,评价目标、评价准则和评价方案处于不同的层次。

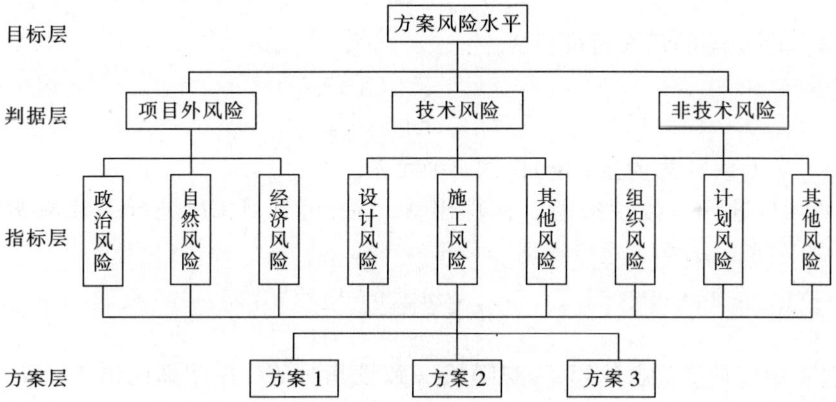

图15-4　层次分析法风险评价模型

(二)因素两两比较评分和判断矩阵

建设工程项目风险评价模型确定后,请具有项目风险管理经验的专家对各风险因素进行两两比较评分。两两比较评分,则以如表15-3所示的分值表示。经评分可得若干两两判断矩阵,见表15-4。

表15-3　项目风险评价分值

分值 a_{ij}	定　义
1	i因素与j因素同样重要
3	i因素比j因素略重要
5	i因素比j因素稍重要
7	i因素比j因素重要得多
9	i因素比j因素重要得多
2,4,6,8	i与j两因素比较结果处于以上结果的中间
倒数	j与i两因素比较结果是i与j两因素比较结果的倒数

表15-4　两两判断矩阵

判断项 W_i	判断项 W_j			
	A_1	A_2	…	A_n
A_1	a_{11}	a_{12}	…	a_{1n}
A_2	a_{21}	a_{22}	…	a_{2n}
⋮	⋮	⋮		⋮
A_n	a_{n1}	a_{n2}	…	a_{nn}

(三)计算各判断矩阵权重、排序,并作一致性检验

(1)求判断矩阵每行所有元素的几何平均值 $\bar{w}_i$:

$$\bar{w}_i = \sqrt[n]{\prod_{j=i}^{n} a_{ij}} \tag{15-1}$$

(2)将 $\bar{w}_i$ 归一化,计算 w_i:

$$w_i = \frac{\bar{w}_i}{\sum_{j=i}^{n} \bar{w}_i} \tag{15-2}$$

(3)计算判断矩阵的最大特征值 $\lambda_{\max}$:

$$\lambda_{\max} = \sum_{i=1}^{n} \frac{(Aw)_i}{nw_i} \tag{15-3}$$

式(15-3)中,$(Aw)_i$ 为向量(Aw)的第 i 个元素。

(4)计算 CI,进行一致性检验。在算出 $\lambda_{\max}$ 后,可计算 CI,进行一致性检验,其公式如下:

$$CI = \frac{\lambda_{\max} - n}{n - 1} \tag{15-4}$$

式中,n 为判断矩阵阶数,见表 15-5,查随机一致性指标 RI,并计算比值 CI/RI,当 $CI/RI < 0.1$ 时,判断矩阵一致性达到了要求;否则重新进行判断,写出新的判断矩阵。

表 15-5　RI 取值

n	1	2	3	4	5	6	7	8	9
RI	0	0	0.58	0.90	1.12	1.24	1.32	1.41	1.45

(5)为获得层次目标中每一指标或评价方案的相对权重,必须进行各层次的综合计算,然后对相对权重进行总排序。

对某一评价方案的某一评价指标而言,设各层次评价的相对权重为 w_i、w_{ij}、w_{ijk}、w_{ijkl},则该评价指标的相对权重为

$$w(i) = w_i w_{ij} w_{ijk} w_{ijkl}$$

更一般地可写为

$$w(i) = w_i w_{ij} w_{ijk} \cdots$$

(四)计算综合总评分

获得各评价方案各指标的评分后,计算加权平均值,即得综合总评分。总评分最高者即为风险最大的方案。

下面结合具体例子说明层次分析法在评价建议项目风险水平中的应用。

【例 15-4】 某公司拟分别向在我国周边两个国家的甲、乙施工项目投标。该公司根据具体情况,拟在这两个标中投一个标。投标前,该公司对不同施工标进行风险评价,以确定投标对象。投标人首先进行调查研究,进行风险识别,认为主要的风险因素有以下几种。

(1)政治方面。这两个工程与我国接壤,国家关系较好;工程所在国的政局虽有小的波动,但大的动乱的可能性不大,经济政策较连贯,政治对其经济影响不大;从军事角度看,发生战争的可能性也较小,因此政治风险较小。

（2）经济方面。工程所在国有不同程度的通货膨胀；在外汇方面，虽均未实行垄断，但资金转移困难较大；税收等方面的风险因素在这两国也略有不同。

（3）自然环境和投标竞争环境方面。自然条件均较差；两个标的竞争均较激烈，但程度不一。

（4）工程技术方面。两工程的规模有所不同，施工技术的复杂程度等也有差别。在供水、供电方面的条件总体较差，不同程度上得不到保障。

总体而言，其投标的主要风险因素有通货膨胀、税收、汇率、供水能力、供电能力、气候条件、公司企业竞争和法规制约等八个方面，其可归纳为经济风险、技术风险和环境风险三大类。经济风险包括通货膨胀、税收和汇率；技术风险包括供水能力和供电能力；环境风险包括气候条件、公司企业竞争和法规制约。

经分析后，可以建立起如图 15-5 所示层次分析结构图。显然系统分 A、B、C、D 四个层次。

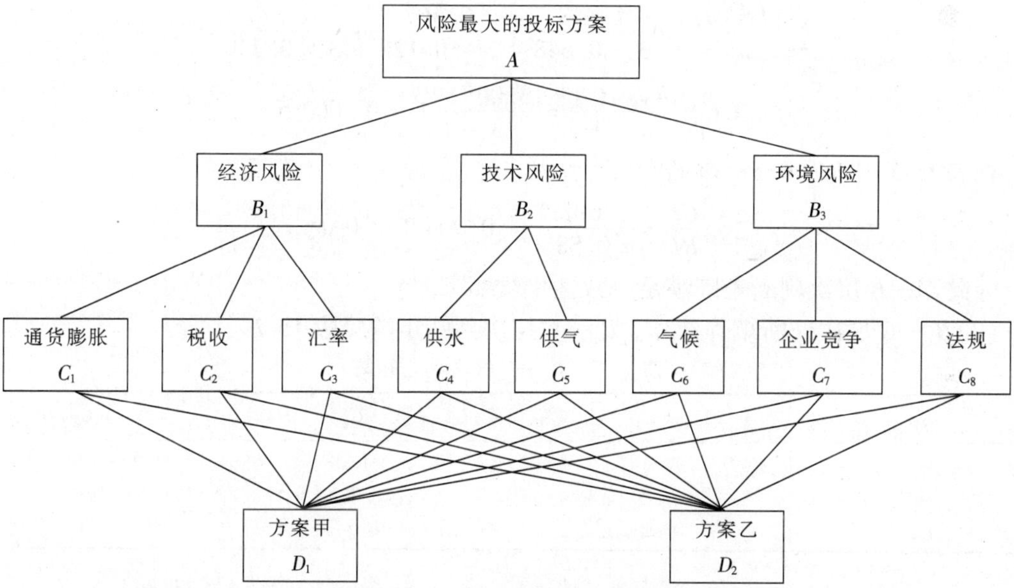

图 15-5　层次分析结构图

在调查分析研究的基础上，采用对不同因素两两比较的方法，构造不同层次的判断矩阵，并分别计算它们的最大特征根、与此相对应的特征向量、各层次的单排序及进行判断矩阵的一致性检验。

设 $X—Y$ 为 X 层下属 Y 层的多个因素的判断矩阵。下面首先分析计算各判断矩阵。

（1）$A—B$ 层次判断矩阵计算。$A—B$ 层次判断矩阵见表 15-6。

B 层次判断矩阵的相关参数计算如下：

①求判断矩阵每行所有元素的几何平均值。

$$\bar{w}_1 = \sqrt[3]{1 \times 5 \times 3} = 2.466, \bar{w}_2 = 0.464, \bar{w}_3 = 0.874$$

②将 $\bar{w}_1$ 归一化，并计算 w_1。

$$w_1 = \frac{\bar{w}_1}{\sum \bar{w}_i} = \frac{2.466}{2.466 + 0.464 + 0.874} = 0.648$$

$$w_2 = 0.122$$

$$w_3 = 0.230$$

表 15-6　$A—B$ 层次判断矩阵

A	B_1	B_2	B_3
B_1	1	5	3
B_2	1/5	1	1/2
B_3	1/3	2	1

③计算判断矩阵的最大特征值 $\lambda_{\max}$，记 $A—B$ 层次判断矩阵为 A，则有

$$Aw = \begin{bmatrix} 1 & 5 & 3 \\ 1/5 & 1 & 1/2 \\ 1/3 & 2 & 1 \end{bmatrix} \begin{bmatrix} 0.648 \\ 0.122 \\ 0.230 \end{bmatrix} = \begin{bmatrix} 1.948 \\ 0.367 \\ 0.690 \end{bmatrix}$$

$$\lambda_{\max} = \sum_{j=i}^{n} \frac{(Aw)_i}{nw_i} = \frac{1.948}{3 \times 0.648} + \frac{0.367}{3 \times 0.122} + \frac{0.690}{3 \times 0.230} = 3.005$$

$$CI = \frac{\lambda_{\max} - n}{n - 1} = \frac{3.005 - 3}{3 - 1} = 0.002\ 5$$

查表 15-5 得 $RI = 0.58$，因而有

$$\frac{CI}{RI} = \frac{0.002\ 5}{0.58} = 0.004\ 3 < 0.1$$

因此，$A—B$ 层次判断矩阵满足一致性检验要求。

(2) $B_1—C$ 层次判断矩阵计算。$B_1—C$ 层次判断矩阵见表 15-7。

表 15-7　$B_1—C$ 层次判断矩阵

B_1	C_1	C_2	C_3
C_1	1	1/3	1/4
C_2	3	1	1/2
C_3	4	2	1

与 $B_1—C$ 层次判断矩阵相对应的参数计算结果为

$$w_1 = 0.122, w_2 = 0.320, w_3 = 0.588$$

$$\lambda_{\max} = 3.018, CI = 0.009, RI = 0.58, CI/RI = 0.015 < 0.1$$

(3) $B_2—C$ 层次判断矩阵。$B_2—C$ 层次判断矩阵见表 15-8。

表 15-8　$B_2—C$ 层次判断矩阵

B_2	C_4	C_5
C_4	1	2
C_5	1/2	1

与 $B_2—C$ 层次判断矩阵相对应的参数计算结果为

$$w_1 = 0.667, w_2 = 0.333$$

此为二阶判断矩阵，易知它满足一致性检验。

(4) $B_3—C$ 层次判断矩阵。$B_3—C$ 层次判断矩阵见表 15-9。

表 15-9　B_3—C 层次判断矩阵

B_3	C_6	C_7	C_8
C_6	1	1/2	1/3
C_7	2	1	1/2
C_8	3	2	1

与 B_3—C 层次判断矩阵相对应的参数计算结果为

$$w_1 = 0.163, w_2 = 0.297, w_3 = 0.540$$

$$\lambda_{\max} = 3.010, CI = 0.005, RI = 0.58, CI/RI = 0.0086 < 0.1$$

(5) C_1—D、C_2—D、C_3—D、C_4—D、C_5—D、C_6—D、C_7—D 和 C_8—D 层次判断矩阵。各判断矩阵具体如下：

C_1	D_1	D_2
D_1	1	1/8
D_2	8	1

$w_1 = 0.111, w_2 = 0.889$

C_2	D_1	D_2
D_1	1	1
D_2	1	1

$w_1 = 0.500, w_2 = 0.500$

C_3	D_1	D_2
D_1	1	1
D_2	1	1

$w_1 = 0.500, w_2 = 0.500$

C_4	D_1	D_2
D_1	1	1/5
D_2	5	1

$w_1 = 0.167, w_2 = 0.833$

C_5	D_1	D_2
D_1	1	8
D_2	1/8	1

$w_1 = 0.889, w_2 = 0.111$

C_6	D_1	D_2
D_1	1	1
D_2	1	1

$w_1 = 0.500, w_2 = 0.500$

C_7	D_1	D_2
D_1	1	1/8
D_2	8	1

$w_1 = 0.111, w_2 = 0.889$

C_8	D_1	D_2
D_1	1	1/5
D_2	5	1

$w_1 = 0.167, w_2 = 0.833$

(6) C 层次的排序。结果见表 15-10。

表 15-10　排序结果

层次 C	B_1	B_2	B_3	w
	0.648	0.122	0.230	
C_1	0.122	0	0	0.079
C_2	0.320	0	0	0.207
C_3	0.558	0	0	0.362
C_4	0	0.667	0	0.081
C_5	0	0.333	0	0.041
C_6	0	0	0.163	0.037
C_7	0	0	0.297	0.068
C_8	0	0	0.540	0.124

C 层次排序一致性检验：

$$CI = \sum_{j=1}^{n} B_j CI_j = 0.648 \times 0.009 + 0.122 \times 0 + 0.230 \times 0.005 = 0.007$$

$$RI = \sum_{j=1}^{n} B_j CR_j = 0.648 \times 0.58 + 0.122 \times 0 + 0.230 \times 0.58 = 0.509$$

$$\frac{CI}{RI} = \frac{0.007}{0.509} = 0.014 < 0.1$$

显然，其满足一致性检验要求。

(7) D 层次的排序。结果见表 15-11。

表 15-11　D 层次的排序

层次 D	C_1	C_2	C_3	C_4	C_5	C_6	C_7	C_8	w
	0.079	0.207	0.362	0.081	0.041	0.037	0.068	0.124	
D_1	0.111	0.5	0.5	0.167	0.889	0.5	0.111	0.167	0.390
D_2	0.889	0.5	0.5	0.833	0.111	0.5	0.889	0.833	0.609

判断矩阵 $C_1—D$、$C_2—D$、$C_3—D$、$C_4—D$、$C_5—D$、$C_6—D$、$C_7—D$ 和 $C_8—D$ 的 CI 均为 0，易知它们的总排序满足一致性检验要求。

层次 D 的总排序表明，方案 D_2 所对应的 w 大于方案 D_1 所对应的 w，即方案乙的投标风险较大。

四、建设工程项目模糊综合评价法

(一) 模糊与项目风险评价

在建设工程项目风险评价中，有些现象或活动界限是清晰的，而有些则是模糊的。前者可以用普通集合来表示，而后者则只能用模糊集合来描述。这里侧重介绍模糊数学在建设工程项目风险评价中的应用。

模糊数学是美国加利福尼亚大学的查德教授于 1965 年提出来的。40 多年来，模糊数学得到了迅速发展，已被广泛应用于自然科学、社会科学和管理科学的各个领域，其有效性已得到了充分的验证。事实上，在风险评估实践中，有许多事件的风险程度是不可能精确描述的，如风险水平高、技术先进、资源充分等，“高”、“先进”、“充分”等均属于边界不清晰的概念，即模糊概念。诸如此类的概念或事件，既难以有物质上的确切含义，也难以用数字准确地表述出来，这类事件就属于模糊事件。对于这些模糊事件的综合评价，可以根据模糊数学原理来进行。

(二) 模糊综合评价

模糊综合评价法是模糊数学在实际工作中的一种应用方式。其中，评价就是指按照指定的评价条件对评价对象的优劣进行评比、判断，综合是指评价条件包含多个因素。综合评价就是对受到多个因素影响的评价对象作出全面的评价。采用模糊综合评价法进行风险评价的基本思路是：综合考虑所有风险因素的影响程度，并设置权重区别各因素的重要性，通过构建数学模型，推算出风险的各种可能性程度，其中可能性程度值高者为风险水平的最终确定值。其具体步骤如下。

(1)选定评价因素,构成评价因素集。

(2)根据评价的目标要求,划分等级,建立备择集。

(3)对各风险要素进行独立评价,建立判断矩阵。

(4)根据各风险要素影响程度,确定其相应的权重。

(5)运用模糊数学运算方法,确定综合评价结果。

(6)根据计算分析结果,确定建设工程项目风险水平。

下面举例进行系统介绍。

【例 15-5】 某市兴建了一服装厂,在研究产品发展方向方面有两个可供选择的方案:方案一是生产西服,方案二是生产牛仔服。其销售前景有四种情况:很好、好、不太好、不好,相应的年度收益情况如表 15-12 所示。该厂应选择哪种生产方案?

表 15-12　年度收益情况

备选方案	销售前景			
	很好	好	不太好	不好
生产西服	800	700	200	-200
生产牛仔服	1 000	800	300	-300

解:(1)建立因素集。因素集是影响评价对象的各种因素所组成的一个普通集合。表 15-12项目各备选方案收益为

$$U = \{U_1, U_2, \cdots, U_n\}$$

式中　U——因素集;

$U_i(i=1,2,\cdots,n)$——各影响因素。

上述这些因素一般具有不同程度的模糊性。在本例中,可以考虑从舒适性、耐磨性和美观性三个方面对这两种服装进行评价,从而构成了项目风险评价因素集,即

$$U = \{舒适性,耐磨性,美观性\}$$

(2)建立备择集。备择集是专家利用自己的经验和知识对项目因素对象可能作出的各种总的评判结果所组成的集合,一般用大写字母 V 表示,即

$$V = \{V_1, V_2, \cdots, V_n\}$$

式中　$V_i(i=1,2,\cdots,n)$——各种可能的总评价结果。

模糊综合评价的最终结果就是要在综合考虑所有影响因素的基础上,从备择集中得出一相应的评价结果。在本例中,专家对每个单因素的评价可分为很好、好、不太好、不好,即 y:{很好,好,不太好,不好}。

(3)建立模糊关系矩阵。即建立从 U 到 y 的模糊关系 R,对单因素进行评价。

采取专家评审打分的方法建立模糊关系矩阵 R。由若干名专家对各因素进行评价:

$$r_{ij} = \frac{对 V 中某一元素,专家划分为某一档次的人数}{评审专家人数}$$

得模糊关系矩阵 R:

$$R = \begin{bmatrix} r_{11} & r_{12} & \cdots & r_{1n} \\ r_{21} & r_{22} & \cdots & r_{2n} \\ \vdots & \vdots & & \vdots \\ r_{m1} & r_{m2} & \cdots & r_{mn} \end{bmatrix}$$

就牛仔服的舒适性而言,假设有30%的顾客认为很好,60%的顾客认为好,10%的顾客认为不太好,没有顾客认为不好。于是,对单因素“舒适性”的评价为(0.3,0.6,0.1,0)。同样,对“耐磨性”、“美观性”的评价分别为(0.3,0.6,0.1,0)、(0.4,0.3,0.2,0.1),则评判矩阵为

$$R_2 = \begin{bmatrix} 0.3 & 0.3 & 0.4 \\ 0.6 & 0.6 & 0.3 \\ 0.1 & 0.1 & 0.2 \\ 0 & 0 & 0.1 \end{bmatrix}$$

同理,可得到西服的评判矩阵为

$$R_1 = \begin{bmatrix} 0.1 & 0.1 & 0.2 \\ 0.2 & 0.3 & 0.2 \\ 0.6 & 0.5 & 0.3 \\ 0.1 & 0.1 & 0.3 \end{bmatrix}$$

(4)建立权重集。权重集反映了因素集中各因素不同的重要程度,一般通过对各个因素 $U_i(i=1,2,\cdots,m)$ 赋予一相应的权数 $a_i(i=1,2,\cdots,m)$,这些权数所组成的集合

$$A = \{a_1, a_2, \cdots, a_m\}$$

称为因素权重集,简称权重集。

权重的确定,在项目风险综合评价中是一项非常重要的工作,同样的因素,如果取不同的权重,那么最终的评判结果将会不一样。在本例中,由于顾客背景(如职业、性别、年龄、经济状况等)不同,他们对服装的“舒适性”、“耐磨性”和“美观性”的重视程度也不一样,因此应对这三个因素赋予不同的权重。权重的确定,一般由人们根据实际问题的需要主观地确定,也可按照确定隶属度的方法加以确定。设顾客对“舒适性”、“耐磨性”和“美观性”赋予的权重分别为0.3、0.3、0.4,即 $A=(0.3\quad 0.3\quad 0.4)^{\mathrm{T}}$。

(5)模糊综合评判。根据层次分析法,则综合评价可表示为

$$B = WR$$

权重集 W 可视为一行 m 列的模糊矩阵,上式按模糊矩阵乘法进行运算,即有

$$B = (w_1, w_2, \cdots, w_m) \times \begin{bmatrix} r_{11} & r_{12} & \cdots & r_{1m} \\ r_{21} & r_{22} & \cdots & r_{2m} \\ \vdots & \vdots & & \vdots \\ r_{n1} & r_{n2} & \cdots & r_{nm} \end{bmatrix} = (b_1, b_2, \cdots, b_n)$$

式中 B——模糊综合评价集;

$b_j(j=1,2,\cdots,n)$——模糊综合评判指标。

对 B 进行归一化处理,有

$$\bar{b}_i = \frac{b_i}{\sum_{i=1}^{n} b_i}$$

$$B = (\bar{b}_1, \bar{b}_1 \cdots, \bar{b}_n)$$

因此对西服有

$$B = AR_1 = \begin{bmatrix} 0.1 & 0.1 & 0.2 \\ 0.2 & 0.3 & 0.2 \\ 0.6 & 0.5 & 0.3 \\ 0.1 & 0.1 & 0.3 \end{bmatrix} \begin{bmatrix} 0.3 \\ 0.3 \\ 0.4 \end{bmatrix} = \begin{bmatrix} 0.2 \\ 0.3 \\ 0.3 \\ 0.3 \end{bmatrix}$$

归一化处理得

$$B_1 = (0.19 \quad 0.27 \quad 0.27 \quad 0.27)^{\mathrm{T}}$$

同理对牛仔服有

$$B = AR_1 = \begin{bmatrix} 0.3 & 0.3 & 0.4 \\ 0.6 & 0.6 & 0.3 \\ 0.1 & 0.1 & 0.2 \\ 0 & 0 & 0.1 \end{bmatrix} \begin{bmatrix} 0.3 \\ 0.3 \\ 0.4 \end{bmatrix} = \begin{bmatrix} 0.4 \\ 0.3 \\ 0.2 \\ 0.1 \end{bmatrix}$$

$$B_2 = (0.4 \quad 0.3 \quad 0.2 \quad 0.1)^{\mathrm{T}}$$

计算结果表明,西服隶属“很好”、“好”、“不太好”、“不好”的程度分别为19%、27%、27%、27%;牛仔服隶属“很好”、“好”、“不太好”、“不好”的程度分别为40%、30%、20%、10%。

(6)综合决策。以评价对象综合评价结果作为方案的状态概率,计算各方案的期望收益值并据此决策。

$$E_1 = 19\% \times 800 + 27\% \times 700 + 27\% \times 200 + 27\% \times (-200) = 341(\text{万元})$$

$$E_2 = 40\% \times 1\,000 + 30\% \times 800 + 20\% \times 300 + 10\% \times (-300) = 670(\text{万元})$$

由于 $E_1 < E_2$,因此应选择方案二,即生产牛仔服。

五、建设工程项目计划评审技术(PERT)

计划评审技术是相对于关键路线法而言的,即为了解决建设工程项目的工期问题。实际上,对建设工程项目管理而言,计划评审技术可以应用到费用管理、采购管理等方面。它和关键路线法的本质区别是:关键路线法假设建设工程项目完成的时间是确定的,不存在其他可能,它侧重于活动;计划评审技术是可以估计整个建设工程项目在某个时间内完成的可能性,它侧重于事件。

关键路线法(CPM)适用于有经验的建设工程项目,其作业时间是肯定的单一时间;而计划评审法(PERT)适用于从未经历过的科研、新产品开发等建设工程项目,作业时间是不肯定的,故又称为非肯定型网络计划法。计划评审法与关键路线法在网络的编制和时间参数的计算方法上基本相似,由于每一工序作业时间是估计的三个不同时间值,需要利用统计规律求出一个平均值,使一个非肯定型网络转化为一个肯定型网络。

例如某工程的局部网络图如图15-6所示。试求完工概率等于95.5%时的工程总工期;若工程总工期为18天,计算其完工概率。

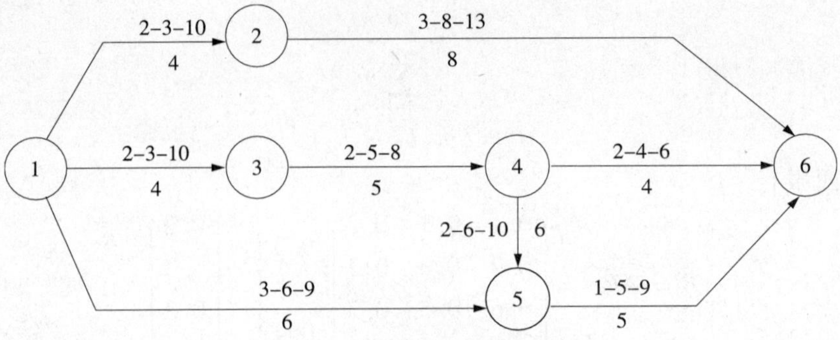

图 15-6　某工程局部网络图

解:步骤一:计算各工序的平均完工时间。

$TE(1,2)=4$　　$TE(3,4)=5$

$TE(1,3)=4$　　$TE(4,6)=4$

$TE(1,5)=6$　　$TE(4,5)=6$

$TE(2,6)=8$　　$TE(5,6)=5$

步骤二:确定关键路线,路长最长的关键路线为①—③—④—⑤—⑥。

步骤三:计算关键路线上各工序的方差和工程完工时间的均值、方差。计算结果见表 15-13。

表 15-13　计算结果

活动名称	节点编号		三种时间估计			$\bar{T}_E=\frac{a+4m+b}{6}$	关键工序的 *TE*	σ^2
	i	*j*	*a*	*m*	*n*			
A	1	2	2	3	10	4		
B	1	3	2	3	10	4	4	$\frac{64}{36}$
C	1	5	3	6	9	6		
D	2	6	3	8	13	8		
E	3	4	2	5	8	5	5	1
F	4	5	2	6	10	6	6	$\frac{64}{36}$
G	4	6	2	4	6	4		
H	5	6	1	5	9	5	5	$\frac{64}{36}$
							20	

由表 15-13 可以计算出,关键工序上的总方差为 6.33,标准差为 2.52。

步骤四:计算完工时间及完工概率。

首先,计算 $P=95.5\%$ 的总工期 T,当 $P=95.5\%$ 时,查正态分布表得 $z=1.7$,工期 $T=1.7\times2.52+20=24$(天)。

其次,计算按 $T_0=18$ 天完工的概率 P,查正态分布表得到 $P=21.2\%$,说明按 18 天施工的风险是很大的。

该技术同样可以应用在项目管理中其他方面的风险量化,例如,对某项目的费用估算,也可以用类似的三点法进行估计并计算出在某个费用限度内完工的可能性。

六、建设工程项目模拟技术——蒙特卡罗法

蒙特卡罗法，又称统计试验法或随机模拟法。该法是一种通过对随机变量的统计试验，随机模拟求解数学、物理、工程技术问题近似解的数学方法，其特点是用数学方法在计算机上模拟实际概率过程，然后加以统计处理。此法最初由 Von Neumanm 和 Ulam 用来模拟核反应堆中子的行为活动而首创的。

通常作分析时，人们最关心的问题是系统的动态性。但目前各种定量计算所运用的数学模型很少能反映随时间变化的复杂过程，尤其当变量本身牵涉不确定性的问题时，使所考虑的问题更复杂，构造数学模型也更加困难。蒙特卡罗法可以随机模拟各种变量间的动态关系，解决某些具有不确定性的复杂问题，被公认为是一种经济而有效的方法。

（一）蒙特卡罗法的基本原理

假定函数 $Y=f(X_1,X_2,\cdots,X_n)$，其中变量 $X_1,X_2,\cdots,X_n$ 的概率分布已知。但在实际问题中，$f(X_1,X_2,\cdots,X_n)$ 往往是未知的，或者是一非常复杂的函数关系式，一般难以用解析法求解有关 Y 的概率分布及其数学特征。蒙特卡罗法利用一个随机数发生器通过直接或间接抽样取出每一组随机变量（$X_1,X_2,\cdots,X_n$）的值（$X_{1i},X_{2i},\cdots,X_{ni}$），然后按 Y 对于 X_1，$X_2,\cdots,X_n$ 的关系式确定函数 Y 的值 Y_i：

$$Y_i=f(X_{1i},X_{2i},\cdots,X_{ni})\quad(i=1,2,\cdots,n)$$

反复独立抽样（模拟）多次，便可得到函数 Y 的一批抽样数据 $Y_1,Y_2,\cdots,Y_n$，当模拟次数足够多时，便可给出与实际情况相近的函数 Y 的概率分布及其数字特征。

（二）蒙特卡罗法的模拟步骤

蒙特卡罗法的模拟步骤如下：

（1）确定输入变量及其概率分布（对于未来事件，通常用主观概率估计）；

（2）通过模拟试验，独立地随机抽取各输入变量的值，并使所抽取的随机数值符合既定的概率分布；

（3）建立数学模型，按照研究目的编制程序计算各输出变量；

（4）确定试验（模拟）次数以满足预定的精度要求，以逐渐积累的较大样本来模拟输出函数的概率分布。

通过上述计算过程，虽然产生的是数值样本，却可以与其他的统计样本一样，进行统计处理。一般情况下，Y 的分布形式受最初起控制作用的基本变量的概率分布形式控制。

蒙特卡罗法借助人对未来事件的主观概率估计及计算机随机模拟，解决难以用数学分析方法求解的动态系统复杂问题，具有极大的优越性，已成为当今风险分析的主要工具之一。

例如某项目工作包有如下 A、B、C 三个活动（活动时间以周为单位）。每个活动的时间、发生的概率及随机数如表 15-14 所示。试评价该网络的进度风险。

评价步骤如下。

（1）确定每个活动的工期及相应概率。

（2）根据概率分布情况对可能的随机数编号。

（3）随机抽取若干组编号（每组的次数是活动的个数）。

表 15-14 某工作包每个活动的时间、发生的概率及随机数

活动	时间估计	概率	代表活动时间取值随机数
A	4	0.5	0 1 2 3 4
	6	0.5	5 6 7 8 9
B	3	0.4	0 1 2 3
	5	0.6	4 5 6 7 8 9
C	8	0.5	0 1 2 3 4
	10	0.5	5 6 7 8 9

(4)确定关键路线。

(5)确定总工期。

(6)重复第(3)~(5)步若干次。

假定抽 5 组的结果如表 15-15 所示。

表 15-15 模拟结果

抽取组号	随机数	A 活动	B 活动	C 活动	关键路线	总工期
1	5 3 4	6	3	8	AB	9
2	1 2 5	4	3	10	C	10
3	5 7 5	6	5	10	AB	11
4	6 9 7	6	5	10	AB	11
5	5 6 3	6	5	8	AB	11

注:表中数字带下画线的为关键路线。

(7)确定项目总工期的概率。

由表 15-15 可得,该工作包的工期在 9、10、11 周内的累计概率见表 15-16。

表 15-16 工期累计概率

总工期	出现次数	概率估计	累计概率
9	1	0.2	0.2
10	1	0.2	0.4
11	3	0.6	1

从表 15-16 可知,该工作包在 10 周内完成的概率为 40%,而在 11 周内完成的可能性则大大增加。

值得注意的是,这里所举的例子仅仅是模拟发生的数据的一部分,在实际中要根据项目的具体情况进行模拟,但模拟的次数要达到规定的最少次数。

七、建设工程项目其他评价方法

(一)故障树分析法

故障树分析法(FTA,Fault Tree Analysis)是 1961 年到 1962 年期间,美国贝尔(BELL)电话实验室的 Watson 和 Mearns 等在分析与预测民兵式导弹发射控制系统安全性时首先提出并采用的故障分析法。此后,有很多部门和人都对该方法产生了兴趣,并开展了卓有成效的

研究和应用。波音飞机公司的 Hassl、Schroder 和 Jackson 等研制出了 FTA 计算程序,从而使 FTA 进入了以波音公司为中心的宇航领域。1974 年美国核研究委员会发表了麻省理工学院(MIT)以 Resmusen 教授为首的安全小组在采用了事件树分析和 FTA 方法对核电站安全性进行研究的基础上所写的"商用轻水堆核电站事件危险性评价"报告,肯定了核电站的运行安全性,并得出核能是一种非常安全的能源的结论。该报告引起了很大的反响,并很快使故障树分析法从宇航、核能推广到了电子、化工和机械等工业部门,以及社会问题、经济管理和军事行动决策等领域。目前,国际上已公认故障树分析法是可靠性分析和故障诊断的一种简单、有效的方法。

FTA 是一种演绎的逻辑分析方法,它在风险分析中的应用主要是遵循从结果找原因的原则,将建设工程项目风险形成的原因由总体到部分按树枝形状逐级细化,分析建设工程项目风险及其产生原因之间的因果关系,即在前期预测和识别各种潜在风险因素的基础上,运用逻辑推理的方法,沿着风险产生的路径,求出风险发生的概率,并能提供各种控制风险因素的方案。这方面的研究,我国是从 1976 年开始进行的,并把它应用到了许多建设工程项目中,取得了不少成果。

FTA 是一种具有广阔应用范围和发展前途的风险分析方法,尤其对较复杂系统的风险分析和评价非常有效。它具有应用广泛、逻辑性强、形象化等特点,其分析结果具有系统性、准确性和预测性。同时,它有固定的分析流程,可以用计算机来辅助建树和分析,大大提高了风险管理的效率。

(二)外推法

外推法(Extrapolation)是进行建设工程项目风险评估和分析的一种十分有效的方法,可分为前推、后推和旁推三种类型。前推就是根据历史的经验和数据推断出未来事件发生的概率及其后果。如果历史数据具有明显的周期性,就可据此直接对风险作出周期性的评估和分析;如果从历史记录中看不出明显的周期性,就可用一曲线或分布函数来拟合这些数据再进行外推;此外还得注意历史数据的不完整性和主观性。后推是在手头没有历史数据可供使用时所采用的一种方法,由于建设工程项目的一次性和不可重复性,所以在建设工程项目风险评估和分析时常用后推法。后推是把未知的、想象的事件及后果与一已知事件及其后果联系起来,把未来风险事件归结到有数据可查的,造成这一风险事件的初始事件上,从而对风险作出评估和分析。旁推就是利用类似建设工程项目的数据进行外推,用某一建设工程项目的历史记录对新的类似建设工程项目可能遇到的风险进行评估和分析,当然这还得充分考虑新环境的各种变化。这三种外推法在建设工程项目风险评价中都得到了广泛的应用。

第十六章　建设工程项目风险的防范与对策

第一节　建设工程项目风险防范的可能性

风险是客观存在的,但并非不可防范。防范的手段有多种,有积极防范,也有消极防范,但防范并非对待风险的唯一办法。许多时候,风险防不胜防,仅靠防范是不能获得最大安全的,因此产生了其他办法,例如风险转移、风险自留或自我保险等。

实践中许多人对风险望而却步,采取回避态度。可是,回避了风险,自然就失去了获利的机会,因为风险与利润并存。

对风险采取分离或分散也是一种行之有效的办法。分离风险也就是分隔风险源,从而将风险局限在一定的范围内,使之不致扩散;分散风险则是通过增加风险的承受体,以减少风险所可能造成的破坏作用。

风险是指在给定情况下存在的可能结果间的差异。风险包括客观存在与主观判断两项因素。客观存在与主观判断之间的差异大小决定风险的大小。差异大,风险就大;差异小,风险即小;没有差异,也就没有风险。客观存在并不可怕,关键是人们是否已经意识到。如果已经意识到客观存在的具体情况,就会采取对应策略,从而适应或改变它。风险的定义决定了风险管理的可能性,也就是说,人们可以通过主观努力,尽可能适应客观变化,缩小可能结果间的差异,从而使风险最小化。所谓风险对策,即是为达此目的而采取的对应策略。

风险是基于客观存在的分布,而防范则是基于主观的判断。如果主、客观一致,即可判定预测风险,从而可以有效地防范。既然风险是在给定情况下存在的可能结果间的差异,那么人们就有可能凭经验推断出其发生的规律和概率。虽然这些规律和概率并非一成不变,但通过一定时期的观察,可判断出其大致规律,从而可以有意识地采取一些预防手段来防范。

风险具有以下特征,这些特征决定了风险的可防范性,风险损失也是可以控制的。

一、风险具有特定的根源

风险并不是秘不可测的,它有其特定的根源,有发生的迹象、特定的征候和一定的表现形式。例如战争风险,在开战前常常潜伏着多种爆发战争的因素;经济风险可以通过各种经济现象反映出来;即便是社会风险也有其特定的背景和征候。这些根源、迹象、征候和形式常常是可见的或可推测的。人们通过细心观察、深入分析研究、科学的推测,寻根溯源,一般可以预测风险发生的可能性、发生的概率及其严重程度。

二、风险具有普遍特征

由于风险无时不有、无处不在,且时有重复,人类社会对其并不陌生。人们在进行任何举措之前,本能地做好了应付不测的准备。健康的人会想到某一天可能生病,会常备一些药物,会购买医疗保险;工厂老板不会相信其机器会永恒运转,会给其设备和机器购买备用配件;经商者不会认为自己永远过关斩将,不会忽视准备应急措施;战场指挥官不会只想进攻,永远冲锋陷阵而不想到退却之策。总之,任何正常人都会有风险意识,都会本能地积极或消极地采取各种预防措施。这种本能乃是基于对风险的普遍特征的起码认识。

三、风险概率具有互斥特征

一个事件的演变具有多种可能,而这些可能性具有互斥性。例如投资一个建设工程项目至少有两种可能的结果:盈利或亏本。盈利的可能性加大,亏本的可能性就减小,两种可能性不会同时加大或同时减小。同一事件对于不同的人所产生的机会也是截然不同的。例如建筑材料涨价,工程的成本无疑要加大,建筑材料商则可获得好处,而建造者则只能增加投资。又如派生金融交易,卖方赚了,买方必然亏损。但卖方不会永远只赚不亏,而买方也不会只亏不赚。经营面扩大,成交次数增多,就可能盈亏抵冲,或亏中有盈,或盈中有亏。根据这一规律,人们将两种互斥可能有机结合即可避免风险。例如投资多样化,有盈有亏,即可相互抵冲。材料商投资建筑业,工程亏本,但材料却赚钱。做派生金融交易同样如此,买卖兼顾,即可避免单一经营可能面临的风险。

四、风险损失可通过概率测算

一项承包工程可能有多种风险,但各种风险发生的概率并不都一样。通过概率计算即可预测风险可能造成的损失程度。例如某承包商对一项工程的报价为 100 万美元,假定其他因素不变,某一特定风险如自然灾害可能会导致承包该工程亏损 5%,即亏损 5 万美元,但这种自然灾害的发生概率只有 10%,因此承包该工程因自然灾害可能蒙受的损失将是 100 万美元 ×0.05 ×0.10 =0.5 万美元。采用概率测算,可以基本做到心中有数、应变有方,使自己处于主动。

五、风险具有可转移性

不同的人对同样的风险可产生不同的反应。因为不同的人对风险所具有的承受力不一样。等米下锅的穷人丢失 10 元钱即有遭受饥饿的危险,而腰缠万贯的富人即使损失 100 元也会觉得无足轻重。没有补偿能力的人经不住任何损失,而专门从事保险业务的保险公司则因其拥有大量的投保人,某一项损失赔偿对其微不足道,且完全可以从收取的巨额保费中获得补偿。因此,无承受能力的人可以用极小的代价购买保险,从而将风险转移给保险公司以换取自身的安全。承包工程同样如此。一项工程包括多项子工程,总包商可以承担总包风险,而将其中的一些自己不具优势的子项工程转包给专业承包商,从而将该子项工程中潜伏的风险也转移出去。对于该专业承包商来说,这些潜伏的风险则不一定会真正成为风险。

六、风险可以被分隔

风险是由各种因素构成的。若干风险因素集中在一起,风险的因素将会很大。但如果将这些因素分散间隔,尽管每个因素都有可能诱发风险,但其概率将大大降低。例如鸡蛋易碎,如果将 100 个鸡蛋放在一个篮子里,一旦篮子被撞,整篮子鸡蛋可能都将破碎。但如果将 100 个鸡蛋彼此分隔开,放在若干个甚至 100 个篮子里,一旦有某个或某几个篮子被碰撞,其结果只能是一个或几个鸡蛋破碎,而不可能全部鸡蛋都破碎。因为100个篮子全部被撞的可能性极小。这个道理是显而易见的。根据这个道理就不难理解风险可被分隔这一特征。国际承包工程是一种多程序、多方位、内容错综复杂的经营活动。投资人可以只考虑其资金筹措中的各种风险,将工程的设计、实施、管理及运营交给建设单位,而建设单位又可以通过发包工程把工程的实施任务委托给承包商,将技术把关任务委托给监理工程师;承包商又可以通过分包或转包将工程各子项中潜伏的风险分散转移至各分包商。这样一层层分散、转移,即可调动各方面的积极因素,克服消极因素,大家共同承担风险。

七、有些风险具有可利用性

风险有两类:纯风险和投机风险。纯风险只会造成损失或不造成损失,而不能提供获利机会,但投机风险则既可能造成损失,又可能提供获利机会。例如,若发生自然灾害或工伤事故,承包商将蒙受损失;若不发生,则承包商可避免损失,这种风险属于纯风险。但如果投资兴办企业,其两种结果却迥然不同。投资失败会造成重大经济损失,但如果投资成功,则不仅没有损失,而且会获得巨额利润。这种巨额利润是靠利用投资创造利润这一有利机会获得的。因此,投资风险便具有可利用的一面。人们通常把这类可使人获取好处的风险称为投机风险。

第二节　建设工程项目风险的防范手段

风险的防范手段多种多样,但归纳起来不外乎以下两种最基本的手段:

(1)采取风险控制措施来降低企业的预期损失或使这种损失更具有可测性,从而改变风险。这种手段包括风险回避、损失控制、风险分隔及风险转移等。

(2)采取财务措施处理已经发生的损失,包括购买保险、风险自留和自我保险等。

一、因势利导,化险为夷

这种办法是基于风险的可变特征,顺应规律,正确引导,以取得理想效果。世间的事物千变万化,任何事物的变化都离不开内因和外因及两者的结合。内因不变而外因发生变化会导致一种结果;外因不变,内因发生变化,又可能导致另一种结果;内外因在不同场合下的变化所产生的结果自然又各不相同。改变风险本身即是根据这一哲理采取相应手段,以求取有利于自己的结果。

对不同的风险可以有不同的对策,阻止风险的发生、遏制风险的恶化、拒绝承担风险、避离风险、放弃可能招致风险的意图等均有可能达到改变风险本身、减少损失的目的,而对风险发生的概率进行分析,对其发展趋势进行观察又可达到预测损失的效果。

(一)风险回避

风险回避主要是中断风险源,使其不致发生或遏制其发展。这种手段主要包括以下几种。

1. 拒绝承担风险

采取这种手段有时可能不得不做出一些必要的牺牲,但较之承担风险,这些牺牲比风险真正发生时可能造成的损失要小得多,甚至微不足道。例如投资因选址不慎而在河谷建造的工厂，而保险公司又不愿为其承担保险责任。当投资人意识到在河谷建厂将必不可避免地要受到洪水威胁，且又别无防范措施时，他只好放弃该建厂项目。虽然他在建厂准备阶段耗费了不少投资，但与其厂房建成后被洪水冲毁，不如及早改弦易辙，另谋理想的厂址。又如某承包商受建设单位信任而被邀请投标某项具有政治敏感性的工程如军用机场，机场建成后将很可能被建设单位国政府用于对付另一个与承包商的政府有密切关系的国家，由此而加剧未来的局部战争。承包商如拒绝投标，则有可能刺激对其十分信任的建设单位；但如果投标，则很可能被授予该项工程。这种情况下，承包商会进退两难。如果承包商采取投高价标而落选，则可算最佳决策。这样既不得罪建设单位，又可避免被未来的战争所牵连。当然，这样做自然要付出代价，至少其做标报价的损失要由自己承担。如果从政治需要出发，做出一点牺牲还是值得的。这种破财消灾的办法在国际事务中也是常见的。

2. *放弃已经承担的风险，以避免更大的损失*

实践中这种情况经常发生，事实证明，这是紧急自救的最佳办法。作为工程承包商，在投标决策阶段难免会因为某些失误而铸成大错，如果不及时采取措施，就有可能一败涂地。例如某承包商在投标承包一项皇宫建造项目时，误将纯金扶手译成镀金扶手，按镀金扶手报价，仅此一项就相差100多万美元，而承包商又不能以自己所犯的错误为由要求废约，否则要承担违约责任。风险已经注定，只有寻找机会让建设单位自动提出放弃该项目。于是他们通过各种途径，求助于第三者游说，使国王自己主动下令放弃该项工程。这样承包商不仅避免了业已注定的风险，而且利用建设单位主动放弃项目进行索赔，从而获得一笔可观的额外收入。

转包工程也是回避风险的有效手段之一。许多情况下，建设单位并不禁止转包。如果承包商经过分析认定工程已注定难逃亏损厄运，他只有采取转嫁风险的办法。有些建设工程项目对于某些承包商可能风险较大，但对于另一些承包商则并不一定有风险。因为不同的承包商具有不同的优势。例如中国一家承包商以低价标获取非洲某国的一项大型公路项目。该承包商在当地没有基地，所有物资及人员都必须由国内调拨。这种情况下，如果坚持独家实施该项目，势必亏损相当严重。该承包商经过分析比较，决定将工程的大部分转包给另一家在当地已有施工设备和人员的公司，只留下很小的一部分任务自己完成，从而转移了风险，而这一风险对于承接转包任务的承包商则不再是风险了，因为他具有足够的条件承接这项任务。

回避风险虽然是一种风险防范措施，但应该承认这是一种消极的防范手段。因为回避风险固然能避免损失，但同时也失去了获利的机会。处处回避，事事回避，其结果只能是停止生存。如果企业家想生存图发展，又想回避其预测的某种风险，最好的办法是采用除回避以外的其他手段。

（二）损失控制

风险防范的第二种手段是损失控制。损失控制包括两方面的工作：①减少损失发生的机会即损失预防；②降低损失的严重性即遏制损失加剧，设法使损失最小化。

1. *预防损失*

预防损失是指采取各种预防措施以杜绝损失发生的可能。例如房屋建造者通过改变建筑用料以防止用料不当而倒塌；供应商通过扩大供应渠道以避免货物滞销；承包商通过提高质量控制标准以防止因质量不合格而返工或罚款；生产管理人员通过加强安全教育和强化安全措施，减少事故发生的机会等。在商业交易中，交易的各方都把损失预防作为重要事项。建设单位要求承包商出具各种保函就是为了防止承包商不履约或履约不力；而承包商要求在合同条款中赋予其索赔权力也是为了防止建设单位违约或发生种种不测事件。

2. 减少损失

减少损失是指在风险损失已经不可避免地发生的情况下，通过种种措施以遏制损失继续恶化或局限其扩展范围，使其不再蔓延或扩展，也就是说，使损失局部化。例如承包商在建设单位付款误期超过合同规定期限情况下采取停工或撤出队伍并提出索赔要求甚至提起诉讼；建设单位在确信某承包商无力继续实施其委托的工程时立即撤换承包商；施工事故发生后采取紧急救护，安装火灾警报系统；投资商控制内部核算；制定种种资金运筹方案等都是为了达到减少损失的目的。

3. 损失控制

损失控制通常可采用以下办法：

(1)预防危险源的产生；

(2)减少构成危险的数量因素；

(3)防止已经存在的危险的扩散；

(4)降低危险扩散的速度，限制危险空间；

(5)在时间和空间上将危险与保护对象隔离；

(6)借助物质障碍将危险与保护对象隔离；

(7)改变危险的有关基本特征；

(8)增强被保护对象对危险的抵抗力，如增强建筑物的防火和防震性能；

(9)迅速处理环境危险已经造成的损害；

(10)稳定、修复、更新遭受损害的物体。

损失控制应主动，以预防为主，防控结合，应认真研究测定风险的根源。就某一行为或项目而言，应在计划、执行及施救各个阶段进行风险控制分析。损失控制的第一步是识别和分析已经发生或已经引起或将要引起的危险。分析应从两方面着手：

(1)损失分析。通常可建立信息人员网络和编制损失报表。分析损失报表时不能只考虑已造成损失的数据，而应将侥幸事件或几乎失误或险些造成损失的事件和现象都列入报表并认真研究和分析。

(2)危险分析。危险分析包括对已经造成事故或损失的危险和很可能造成损失或险些造成损失的危险的分析。除对与事故直接相关的各方面因素进行必要的调查外，还应调查那些在早期损失中曾给企业造成损失的其他危险重复发生的可能性。此外，还应调查其他同类企业或类似建设工程项目实施过程中曾经有过的危险或损失。

在进行损失和危险分析时不能只考虑看得见的直接成本和间接成本，还要充分考虑隐蔽成本。例如对生产事故进行损失和危险分析时，应起码考虑：

(1)直接成本。如机器损坏，要计算修复或重置费用。

(2)间接成本。如人员伤亡时要计算治疗费、安置费等。

(3)隐蔽成本。除直接成本和间接成本外，还要考虑由事故引起的各种不易察觉的损失，如：①受伤雇员的时间损失成本；②为帮助受伤雇员而停止工作的其他雇员的损失成本；③训练替补人员的时间损失和费用；④配套设备停止工作的成本；⑤受伤人员痊愈后工作效率降低所导致的损失;⑥因事故而导致情绪变化从而降低工效的损失。

这些隐蔽成本远远高出直接成本和间接成本之和,专家们估计通常可达直接成本和间接成本之和的4倍,甚至更多。

(三)分离风险

分离风险是指将各风险单位分离,以避免发生连锁反应或互相牵连。这种处理可以将风险局限在一定的范围内,从而达到减少损失的目的。

风险分离常用于承包工程中的设备采购。为了尽量减少因汇率波动而遭致的汇率风险,承包商可在若干不同的国家采购设备,付款采用多种货币。比如在德国采购支付马克,在日本采购支付日元,在美国采购支付美元等。这样即使汇率发生大幅度波动,也不会全都导致损失风险。以日元、马克支付的采购可能因其升值而导致损失,但以美元支付的采购则可以因其贬值而获得节省开支的机会。在施工过程中,承包商对材料进行分隔存放也是风险分离手段。因为分隔存放无疑分离了风险单位。各个风险单位不会具有同样的风险源,而且各自的风险源也不会互相影响。这样就可以避免材料集中于一处时可能遭受同样的损失。

(四)风险分散

风险分散与风险分离不一样,后者是对风险单位进行分隔、限制,以避免互相波及,从而发生连锁反应;而风险分散则是通过增加风险单位以减轻总体风险的压力,达到共同分摊集体风险的目的。例如企业内部扩张,增设实体以分散风险或企业兼并,从而加大风险承受能力。对于工程承包商,风险分散应成为其经营的主要策略之一。例如多揽项目、广种薄收即可避免单一项目上的过大风险。承包工程付款采用多种货币组合也是基于风险分散的原理。

(五)风险转移(Risk Transfer)

风险转移是风险控制的另一种手段。经营实践中有些风险无法通过上述手段进行有效控制,经营者只好采取转移手段以保护自己。风险转移并非损失转嫁。这种手段也不能被认为是损人利己有损商业道德,因为有许多风险对一些人的确可能造成损失,但转移后并不一定同样给他人造成损失。其原因是各人的优劣势不一样,因而对风险的承受能力也不一样。

风险转移的手段常用于工程承包中的分包和转包、技术转让或财产出租。合同、技术或财产的所有人通过分包或转包工程、转让技术或合同、出租设备或房屋等手段将应由其自身全部承担的风险部分或全部转移至他人,从而减轻自身的风险压力。

二、建设工程项目运用财务对策控制风险

风险控制的另一种基本办法就是用经济手段即财务对策来处理确实会发生的损失。这些对策包括风险的财务转移和风险自留以及自我保险等。

(一)风险的财务转移

所谓风险的财务转移,是指风险转移人寻求用外来资金补偿确实会发生或业已发生的风险。风险的财务转移包括保险的风险财务转移即通过保险进行转移,以及非保险的风险财务转移即通过合同条款达到转移的目的。

保险的风险财务转移的实施手段是购买保险。通过保险,投保人将自己本应承担的归

咎责任(因他人过失而承担的责任)和赔偿责任(因本人过失或不可抗力所造成损失的赔偿责任)转嫁给保险公司,从而使自己免受风险损失。非保险的风险财务转移的实施手段则是除保险以外的其他经济行为。例如,根据工程承包合同,建设单位可将其对公众在建筑物附近受到伤害的部分或全部责任转移至建筑承包商,这种转移属于非保险的风险财务转移;而建筑承包商则可以通过投保第三者责任险又将这一风险转移至保险公司,这种风险转移属于保险的风险财务转移。

非保险的风险财务转移的另一种形式就是通过担保银行或保险公司开具保证书或保函。根据保证书或保函,保证人保证委托人对债权人履行某种明确的义务。保证人必须履行担保义务;否则,债权人可以依据保证书或保函向保证人索要罚金,然后保证人可以向委托人追偿其损失。通常情况下,保证人或担保人签发保证书或保函时,要求委托人提交一笔现金或债券或不动产作抵押,以备自己转嫁损失赔偿。通过这种形式,债权人可将债务人违约的风险转移给保证人。

非保险的风险财务转移还有一种形式——风险中性化。这是一个平衡损失和收益机会的过程。例如承包商担心原材料价格变化而进行套期交易;出口商担心外汇汇率波动而进行期货买卖等。不过采取风险中性化手段没有机会从投机风险中获益。因此,这种手段只是一种防身术,只能保证自己不受风险损失而已。

(二)风险自留

风险自留即是将风险留给自己承担,不予转移。这种手段有时是无意识的,即当初并不曾预测到,不曾有意识地采取种种有效措施,以致最后只好由自己承受。但有时也可以是主动的,即经营者有意识、有计划地将若干风险主动留给自己。这种情况下,风险承受人通常已做好了处理风险的准备。

主动的或有计划的风险自留是否合理明智,取决于风险自留决策的有关环境。不过应指出,风险是否自留是一项困难的抉择。

风险自留在一些情况下是唯一可能的对策。有时企业不能预防损失,回避又不可能,且没有转移的可能性,企业别无选择,只能自留风险。例如,在河谷中建厂的企业发现他已没有其他可能的方法来处理洪水风险,而放弃建厂和损失控制的成本都极其昂贵,而且在这一特定领域投保洪灾险也不可能,投资人骑虎难下,只好采取自留风险的对策。但是如果风险自留并非唯一可能的对策,风险管理人应认真分析研究,制定最佳决策。通常要考虑的因素如下。

(1)费用,应比较分析投保费用与自留风险可能耗去的费用的差距。

(2)期望损失与风险概率。

(3)机会成本。比较保费与损失发生时所开支费用的现值,这里涉及资金的时间价值。

(4)服务质量。保险公司的服务质量与企业自留风险时内部处理损失人员的工作素质之间的差距。

(5)税收考虑。考虑税收情况时应弄清以下几点:①在计算企业纳税时,保险费可以作为经营费用被扣除,然而在财产损失或责任损失自留计划里,企业只能扣除实际损失。由于实际损失可能在时间上分布不规则,所以实行损失扣除与常规的保费扣除相比,其结果可能不太理想。②如果财产损失风险被自留,企业能够扣除财产的合理市场价值减少的那部分,但这种扣除限于应纳税的价值,即扣除通常不得超过财产的账面价值即历史成本减去会计折旧后的差额。③如果未来的额外损失支付是不确定的,每年的扣除额只是当年的实际损失支付额。

决定风险自留必须符合以下条件之一:

(1)自留费用低于保险公司所收取的费用;

(2)企业的期望损失低于保险人的估计;

(3)企业有较多的风险单位(意味着单位风险小,且企业有能力准确地预测其损失);

(4)企业的最大潜在损失或最大期望损失较小;

(5)短期内企业有承受最大潜在损失或最大期望损失的经济能力;

(6)风险管理目标可以承受年度损失的重大差异;

(7)费用和损失支付分布于很长的时间里,因而导致很大的机会成本;

(8)投资机会很好;

(9)内部服务或非保险人服务优良。

如果实际情况与以上条件相反,无疑应放弃自留风险的决策。

(三)自我保险(Self-Insurance)

自我保险是指企业内部建立保险机制或保险机构,通过这种保险机制或由这种保险机构承担企业的各种可能风险。尽管这种办法属于购买保险范畴,但这种保险机制或机构终归隶属于企业内部,即使购买保险的开支有时可能大于自留风险所需开支,但因保险机构与企业的利益一致,各家内部可能有盈有亏,而从总体上依然能取得平衡,好处未落入外人之手。因此,自我保险决策在许多时候也具有相当重要的意义。

第三节　建设工程项目风险利用的可能性

有些风险具有可利用价值,这一点人们想得不多。风险包括两大类型:纯风险和投机风险。投机风险是指该风险有机可投,也就是说有利用的价值。

当然,并非所有的风险都可利用,也不是任何人都能利用风险。利用风险是有前提条件的,必须选择适当的机会,采取适当的方法,因势利导,方可达到利用的目的。

利用风险往往需要付出代价,甚至要冒很大的危险。铤而走险者有时能获得成功,获取巨额利益。但也可能鸡飞蛋打,赔了夫人又折兵,甚至彻底毁灭。因此,利用风险要求谨慎而不保守,果断但不草率,而且一定要客观评估自身的承受能力,预先设想各种可能的结果,并准备好相应的措施。

上文已经说过,风险是指在给定情况下和特定时间内存在的可能结果之间的差异。既然是差异,就存在两种情况:一种是有利的,另一种是不利的。通常情况下,人们对不利的可能结果的差异见得较多,给人们留下的印象也比较深;而有利的差异却相对较少,给人们留下的印象也相对不深刻,故不为人们所重视。事实上,风险有两种:一种是纯风险,这种风险只能造成或不造成损失;而另一种则是投机风险,就是说它既可能造成损失,也可能提供谋利的机会。风险利用就是指利用投机风险,利用其可能提供的谋利机会以获取好处。

风险利用仅针对投机风险而言。投机风险是指可供人们进行投机活动进而谋取利益的风险,即可利用的风险。随着改革开放的深入,人们的观念在不断改变。投机一词已不再为人们所鄙夷。所谓投机,就是利用机遇以谋取好处。从企业经营角度,这没有什么不对。经办企业，谋取利润是其根本目的。当然，我们并不主张为了谋利而不择手段。我们所讲的投机，并不是指不择手段的谋取利益，而是指充分利用机遇以谋取利益。

一、风险中蕴藏着利润

盈利的机遇并不是显而易见，随时都有的；恰恰相反，它常常给人的印象是风险，表面上常给人一种可怕的印象，令人望而生畏。例如一项投资经营，人们虽然能想到其投资收益，但最先给人的印象是这项投资必然面临风险。比如投资失败情况下身败名裂、倾家荡产等。即使在日常生活中也是如此。比如学开汽车，许多人会立即想到开汽车会出车祸，一旦出了车祸就有可能车毁人亡，因此许多人不愿当汽车司机。经营活动中存在着各种风险是必然的。但在许多情况下，风险中蕴藏着利润，或者说风险与利润并存，利润潜伏于风险之中。排除了风险即可取得利润，或者利润存在于风险的迷雾之中，拨开迷雾，方见真正的景象，或者说风险是获利的引桥，只有踏过风险这座引桥，方可到达利润的宝库。

二、利润与风险并存

风险产生于主观判断与客观实践之间的差异。存在这种差异是必然的，如果没有差异，也就没有风险。差异有顺差和逆差，也就是说，存在着对经营者有利的和不利的差异。所谓有利的差异，是指实际发生的风险并没有主观推测的那么严重，甚至出现完全相反的局面，从而对经营者有利。工程投标报价时，承包商通常都考虑一定比例（通常占总价的5%）的不可预见费。实施工程时，因其预先采取种种风险控制措施，实际发生的风险费很可能大大低于这个比例。这样承包商原来作为不可预见的费用很可能有一部分转变成利润。

经营实践中，利润与风险并存。承担一定的风险是取得利润的前提条件，拒绝承担风险就无法取得利润。例如带资承包，有些国家规定对承包工程不支付预付款，承包商要想实施承包工程，必须自备启动资金。毫无疑问，自备启动资金是有风险的。首先，承包商要考虑融资，要借贷，因而要支付借贷利息；其次，这笔借贷利息只能靠承包工程获取的利润偿还，而承包工程的利润如何，完全靠自己争取。多数情况下，只要承包商在投标报价及履约各阶段不出现重大失误，承包工程是有利可图的。如果承包商要赢取利润，首先必须承担带资承包的风险。如果承包商资金实力雄厚，则可以只提供启动资金，而将工程实施任务转包给没有资金实力但有较强的施工和管理能力的另一家公司，则承包商就可通过仅仅承担带资风险就可以获取远远高于单纯投资或存款的利润。

三、风险因素可以改变

风险的发生是多种因素变化的结果。这些因素始终处于内、外因变化而引起的变化之中。不同的阶段，风险因素所起的作用不同。例如投标报价阶段，价格因素是夺标的关键。而签订合同后，建设单位的履约意愿和外界的客观条件就成为合同能否顺利实施的关键。然而，所有这些风险因素并非一成不变。比如投标报价，虽然价格因素至关重要，但根据国际惯例，报价虽然是主要标准，但不是唯一标准。承包商可以通过各种手段，在不压总价或尽量少压价的条件下夺取建设工程项目。在履约期间，许多情况都在不断变化。原来预测会造成损失的子项或工程部分，可能因承包商比较重视或预先已有防范措施而不再成为风险；相反，被认为安全无事的部分却有可能因麻痹大意而造成损失。所谓小河沟里能翻船就是这个道理。既然风险可以改变，承包商和投资商或建设单位都可以尽自己最大努力，对风险因素予以因势利导，或者改变风险性质以达到为其所用的目的。例如某承包商因报价失误而面临承包工程巨额亏损的风险，承包商本想中途废约，但如果主动要求废约，无疑要承担巨额赔偿，于是承包商利用建设单位方面履约不力的弱点，向建设单位提出种种使其难以满足但却看似合理的要求。最后建设单位无奈，只好满足承包商的索赔要求。承包商不仅避免了巨额亏损，而且获得了数目可观的索赔收益。

四、风险可以成为索赔的合法动因

承包工程可能会遇到多种风险，其中有相当一部分可以成为向建设单位或保险公司进行索赔的合法动因。例如政治风险、社会风险和自然风险等。如前所述，这些风险包括由多种因素引起的导致承包商蒙受损失的风险。承包商通过科学的预测和应变策略的灵活运用，可在风险发生前或发生期间采取各种防范或控制措施，尽可能减少自己的实际损失，并利用建设单位或保险公司的工作疏漏及风险发生期间无法对承包商的保护措施进行审核或确认等客观因素，做好各种索赔准备，如在致建设单位和监理工程师的函件及向保险公司提供的证明文件中夸大损失额，或在索赔谈判时抬高要价，从而扩大索赔收益。

五、风险并非永恒不变

风险是有时间性的。在某一时期内，一个市场或一项经济活动可能面临重大风险。而在另一个时期内，这些风险可能不复存在。国别风险的时间性较强，尤其是政治风险。根据这一特征，投资商或承包商通过对形势的准确分析和判断，冒着短时间的风险，进入某一市场建立根基，以图后来的发展。由于这些国家的市场潜力大，一旦其经济秩序走上正轨，承包工程市场需求将会异常迫切，而市场对于承包商的容纳量将庞大无比。正因为如此，西方国家及第三世界的新兴工业国的企业家纷纷进入这些国家，建立基业以图未来的发展。显然，目前在这些国家承揽工程难免蒙受重大风险损失，但从长远考虑，以这些风险损失为代价，可换取未来的可观效益又何尝不是明智之举。20 世纪 80 年代末 90 年代初，我国因西方势力企图孤立制裁，国际援助锐减，外商投资骤停，一些外国企业因目光短浅而纷纷撤离中国；可是就在这时，另有一批企业家却踊跃来华投资，在中国建立基业。时隔不久，中国的形势大大改观，这些来华投资的企业很快就获得可观的效益。所有这些事实无不证明风险不会永恒不变，它具有可利用特征。利用风险可获得可观效益。

六、风险并非千篇一律

虽然风险无处不有，但不同的地方不大可能发生同样的风险。而同一风险在不同的人身上也会产生不同的效应。根据这一规律，经营者可运用自己的智谋，在不同的风险之间寻求平衡点或探讨可利用之机。从事工程承包自然会碰上各种风险，但这些风险不会全都发生在同一国家或同一建设工程项目上。例如有些国家虽然发包工程不支付预付款，但进度付款及时，工程各项支付都有保证，而且工程贷款利息可进入成本，计算利润税时可作利润税扣除。这样，承包商承揽该国工程只须筹措前期启动资金，其余问题均不用担心。承包商可通过银行，尤其是本国银行取得优惠贷款作为启动资金，按工程所在国商业贷款利率计算贷款利息纳入成本。由于通常情况下，商业贷款利率远比优惠贷款高，承包商因而可赚取利率差。

七、冒小风险可换取大利润

许多时候，经营者为了取得较大的利益，冒点风险或做出点牺牲是值得的。因为这些牺牲可以换取更可观的收益。例如一些发达国家向不发达国家无偿赠送成套设备。看起来这种慷慨解囊的援助似乎令人费解，供援者无疑要为此承担相当的损失。然而这种损失却可以换取更大的收益，因为他们所赠送的设备终需配置零配件，接受援助的国家必然要向其购买。利用这种以赠送设备而占领零配件市场的做法不可谓不高明。这种做法自然属于以小损失换取大利润的策略。

第四节　建设工程项目可利用的风险

企业经营者几乎天天都要同各种风险打交道，可以说每天都在“走钢丝”。企业家应认真辨识，选择通向天堂的钢丝。本书列举了企业经营者通常面临的诸多风险，客观地说，这些风险中相当一部分有利用价值，也有利用的可能。

一、政治风险

本书已对常见的政治风险作过介绍。这些政治风险虽然有许多不能为企业经营者所用，但毕竟还是有颇多的风险事件可为人们所利用，只要人们能透过风险的现象，看到其中潜伏的谋利机会。通常情况下可利用的政治风险有以下诸种。

（一）政局不稳

政局不稳的确对经营者构成威胁，但政局不稳并非永恒不变。之所以政局不稳，是因为在一个国家同时存在着多种对抗势力，而对抗的各方不会永远势均力敌。随着内外因不断变化，各派力量也会发生变化，天下大乱终究会达成天下大治。如果在乱势时打下一定的基础，一旦局势平稳，必将有大批建设工程项目付诸实施，这就给企业家提供了可乘之机。

（二）对外关系紧张

有些国家因奉行一些独特的对外政策，招致外来势力的制裁，从而加大了在该国从事经营活动的风险。

（三）内乱与骚扰

内乱与骚扰虽然破坏了正常的秩序，但承包商却可以借机索赔以扩大收益。

（四）政府间协议

政府间协议虽然有时束缚了承包商或投资商的手脚，但多数政府协议能起到保护伞的作用，特别是一些带有援助性质的协议。因为这种协议常常为供援国的企业家开创了优越的投资环境，打下了较好的社会基础，特别是处理经济纠纷时，双方的气氛比较缓和，索赔工作能比较顺利进行。

（五）法制不健全或缺乏惯例意识

在一些第三世界国家，许多事情无法可依或无法可循。这种局面自然会给经营者带来诸多困难和风险，但同时也给他们提供了很多方便，使其可利用这些不完善之处。

二、经济风险

经济风险包括多种，其中不乏可利用之机。

（一）工程所在国外贸实力弱

一个国家外贸业不强，进出口逆差过大，国家外汇入不敷出，毫无疑问要影响该国的对外支付能力。这种情况下，国家要偿还外债只能有两种办法：一种是继续举债，借新债还旧债；另一种办法就是以实物偿付。如果一个国家以实物支付作为偿还债务的主要手段，则债权人将有利可图。第一，在价格上债权人有充分的压价机会，在货品及质量方面，债权人有权坚持自己的标准；第二，债权人可以优先于他人在当地建立原材料加工业，利用当地廉价的劳动力和原材料，从而获取较大的经济实惠；第三，在关税方面，作为抵债的产品自然要享受各种优惠。如果债务人是一受外部环境制约的国家如利比亚、伊朗甚至伊拉克，则债权人将能获取更多的好处，特别是在价格方面。

（二）货币贬值

货币贬值对于债权人来说当然是一项重大风险。但货币贬值也并非无利用之处，特别是以两种货币支付的建设工程项目。

根据国际惯例和联合国制定的《发展中国家工业项目缔约指南》，若合同计价货币为当地货币，应在合同中规定其与流通货币的比值，从而保证合同的外汇值。这种情况下，承包商可在货币支付条件中对外汇比例要求高些。实施合同时，将高出实际需要部分的外汇拨出一部分到自由市场换取当地货币。由于当地货币对流通货币贬值，承包商即可赚取差价。

（三）商品内外差价悬殊

一些国家出于外汇需求，在政府给予补贴的情况下，出口商品的价格远比国内市场价格低廉。承包商在承揽该国工程时即可采用由国外购取该国产品用于工程。例如一些在中国承包工程的外国承包商由香港购进由中国出口的钢材和机电产品即可获得巨额价差。

（四）高破产率

高破产率对于一个国家的经济的确是一大威胁，但对于外来投资者则大有可乘之机。投资商可以凭借自己的实力收购兼并宣告破产的企业以扩充自己的实力。

三、商务风险

商务风险主要反映在金融交易、投资及履约诸方面。这些风险造成损失和带来谋利机会的概率几乎不相上下。承担这种风险在某些情况下近乎赌注。一旦造成损失，亏损可能是致命的，但一旦交易成功，则可能一举而获巨额利润。

（一）房地产投资

房地产投资业成败的关键在房地产的市场形势，其价格并不完全以成本为依据，更多情况下受供需形势所左右。如果供大于求，自然投资人要蒙受重大损失。但若是求大于供，则价格上涨幅度将不是一般商品可比。

（二）借贷投机

借贷投机是以借贷资金为资本购进或卖出自己并不拥有的财产。这种投机是利用货币的升贬值，即贬值时买进，升值时抛出，以获取升贬值差额。利用借贷进行投机主要是投资商行为。但承包商也并非不可为之，因为承包商的经营活动离不开借贷资金。

（三）派生金融交易

派生金融交易是以证券、利率、外汇和商品的买卖选择权与期货市场的交易进行的投资活动。这种投资固然会因为管理不善引出重大的经济风险，但只要管理得当，获利并不太难。因为这类投资不需要太大的本金，只要对金融动态进行密切观察，洞察行情走势，加以严格的管理和适当的监控，是可以度过风险而取得丰厚利润的。

（四）合同条款不严谨

合同条款不严谨常常给合同当事人造成无穷麻烦，双方可能因一些含混不清的条款而争论不休。但争论的结果无非两种：对建设单位有利或对承包商有利。承包商出于考虑施工索赔的需要，有时出于策略，对某些问题不宜过分写明，故意留待以后见机行事。例如在合同报价汇总表中，现场费或总部费通常按百分比计取，但以什么为基础，值得认真考虑：如果承包商坚持以合同总价为基础，则取费百分比将大大降低；但如果承包商提高百分比，暂不提计提基础，则将来索赔时尚有可能要求以总价为计提基础。又如有些责任条款，如果不写得过分清楚，则将来发生相应事故时有机会减轻自己的责任进而为索赔所用。

（五）无惯例意识

有些国家因长期封闭，缺乏国际惯例意识，处理问题固执己见。这种行为当然对承包商甚为不利。但如果承包商能投其所好，则往往有利可图。例如在俄罗斯或独联体国家承包工程，许多问题不能按国际惯例处理。这种情况对承包商并非完全不利。比如俄罗斯人多数重印象、轻契约，一旦取得其信任，则许多问题都比较容易处理。因此，承包商根据具体情况，运用一定的策略，在确保自己利益的前提下投其所好，是可以获得较大益处的。

第五节　建设工程项目如何利用风险

风险利用是一门学问，风险管理人员不仅要有渊博的知识、娴熟的技巧，还要有高度的责任心和灵活机动的应变能力。利用风险不应只限于少数负责人的策略制定，还必须各有关部门、有关人员密切配合。这是一项综合决策，联合行动，既要照顾各具体环节，又要确保整体利益；既要考虑眼前，又要放眼未来。风险利用的实际操作应有步骤、有条理。

一、分析风险利用的可能和价值

制定风险利用决策必须先做可行性研究。首先要解决是否可行和是否有价值即是否有必要这两个问题。在解决是否可行问题时，必须先对风险的各因素，以及可能的变化和最后可能导致的后果进行分析，再根据各项因素的特征寻求改变或利用这些因素的可行办法达到取得可为己所用的结果。例如在决定是否利用汇率风险时，首先要了解该市场的汇率机制，政府对外汇管理的法规及该法规的实施效果，自由市场调节汇率与官方汇率的差异，是否有通过调剂的可能。有些国家外汇管制法律严明，但执行并不彻底，官价与市场价相差极大，这就给经营者提供了通过市场调剂而获取好处的机会；而另有些国家虽然允许换汇，但与官价差别不大，因而市场调汇并不能为经营者提供较大的好处；还有些国家无论是立法还是执法都很严厉，调汇风险极大，有触犯法律而遭受严厉惩罚的可能。通过调汇虽然能获得一定好处，但较之不成功时的严重后果，得不偿失。经营者必须对这三种情况认真比较分析，得出正确的结论。又如承包商在考虑利用工程所在国的不可抗力风险进行索赔时，首先要考虑该不可抗力事件发生的可能性，援引这类事件提出索赔是否成立，通过何种途径能使这种索赔成立，索赔成立情况下能获取多大效益，不能成立时又可能蒙受多大损失等。例如1987年，葡萄牙一家承包商在法国承包安装一条大型咖啡生产线。在商签承包合同前，他们认真研究了法国的宪法，发现宪法明文规定不允许罢工；而法国实际上几乎每天都有罢工发生，政府并不予禁止。该承包商因而在合同条款中有意不提发生全国性罢工情况如何处理。合同实施期间，法国连续发生长时间的全国性大罢工，开始是学生大集会，紧接着是全国铁路工人大罢工，然后是全国性码头工人、机场工人大罢工。承包商认定有把握以出现全国性大罢工为理由提出索赔能获得成功，因而在发生罢工期间有意在向工程师和建设单位的致函及各种书面凭证材料中虚报各项开支，待罢工结束后正式以罢工为由提出索赔，虽遭建设单位拒绝，但他们坚信其索赔成立。最后提交国际仲裁，因法国宪法规定不允许罢工，从而判定罢工事件为不可抗力情况。承包商因而获得巨额索赔收益。

二、计算利用风险的代价

冒任何风险都必须付出代价。计算代价时不仅要计算直接损失和间接损失，还要计算隐蔽损失，因为隐蔽损失要远远高于直接损失和间接损失之和。例如承包工程材料费的计算，不仅要计算其购买价、运费及保险，也要计算通货膨胀因素造成的损失，还要计算因购买时间紧迫无法货比三家、无法选择优惠价所造成的价差损失。另外，鉴于材料是分批购买的，因此还要考虑资金的时间价值及在供货不能保证情况下的应急措施所导致的损失。如果自办材料场，不仅需要自办材料场所需直接费和间接费，还要考虑办材料场所需交际费及有关辅助费用。此外，办料场可能发生的风险费用亦应在计划之内。在制定承担风险决策之前应比较承担与放弃该风险行为的利弊，然后设想未来发生风险时的应急措施将可能导致的费用。

三、评估自己的承受能力

在对风险事件进行透彻的分析和充分的评估之后，应客观地检查和评估自己的承受能力。承担风险是为了获取更大的利益。如果得失相当或得不偿失，则没有承担的意义，或者效益虽然很大，但风险损失超过自己的承受能力且又无法通过举债以承受之，则不宜硬性承担。例如，投资200万美元，如果成功，一年内可赚取60万美元的效益，但如果投资不成功，则有可能亏损30万美元，在企业实力雄厚的情况下，这种投资值得冒险；但对于一个靠负债经营的企业来说，则很可能不可取，因为负债经营的企业经受不起亏本的风险。企业经营规模应量力而定，任何时候，企业都不应盲目冒险。背水一战的策略只是在不得已的情况下才用。比如在国际工程投标时，为了击败对手，当承包商处于骑虎难下的处境时，可以冒一定的风险，但应准备相应的对策。比如临时决定降价5%，那么这5%从何处弥补，如果降低5%只是少收5%的利润，自然不成问题。但事实上，在激烈的竞争中，承包商的预期利润已不可能考虑在5%以上。这样降低5%就有可能出现亏损。因此，承包商应心里有数，想好降低报价的补偿措施。只有这样，才有可能立于不败之地，不因承担风险而一败涂地或倾家荡产。

四、制定策略和实施步骤

企业一旦决定利用某一风险,紧随而来的就是如何利用风险。企业决策人及风险管理人员应明确提出为确保总策略实施的各项原则性意见及各项行动步骤,要求每项步骤应达到一定的目标,同时还要对实施期间可能出现的干扰提出相应的解决办法,要逐阶段检查实施结果,并及时提出必要的纠正措施,不要等到最后不可收拾时再来研究。例如承包商在投标报价时不考虑预期利润,寄盈利希望于索赔,则自合同签订之日起,承包商就应考虑通过哪些途径扩大索赔效益,确定在合同实施的各阶段应采取的措施,要求实施合同的各有关人员如何掌握索赔机会,如何为索赔埋下伏笔,如何充分利用当地的法规中的不严谨之处,又如何利用合同条款中于自己有利的内容。可导致索赔事件发生后,应及时指示有关人员如何扩大索赔效益,如何准备索赔资料以确保索赔成立,等等。若是投资活动,则应从投资回收期及扩大投资收益等方面做文章,特别是投资活动期间有些不为人重视的经济行为如交际活动。应积累各种有说服力的书面凭证,往来账目应绝对清楚明确。此外,对于合同的实施环境尤其是政治局势演变等都应及时收集资料,为日后的谈判和账目清理做好充分的准备。

五、操作时因势利导以扩大战果

许多事情在缔约阶段并不能完全预料,而在履约期间因各种因素的变化导致事件最终爆发。作为承包商或投资商,应密切关注事态的变化,及时因势利导,甚至通过某种行为在一定程度上有意使事态恶化,以达获利的目的。例如某承包商以预期利润为负数的报价夺得一项工程的承包权,无疑其盈利希望只能寄托于工程索赔。该承包商在施工开始阶段即已制定了索赔计划和实施步骤,要求其施工项目经理密切关注时局的发展。施工期间,工程所在国发生了大规模的动乱,导致该国政府出动军队平息动乱。工地施工程序当然也受到一定的影响。该承包商认定时机已到,便有意借助这一混乱秩序在施工中不断创造索赔机会。鉴于当时的形势,施工本可以暂停,但因工程师未下达停工令,工人只好继续施工,以致在动乱期间工地个别工人受伤,工地的个别部位受损。于是承包商便借此大做文章,提出因整个工程和全体施工人员受动乱威胁,要求建设单位支付安全补偿费,进而又以隐蔽损失为由要求支付赔偿和补偿,从而获得高达数千万美元之多的索赔额,不仅弥补了其当初报价的不足,而且赚取了巨额利润。

六、总结与提高

任何一项策略都不会从一开始就完全正确无误,需要在实践中不断总结提高。风险利用策略同样如此。企业家应遵循这一规律在策略实施的各阶段及时调整,不断总结提高,以利于指导以后的工作。

在总结和提高时,不能仅仅对已发生的事件和已实施的策略进行总结。对于未曾发生或几乎要发生的风险,或未曾实施的策略也应做出评估。不能只满足于其策略运用已获得的成效,还应找出差距,鉴定其实施的策略是否最佳,取得的效果是否最大,付出的代价是否最小。

第六节　建设工程项目风险利用注意事项

风险利用是一项策略性极强的工作,风险管理者既要有胆略,又要小心谨慎。风险利用本身就是一项风险工作,利用得好能取得可观的收益;利用不好可能遭受更大的风险。英国巴林银行的破产就是因为其新加坡子公司的一名年轻交易员的期货交易失败。国际上曾有不少投资商因投机失败而倾家荡产。中国也有不少对外承包公司因不善于利用风险却又铤而走险以致给国家造成巨大损失。

综观古今中外的风险利用的成功经验与失败教训,进行风险利用必须注意以下事项。

一、要当机立断

利用风险实质上就是利用机遇。商业机遇并不是随时可有,随处可见。经营谋利很大程度上取决于机遇。机遇常常是一闪即逝,错过时机常常要铸成大错,当断不断会遗憾终身。当机立断强调两个方面,即客观机遇与主观决策。这就要求首先对机遇有深刻的认识,同样的经营在不同的时期发生,其结果可以截然相反。例如,20 世纪 80 年代初,在中国大城市投资中高档旅游饭店,效益可以倍增;但当各大城市旅游设施基本齐备后,再投资旅游饭店业,显然要注定亏损。又如 20 世纪 90 年代初期,我国掀起了房地产高潮,一些人捷足先登,炒地皮成了暴发户;而为数不少的公司却因房地产业而负债累累,甚至破产倒闭,根本原因就是没有认清形势,盲目地步别人的后尘。当初真正的机遇出现时,他们没有察觉,更谈不上当机立断;看到一些人赚钱了,这才觉醒,拼命追捉机遇,殊不知,其主观追捉的机遇已经因形势的变化而不再是机遇了。

当机立断要求决策人对形势变化保持高度的敏感,要有远见卓识,有洞察能力,还要有魄力,敢于冒风险。优柔寡断者、盲目追随者都不可能做到当机立断。

二、决策要慎重

碰到有利可图的风险事件时,通常只有两个选择可能:一是承担并利用风险以期谋利,二是拒绝承担风险从而放弃谋利机会。鉴于可利用的风险通常具有一定的甚至相当大的诱惑力,但这些诱惑常常是以种种假象出现。这就要求我们进行认真分析,要去伪存真,慎重决策。

慎重决策并不是谨小慎微,优柔寡断;相反,许多情况下需要一定的魄力和果断。思前顾后是必要的,但不能贻误战机。

慎重决策是指决策应有可靠的基础,应该首先对情况明了,对形势有清醒的估计。对不测事件发生的可能性及其后果应有客观的估计,决策应在情理之中。

三、严密监测风险

凡可利用风险总是具有利弊两方面特征,而这两方面的特征总是不断变化的,有时利大于弊,有时则弊大于利。风险管理人员必须严密监测,及时因势利导。若发现有利态势,应及时采取措施,甚至干脆转移或分散风险。任何时候都不能忘记其可能造成的危害。

监测风险态势不能只看表面现象,应着重监测实质性因素。例如观察政局演变,不能只看到哪一派掌权,应重点观察该派掌权后的政策变化及这种变化有没有社会基础,能否持续等。又如对国际市场的汇率变化的观察,不能只看某种货币急剧贬值,应查找这种贬值的真实原因,分析其后果及此种后果必将会引起的反响。

四、要量力而行

承担风险需要具有相当实力,而利用风险则不仅需要有承受能力,还要有高超的驾驭能力。许多人只看到诱惑而忘却其威胁,只认定成功的一面,而不愿意设想失败的结局。他们对自己的承受能力往往估计过高或根本不考虑其力不从心的情况。

量力并不是单指估量已完全具备的实力,应包括已有的实力、通过一定的措施可以具备的实力和可以借助的实力。例如企业投资,其规模不能仅限于自有的资金,还可以通过集资和贷款等手段。当然对集资和贷款所要求的条件和回报应有充分的准备。

五、应变要有方

利用风险必须事先做好充分的准备。要设想好进攻策略和退却部署,尤其要有脱身之计。要对不利条件和形势作透彻分析,准备各种应变措施,绝不可打无准备之仗。例如房地产投资商,不能只想到房产顺利销售,一定要做好房产滞销情况下的应急措施。应变手段通常指使自己摆脱困境,避免陷入绝境的措施。

第七节　建设工程项目案例

为阐明风险利用的可能及其重大意义,兹举案例如下,供读者参考。

【案例1】　利用政治风险。

S公司在C国以预期利润为负数的报价夺取了一项总价达2.27亿美元的大型建筑群工程。合同工期长达4年之久。施工期间,该国发生了大规模的政治动乱。该国政府宣布发生了反革命暴乱,当局宣布对部分地区实行戒严。工程所在地恰好在戒严地区。戒严期间发生了枪击事件,工地上有个别工人在正常作业时被流弹击伤,已安装好的巨幅玻璃有几块被子弹击穿。S公司遂停工半月,将其外籍雇员遣散回家。半月之后,C国秩序恢复正常,工程全面复工。但S公司则巧妙地利用该政治事件向建设单位提出巨额索赔。

索赔动因为不可抗力事件。理由是8 000名施工人员在生命无保障的环境下施工;因枪击威胁而只好对几千块巨幅玻璃加强保护措施,由此而增加巨额费用;外籍雇员临时遣散期间工资照发,国际旅费及相关费用导致工程开支加大。事实上,枪击事件仅发生一次,且持续时间不足一分钟,且是朝天开枪,受伤工人只是被流弹误伤而已。该承包商对当时的形势冷静分析后,根本没有停工,多数外籍工人并不曾被遣返;承包商也没有对数千块巨幅玻璃采取保护措施。机遇是当时负责监理的工程师已基本不到现场。承包商深知在这个时刻向监理工程师反映的情况,监理工程师是不会亲赴现场查证的,更不会当即驳回。按照国际惯例,如果监理工程师在收到承包商报告7天内不予回复即视同其认可。承包商巧妙地利用了这一大好时机,开列了大批费用开支清单,并提出人身安全补偿的要求。待工程师审阅时,早已过了7天的期限,因而无法驳回,致使其索赔要求基本被满足。

S公司从风险一发生就立即想到利用风险扩大索赔收益的可能,积极主动地创造索赔机会,充分做好了索赔准备工作,轻松地达到借风险谋利的目的。

【案例2】 利用合同条款遗漏风险。

葡萄牙一家承包公司于1986年在法国承包一项咖啡生产线工程。合同中没有提及外界罢工对其造成影响应如何处理。

1986年底,法国因闹学潮而触发了大规模的罢工,该咖啡生产线项目也受到一些影响,但并未造成较大损失,因为承包商对法国经常发生罢工事件已有思想准备,已预先采取了预防措施,使用的工人多数是外籍劳工,住在工地,没有人参加罢工。

罢工事件发生后,该承包商立即致函监理工程师,指出罢工应视为不可抗力事件。由于在法国从来没有人认为罢工违法,建设单位及监理工程师均认为罢工属正常事件,故拒绝该承包商的索赔要求。由此引起双方争端,最后诉诸国际仲裁。

仲裁庭在裁决该案时,首先查阅承包合同,未发现对罢工有明确规定。接着根据国际惯例和FIDIC条款,也未能找到有关处理这类罢工的相应办法。但承包合同中有一条款规定:"凡本合同未涉及的事宜将依据国际惯例或国家现行法律解决。"于是仲裁庭依据法国的宪法裁决承包公司胜诉。

本案例的承包商并非不了解法国的立法与执法之间的差别,他很清楚法国的宪法不允许罢工,而执法时对罢工又是默许的。承包商在缔约时故意不要求写进罢工处理条款,等到机会成熟时再利用其合同中条款的遗漏提出索赔要求。虽遭建设单位方面拒绝,但他坚信索赔能够成功,因为他深知罢工是违反法国宪法的。

多数情况下,如果合同条款中对某种或某些情况不曾提及(有时是咨询公司认为众所周知的事情而懒得提及),而在合同中规定参照国际惯例或依据有关法律,承包商应分析这样对其产生的利弊而决定是否提醒咨询公司。有些情况下,某些条款的遗漏既可能给承包商造成损失,但也可能为其提供谋利的机会。承包商应该认真分析。如果无利可图而只能造成损失,承包商应在签约前指出并补充完善,否则将无法弥补。如果利弊难以确定,则应先保持沉默。一旦机会成熟,应立即充分利用。

【案例3】 利用自然环境风险。

某闹市区需建一所学校,项目因地处闹市,施工制约严重。招标通知发出后无人投标。该市政府只好特邀C公司议标。C公司经过对工程现场进行考察后表示无兴趣承担该项工程。建设单位当即表示希望C公司能接受委托实施该项目。C公司便借机要高价,报价比同类工程高出30%。建设单位苦于无其他良策,只好接受报价并完全满足C公司各项要求。工程竣工后,C公司盈利达合同总价的35%。

本项目工程所处的地理位置对于工程顺利实施的确构成重大风险。承包商很可能因这一严重的施工制约而蒙受重大损失。C公司首先充分正视了这一风险,采取了各种预防措施。但为了充分利用这一自然制约因素以获取较大益处,他们采取了欲擒故纵的做法,故意表示无意承揽,从而给建设单位造成实施该项目风险极大的印象,为迫使建设单位接受高标价奠定了基础。不过C公司并没有漫天要价,因为这样做会物极必反。他们只抬高了30%,使建设单位不致认为其敲诈勒索。这样,利用风险的机会不致失去。在工程实施前,C公司又要求市政府给予交通安全方面的配合,且发予夜间施工的许可。这些要求在市政府看来合情合理。由于C公司对实施工程的客观环境判断准确,做了充分的准备,施工过程中所遇到的困难全在预料之中,因此他们成功地利用了这一充满自然风险因素的机遇,取得了理想的效益。

【案例4】 利用投资环境风险。

C国因处理国内政治事件招致国际势力制裁。国际金融机构纷纷停止在C国的投资，导致C国资金短缺，投资环境恶化，外国投资商纷纷取消或终止原已承诺的投资项目。然而就在这个时候，M公司却大胆进入C国，以最优惠价格购买了大面积土地使用权，并承揽了数额巨大的工程。两年后，C国处境好转，外商纷纷返回。C国的土地使用价格上扬数倍。这时M公司将其两年前低价购取的地皮以高出买价数倍转让，获取了巨额利润。另外，其在两年前承揽的工程亦因信誉好、有合作诚意而深得建设单位好评。在索赔谈判中，建设单位也以高姿态回报，使其不费较大努力即获得巨额补偿。

本案例所述的投资环境对M公司无疑是一重大风险因素。在投资大气候不利的情况下，通常很难保证较好的小环境。但M公司以其敏锐的洞察力，透过短暂的表面现象，认准了C国的未来市场形势，在别人纷纷退出的时候，毅然踊跃投入，表现了企业家的智慧和魄力，赢得了巨额效益。

【案例5】 利用恶劣的经济形势风险。

V国因长期对外战争，国内经济形势极糟，财政极其脆弱，基本建设停止了数十年，国家一贫如洗，国际金融机构拒绝借贷，政府因多年来奉行的极端对外政策致使国际援助无望。但V国终于反省了，决心实行对外开放，缓和了外交政策，积极欢迎外来投资，大力开发其丰富的资源。然而，国际企业家对V国仍然心有余悸，不敢贸然投资。

B公司对V国的经济形势经过认真分析后，主动向V国告知其投资意向，要求V国以实物偿还投资或以出让土地使用权折价，但条件必须优惠。V国因其面临的恶劣的经济形势，又没有更好的办法，便欣然同意B公司的条件。B公司因此而赢得远远高于在其他地区从事类似投资项目的利益。而V国因感谢B公司的率先投资而为其在该国开拓承包市场大开方便之门。

作为国际投资商，通常都希望投资于能收回现汇的项目。以实物偿付除在紧迫需求情况下，通常是不可取的。因为转卖所接受的实物还将面临诸多风险。至于土地使用权，其价值取决于该国的经济发展。在经济落后的国家，土地使用权并不具有太大价值。如果投资商盲目接受大面积土地使用权而不能有效开发，结果只能是使自己背上沉重的包袱。

本案例中的投资商看准了该国的经济发展远景，正确判断出该国的对外开放政策会见成效，敢于冒实物偿付或受让土地使用权的风险，利用V国所处的不利形势，提出优惠要求，成功地利用了恶劣的经济形势风险，获得了理想的收益。这对于投资商很有指导意义。

【案例6】 利用汇率贬值风险。

E公司投标某电站工程，第一次总报价为1.2亿第纳尔，外汇支付比例为40%，即4 800万第纳尔，以美元支付。美元与第纳尔按固定比值1美元=5第纳尔，外汇支付额为960万美元。建设单位要求E公司降价5%，即降至1.14亿第纳尔。E公司经过研究后接受了建设单位的要求，将总价降至1.14亿第纳尔，但要求增加8%的外汇比例，即美元支付额为1 094.4万美元，比原报价增加了134.4万美元。建设单位接受了E公司的新报价。两家签署了承包合同。合同工期为24个月。

施工期间，当地第纳尔对美元的比值急剧下降，由原来的5:1贬至25:1。E公司便从第二次报价增加的134.4万美元中拿出51万美元抛入市场，按1美元=25第纳尔的比率换取当地货币 1 275 万第纳尔，实得 1 043.4 万美元和 7 203 万第纳尔。比第一次报价多得 83.4 万美元和 3 万第纳尔。

承包商采取这种通过技术处理降价的办法，在客观上产生的效果是显而易见的。之所以有此效果，原因就在于其巧妙地利用汇率贬值的风险。由本案例可知，要利用汇率贬值风险必须具备两项基本条件：①合同中必须规定汇率不变比值；②当地市场可自由兑换，且兑换率明显高于合同中规定的比值。根据这两项基本条件，承包商确信可通过自由市场与合同规定的汇率之差达到不但弥补降价损失，还可以赢取额外利润的目的。E 公司经过对当地金融市场进行深入的研究，判定当地第纳尔将可能大幅度贬值，故而采取降低总价抬高外汇支付比例的办法。这种办法常常较易获得成功，因为建设单位通常很重视总报价，对于货币贬值的趋势却关心较少，特别是有些外汇高度垄断的国家，外汇的支付比例由其中央银行或财政部审批，与建设单位的切身利益并不十分密切。因此，承包商常常能比较顺利地取得建设单位的赞同。

当然本案例中的承包商并非主动地想到这种利用风险的手段，他只是在建设单位硬逼其降价时才想到这个办法。但不管出于何种背景，其客观效果是既能满足建设单位的要求，而且利用汇率贬值的风险，达到既夺标又盈利的目的。

第十七章　建设工程项目风险管理决策

第一节　建设工程项目风险管理决策概述

一、建设工程项目决策的概念

当今的项目建设往往需要巨额的投资。如果决策失误或所作的决策不是最优决策，就很容易造成经济上的重大损失。因此，除严格按照建设工程项目程序对拟建建设工程项目进行科学评估外，还必须利用科学的手段优化资金流向，在众多的投资机会中选优汰劣，作出最佳决策。同时，在建设工程项目实施中会遇到各种各样的问题，需要管理人员及时拿出解决方案，以保证建设工程项目顺利建设。

建设工程项目决策是指投资者和项目经理人员根据既定目标和实际需要，确定投资方向，解决建设工程项目问题的过程。决策是管理建设工程项目面临的主要课题之一，从建设工程项目酝酿直至建设工程项目建成都离不开决策，决策贯彻于管理工作的各个方面，是建设工程项目管理过程的核心，是执行各种管理职能、保证建设工程项目顺利运行的基础。由于当今项目建设所处的社会、技术和经济环境发生了巨大的变化，空间技术、新材料技术、信息工程、生物工程和海洋工程等技术的发展正在迅速改变着世界经济的面貌，知识爆炸形成的冲击波极大地推进了技术革新和技术进步，一些项目可能尚在建设之中，技术已经落后；现代经济的全球性、开发性，一方面使得竞争空间激烈，另一方面也使得世界经济的依赖性大大增强，一个国家或一个地区的动荡有可能导致全球经济的灾难性衰退。这种复杂多变的环境大大增加了投资的风险和建设过程的难度，今天耗费巨资建成的项目，可能不久就会失去其原有的价值。这一点，对于高技术产业和国防工业更为明显。因此，在项目立项和建设过程中，便引起了大量的决策问题，增加了管理人员决策的分量，突出了决策的重要作用。决策是否合理，小则影响效率和效益，大则影响项目的成败。所以，有人称项目管理就是项目决策。

二、建设工程项目风险管理决策的分类

建设工程项目风险管理中的决策问题，一般具有信息不完备的特点，因此均属于非确定型决策。非确定型决策一般又分为不确定型决策和风险型决策。

（1）不确定型决策。决策者对建设工程项目未来环境出现某种状态的概率难以估计，甚至对可能出现的状态和可能的后果都不知道。如，在工程投标时，有时可能对竞争对手到底有多少都不知道，他们的中标概率就更不知道了；又如，在国际工程投标中，对工程建设的社会环境、政治环境一般也难以把握，如果中标，在项目实施中政治、经济和建设市场到底会出现什么样的局面，在投标时是难以知道的。

（2）风险型决策。决策者对建设工程项目未来环境出现某种状态和相应概率难以估

计，但也并不是一无所知，有许多客观资料和决策者的实践经验可以使他估计建设工程项目各种状态出现的概率。当然，由于对建设工程项目各种状态的了解缺乏完备的信息，在这种情况下做决策要承担一定的风险。如，在工程设计中决定采用新材料、新工艺或新的施工方法，在做这种决策时，没有完备的信息能证明肯定成功。因此，在做这种决策时，一般要注意到可能失败的风险，并考虑相应的应对措施。

在建设工程项目风险管理决策中，不确定型决策和风险型决策很难有明确的界限。对于不确定状态，人们仍可以主观地给出概率，尽管不是很精确。因此，在有些文献中，对不确定型决策和风险型决策不作过多的区分。

三、建设工程项目风险决策准则、层次及类型

（一）科学决策的条件和准则

要使建设工程项目决策科学合理，必须满足三个条件。

（1）投资方案必须合理，不能将资金投入不可行或无明显效益的领域。

（2）决策结果必须满足预定投资目标的要求，使投资目标的实现有坚实的基础。

（3）决策过程必须符合效率和经济性的要求，既要保证快速决策，又不至于为建设工程项目决策花费大量的资金。

科学的决策一般必须符合五个准则。

（1）决策目标必须明确。建设工程项目建成什么规模和标准，满足投资者哪些方面的需要，预期出现何种结果等都必须明确。有了明确的目标才能对决策的优劣做出评判。项目决策的目标既包括总的投资目标，也包括分目标和子目标。

（2）决策必须有可靠的依据。投资决策最基本的依据是可行性研究，所作决策不仅要在技术上可行，而且要在经济上可行，还要满足各种社会限制使决策结果产生的副作用降低到最低限度。项目建设环境中的决策也必须有经济和技术可行的依据。

（3）决策必须有可靠的保证。建设工程项目决策首先要有资金予以保证，这是建设工程项目决策的先决条件。其次，还要有技术、合理的人力、物资以及足够的时间予以保证。

（4）投资决策必须符合经济原则。这包括两层含义：一是将资金投入到最佳的建设领域，以最小的代价获得最大的经济效益；二是在建设工程项目的实施过程中，以最低的投入实现既定的建设工程项目目标。

（5）投资决策还要有一定的应变能力，以适应建设工程项目外部环境和内部条件不断变化的要求。

（二）决策者对待风险的不同态度

在建设工程项目风险管理中的任一决策均是人作出的，决策者的经验、胆略、知识和判断能力等主观因素对决策会有着不可忽视的影响。不同的决策者对待建设工程项目的风险可能会有厌恶、追求和介于两者之间的中立三种不同类型的态度。

（1）厌恶风险者。他对风险损失的反应比较敏感，而对收益的反应比较迟钝，是一种谨小慎微、不求大利、厌恶风险的保守型决策者。

（2）追求风险者。和厌恶风险者相反，他对风险损失的反应比较迟钝，而对收益的反应比较敏感，是一种敢做敢当、追求大利、敢冒风险的冒险型决策者。

（3）中立者。他对风险的态度介于厌恶风险者和追求风险者之间，是一种循规蹈矩的

稳妥式决策者。

工程实践表明，大部分决策者一般是比较保守的，而另外两种决策者要少些。但这也不是绝对的，这和决策者所处的环境以及所遇到的风险的性质有直接的关系。

(三)建设工程项目不同方对待风险态度的分析

在建设工程项目建设中，不同主体的决策者对建设工程项目风险的态度是不尽相同的。

(1)设计人员。在我国目前的设计管理环境下，工程设计人员在设计方案的决策上肯定是属于保守型决策者。因为设计费用是以工程设计概预算为基础计算的，在设计上搞优化，有可能要冒工程技术性能指标或质量上的风险；从另一方面看，设计上的优化在经济上也不值得。因此，对设计决策者而言，没有任何冒风险的动力。

(2)承包人。承包人对风险的态度较为复杂。对工程投标决策和报价等方面的决策，企业的经营现状和建设市场的状况对承包人的决策会有较大的影响。当经营状况较好，可投标的建设工程项目较多时，他会追求更大的利润，敢冒不能中标的风险，采用高报价方案；反之，为了维持企业的正常运转，减轻不能中标的风险压力，积极争取中标，只能采用中等或低报价方案。对工程施工过程中进度和质量方面的一些决策，承包人通常更多的是考虑经济效益，在进度和质量方面会敢于冒风险，是冒险型决策者。特别是在工程质量方面，对有些承包人，只要方案经济，并能通过现场验收，什么风险都敢于冒。

(3)监理人。监理人是受建设单位的委托为其提供一种服务，并从这种服务中取得在监理合同中约定的薪酬，其主要与服务的数量和质量有关，而与工程造价无直接关系。在监理过程中，存在着许多决策，监理人要对其决策负责。这就决定了监理人做的决策一般是属于保守型的。

(4)项目法人/建设单位。在我国目前的条件下，建设工程项目投资的失控一般不会去过多地追究有关人的责任，但建设工程项目质量的严重失控倒可能要追究有关人员的责任。因此，建设工程项目法人的建设工程项目决策一般还是属于保守型的。

(四)建设工程项目决策的层次

根据决策者在建设工程项目建设中所起的作用和承担的责任可将建设工程项目决策区分为高层决策、中层决策和基层决策。

高层决策主要是由企业高层领导或其他投资单位的高层领导所负责的决策。这类决策主要解决投资方向、项目筛选、项目目标评估、项目预算、项目工期以及与项目外部环境有关的重大问题，也包括部分项目建设中的重大组织问题和重大技术问题。这种决策多数属于战略性决策，也包括部分战术决策。

(五)建设工程项目决策的类型

根据决策在建设工程项目建设中的作用，我们将建设工程项目决策划分为两类：投资决策和项目环境中的决策。建设工程项目立项前的决策属于投资决策，主要包括确定投资方向、选择建设工程项目、确定投资方案以及与此相关的决策工作。投资决策主要由高层领导做出，基本上属于高层决策。建设工程项目立项到建设工程项目结束期间的决策属于建设工程项目环境中的决策，主要包括优化实施方案、解决建设中的问题、保证建设工程项目目标顺利实现的决策工作。大多数属于中层决策和基层决策。

(六)建设工程项目决策方法

不论是企业还是其他投资主体，经常面临众多的建设工程项目投资机会。有的机会可能是投资者一展宏图的契机，有的机会则可能是投资者走向失败的陷阱，因而需要在各种建设工程项目投资机会中认真选择。只有选择正确的投资方向，才能保证将有限的资金用在关键领域，才能保证获得较高的投资效益，建设工程项目的成功才有基础。

建设工程项目选择是重要的建设工程项目决策方法之一。此外，多属性决策是比建设工程项目选择更能处理一般问题和更加完善的一种方法。其他与建设工程项目决策有关的方法还有 Bayes 决策分析、复熵决策模型以及动态决策分析等。我们在后面将介绍这些模型和方法。

最后值得一提的是，建设工程项目管理理论多为离散事件决策理论，建设工程项目管理活动可对应于一般决策活动，其决策方法类同于一般决策方法。下面介绍常见的可用于建设工程项目决策的多属性决策模型和方法。

四、建设工程项目风险管理决策框架

建设工程项目风险管理决策框架可用图 17-1 来描述。整个过程可概括为如图 17-1 所示系列环节。

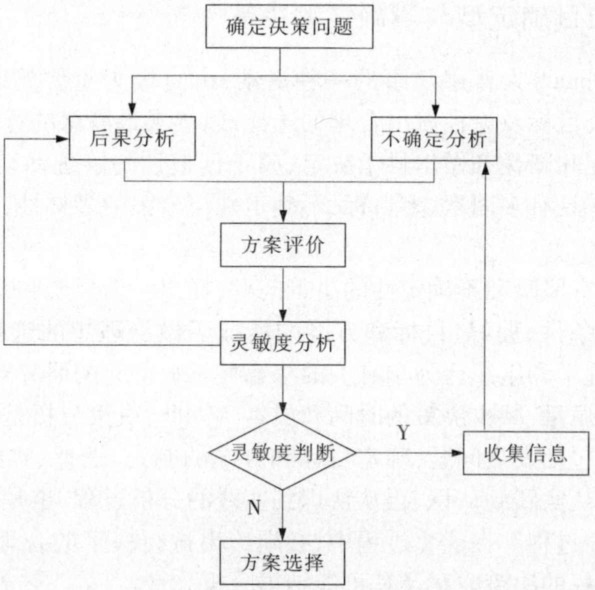

图 17-1　项目风险管理决策框架

(1)确定决策问题。这些建设工程项目决策问题一般包括：建设工程项目决策人是谁、建设工程项目决策目标是什么、有哪些可供选择的方案、建设工程项目决策环境如何、采用什么决策方法等。

(2)后果分析。分析各种可供选择的方案实施后所付出的代价或带来的效益，或两者均分析。分析不同方案所付出的代价时，其计算口径要统一；衡量效益往往采用效用值指标，对不同方案也要求计算口径的统一。

(3)不确定分析。在建设工程项目风险管理决策中，当具有较多的客观资料时，一般尽可能采用这些客观资料，通过对这些资料的分析，估计不同方案出现的概率；当缺乏客观数据时,经常采用主观概率。

(4)方案评价。由各方案估计的后果及相对应的发生概率,按一定准则评价各方案的优劣。

(5)灵敏度分析。在后果分析和不确定分析的过程中,存在着许多主观性,经常会担心所选方案的可信度,灵敏度分析有助于对决策的可信度作出适当的判断。灵敏度分析的基本原理是:首先按一定的规则逐步改变决策模型中的有关参数,然后观察其对方案后果的影响幅度,直到改变方案的优劣次序为止;其次找出各参数的最大偏差。显然,在此偏差范围内,选择的方案是不变的。因此,可用各参数分析得到的最大偏差和各参数实际可能的误差相比较,进而判断方案评价的可信度。

(6)灵敏度判断。通过灵敏度分析,若发现有的参数发生较小变化,方案优劣的次序就发生了变化,即为很灵敏。

第二节　建设工程项目风险管理与决策方法

一、建设工程项目确定型与不确定型决策

决策是理性(Rational)人普遍从事的一种活动,也是极为重要的制胜手段。它的核心是,对未来活动的多个目标及途径做出合理的选择,以寻求最满意的行动方案。决策具有以下特点:①面对新问题和新任务做出科学决定,属于创造性的管理活动;②必须对实际行为有直接的指导作用;③具有多因素、多目标、不确定性与方案的多样性,以及影响决策的时效性和一次性。

决策分析是对带有风险和不确定性的决策问题,提出一套概念和系统的求解方法,指导人们及社会在现有的条件、偏好、目标和方案的情况下做出理想的选择。这是一门与经济学、数学、心理学、管理学和组织行为学有关的综合性学科。它的研究对象是决策,研究目标是帮助人们提高决策质量、减少决策的时间和成本。因此,决策分析是一门服从数学规律的创造性管理技术。它包括发现问题,确定目标和方案的制定、选择、实施、反馈、调整以及事后评估等。这是一个从实践到认识、再从认识到实践的分析过程,也是一个信息输入、加工、处理、交换和输出的全过程。在这个过程中,必须给出进行决策的合理性论证和系统方法,必须提供满意的或最好的决策方案及其可能结果分析。

决策分析的方法主要有:以期望值为标准的分析法(成本、费用和效用、风险期望值矩阵法、树形法等),以合理性和最大可能性为标准的比较优势法、淘汰法等。

(一)决策模型

决策是人们根据一定目的进行收集信息和发现、选择方案的过程。也可用通俗的一句话叙述:决策是人们对所遇到的问题应该采取何种行动而作的选择。决策论或决策分析是研究最佳或满意决策的理论和方法,是运筹学、系统工程和管理科学的重要分支。现代决策理论的主要特点在于,以概率和数理统计为基础,利用统计判定理论和高等数学作工具,借助于电子计算机的辅助手段,研究决策的性质和规律,指导人们把各类决策问题的工程技术因素与经济效益统一起来作定量决策分析,以寻求整体最优决策(行为,解)或整体满意决策(行为,解)。

每项决策的要素为:不以人的意志为转移的自然状态(不可控因素)和由人选择的行动(又叫活动、方案或决策,决定是可控制因素)。假设自然状态集合(又叫状态空间)为 Θ,其元素(又称状态变量)为 $\theta_1,\theta_2,\cdots,\theta_m$,则

$$\Theta = \{\theta_1,\theta_2,\cdots,\theta_m\} = \{\theta_i\}, i = 1,2,\cdots,m$$

决策集合(又称策略空间)A 由 n 个不同的行动(又称决策变量)$a_1,a_2,\cdots,a_m$ 组成:$A=\{a_1,a_2,\cdots,a_m\}=\{a_j\}, j=1,2,\cdots,n$,在外界环境某种状态 θ_i 已发生时,人的一种决策方案 a_j 所产生的后果,即损益值(或称价值)v_{ij}是指利润型问题所获得的收益值,或成本型问题所消耗的费用值。显然它是以 θ_i 和 a_j 的函数(限于篇幅,本章后面的研究,若不做声明都属利润(或叫收益)型问题。至于成本型或其他型决策问题,读者不难以此类推)。这个函数称为决策(或目标)函数。记为

$$v_{ij} = F(\theta_i,a_j),\quad i = 1,2,\cdots,m,\quad j = 1,2,\cdots,n$$

损益值(价值)组成损益(或价值)矩阵 V:

$$V = (v_{ij})_{m\times n} = \begin{Bmatrix} F(\theta_1,a_1) & F(\theta_1,a_2) & \cdots & F(\theta_1,a_n) \\ F(\theta_2,a_1) & F(\theta_2,a_2) & \cdots & F(\theta_2,a_n) \\ \vdots & \vdots & & \vdots \\ F(\theta_m,a_1) & F(\theta_m,a_2) & \cdots & F(\theta_m,a_n) \end{Bmatrix}$$

最优决策 a^* 是指目标(损益)值最佳(取极值),即收益值最大或损失值最小的行动方案 a_j^*。

状态空间、策略空间和决策函数组成了决策系统 D:

$$D = D(\Theta,A,F)$$

决策问题是寻找策略空间中的某一决策变量 $a^*=a_j^*$,它使目标函数取极值 F^*。

日常生活中的决策问题无时不有,无处不在。假如早上出家门是否需要带伞?这就是一个决策问题。状态空间 Θ 由天气晴 θ_1、天气阴 θ_2 和天下雨 θ_3 三个元素组成(当然可以再分细些,如下雪、几级风等)。策略空间由带伞 n_t 和不带伞 n 两个行为变量组成。价值矩阵假设为

$$V = \left\{\begin{matrix} 1 & -1 \\ -2 & 2 \\ 3 & -3 \end{matrix}\right\}\begin{matrix} \text{天晴} \\ \text{天阴} \\ \text{天下雨} \end{matrix}$$

带伞　　不带伞

式中,目标效益值 $v_{11}=1$ 是表示天晴,带伞可以遮太阳,所以比天晴不带伞的 $v_{12}=-1$ 的目标值大;如果天下雨又带了伞的话,效益值 $v_{31}=3$。

出门之后天会不会下雨是我们无法控制的不确定因素,也是简略确定后(带伞,还是不带伞)目标所依赖的随机因素,因此称之为状态变量。价值矩阵 V 往往依赖于人的偏好。例如,男同志天晴偏好于不带伞的为多数,因此他们可能取 $v_{11}=-1$,而取 $v_{12}=1$。但一旦 V 确定之后,每种天气状况下的最优决策就是唯一的了。

当状态空间只有唯一的变量时,即未来状况是确定的情况,此时的决策称为确定型决策。而当状态空间中元素个数大于 1 时的决策称为不确定型决策。如果在确定型决策中,已知各状态出现的概率 $P(\theta_l)$,那么,这种决策叫风险型决策。此时我们要依据概率进行决

策,但概率是带有风险的,所以决策的结论也具有风险。下面我们分别介绍这三类决策问题的分析方法。

(二)确定型决策分析

由于该类决策的未来状态是已知的,所以决策程序只需按技术的或经济的常规方法进行,故在此不多述。请看下例。

【例 17-1】 Q 副食公司有一个从距此 1 800 km 的 B 地的采购西瓜项目(共 80 万 kg)。西瓜每千克购进价为 0.06 元,项目的运输方案有两个:a_1 为铁路普通车运输,平均运价为 0.04 元/(t·km),损耗率为 20%,而且售出平均价为 0.10 元/kg;a_2 为空调车运输,运费、损耗率、售出平均价分别为 0.06 元/(t·km)、2%、0.12 元/kg。公司规定总利润超过 2 000 元才可采购。在销售不成问题的情况下为 Q 公司做项目决策:Q 公司是否应立此项目(采购这批西瓜)?若立,应采用哪种运输方式?

解:由题意我们知道,销售情况是不必顾虑的。未来状况,如价格、损耗率等都是确定的,故本决策问题属于确定型的。策略空间 A 含有三个元素:a_1 为用普通运输购进,a_2 为用空调车运输购进,a_3 为不采购。我们不难计算出它们的收益分别为

$$v_1 = 0.1\text{ 元/kg} \times 800\,000\text{ kg} \times (1-20\%) - 0.06\text{ 元/kg} \times 800\,000\text{ kg} - 0.04\text{ 元/(t·km)} \times 1\,800\text{ km} \times 800\text{ t} = -41\,600\text{ 元}$$

$$v_2 = 0.12\text{ 元/kg} \times 800\,000\text{ kg} \times (1-2\%) - 0.06\text{ 元/kg} \times 800\,000\text{ kg} - 0.06\text{ 元/(t·km)} \times 1\,800\text{ km} \times 800\text{ t} = -14\,400\text{ 元}$$

$$v_3 = 0$$

所以,$a^* = a_2$。即最好的决策方案为:用空调车运输采购。

(三)不确定型决策分析

在确定型决策中,状态空间里元素是唯一的,所以每一行动只对应有一种目标值(结果)。行为优劣的判断,可根据经济的或工程的指标值的好坏直接得出结论。不确定型决策问题的情况完全不同。由于这时状态空间里元素个数大于 1,所以同一行为造成的后果还取决于状态变量的取值。因此,必须有专门的方法求解这类决策问题。下面我们介绍几种常用的不确定型决策方法。

(1)华尔德(Wald)法。这种方法又叫 max、min 法,或小中取大准则,是保守悲观论者偏爱的方法。它的方法原则是:先找出每个决策在各种状态下的目标最小值,再从各个决策的最小值中选一个最大值,它所对应的决策就是最优决策。因为决策者不敢冒险,总是担心未来会出现最不利的状态,他只期望在这些最不利的情况中找出一个好的决策行动。设收益函数为

$$Q = F(\theta_i, a_j), \theta_i \in \Theta, a_j \in A$$

则

$$\max_{a_j \in A}\min_{\theta_i \in \Theta}(\theta_i, a_j) = F(\theta_i, a_j) = Q^*$$

所以

$$a^* = a_j^*$$

【例 17-2】 某工厂的项目经理 B 要对一新产品项目 P 是否投产做出决定,未来市场状况对 P 的需求量有好(θ_1)和坏(θ_2)两种可能。投产(a_1)与不投产(a_2)给工厂带来的后果(收益 Q)见表 17-1,使用 Wald 法为 B 经理作项目决策。

表 17-1　P 产品收益

状态	决策	
	a_1	a_2
θ_1	20	0
θ_2	-3	0

首先对 $j=1,2$ 求 $\min\limits_{\theta_i \in \Theta} F(\theta_i, a_j)$ 得

$j=1$ 时　$\min\limits_{\theta_i \in \Theta} F(\theta_i, a_1) = \min[20, -3] = -3$

$j=2$ 时　$\min\limits_{\theta_i \in \Theta} F(\theta_i, a_2) = \min[0,0] = 0$

再计算　$Q^* = \max\limits_{a_j \in A}[-3,0] = 0 = F(\theta_i, a_2)$

故

$$a^* = a_2$$

最优项目决策是不投产 P。保守的决策者宁愿不赚 20 万元，也不冒可能亏本 3 万元的风险。

(2)最大最大(乐观)法。最大最大法记为——max、max 法。它是爱冒风险的乐观主义者偏好的方法。对收益函数 Q，其模型为

$$\max_{a_j \in A} \min_{\theta_i \in \Theta}(\theta_i, a_j) = F(\theta_{i\theta}, a_j^*) = Q^*$$

$$a^* = a_j^*$$

对于例 17-2 用该法的计算过程为

$j=1$ 时　$\max\limits_{\theta_i \in \Theta} F(\theta_i, a_1) = \max[20, -3] = 20$

$j=2$ 时　$\max\limits_{\theta_i \in \Theta} F(\theta_i, a_2) = \max[0,0] = 0$

$$Q^* = \max_{a_j \in A}[20,10] = 20 = F(\theta_i, a_2),$$

所以

$$a^* = a_1$$

这个结果说明，对于开明的项目经理 B，为了取得 20 万元的收益，他宁愿冒可能损失 3 万元的风险，也要投产新产品 P。

二、建设工程项目效用理论

建设工程项目风险的后果(效益和损失)经常是很难去计算的，即使能够去计算，同一数量的效益或损失在不同人的心目中，其地位是不一样的。为了反映决策者价值观念方面的差异，有必要引进效用和效用函数。

(一)效用

效用是普遍存在的，在项目管理中充满着各种效用现象。如对一个大型工程而言，投资增减 5 万元的影响并不大，因而这 5 万元的效用就不大。但在国际工程投标中，若你比最低报价者高出 5 万元而失标，你就可能失去了赚数百万元，甚至数千万元的机会。显然，这 5 万元在你心目中的地位就很高、十分重要。这种现象在建设工程项目的其他决策的决策者身上同样会反映出来。又如，在建设工程项目风险决策中，各个决策人对待风险的态度不一样，对同一个问题，不同的决策者所选择的方案往往也不同。有的偏于保守，有的又过于冒险。即使是同一个决策者处理同一个问题，由于时间和环境不一样，他的选择也可能不一样。人们把这些现象称为效用。更一般地说，效用就是当一种有形或无形的东西使某人的需要得到满足时，他对这有形或无形的东西的评价。这个评价值就是这个有形或无形的东西的效用值。不同的人，评价也不一。因此，效用值是一相对的概念。

(二)效用函数

建设工程项目风险事件后果——损失或收益(简称损益值)，若能量化，则一般总可换

算成金额,令其为 z。不同量的损益值在同一个决策者的心目中有不同的效用值。因此,效用值总是损益值 z 的函数,称其为效用函数,并用 $U(x)$ 表示。

一般而言,效用函数 $U(x)$ 由经验给出,其不是简单的线性关系。一些学者认为,效用函数可分为下列四种基本类型,如图 17-2 所示。

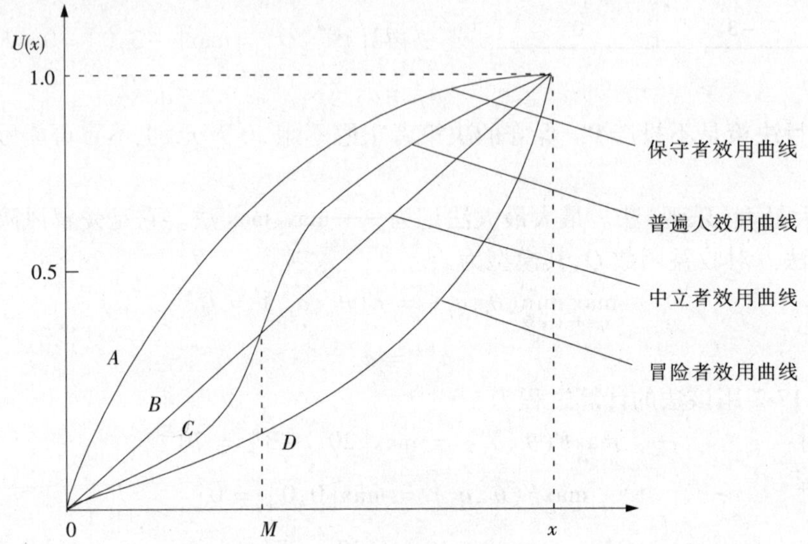

图 17-2　效用函数

(1)凸型效用函数。该函数所对应的曲线上凸下凹,如图 17-2 中曲线 A。对曲线 A 求导数,显然有$\frac{dU}{dx}>0$,而$\frac{d^2U}{dx^2}<0$。因此,凸型效用函数的特点是,随着损益的增多,其效用值也在递增。

但递增的速度在降低。该函数反映了项目决策者对亏损特敏感,而对大量收益也不是十分有兴趣。其可用于描述保守型决策者的价值观念。

(2)凹型效用函数。该函数所对应的曲线上凹下凸,如图 17-2 中曲线 D。对曲线 D 求导数,显然$\frac{dU}{dx}>0$,而$\frac{d^2U}{dx^2}>0$。因此,凹型效用函数的特点是,随着损益的增多,不但效用值在递增,而且递增的速度也在上升。该函数反映了项目决策者专注于获大利,而不在意亏损,敢冒风险的心态。其可用于描述冒险型决策者的价值观念。

(3)线性型效用函数。该函数所对应的曲线是线性的,如图 17-2 中曲线 B。该函数反映项目决策者对风险的态度是中立的。由于效用函数呈线性,其效用期望值最大的方案也是收益期望值最大的方案。因此,这种类型的决策者就不必去寻求效用函数,而可以直接利用损益期望值作为评价和选择方案的标准。

(4)S 形效用函数。该函数所对应的曲线是 S 形的,如图 17-2 中曲线 C。对曲线 C 求导数,显然有$\frac{dU}{dx}>0$。在点 M 处,$\frac{d^2U}{dx^2}=0$;当 $x<M$ 时,$\frac{d^2U}{dx^2}>0$;当 $x>M$ 时,$\frac{d^2U}{dx^2}<0$。因此,这种效用函数可描述决策者在损益值较小时,有一定的冒风险的胆略,但一旦损益值增大到 M,他就显得谨慎,采用了比较保守的策略。曲线 C 上的拐点就是决策者对待风险的态度的

转变点。显然,曲线 C 反映了决策者在损益值较小时敢冒险,而在损益值较大时则转为保守的心态。

研究表明,关于风险和效用的关系比较复杂,效用中不仅蕴涵着项目决策者对项目风险的态度,实际上,还包含着项目决策者对风险后果的偏好程度。

(三)效用函数的确定

效用函数反映了建设工程项目决策者对风险的态度,不同的决策者有不同的效用函数,同一决策者在不同条件下也可能有不同的效用函数。因此,不存在统一的效用函数,要确定某决策者的效用函数,必须深入建设工程项目实际进行调查了解。

下面以推求某投标人在建设工程项目投标问题上的效用函数为例,介绍效用函数的确定方法。

从媒体获得信息,有甲、乙两个建设工程项目适合某投标人去选择,其可从中选择一个标,也可能一个都不投。经分析,这两个标能带来的标后利润(损益值)及相应的概率见表 17-2。

表 17-2　甲、乙项目中标后利润及概率值

甲项目		乙项目	
标后利润(万元)	概率	标后利润(万元)	概率
800	0.6	500	0.5
100	0.1	300	0.3
-300	0.3	-100	0.2

甲、乙两个标的损益值期望值 E 如下:

$$E_{甲} = (0.6\times800 + 0.1\times100 - 0.3\times300)万元 = 400 万元$$

$$E_{乙} = (0.5\times500 + 0.3\times300 - 0.2\times100)万元 = 320 万元$$

若按损益值期望值最大的原则去进行决策,显然,甲项目优于乙项目,投标人会选择甲项目。但是,甲项目有 30% 的概率带来 300 万元较大的损失,而乙项目只有 20% 的概率带来 100 万元较小的损失。如果投标人宁愿选乙项目,而不愿承担 300 万元损失的风险,这就涉及效用概念了。这就需要用效用值的理论进行分析。

将标后利润按大小顺序排列:800,500,300,100,0,-100,-300(其中 0 为两个标均不投)。定义标后利润最大者的效用值为 1,标后利润最小者的效用值为 0,即有:U(800 万元)=1,U(-300 万元)=0。

然后采用提问方式确定投标人的效用值。基本的提问方法有两种:一种是改变风险值,而保持损益值不变;另一种是保持风险值不变,而改变损益值,因为这些方法均是采用提问和回答的方式来确定效用值的,类似于物理中用试验的方法确定参数,不同方法经常会出现结果的不一致。下面采用前一种方法提问。

如要确定 U(500 万元)=?

问:在以下两种方案中,你选择哪一种?

(1)肯定可得 500 万元;

(2)75% 的可能性得到 800 万元,而 25% 的可能性失去 300 万元,期望值为 525 万元。

答:(2)太冒险了,选(1)。

问:若将上述(2)改成95%的可能性得到800万元,而5%的可能性失去300万元,期望值为745万元?你又如何选择?

答:选(2)。

问:若将上述(2)改成85%的可能性得到800万元,而15%的可能性失去300万元呢?

等等。

最后得到一种情况,投标人认为(1)和(2)没有什么区别,两者均可。此时提问结束。

假设这种情况是:90%的可能性得到800万元,而10%的可能性失去300万元,则可得

$$U(500\text{万元}) = 0.9 \times U(800\text{万元}) + 0.1 \times U(-300\text{万元})$$
$$= 0.9 \times 1 + 0.1 \times 0 = 0.9$$

因此,500万元的效用值就为0.9。用同样方法可算出其他几个标后利润所对应的效用值,如表17-3所示。用表17-3数据可得到该投标人的效用曲线。

表17-3 甲、乙项目中标后利润、概率值和效用值

甲项目			乙项目		
标后利润(万元)	概率	效用值	标后利润(万元)	概率	效用值
800	0.6	1.0	500	0.5	0.9
100	0.1	0.5	300	0.3	0.8
-300	0.3	0.0	-100	0.2	0.2

注:两个标均不投的效用值为0.3。

(四)用效用理论进行风险决策

对表17-2所列示例进行评价与决策。

仍采用数学期望值最大的准则,只不过这里要对效用值求数学期望值。由表17-3,甲项目效用值数学期望值$MU_{甲}$和乙项目效用值数学期望值$MU_{乙}$,分别计算如下:

$$MU_{甲} = 0.6 \times 1.0 + 0.1 \times 0.5 + 0.3 \times 0.0 = 0.65$$
$$MU_{乙} = 0.5 \times 0.9 + 0.3 \times 0.8 + 0.2 \times 0.2 = 0.73$$

2个标均不投的效用值数学期望值MU_0为

$$MU_0 = 0.3 \times 1.0 = 0.3$$

由决策准则,显然,投标人应该选择乙项目去投标。这一结果和一般数学期望值决策的结果刚好相反。

三、建设工程项目净现金流决策法

工程实施阶段的风险管理决策实际上就是工程投资决策的一部分,因为风险管理方案的实施像其他工程部分一样,需要在开始投入资金,实施风险管理方案的投资最终会进入工程造价。

(一)建设工程项目价值决策法

风险管理方案的实施能够通过改变建设工程项目的现金流来改变建设工程项目的价值。我们在做风险管理决策时,可以将不同的风险管理方案的投资计入总造价,在其他条件不变的情况下,计算并比较包含不同风险管理方案的建设工程项目投资方案的净现值,或建设工程项目的价值,建设工程项目净现值最大的方案所包含的风险管理方案即为最好的风

险管理方案。建设工程项目价值是建设工程项目期望净现金流贴现而得到的现值,其中净现金流等于现金流入减去现金流出。

建设工程项目价值评估公式为

$$项目价值 = \sum_{t=1}^{n} \frac{第\ t\ 年的期望净现金流}{(1+r)^t}$$

其中 n 表示项目的寿命或使用年限;r 表示资本机会成本,表示投资者进行一项和该现金流风险相同的投资所能获得的期望收益率。

采用净现值准则对各种备选的风险管理方案进行选择时,必须根据它们对建设工程项目现金流的影响来衡量这些方案的收益和成本。对于建设工程项目实施阶段的风险管理而言,风险管理方案的实施,如购买一定的保险和采取一些预防灾难的措施都会增加工程的先期投资,从而增加了建设工程项目的现金流出;风险管理方案的实施带来的风险成本降低或期望现金流入包括施工期间减少的工程期望损失额、减少的因施工意外事故导致第三者损失而引起的向第三者的期望赔偿额、减少期望停工时间或建设工程项目延期竣工时间从而降低的期望延期投运利润损失额、减少的由于巨额损失导致的较高的损失后融资成本等。我们将所有的实施风险管理方案带来的期望现金流入和现金流出统统考虑在内,就可以计算出各种风险管理方案下建设工程项目的价值,从而选取使建设工程项目价值最大的风险管理方案。

(二)风险管理方案价值决策法

上述方法将风险管理投资与其他工程投资放在一起综合考虑,我们也可以将风险管理方案的实施视为一项单独的投资,单独考虑实施风险管理方案为建设工程项目带来的期望现金流入和现金流出,方案选择标准同样是净现值最大者。

许多风险管理决策都会涉及相当大的先期投资,这些投资在未来年份里将产生正的期望净现金流,所有年份(包括先期投资年份)的期望净现金流的贴现值表示的就是投资项目的净现值。我们将净现值经常写成另外一种略微不同的形式,以强调投资时的初始现金流出。

$$净现值 = \sum_{t=1}^{n} \frac{E(NCF_t)}{(1+r)^t} - I_0$$

这里,$E(NCF_t)$ 表示第 t 年里由于风险管理方案的实施所产生的净现金流期望值;r 是资本的机会成本;I_0 表示风险管理方案实施时需要的初始现金流出。

在实际应用中,贴现现金流分析经常被用来比较不同的损失控制和损失融资方案的净现值,以便从多个损失融资备选方案中选择最优方案,以及进行损失控制的投资决策。也就是说,净现金流决策法不但可以用于整体风险管理方案的选择决策,而且可以用于某种风险管理技术方案的决策,或者总体风险管理方案实施后的后续的局部风险管理决策。这个过程需要对每个备选方案的现金流的期望值和发生时间进行估计,并在考虑现金流风险的条件下选取适当的贴现率。下面分别分析损失融资决策中自留额确定和损失控制投资时建设工程项目期望收益(期望现金流入)和期望成本(期望现金流出)的变化。

1. 自留额决策

增加自留额可能减少建设单位为建设工程项目保险支付的现金流,从而给建设工程项目带来收益。增加自留额的收益包括:①节省了附加保费,主要包括:付给保险经纪人的佣金，可能节省的承保费用和理赔费用；②减少由于保险市场波动带来的风险，这种波动通常是由于对保险人资本的冲击影响了保险的供给或保险承保周期造成的，许多公司希望通过风险自留减少由于每年保险价格波动而使公司承担的风险；③避免由于信息不对称造成过高的保费。

增加自留额会给建设工程项目带来更大的风险，从而给建设工程项目带来期望成本。增加自留额的成本包括：①增加自留额带来的更高风险增加了建设工程项目陷入财务困境的可能性；②可能对贷款银行、供应商和未来客户造成负面影响，使他们以不够优惠的条件与公司签订合同；③可能要求公司筹集昂贵的外部资金，放弃一些有利可图的机会。

2. 损失控制决策

为了做出能够增加建设工程项目价值的损失控制决策，首先必须估计损失控制措施的期望收益和成本。这里以是否在工地设置灭火设施以应对火灾为例来说明。

我们假设不涉及任何雇员或其他人的人身伤害风险，仅考虑与工程物资损失有关的收益和成本。设置灭火设施的主要收益包括：①减少直接的工程物资损失和工程中断造成工程延期损失的工程保险费用；②减少工程保险中免赔额下自留的期望损失，以及可能超出保险单限额的期望的延期投运利润损失。

设置灭火设施有两项主要成本：①设备购置和安装费；②日常保养维护费。

净现金流决策法使建设工程项目风险管理目标与建设工程项目的经营目标达到统一，有利于风险管理者从战略高度与其他管理者一起做出风险管理决策。但是，风险管理决策中一些重要的收益和成本是很难量化的。许多情况下，只能对收益和成本的规模进行基于经验的估测。其实，损失期望值决策法、效用决策法和净现金流决策法有一定的异曲同工之处。在损失期望值决策法中，损失值是指采用某个风险管理方案时，建设工程项目的损失控制费用、损失融资费用、内部风险抑制费用、忧虑价值、直接损失及间接损失之和减去保险公司的赔偿额。也就是说，损失值就是期望现金流出减去期望现金流入，选择损失期望值最小的方案其实与净现金流决策中选择净现值最大的方案的原理是相同的；效用决策法是损失期望值决策法的延伸，只是将损失值用决策者的效用值替代。另外，在这三种方法的应用中都存在如何将一些因素量化的问题，如损失值中的决策者的忧虑因素、净现金流分析法中的各项期望成本和期望收益等。

四、建设工程项目决策树方法

决策树方法的实质是期望值准则的应用，与该方法类似的还有决策表方法、矩阵方法等，在这里主要介绍决策树方法。

（一）决策树基本结构

决策树的基本结构如图 17-3 所示，其由决策点、方案枝、状态点和概率枝、损益值构成，它们组合在一起形如横躺着的树，因此而得名。

决策树的起点是决策点，用矩形表示。从矩形方框引出的分枝称为方案枝，每一个方案枝代表一种可选的方案。各方案枝末端的圆圈称为状态点，亦称随机状态点，表示一种客观状态。在状态点引出的分枝则是概率枝。

决策树寻求优化方案的过程是比较各状态点的损益期望值的过程。同时规定，遇到状态点就要计算损益期望值，遇到决策点就要依据损益期望值的大小选择方案。

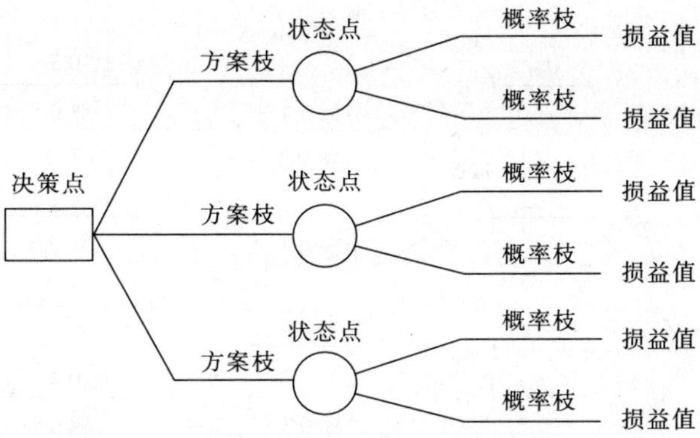

图 17-3　决策树的基本结构

(二)决策树方法的应用步骤

下面结合例子说明决策树方法的应用步骤。

现有甲、乙两个建设工程项目适合某承包人投标，承包人根据企业经营状况，决定只选其中一个项目投标，或两个项目均不投。根据经验，承包人又采用高报价和低报价两个方案。因此，存在着 5 种方案，不同方案的可得利润和出现的概率见表 17-4。

表 17-4　甲、乙方案可得利润和出现概率

方案	利润(万元)	概率	方案	利润(万元)	概率
$甲_{高}$	500 100 -300	0.3 0.5 0.2	$乙_{高}$	700 200 -300	0.3 0.5 0.2
$甲_{低}$	400 50 -400	0.2 0.6 0.2	$乙_{低}$	600 100 -100	0.3 0.6 0.1
			不投	0	1.0

此外，若不中标，投甲标将损失 5 万元，投乙标将损失 10 万元，其无法得到补偿。该方案决策的步骤如下。

(1)绘制决策树。根据条件，得投标决策树如图 17-4 所示。

(2)将状态概率和损益值填入决策树图中相应位置。

(3)计算损益期望值，并将计算结果写在状态点上方。计算从图 17-4 右边列各状态点 F、G、H、I 开始。如，状态点 F 的损益期望值 $E(F)$ 为

$$E(F)=0.3\times500+0.5\times100+0.2\times(-300)=140(\text{万元})$$

同理，可得到 G、H、I 各状态点的损益期望值，并标在图 17-4 中。在 F、G、H 和各点损益期望值计算的基础上，计算图 17-4 左边列各点 B、C、D 和 K 各状态点的损益期望值，方法同前。结果表明，方案$乙_{高}$的损益期望值最大，方案$甲_{低}$的损益期望值最小。

(4)确定一个合理的判断准则，比较各损益期望值的大小，选择投标方案。本例中采用损益期望值最大为最优方案准则。因此，选定乙项目，且投高标。

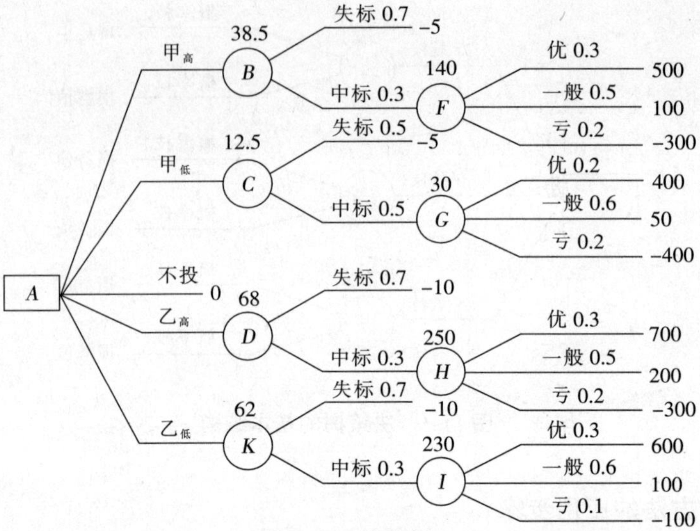

图 17-4　决策树

本例为仅有一个决策点的一级决策树，在工程中经常用到多级决策问题的多级决策树，其原理相同，这里不多介绍。

第三节　机场建设工程项目风险管理

一、机场建设工程项目风险及其特点

民航机场建设工程项目风险是指在机场建设过程中由于客观存在的不确定因素所可能导致的人员伤亡和项目损失。机场建设工程项目一般具有投入资金多，规模大，周期长，涉及面广，不确定性因素多，易受自然条件、地质水文情况和社会环境因素影响等特点，在机场建设过程中将不可避免地面临各种各样的风险。

二、机场建设工程项目的风险识别

机场建设工程项目风险管理就是要最大限度地控制和防范机场建设过程中各种风险的发生，尽最大努力减少和弥补由于风险所造成的损失。要正确地进行机场建设工程项目的风险管理，首先必须了解机场建设过程中具体有哪些风险，然后才能针对不同的风险情况采取相应的防范措施。

机场建设工程项目的建设单位在项目建设的不同阶段会面临各种各样的风险。

(1)项目概念阶段的主要风险是可行性研究风险和决策风险。

·决策风险，指由于指导方针、战略思想可能有错误而造成的项目决策失误。

·可行性研究风险，指在可行性研究过程中所依据的假设可能不成立，选取的参数可能有错误而造成的风险。

(2)项目规划阶段的主要风险是设计风险，指设计文件中可能存在的错误或不合理而造成的风险。

(3)项目实施阶段的风险主要有合同风险、履约风险、财务风险、安全责任事故风险和环境风险等。

· 合同风险，指与合同的缔结有关的风险。

· 履约风险，指合同对方恶意违约所造成的风险。

· 财务风险，指涉及财务资金安全的风险。

· 安全责任事故风险。

· 外界环境风险。

前四项风险属于可控风险，建设单位应通过加强管理、提高业务水平的方式来防范和控制风险；最后一项风险属于不可控风险，建设单位应通过风险转移和风险分离的方法来转移风险或降低风险所造成的损失额。

三、机场建设工程项目的风险管理

下面就某大型民用机场扩建工程实施阶段的风险及其防范中的一些实际做法加以介绍。

（一）合同风险

合同风险包括合同主体不合格、合同条文不严密和合同违反法律等。合同主体不合格包括以下三种情形。

（1）没有从事建筑经营活动资格而订立合同。根据《建筑市场管理规定》第十四条和最高人民法院法发〔1993〕8 号文件《全国经济审判工作座谈会议纪要》的精神，凡承包人没有从事建筑经营活动资格而订立的合同应当认定无效。

（2）超越资质等级订立合同。根据《建筑业企业资质管理规定》、《建筑施工企业资质等级标准》等有关规定，建筑业企业分别被分成不同的资质等级，不同资质等级的单位承揽业务的范围有严格的区别。建筑业企业应当按照《建筑业企业资质证书》所核定的承包工程范围从事工程承包活动，严禁无《建筑业企业资质证书》或擅自超越《建筑业企业资质证书》所核定的承包工程范围从事承包活动。

（3）跨越省级行政区域承揽工程，但未办理审批许可手续而订立的合同（见《建筑市场管理规定》第十五条）。不合格主体所签订的合同无法律效力。

对于合同对方主体资格不合格的风险应主要通过资格审查的方式来防范。机场扩建工程在每次招标之前都要进行严格的资格预审，只有资格预审合格的单位才能参加投标。资格预审中主要审查各潜在投标人的营业执照及年检情况，是否为独立法人，是否具有建筑业从业资格、资质证书及年检情况；是否具备承揽本工程所要求的资质等级；拟用于本工程的施工技术人员、管理人员以及施工机械设备情况；以往业绩，包括已承接的施工任务及完成情况，承担类似工程的施工经历，近几年来承包的主要工程质量、安全、工期等情况；财务状况，包括资金情况，以及近几年盈利情况等。在资格预审中一律要求出示相关证件原件。必要时，机场指挥部还派人进行实地考察。

合同条文不严密，包括合同条文含糊不清、自相矛盾，合同内容不全而又不能根据法律或工程惯例合理确定，以及合同严重对己方不利等情形。为防范和控制合同条文不严密所带来的风险，机场指挥部聘请了专业的法律人员为施工、采购、设计、监理等各类合同制定了专门的合同条件。要求各业务单位必须接受建设单位提供的合同条件，否则不得承揽工程。在每一份合同签订时，还必须由经办人、各处处长、副总指挥、总指挥逐级审批。

合同违反法律指合同在内容或形式上违反了国家有关强制性法律规定。如根据《招标投标法》第三条和国家计委3号令《工程建设项目招标范围和规模标准规定》,符合上述标准应当进行招标而没有招标的,合同一旦违反法律,必将面临法律的制裁。对于合同违法的风险,除应当牢固树立守法意识,加强法制宣传教育外,聘请专职法律顾问也不失为一种比较好的选择。

(二)履约风险

履约风险包括:供应商不按期发货或所发货物质量不合格,以次充好、以假充真;承包商不按约定派人员、机械进场;不按预定的进度计划组织施工;施工过程中偷工减料、质量低劣;合同对方寻找种种理由要求增加合同价款和预付款,否则拒不执行合同等情形。

防范履约风险的一个基本原则就是确保违约方决不可能因违约而获利,相反,一旦违约他将遭受更大的损失。首先,这就要求在合同条款的设计上确保建设单位在合同履行的任何阶段始终掌握主动权,一旦对方违约,建设单位可根据合同条款立即采取严厉措施,保护自身利益。其次,建设单位也要加强合同意识,严格履行义务,以免因自身合同执行上的小小瑕疵给对方违约造成借口。再次,建设单位应加强合同履行阶段的管理,正确行使合同赋予的工期控制权、质量检验权、验收权等,对合同履行进行全过程监督。

机场扩建工程充分利用目前我国建筑市场处于买方市场的有利地位,制定了自己的合同条件。这些合同条件规定如支付预付款,对方应提供等额预付款银行保函,工程进度款的支付不应超过工程的实际进度。这些条件同时还赋予了建设单位因对方严重违约而单方面解除合同的权利。另外,机场扩建工程中广泛采用了债的担保形式。如勘察设计合同中规定了定金条款,采购、施工合同中要求对方提供履约保证金作为合同的生效要件。履约保证金可以是现金形式,也可以是银行保函的形式。一旦对方出现违约情形,建设单位可立即无条件兑付履约保证金。对于合同履行中的工期风险、质量风险,机场扩建工程主要通过委托社会监理的方式进行防范。机场扩建工程的所有项目全部实行了监理制。未经监理人员签字认可,建筑材料、构配件和设备不得在工程上使用或安装,不得进入下一道工序的施工,不得拨付工程进度款,不得进行竣工验收。监理人员要按规定采取旁站、巡视和平行检验等形式,按作业程序即时跟班到位进行监督检查,对达不到质量要求的工程不得签字,并有权责令返工。对未能履行职责的监理单位,指挥部将追究其合同责任。

(三)财务风险

财务风险根据其发生原因可分为指挥部内部工作人员徇私舞弊、贪污工程款,工作人员责任心不强,错付、多付工程款,资金管理不善而失窃、被盗,以及指挥部工作人员在签订和履行合同过程中因能力所限或严重不负责任被诈骗致使工程款流失等形成的风险。在工程建设过程中要经手大量的资金,很容易被不法分子窥视。因此,加强财务风险管理,确保建设资金安全对于工程建设就显得特别重要。

对于财务风险的防范,建设单位一方面应当建立岗位责任制,实行责任追究制度,强化工作人员责任心。另一方面应当加强业务和法律知识学习,提高工作人员的业务水平,增强其识别和防范风险的能力。另外,建设单位应严格落实国家现行有效的财务制度。如根据《现金管理规定》,企业现金收入应于当日送存开户银行,不准“白条顶库”,不准公款私存,不准设立账外账,不准用银行账户代其他单位和个人存入或支取现金等。企业应当根据《会计基础工作规范》,实行会计监督,建立会议人员回避制度、内部牵制制度、稽核制度、财产清查制度、财务收支审批制度等。对此，国家相关法律法规已有明文规定。严格执行这些制度，既是建设单位的法定义务，也是加强资金安全管理，防范和化解财务风险的有效措施。

对于因合同诈骗而形成的财务风险，建设单位应当在订立合同时进行严格的资格预审，谨慎选择合作伙伴，避免与不具备相应资质、信誉差、不守信用的单位打交道。在支付款项时一定要慎之又慎，一定要等所有的付款手续、单证全部齐备，并且真实有效、互相一致，不存在任何疑点之后才能付款。款项的支付不应超过对方的履约进度，以防对方卷款潜逃。机场扩建工程中，所有的款项支付都必须首先签订合同，严禁合同尚未订立就预先支付款项。材料设备采购原则上一律不付预付款，而是于设备到货并经一般性检验（指对设备外观、法律证件进行的检验）合格后支付60%的款项。工程施工合同中，根据国家相关法规要求及工程实际情况，可以支付预付款，但施工单位必须提供等额预付款银行保函。该保函必须是建设单位可接受的银行出具的可被接受的保函。施工单位应当严格按照建设单位的要求开具预付款银行保函。一旦合同对方卷款潜逃，建设单位将向银行追索，确保自身利益不受损害。

（四）安全责任事故所造成的风险

安全责任事故所造成的风险指在工程建设中因人为原因，如违反安全操作规程，未采取充分的防护措施等所造成的风险。安全责任事故对于建筑工程尤其是大型建筑工程来说往往是很难完全避免的。而一旦出现安全事故，轻则造成机械设备损坏，重则造成人员伤亡。直接关系到生命和财产安全，建设单位必须予以高度重视。

对于安全事故所造成的责任和因此发生的费用，无论是FIDIC条款，还是国内的《建设工程施工合同》（CF—1999—0201）都规定由施工单位承担。当然，由施工单位承担风险，并不是说建设单位就应对之放任不管、听之任之。毕竟，一旦出现事故，受损的不仅仅是施工单位，建设单位将不可避免地受到影响。建设单位在防范安全事故风险中主要扮演一个监督者的角色，派专门的安全管理人员（也可委托监理人员）随时巡视施工现场，监督施工单位严格按照安全标准组织施工情况，安全防护设施的购入及使用情况，采取的安全防护措施是否充分、有效等。建设单位应当要求施工单位指定专人或专门机构负责安全，并对上述人员的任职资格和能力进行审查。建设单位除应当对施工单位的安全施工情况进行监督外，还应当对其在施工场地的工作人员进行安全教育。建设单位应及时将动力设备、输电线路、地下管道等的位置及地质、水文资料等提交给施工单位，并对其准确性负责。另外，建设单位也不得要求施工单位违反安全管理规定进行施工，否则因此造成的责任和发生的费用由建设单位承担。

（五）外界环境风险

外界环境风险包括政治风险、经济风险、法律风险和自然风险。政治风险指工程所在国政治环境的变化，如发生战争、禁运、罢工、社会动乱等造成工程的中断或终止。经济风险指承包市场所处的经济环境发生变化，如物价上涨、工资提高、外汇汇率变化、通货膨胀等。由于工程建设周期相对较长，而市场又是不断变化的，因此在工程建设中经济风险是不可避免的，其造成的影响往往也特别巨大。法律风险指合同所依据的法律发生变化，如新的法律颁布、国家调整税率或增加新税种、新的外汇管理政策等。自然风险指由于自然灾害或意外事故所造成的风险，如地震、台风、洪水等。

外界风险是客观存在的，不以人的意志为转移，建设单位不可能采取任何措施来防止风险的发生。但建设单位可通过合理的风险分离手段来降低由于风险所造成的损失额。风险分离指将各风险单位间隔,以避免发生连锁反应或互相牵连。如将材料、设备分隔存放以防火灾,采用不同的币种在不同的国家购买货物以防汇率风险等。建设单位还可以采取风险转移的方法,将风险转移给合同对方或专业的风险投资机构(如保险公司等)承担。如果将风险全部转移给合同对方,由于对方承担了过高的风险,必然会大大提高其报价,从而加大工程成本。如果将风险全部转移给风险投资机构,业主也必将为此支付高昂的费用。为了既将风险降至可接受的水平,又不致过分加大工程成本,建设单位必须合理地进行风险分配。

将建筑工程中涉及的风险在建设单位和承包商之间进行分配应当遵循下列原则。

(1)谁能最有效地防止和控制风险,或能将风险转移给其他方面,则应由他承担相应的风险责任。

(2)承担者控制相关风险是经济的、有效的、方便的、可行的。

(3)通过风险分配能加强风险承担者的责任心和积极性,更好地进行计划和控制。

(4)风险的承担者应当享有相应的权利。

(5)风险的承担者应当享有风险控制所获得的收益。

(6)风险的承担者应当得到经济补偿。

(7)符合工程惯例。

第十八章　建设工程项目风险监控

第一节　建设工程项目风险监控概述

一、建设工程项目风险监控的含义

(一)风险监控

风险监控就是通过对风险规划、识别、估计、评价、应对全过程的监视和控制,从而保证风险管理能达到预期的目标,它是建设工程项目实施过程中的一项重要工作。监控风险实际上是监视建设工程项目的进展和建设工程项目环境,即建设工程项目情况的变化,其目的是:核对风险管理策略和措施的实际效果是否与预见的相同;寻找机会改善和细化风险规避计划,获取反馈信息,以便将来的决策更符合实际。在风险监控过程中,及时发现那些新出现的以及预先制定的策略或措施不见效或性质随着时间的推延而发生变化的风险,然后及时反馈,并根据对建设工程项目的影响程度,重新进行风险规划、识别、估计、评价和应对,同时还应对每一风险事件制定成败标准和判据。

(二)风险控制

风险控制就是在风险事件发生时实施风险管理计划中预定的规避措施。另外,当建设工程项目的情况发生变化时,要重新进行风险分析,并制定新的规避措施。风险控制的依据包括风险管理计划、实际发生了的风险事件和随时进行的风险识别结果。

风险控制的手段除风险管理计划中预定的规避措施外,还应有根据实际情况确定的权变措施。当实际发生的风险事件事先未曾预料到,或其后果比预期的严重,风险管理计划中预定的规避措施也不足以解决时,必须重新制定风险规避措施。

(三)风险监视

风险监视是建设工程项目实施过程中的一项重要工作。监视风险实际是监视项目的进展和建设工程项目环境,即建设工程项目变数的变化。其目的是:核对这些策略和措施的实际效果是否与预见的相同;寻找机会改善和细化风险规避计划;获取反馈信息,以便将来的决策更符合实际。对那些新出现的以及预先制定的策略或措施不见效或性质随着时间的推延而发生变化的风险进行控制。对建设工程项目进展的评价要反复不断地进行。

不管预先计划好的策略和措施是否付诸实施,风险监视都一日不可或缺。如果发现已做出的决策是错误的,就一定要尽早承认,立即采取纠正行动。如果决策正确,但是结果却不好,这时不要惊慌,不要过早地改变正确的决策。频繁地改变主意,不仅会减少应急用的后备资源,而且会大大增加项目以后阶段风险事件发生的可能性,加重不利后果。

监视风险之所以非常必要,是因为时间的影响是很难预计的。一般说来,风险的不确定性随着时间的推移而减小。随着建设工程项目的进展,有关建设工程项目风险本来性质的信息、资料会越来越多。风险存在的基本原因,是由于缺少信息和资料、缺少控制呢,还是由于缺少时间？所有这些都会变得越来越清楚。如果原来的风险识别、估计和评价做得正确，则原来的风险将量化得越来越准。

第二节　建设工程项目风险监控的步骤与内容

项目风险监督和控制方法的步骤内容见图 18-1

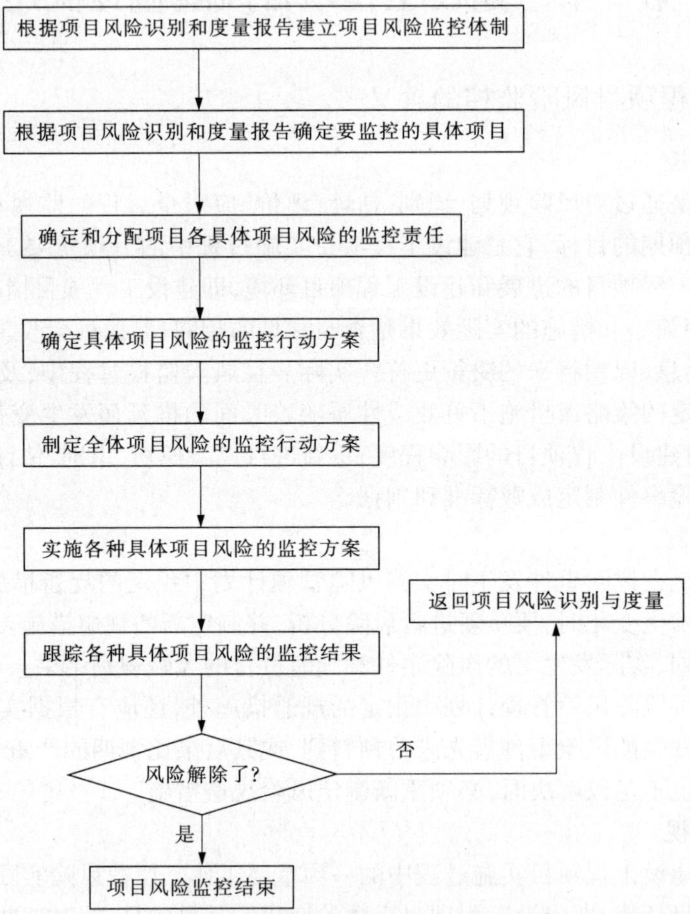

图 18-1　项目风险监督和控制方法的步骤与内容

建设工程项目风险监督和控制中各具体步骤的内容与做法分别说明如下。

一、建立项目风险事件监督与控制体制

这是指在建设工程项目开始之前要根据建设工程项目风险识别和度量报告所给出的建设工程项目风险信息，制定出整个建设工程项目风险监督与控制的大政方针、建设工程项目风险监督与控制的程序以及建设工程项目风险监督与控制的管理体制。这包括建设工程项目风险责任制、建设工程项目风险信息报告制、建设工程项目风险控制决策制、建设工程项目风险控制的沟通程序等。

二、确定要控制的具体项目风险

这一步是根据建设工程项目风险识别与度量报告所列出的各种具体建设工程项目风险确定出对哪些建设工程项目风险进行监督和控制，而对哪些建设工程项目风险采取容忍措施并放弃对它们的监督与控制。通常这需要按照具体建设工程项目风险和建设工程项目风险后果的严重程度，以及建设工程项目风险发生概率和建设工程项目组织的风险控制资源等情况确定。

三、确定建设工程项目风险的监督与控制责任

这是分配和落实建设工程项目具体风险监督与控制责任的工作。所有需要监督与控制的建设工程项目风险都必须落实到具体负责监督与控制的人员，同时要规定他们所负的具体责任。对于建设工程项目风险控制工作必须由专人去负责，不能多人负责，也不能由不合适的人去担负风险事件监督与控制的责任，因为这些都会造成大量时间与资金的浪费。

四、确定建设工程项目风险监督与控制的行动时间

这是指对建设工程项目风险的监督与控制要制定相应的时间计划和安排，计划和规定出解决建设工程项目风险问题的时间表与时间限制。因为没有时间安排与限制，多数建设工程项目风险问题是不能有效地加以控制的。许多由于建设工程项目风险失控所造成的损失都是错过了建设工程项目风险监督与控制的时机而造成的，所以必须制定严格的建设工程项目风险控制时间计划。

五、制定各具体建设工程项目风险的监督与控制方案

这一步由负责具体建设工程项目风险控制的人员，根据建设工程项目风险的特性和时间计划制定出各具体建设工程项目风险的控制方案。在这一步当中要找出能够控制建设工程项目风险的各种备选方案，然后要对方案作必要的可行性分析，以验证各建设工程项目风险控制备选方案的效果，最终选定要采用的风险控制方案或备用方案。另外，还要针对风险的不同阶段制定不同阶段使用的风险控制方案。

六、实施具体建设工程项目风险监督与控制方案

这一步是要按照选定的具体建设工程项目风险控制方案开展建设工程项目风险控制的活动。这一步必须根据建设工程项目风险的发展与变化不断地修订建设工程项目风险控制方案与办法。对于某些建设工程项目风险而言，风险控制方案的制定与实施几乎是同时的。例如，设计制定一条新的关键路径并计划安排各种资源去防止和解决项目拖期问题的方案就是如此。

七、跟踪具体建设工程项目风险的控制结果

这一步的目的是要收集风险事件控制工作的信息并给出反馈，即利用跟踪去确认所采取的建设工程项目风险控制活动是否有效，建设工程项目风险的发展是否有新的变化等。这样就可以不断地提供反馈信息，从而指导建设工程项目风险控制方案的具体实施。这一

步是与实施具体建设工程项目风险控制方案同步进行的。通过跟踪而给出建设工程项目风险控制工作信息,再根据这些信息去改进具体建设工程项目风险控制方案及其实施工作,直到对风险事件的控制完结为止。

八、判断建设工程项目风险是否已经消除

如果认定某个建设工程项目风险已经解除,则该具体建设工程项目风险的控制作业就已经完成了。若判断该建设工程项目风险仍未解除,就需要重新进行建设工程项目风险识别。这需要重新使用建设工程项目风险识别的方法对建设工程项目具体活动的风险进行新一轮的识别,然后重新按本方法的全过程开展下一步的建设工程项目风险控制作业。

第三节　建设工程项目风险监控的方法

风险监控还没有一套公认的、单独的技术可供使用,其基本目的是以某种方式驾驭风险,保证建设工程项目可靠、高效地完成建设工程项目目标。由于建设工程项目风险具有复杂性、变动性、突发性、超前性等特点,风险监控应该围绕建设工程项目风险的基本问题,制定科学的风险监控标准,采用系统的管理方法,建立有效的风险预警系统,做好应急计划,实施高效的建设工程项目风险监控。

风险监控技术可分为两大类:一类用于监控与建设工程项目、产品有关的风险;另一类用于监控与过程有关的风险。风险监控技术有很多,前几章介绍的一些方法、技术也可用于风险监控,下面再介绍一些有关风险监控的方法。

一、建设工程项目系统的项目监控方法

风险监控,从过程的角度来看,处于建设工程项目风险管理流程的末端,但这并不意味着建设工程项目风险控制的领域仅此而已,风险控制应该面向建设工程项目风险管理全过程,建设工程项目预定目标的实现,是整个流程有机作用的结果。多数关于建设工程项目管理的调查显示,建设工程项目管理过程的完成结果是令人不满意的。许多建设工程项目缺少足够的支持、全面的计划、详细的跟踪且目标不明确。这些及其他障碍增加了建设工程项目失败的可能性。建设工程项目管理的系统方法有助于避免或减少引起这种不利后果的风险。这套方法的目的是为有效率、有效果地领导、定义、计划、组织、控制及完成项目提供指导和帮助,见表18-1。

表18-1　系统的项目管理主要内容

领导	·交流 ·保持方向 ·主动性 ·支持 ·成立小组 ·观点	程序	·备忘录 ·新闻 ·程序 ·项目手册 ·项目办公室 ·报告 ·小组组织 ·工作量

续表 18-1

定义	·项目声明 ·工作条文	控制	·变化的控制 ·应急更新 ·正确的行动 ·会议 ·计划更新 ·情况的收集与评价
计划	·成本计算 ·预测 ·资源分配 ·风险控制 ·计划 ·工作分类结构	结束	·学过的课程 ·检查完成的部分 ·统计汇编 ·活动完成
组织	·自动 ·形式 ·历史资料 ·图书馆		

风险监控应是一个连续的过程,它的任务是根据整个建设工程项目(风险)管理过程规定的衡量标准,全面跟踪并评价风险处理活动的执行情况。有效的风险监控工作可以指出风险处理活动有无不正常之处,哪些风险正在成为实际问题,掌握了这些情况,建设工程项目管理组就有充裕的时间采取纠正措施。建立一套管理指标系统,使之能以明确易懂的形式提供准确、及时而关系密切的建设工程项目风险信息,是进行风险监控的关键所在。这种系统的建设工程项目管理方法有诸多好处:一是它为建设工程项目管理提供了标准的方法,标准化管理为建设工程项目管理人员交流提供了一个共同的基础,减少了识别风险及处置风险错误的可能性;二是伴随标准化而来的是交流沟通的改进,保障了信息共享;三是由于建设工程项目风险的变动性和复杂性,这种系统的建设工程项目管理方法为项目经理对不断变化的情况作出敏捷的反应提供了必要的指导和支持;四是这套方法为建设工程项目风险管理提供了较好的预期,使得每一个建设工程项目管理人员能对风险后果作出合理的预期,同时通过使用标准化的建设工程项目风险管理程序也使管理风险具有连续性;五是这套方法提高了生产率。标准化、敏捷的反应、完善的交流、合理的预期,这些都降低了建设工程项目的复杂性、混乱性、冲突性,同时也减少了外部或自身风险发生的机会。

二、建设工程项目风险预警系统

建设工程项目的创新性、一次性、独特性及复杂性,决定了建设工程项目风险的不可避免性;风险发生后损失的难以弥补性和工作的被动性决定了风险管理的重要性。传统的风险管理是一种"回溯性"管理,属于亡羊补牢,对于一些重大建设工程项目,往往于事无补。风险监控的意义就在于实现建设工程项目风险的有效管理,消除或控制建设工程项目风险的发生或避免造成不利后果。因此,建立有效的风险预警系统,对于风险的有效监控具有重要作用和意义。

风险预警管理,是指对于建设工程项目管理过程中有可能出现的风险,采取超前或预先防范的管理方式,一旦在监控过程中发现有发生风险的征兆,及时采取校正行动并发出预警信号,以最大限度地控制不利后果的发生。因此,建设工程项目风险管理的良好开端是建立一个有效的监控或预警系统,及时觉察计划的偏离,以高效地实施建设工程项目风险管理过程。

当计划与现实之间发生偏差时,存在这样的可能,即建设工程项目正面临着不可控制的风险,这种偏差可能是积极的,也可能是消极的。例如,计划之中的项目进度拖延与实际完成日期的区别显示了计划的提前或延误。前者通常是积极的,后者是消极的,尽管都是不必要的。这样,计划日期之间的区别就是系统会预测到的一个偏差。

另一个关于计划的预警系统是浮动或静止不动。浮动是影响重要途径的前一项活动在计划表中可以延误的时期。重要途径,也就是在网络图中最长的部分很少发生浮动。建设工程项目中浮动越少,风险产生影响的可能性就越大。浮动越低,工作越重要。预算与实际支出之间的差别一定要控制,两者之间偏离表明完成工作之间花费得太少或太多,前者通常是积极的,后者是消极的。

美国国防部从20世纪70年代起,逐步建立起相对完善的风险管理流程,多年的实践使其深刻体会到:建设工程项目管理就是风险管理,只有使风险管理成为与武器装备的整个寿命周期相伴随的一个系统化过程,才能消除或最大限度地控制风险。在长期的项目风险管理实践中,美国国防部认识到风险预警在项目管理中的重要作用:一是如何通过制定采办政策和采办策略,来促进承制方尽早确定风险管理策略并在整个寿命周期中始终注意风险问题,积极开展风险管理。例如,为了降低风险,缩短研制周期,减少费用,在“项目定义与项目论证阶段”(相对于我国的方案阶段),美国重大武器装备研制一般都选定两个厂家研制试验样机,以期通过竞争来降低风险。二是为了加强使用方对项目风险的监控力度,即在批准进入下一个采办阶段之前,各个里程碑决策点应对项目计划的风险和风险管理方案进行明确的评估。著名的跨国公司——美国大西洋富田公司(ARCO),在确定其分承包商方式、部门职责、质量控制、进度控制、文件控制、保险等时都提出了严格的要求,以便对管理活动和施工作业进行全过程、全方位的监控。它还要求分承包商投高额的保险,以保证不因意外的事故破产而影响积极采取行动来开展项目风险管理。他山之石,可以攻玉,美国等发达国家项目风险的预警管理模式,给我们如何开展项目风险管理以深刻的启迪。相比之下,项目主体风险管理滞后,使用方控制不力是我们当前风险控制难的关键所在。

综上所述,风险监控的关键在于培养敏锐的风险意识,建立科学的风险预警系统,从“救火式”风险监控向“消防式”风险监控发展,从注重风险防范向风险事前控制发展。

三、制定应对风险的应急计划

风险监控的价值体现在保持建设工程项目管理在预定的轨道上进行,不致发生大的偏差,造成难以弥补的重大损失,但风险的特殊性也使监控活动面临着严峻的挑战,环境的多变性、风险的复杂性,这些都对风险监控的有效性提出了更高的要求。为了保持建设工程项目有效果、有效率地进行,必须对建设工程项目实施过程中各种风险(已识别的或潜在的)进行系统管理,并对建设工程项目风险可能的各种意外情况进行有效管理,因此制定应对各种风险的应急计划是建设工程项目风险监控的一个重要工作,也是实施建设工程项目风险监控的一个重要途径。

应急计划是为控制建设工程项目实施过程中有可能出现或发生的特定情况做好准备。例如,一种外部风险的引入,项目预算削减20%。应急计划包括风险的描述、完成计划的假设、风险发生的可能性、风险影响以及适当的反应等。

一个有效的应急计划往往把风险看做是由某种“触发器”(Trigger)引起的,即建设工程项目中的风险存在着某种因果关系。在建设工程项目管理中,仅仅接受风险而不重视风险原因,只会是鼓励作出反应而不是预先行动。计划应对风险来源作出判断。

图18-2描述了应急计划流程图,表18-2总结了风险的因果关系。

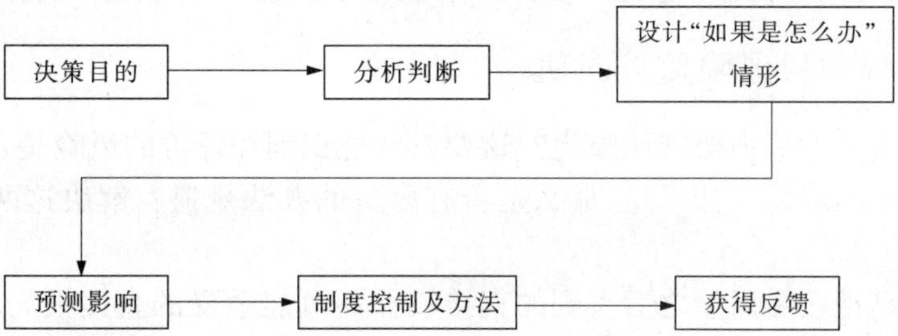

图18-2　应急计划流程图

表18-2　因果关系触发器

产生的原因	结果
文化的/社会的	对社会的看法及观点
经济	成本失败
人	生活威胁
劳动力	罢工
法律	司法体系及效力,政府政策
管理	组织方向
市场	市场分享/渗透
媒体	公众支持
理论	精神方面
政治	地位
技术	“现在不能做”影响

“触发器”在建设工程项目风险监控中是一个十分有用的概念,“触发器”可提供3种基本的控制功能:第一是激活,“触发器”提供再次访问风险行动计划(或对照计划取得的进展)的警铃;第二是解除,“触发器”可用于发送信号,终止风险应对活动;第三是挂起,“触发器”可用于暂停执行风险行动计划。以下4种“触发器”用于提供不可接受风险级别的通知:

(1)定期事件“触发器”,提供活动通知,进度安排的建设工程项目事件(如每月管理报告、项目评审和技术设计评审)是定期事件"触发器"的基础。

(2)已逝时间"触发器",提供日期通知,日程表(如距今30天以后、本季度末、财政年度的开端)是过去时间触发器的基础,也可用具体日期作为以时间为基础的"触发器"。

(3)相对变化"触发器",提供在可接受值范围外的通知,相对变化是预先确定的定量目标与实际值之间的差距。阈值被设为高于或低于定量目标的一个目标值,具体百分比的偏差或高于或低于计划的定量目标都将使"触发器"发出信号。

(4)阈值"触发器",提供超过预先设定阈值的通知,状态指标和阈值的对比是阈值"触发器"的基础。状态指标超过了阈值时,就设定触发器,如果建设工程项目风险指标超过阈值,将发出报警信号,及时提醒建设工程项目管理人员,并报告定量成本预算内的结果。

四、建设工程项目风险监控时机

到底需要付出多大努力监视风险呢?这要看经过识别和评价的风险是否对建设工程项目造成了不能接受的威胁。如果是,那么是否有可行的办法规避?解决这两个问题有以下两种办法。

第一种办法是把接受风险之后得到的直接收益同可能蒙受的直接损失比较一下,若收益大于损失,建设工程项目继续进行;否则,没有必要把建设工程项目继续进行下去。

第二种办法需要比较间接收益和间接损失。比较时,应该把那些不能量化的方面也考虑在内,例如环境影响。在权衡风险后果时,必须考虑纯粹经济以外的因素,包括为了取得一定的收益而实施规避风险策略时可能遇到的困难和费用。图18-3表示的是规避风险策略的效果同为此而付出的相应费用的关系。

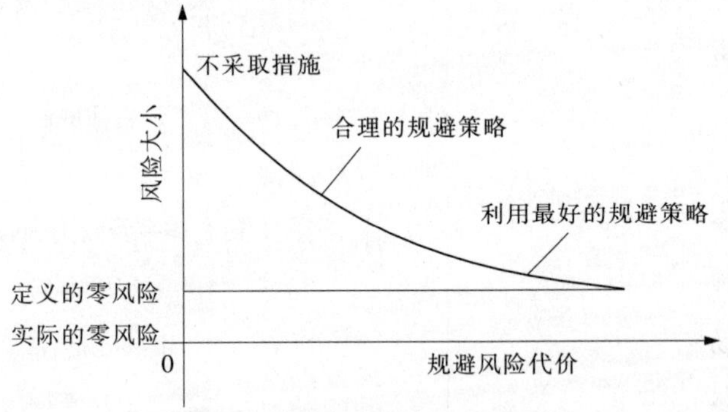

图18-3 风险监控时机示意图

图18-3最左边的点表示根本未采取任何风险规避策略,即没有投入任何资金。项目成功还是失败,完全顺乎自然。沿着横坐标向右,随着资金投入的增加,风险规避策略的效果增强。在最右边,风险被削弱到最低限度。但是,这个最低限度不是零风险,而是一种人们不视其为风险的水平。这个最低限度是根据主观判断确定的,是项目各有关方一致认为不是风险的水平。

五、制定风险监控行动过程

风险监控过程有助于控制建设工程项目过程或产品的偏差。例如,风险管理过程可能需要控制行动来改进过程。风险行动计划是一种中间产品,它可能需要控制行动来修改没有产生满意结果的途径。建设工程项目风险监控,重要的是应根据监控得到的建设工程项目风险征兆,作出合理的判断,采取有效的行动,即必须制定建设工程项目风险监控行动过程。根据控制的 PDCA 循环过程,建设工程项目风险监控行动过程一般包括以下四个步骤。

(1)识别问题:找出过程或产品中的问题,产品可能是中间产品,如风险行动计划。

(2)评估问题:进行分析以便理解和评估记录在案的问题。

(3)计划行动:批准行动计划来解决问题。

(4)监视进展:跟踪进展直至问题得以解决,并将经验教训记录在案,供日后参考。

第四节　建设工程项目风险监控技术与工具

一、建设工程项目风险监控技巧

项目风险监控技巧往往取决于可用的工具。一个建设工程项目的自动化程度取决于所用的工具,如简单的电子表格应用程序可用于绘制导航图表和报告趋势,复杂的进度工具可用于跟踪长时间的活动和资源。无论工具的自动化程度有多高,都绝对有必要保持跟踪计划性和技术性能度量,这对监视风险而言至关重要。技术性能度量(TPM,Technical Performance Measures)描述了系统实践的定量目标。一种风险监控技巧是利用静态的度量来揭示动态的建设工程项目风险。首先定义可接受状态的范围,然后跟踪状态确定趋势。当度量低于可接受的值时,立即启动行动计划。用静态度量来监视风险,包括以下三个步骤。

(1)将不可接受状态的警告级别定义为阈值。

(2)用度量和度量规格监视状态指标。

(3)用“触发器”控制风险行动计划。

二、建设工程项目风险监控技术

(一)审核检查法

审核检查法是一种传统的控制方法,该方法可用于建设工程项目的全过程,从建设工程项目建议书开始,直至建设工程项目结束。

建设工程项目建议书,建设工程项目产品或服务的技术规格要求,建设工程项目的招标文件、设计文件、实施计划、必要的试验等都需要审核。审核时要查出错误、疏漏、不准确、前后矛盾、不一致之处。审核还会发现以前或他人未注意的或未考虑到的问题。审核多在建设工程项目进展到一定阶段时,以会议形式进行。审核会议要有明确的目标,问题要具体,要请多方面的人员参加,参加者不要审核自己负责的那部分工作。审核结束后,要把发现的问题及时交代给原来负责的人员,让他们马上采取行动,予以解决,问题解决后要签字验收。

检查是在建设工程项目实施过程中进行,而不是在建设工程项目告一段落后进行的。检查是为了把各方面的反馈意见及时通知有关人员,一般以完成的工作成果为研究对象,包括建设工程项目的设计文件、实施计划、试验计划、试验结果、正在施工的工程、运到现场的材料和设备等。检查不像审核那样正规,一般在建设工程项目的设计和实施阶段进行。参加检查的人专业技术水平最好高低差不多,这样便于平等地讨论问题。检查之前最好准备一张表,把要问的问题记在上面。在检查时,把发现的问题及时记在上面。检查结束后,要把发现的问题及时地向负责该工作的人员反馈,使他们能马上采取行动,予以解决。问题解决后要签字验收。

(二)监视单

监视单是建设工程项目实施过程中需要管理工作给予特别关注的关键区域的清单。这是一种简单明了又很容易编制的文件,内容可浅可深,浅则可只列出已辨识出的风险,深则可列出诸如下述内容:风险顺序、风险在监视单中已停留的时间、风险处理活动、各项风险处理活动的计划完成日期和实际完成日期、对任何差别的解释等。监视单的示例见表18-3。

表18-3 项目风险监视单示例

潜在风险区	风险降低活动	活动代码	预计完日期(年-月-日)	完成日期	备注
准确预测舰载设备经受的冲击环境	使用多重有限源代码和简化数字模型进行早期评估;对简单隔离的结构、简单隔离的舱室及建议的隔离结构进行冲击试验,以提高预测的置信度	SEA03P31	1997-08-31 1998-08-31		
评价与以往设计不同的舰船系统的声学影响	对未经大尺寸试验或全尺寸试航验证的技术集中力量建立声学模型和缩尺试验,将利用隔离模块舱得出的声音信号减弱系数纳入系统要求。持续进行模型试验以确认对隔离舱的预测值	SEA03TC	1997-08-31 1997-08-31		

建设工程项目风险监视单的编制应依据风险评估的结果,一般应使监视单中的风险数目尽量少,并重点列出那些对建设工程项目影响最大的风险。随着建设工程项目向前进展和定期的评估,可能要增补某些内容。如果有数目可观的新风险影响重大,十分需要列入监视单,则说明初始风险评估不准,建设工程项目风险比最初预估的要大,也可能说明建设工程项目正处在失去控制的边缘。如果某项风险因风险处理无进展而长时间停留在监视单之中,则说明可能需要对该风险或其处理方法进行重新评估。监视单的内容应在各种正式和非正式的建设工程项目审查会议期间进行审查和评估。

(三)建设工程项目风险报告

建设工程项目风险报告是用来向决策者和建设工程项目组织成员传达风险信息,通报风险状况和风险处理活动效果的。风险报告的形式有多种,时间仓促可作非正式口头报告,里程碑审查则需提出正式摘要报告。报告内容的详略程度按接受报告人的需要确定。

成功的风险管理工作都要及时报告风险监控过程的结果。风险报告要求(包括报告格式和频度)一般应作为制定风险管理计划的内容统一考虑并纳入风险管理计划。编制和提交此类报告一般是建设工程项目管理的一项日常工作。为了看出技术、进度和费用方面有无影响建设工程项目目标实现和里程碑要求满足的障碍,可将这些报告纳入建设工程项目管理审查和技术里程碑进行审查。

(四)费用偏差分析法

这是一种测量建设工程项目预算实施情况的方法。该方法将实际上已完成的建设工程项目工作同计划的建设工程项目进行比较,确定建设工程项目在费用支出和时间进度方面是否符合原定计划的要求。该方法计算、收集三种基本数据,即计划工作的预算费用(*BCWS*)、已完工作实际费用(*ACWP*)和已完实际工作量。*BCWS* 是在建设工程项目费用估算阶段编制建设工程项目资金使用计划时确定的,它是建设工程项目进度时间的函数,是累积值,随着建设工程项目的进展而增加,在建设工程项目完成时达到最大值,即建设工程项目的总费用。若将此函数画在以时间为横坐标、以费用为纵坐标的图上,则函数曲线一般呈现 S 状,俗称 S 曲线。*ACWP* 是在建设工程项目进展过程中对已完工作实际测量的结果,也是进度时间的函数,是累积值,随着建设工程项目的进展而增加。*ACWP* 是费用,不是实际工作量。按照单位工作的预算价格计算出的已完实际工作量的费用,叫做已完工作预算费用(*BCWP*)。

差值 $BCWP - ACWP$ 叫做费用偏差,若 $BCWP - ACWP > 0$,表示项目未超支。

差值 $BCWP - BCWS$ 叫做进度偏差,若 $BCWP - BCWS > 0$,表示项目进度提前。

【例 18-1】 一个土方工程,要求总共挖土 10 000 m^3,每立方米的预算价格是 45 元。计划每天完成 400 m^3,25 天内全部完成,假设建设单位管理人员在开工后第 7 天早晨刚去上班时去测量,取得了两个数据:已经挖完 2 000 m^3,$ACWP = 120\ 000$ 元。试进行费用偏差分析。

解:先按照土方的预算价格计算已经挖完的 2 000 m^3 土方的预算费用 *BCWP*。

BCWP:　　　　　$45 元/m^3 \times 2\ 000\ m^3 = 90\ 000 元$

假设原计划标明,在开工后第 7 天完成时,建设单位按照土方的预算价格该付给土方承包商 $BCWS = 108\ 000$ 元作为这前 6 天的工程价款。这样,建设单位管理人员发现了两个问题:

(1)土方承包商工作费用超支了,超支额是

$$BCWP - ACWP = 90\ 000 元 - 120\ 000 元 = -30\ 000 元$$

(2)土方承包商工作进度落后了,工作进度是按照完成的实际工作量计算的。

$$BCWP - BCWS = 90\ 000 元 - 108\ 000 元 = -18\ 000 元$$

按原定计划,每天应完成 4 400 m^3,每立方米费用 45 元。这样,-18 000 元的费用相当于 -1 天的工作量,所以土方承包商工作进度落后了 1 天。

对于这类问题,我们还可以利用费用指数 *CPI* 和进度指数 *SPI* 分别来监视费用与时间进度风险:

费用指数:　　　　$CPI = BCWP/ACWP$

进度指数:　　　　$SPI = BCWP/BCWS$

三、建设工程项目风险监控工具

(一)直方图

直方图是发生的频数与相对应的数据点关系的一种图形表示,是频数分布的图形表示。直方图有助于形象化地描述建设工程项目风险。直方图的一个主要应用就是确认建设工程项目风险数据的概率分布;同时,直方图也可直观地观察和粗略估计出建设工程项目风险状

态，为风险监控提供一定的参考。

(二)因果分析图

因果分析图是表示特性与原因关系的图，它把对某项、某类建设工程项目风险特性具有影响的各种主要因素加以归类和分解，并在图上用箭头表示其间关系，因而又称为特性要因图、树枝图、鱼刺图等。因果分析图所指的后果是需要改进的特性以及这种后果的影响因素，因果分析图主要用于揭示影响及其原因之间的联系，以便追根溯源，确认建设工程项目风险的根本原因，便于建设工程项目风险监控。

因果分析图的结构由特性、要因和枝干三部分组成。特性是期望对其改善或进行控制的某些建设工程项目属性，如进度、费用等；要因是对特性施加影响的主要因素，要因一般是导致特性异常的几个主要来源；枝干是因果分析图中的联系环节：把全部要因同特性联系起来的是主干，把个别要因同主干联系起来的是大枝，把逐层细分的因素(细分到可以采取具体措施的程度为止)同各个要因联系起来的是中枝、小枝和细枝，如图18-4所示。

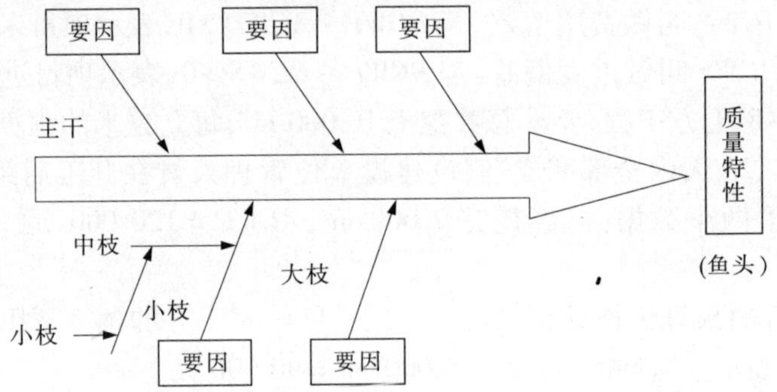

图18-4 因果分析图

因果分析图的基本原理是，如果一个建设工程项目风险发生了，除非及时采取应对措施，否则它将再次发生。通过学习，吸取过去的教训，起到防患于未然的作用。因果分析图一般可由以下三个阶段来完成：

(1)确定风险原因；

(2)确定防范建设工程项目风险的对策措施；

(3)实施管理行为。

(三)帕累托图

帕累托图又称比例图分析法，最早是由意大利经济学家帕累托(V. Pareto)提出来的，用以分析社会财富的分布状况，并发现少数人占有大量财富的现象，即所谓的“关键的少数与次要的多数”这一关系。帕累托图主要用于确定处理问题的顺序，其科学基础是所谓的“80/20”法则，即为80%的问题找出关键的影响因素。在建设工程项目风险监控中，帕累托图可用于着重解决对减少建设工程项目有重大影响的风险，如可用于确定进度延误、费用超支、性能降低等问题的关键性因素，从而及时明确解决问题的途径和措施。

帕累托图一般将影响因素分为三类：A类包含大约20%的因素，但它导致了75%～80%的问题，称之为主要因素或关键因素；B类包含了大约20%的因素，但它导致了15%～20%的问题，称之为次要因素；其余的因素为C类，称之为一般因素，这就是所谓的ABC分析法。帕累托图显示了风险的相对重要性，同时，由于帕累托图的可视化特性，使得一些建设工程项目风险控制变得非常直观和易于理解，有利于确定关键性影响因素，有利于抓住主要矛盾，有利于有重点地采取有针对性的应对措施。

左纵坐标表示频数（件数、次数等）；右纵坐标表示频率（用百分比表示）；横坐标表示影响质量的各种因素，按影响程度的大小从左到右依次排列；折线表示各因素大小的累计百分数，由左向右逐步上升，此线称为帕累托曲线。

帕累托图显示了每个建设工程项目风险类别的发生频率，便于了解出现最为频繁的风险和确定各建设工程项目风险后果，有助于建设工程项目管理决策人员根据建设工程项目目标和主观判断及时采取有效的对策。

还有其他一些建设工程项目风险监控工具，如关联图法、散布图、矩阵图等，有兴趣的读者可参考有关文献资料。

四、建设工程项目风险监控的成果

风险监控的成果表现在如下几方面：

（1）随机应变措施。随机应变措施就是消除风险事件时所采取的未事先计划到的应对措施。这些措施应有效地进行记录，并融入建设工程项目的风险计划中。

（2）纠偏措施。纠偏措施包括实施应急计划和附加应对计划。

（3）变更请求。实施应急计划经常导致对风险做出反应的建设工程项目计划变更请求。

（4）修改风险应对计划。当预期的风险发生或未发生时，当风险控制的实施消减或未消减风险的影响或概率时，必须重新对风险进行评估，对风险事件的概率和价值风险管理计划的其他方面做出修改，以保证重要风险得到恰当控制。

（5）风险数据库。该数据库的目的为整理、更新和分析收集的数据，数据库的采用有助于在整个组织过程中的风险管理，并且随着时间的推移，逐步累积风险课程的基础资料。

（6）更新风险判别核查表。根据经验不断更新核查表将有助于将来的建设工程项目风险管理。

风险监控是指对建设工程项目中的风险实施全系统全过程的监视和控制。风险监视是指对建设工程项目中的风险以及建设工程项目风险环境进行有效的跟踪观察，及时掌握风险发展动态，不断深化风险认识；风险控制是对已得到较好认识的风险采取必要的处置技术，以最大限度地降低风险事故发生的概率和减小损失。传统的观点认为，项目风险是一种被动的活动。本章从系统的角度来认识和分析项目风险监控过程，首先描述了监控风险过程及其基本活动；其次介绍了风险监控方法，其关键在于运用系统的项目管理方法、建立有效的风险预警机制、制定科学的应急计划等；最后介绍了风险监控的技术、工具及其运用。有效的风险监控离不开在恰当的时候采取恰当的行动，应根据风险具体情景来选择适用的技术和工具，项目风险监控技术和工具取决于项目进展、风险类别、风险变化及技术工具本身的适应性。

第十九章　建设工程项目风险的分类管理

第一节　建设工程项目风险分类

对于项目风险的分类,根据不同的划分原则有不同的种类。通常按照风险的来源可以把建设工程项目的风险划分为如下几大类:政策与环境风险、组织风险、项目进度风险、财务风险、技术风险和项目群风险等。

政策与环境风险包括来自两个方面的风险,即政策风险和环境风险。政策风险是指建设工程项目实施过程中由于国家的、行业的或主管部门的与所实施的建设工程项目相关的政策、法规、法令、规划或标准等的更改、更新、作废等或新的颁布给建设工程项目所带来的风险。而环境风险广义上讲是指建设工程项目实施所涉及的环境(包括自然、政治、法制、经济等方面)的变化给建设工程项目所带来的风险,狭义的含义是指自然环境的变化给建设工程项目所带来的风险。总的说来,政策与环境风险的基本特性是客观存在性和不可控制性。所以,对于建设工程项目风险管理而言,尽管它不可控制,但我们也必须制定相应的应对措施以及处理措施,以防止此类风险发生时措手不及,给建设工程项目造成不可挽回的损失。

组织风险相对政策与环境风险而言,是微观层次的一种建设工程项目风险。它是指建设工程项目管理过程中由于管理层决策失误、战略调整等管理方面的因素所造成的风险。它往往是一种人为造成的风险,带有主观性,但这种风险有时是致命的。

建设工程项目进度风险是指项目实施某些环节或整个建设工程项目的时间延误所造成的风险,而这种时间上的延误往往伴随着成本的增加。对于建设工程项目进度风险有许多行之有效的控制方法,如横道图、网络规划与优化图等都是一些比较成熟的方法。

财务风险是指建设工程项目超支或资金短缺的可能性,以及由于建设工程项目超支和资金短缺给建设工程项目带来的一些不良后果。

技术风险是指建设工程项目的整个生命周期内,由于技术方面的原因所造成的风险。比如,项目实施中关键技术存在问题,需要重新研发或引进,那么这必然会造成项目的进度受到影响及成本的增加。在项目管理中经常会遇到类似的情况。

在风险管理的实践中,特别是大型企业或一个公司的多项目风险管理中,经常会遇到同时对多个具有一定内在联系的项目进行风险管理的情况,可称之为项目群(Project Cluster)风险管理。

第二节　建设工程项目政策与环境风险管理

任何一个项目总是在一定的政策与自然环境下进行的,因此政策与环境风险对建设工程项目的影响也是显著的。它主要包括政治风险、法律风险、经济风险、自然条件及社会风险。

政策与环境风险一般存在着以下一些基本特征：

(1)客观存在性。一般说来，一个国家的政策在短期内不会有太大的变化，但行业的标准、技术规范却有变动的可能。所以，对于一个建设工程项目而言，政策风险是不可避免、客观存在的。同样，在项目实施过程中，不可避免地会遇到一些“天灾人祸”。例如，在实施项目中我们总是会遇到由于天气原因而无法继续实施的情形，或更为严重的暴风雨、山洪、海啸等，从而造成项目时间的拖延或项目成本的增加。

(2)不可控制性。政策与环境风险的第二个特性是不可控制性，即该类风险的发生以及所造成的危害是不可预知的，也不能人为地控制它的发生。

(3)危害大。政策与环境风险一旦发生，成为现实，那么它们所造成的损失是巨大的，有时甚至会造成整个建设工程项目的终止。比如正在进行的某一项目，由于国家出了一个新的政策，禁止此类项目的进行，那么该项目只有停止，这样的损失是巨大的，前期的投入及花费极有可能血本无归。再如，某一建设工程项目在建设过程中突遭洪水袭击，现建的楼房、原材料等都有可能被洪水冲走，这种情况下如果没有预先的应对措施和应对计划，那么项目也只能停止，并且遭受严重损失。因此，我们说此类风险的危害性极大，必须有效地进行识别和控制，并制定相应的应对措施和计划。

(4)发生可能性小。尽管这类风险不可控制而且危害性极大，但它发生的可能性极小。一个国家为了追求经济的繁荣、人民生活的安定，不可能随意地更改现行的法律、法规等，即使有更改也会有充足的时间余地来调整我们的项目，以减少损失。另外，自然环境的突变也是不可能经常发生的，而且随着科学技术的进步，人类对于自然环境的把握程度也越来越高，我们在灾害来临前就可较准确地预见，这样有助于我们做好准备工作，可以极大地减少此类风险所带来的损失。但是，我们必须指出，尽管政策与环境风险发生的可能性较小，但它也是客观存在的，同样不容我们忽视。

由于政策风险是一种宏观意义上的风险，它的征兆较为明显。政策法规的变动、更改总是要经过相应的法律程序的，所以在政策法规变化前我们总是有一定的渠道部分或全部地获取相应的信息，从而有效地进行风险控制。而环境风险一般情况下是不可预知的，具有一定的突发性。

为了有效地进行此类风险的识别，我们应做好以下一些基本工作。相关信息的收集对我们有效地识别政策与环境风险是有重大意义的。对于政策风险而言，应密切注意与建设工程项目相关的法律、法规以及技术标准等的更改或可能发生的变化，以便及时地制定相关应对措施。而对于环境风险而言，应结合建设工程项目的具体情况有针对性地收集相关的气象、地质、水质等相关的资料信息，进行分析和研究，为风险估计和制定建设工程项目的风险应对方案提供素材。对于政策与环境风险的估计，往往采用的是主观评价的直觉方法。

政策与环境风险控制的基本方法是不断更新收集到的信息，并开展科学性的预测，制定有针对性的应对方案。由于政策与环境风险难以定量，所以对于它们的控制与处置主要是制定详细、周全、科学的风险管理计划，以应对可能发生的所有情况。风险管理计划的制定应广泛征求各方面的意见，尽量做到全面。此外，制定好的风险管理计划应正式颁布，使所有相关人员都能看到并了解管理层对于政策与环境风险的应对方案。

第三节　建设工程项目组织风险的管理

世界上任何一件事情(包括项目)的成功都需要依靠组织管理作为其根本,古今中外概莫能外。所以,在一般管理的基本职能中,组织管理是四大职能之一。由于项目组织所具有的开放性、临时性和团队性等,组织管理工作要比日常运营组织管理工作更为复杂和具有更高的要求,项目组织的风险远远高于项目日常运营组织中的风险,因此必须对项目风险开展全面的管理。

一、建设工程项目组织与项目组织管理

建设工程项目可以是由一个公司或一个政府机构,一个国际组织或专业团体,甚至其他一些组织开展的一次性和独特性的工作,建设工程项目也可以是涉及许多个组织一起完成的一项一次性与独特性的任务。由于项目可能需要由多个组织一起合作,项目的实施可能由许多人一起来完成,所以项目管理的一个重要内容就是项目的组织管理。

(一)建设工程项目组织管理的概念

建设工程项目组织管理是指在整个项目实现和管理过程中对于项目人事组织方面的管理。建设工程项目的组织管理的概念与一般日常运营组织管理的概念是不同的,这是由建设工程项目组织所具有的开放性、临时性和团队性等所决定的。建设工程项目的一次性和独特性使得建设工程项目组织具有了临时性、开放性和团队性等特点,这些特点使得建设工程项目组织管理工作要比一般的日常运营组织管理工作更为复杂和具有更高的要求,所以建设工程项目组织管理有其独特内容和方法。特别是由于项目往往需要由多个具有完全不同利益的组织实体去共同完成,因此项目组织管理的内容和方法就更为独特了。

(二)建设工程项目组织管理的作用

建设工程项目组织管理的作用包括很多个方面,但是最主要的作用有如下几个方面。

1. 选择合适的建设工程项目组织方式

建设工程项目组织管理的首要作用是为建设工程项目的实施选择和使用合适的组织方式,即组织适合于建设工程项目实施的团队和机构。由于项目组织是临时性的,所以不能够按照日常运营的职能分工模式去使用直线职能制的组织结构,而应该选择项目型团队式的组织机构或者是矩阵式的团队组织机构。只有这样,项目组织才能够为项目工作的实施提供保障。

2. 协调组织活动和保障全团队之间的合作

建设工程项目组织管理的第二个作用是通过开展组织管理去协调组织中的各个队伍或个人的活动,从而使整个建设工程项目组织成为一个整体去行动。同时,通过开展建设工程项目组织管理可以为建设工程项目组织中的互助合作提供很好的保障。实际上,建设工程项目组织管理的核心任务是开展这种组织协调和合作保障的管理工作,因为只有这样才能够保障建设工程项目的顺利实施。

3. 通过组织管理实现建设工程项目利益的最大化

这是建设工程项目组织管理的根本目的所在,因为实际上人们组织起来共同合作的根本原因是要实现利益的最大化,这一点在建设工程项目的实现过程中也是同样的。

4. 通过组织管理实现建设工程项目利益分配的合理化

当然,在通过建设工程项目组织管理努力实现建设工程项目利益最大化的同时,还必须设法通过组织管理实现建设工程项目利益分配的合理化,这也是建设工程项目组织管理最根本的作用之一。人们一起从事项目工作而出现组织混乱和纠纷的根本原因是利益或资源分配不均。为了消除这种问题,就必须通过项目组织管理努力使所有参加项目实施的利益主体能够得到相对合理的利益分配。

(三)建设工程项目组织管理的主要内容

由于项目本身的一次性和独特性等特性,项目组织对于项目的成功而言变得十分重要,项目组织管理的内容也变得十分宽泛,但建设工程项目组织管理的基本内容主要包括如下几个方面。

1. 对于建设工程项目相关利益主体的管理

建设工程项目相关利益主体是指与建设工程项目有利益关系的组织和个人,对于建设工程项目相关利益主体的管理主要是针对建设工程项目全部相关利益主体之间关系的组织集成管理。所以,对于项目相关利益主体的管理也被称做项目的全团队管理,这里的“全团队”就是指一个项目的所有相关利益主体所构成的临时性团队组织,而这里的“全团队管理”就是指对项目全体相关利益主体的合作伙伴式管理。

2. 对于建设工程项目实施组织的管理

建设工程项目实施组织是担负建设工程项目实施任务的企业或组织,对于它的管理实际上构成了对于项目经理和项目团队所处组织环境的管理。在项目的实施过程中,项目实施组织是作为一种组织环境对它的项目经理和项目团队造成直接和间接的作用与影响,所以对它的管理主要包括在项目实施中努力适应现有的组织环境和设法积极改进这种组织环境两个方面的管理。

3. 对于建设工程项目团队的管理

建设工程项目团队是由一组为实现既定项目目标的群体或个人所构成的一种临时性、开放性的建设工程项目工作组织。建设工程项目团队的这些特性使得对于它的组织管理在许多方面不同于一般日常运营中的组织管理。项目团队组织管理的主要内容包括项目团队建设和项目团队日常管理两个方面。因为任何一个项目的成败都是通过项目团队的集体努力完成的,所以对于项目团队的组织管理是至关重要的。

4. 对于项目经理的管理

项目经理是建设工程项目的组织者和管理者,在建设工程项目实施和管理活动中处于各种建设工程项目相关利益主体的核心地位,所以对于项目经理的管理是建设工程项目组织管理中最为重要的内容。在很多情况下,一个项目会有代表多个不同项目利益主体的项目经理,所以对于这些项目经理们也需要开展相应的集成管理,以保证他们之间的合作,从而实现项目利益最大化与项目相关利益主体利益分配的合理化。这一方面的项目组织管理内容主要涉及两个方面:其一是选拔、培养和监督等对于项目经理的管理工作;其二是对于不同相关利益主体的项目经理所开展的组织管理集成。

二、建设工程项目组织及其集成管理中的风险

建设工程项目的组织管理是对人事的管理,而人们由于利益关系和人际关系等原因会

有很多的不确定性,所以在建设工程项目的组织及其管理中会具有很多的风险。这种建设工程项目风险完全不同于建设工程项目范围、工期、成本和质量中的风险,这种风险在很大程度上是人们主观原因中的不确定性因素造成的,所以特别需要开展严格的风险管理。

(一)建设工程项目组织管理的集成模型

为了更好地开展建设工程项目的组织管理和规避与应对建设工程项目组织管理中的风险,在深入调查研究的基础上提出了现代建设工程项目组织管理的集成模型(见图19-1)。在这一模型中,建设工程项目相关利益主体的全团队管理放在最顶层,项目经理的管理被放在最核心的一层,而建设工程项目实施组织管理和项目团队管理被置于中间地位。这些都是它们在建设工程项目组织管理中的地位所决定的。

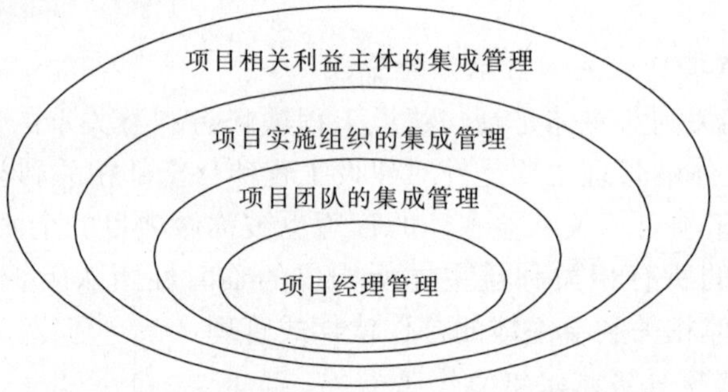

图19-1　项目组织集成管理的层次结构模型

这种建设工程项目组织集成管理的层次结构模型涉及四个不同层次内部的建设工程项目组织管理工作集成和整个建设工程项目组织管理工作的全面集成。模型中的每个层次内部都有自己独立的建设工程项目组织集成管理的内容和要求,同时模型中各个层次的建设工程项目组织管理还必须与其上一层和下一层的建设工程项目组织管理工作进行集成。由此这四个层次的建设工程项目组织管理工作就会被集成为一个建设工程项目组织集成管理的整体。

对于建设工程项目组织集成管理的主要内容分述如下。

1. 项目经理的组织集成管理

项目经理在建设工程项目实施与管理活动中处于全部建设工程项目相关利益主体的核心地位(见图19-2),所以在图19-1给出的模型中这方面的内容被放在了核心位置。同时,由于在很多建设工程项目中会有代表不同建设工程项目利益主体的多个项目经理,他们之间的关系如图19-3所示。对于这些项目经理们也需要开展相应的集成管理工作,以保证相关利益主体之间的合作,从而实现建设工程项目利益的最大化与建设工程项目相关利益主体利益分配的合理化。

这一层次的建设工程项目组织集成管理内容主要涉及两个方面:一是对于项目经理的能力、素质和工作绩效等开展的项目经理的集成管理工作;二是对于不同相关利益主体的项目经理所开展的组织集成管理。其中,前者主要是针对负责建设工程项目具体实施工作的项目经理的,后者主要是针对不同相关利益主体的集成管理的。同时,这一层次的建设工程项目组织集成管理工作还包括向上一层次的建设工程项目组织管理工作(项目团队管理)进行集成的要求。

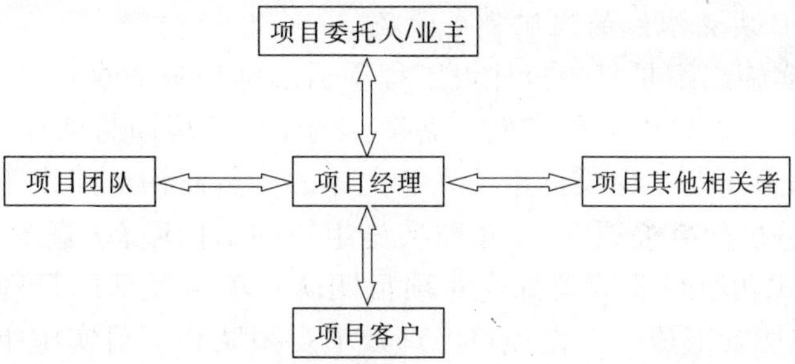

图 19-2　项目经理在组织管理中的核心地位示意图

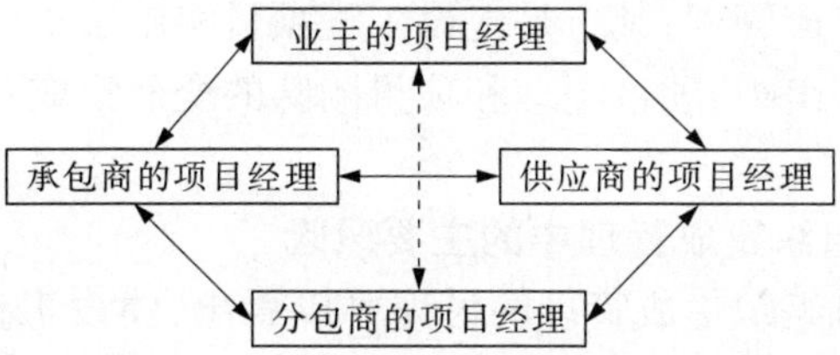

图 19-3　项目相关利益主体的项目经理间关系示意图

2. 建设工程项目团队的组织集成管理

建设工程项目团队是由一组为实现既定建设工程项目目标的个体所构成的一种临时性、开放性和工作性的组织。建设工程项目团队组织集成管理的主要内容包括建设工程项目团队建设和建设工程项目团队日常管理两个方面的集成。由于任何一个建设工程项目的成败都是建设工程项目团队集体活动的结果，所以建设工程项目团队组织管理的好坏会直接决定一个建设工程项目的绩效和成败，因此在建设工程项目组织集成管理层次模型中它被放在了模型第二个层的位置上。

建设工程项目团队的组织集成管理工作包括两个方面：第一是建设工程项目团队建设的形成阶段、震荡阶段、规范阶段和辉煌阶段的全过程集成管理；第二是建设工程项目团队人员配备、绩效控制、组织激励和冲突管理的全要素集成管理。同时，这一层次的建设工程项目组织管理工作还需分别向上一层次和向下一层次的建设工程项目组织管理工作进行集成（见图 19-4）。

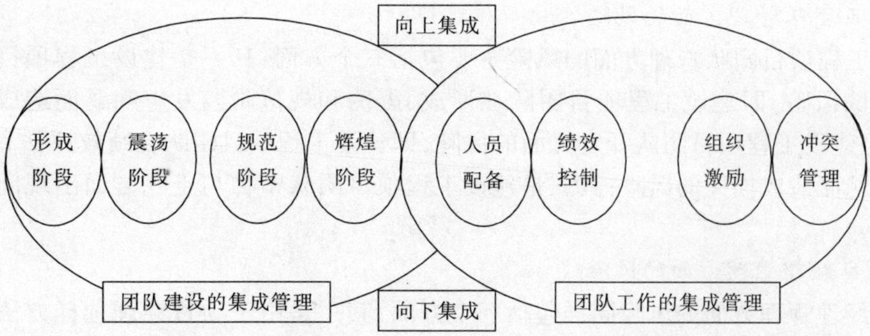

图 19-4　项目团队建设和项目团队管理的集成模型

3. 建设工程项目实施组织的组织集成管理

建设工程项目实施组织是指担负建设工程项目实施任务的企业或组织，它在集成管理模型中处在中间层次上。这就使得它向下必须作为组织环境而与项目经理和项目团队的组织管理集成，向上作为建设工程项目相关利益主体的一员而构成建设工程项目全团队集成管理的一个组成部分。研究表明，一个项目实施组织的结构形态（直线职能制、项目制和矩阵制）、组织协调模式和组织政策等都会对项目团队和项目经理的管理造成直接影响和作用，所以它的向下集成就形成一个由项目经理及项目团队和项目实施组织全面集成管理的有机整体，这是项目组织集成管理中一项十分重要的内容。

建设工程项目实施组织这一层次上的集成管理内容包括三个方面：其一是建设工程项目实施组织中各部门的集成管理；其二是建设工程项目实施组织中各项目团队的集成管理；其三是建设工程项目实施组织、项目经理和项目团队的全面集成管理，它们共同构成了这三个层次的集成管理模型。

（二）建设工程项目组织集成管理中的主要风险

由上述建设工程项目组织集成管理的讨论可以看出，建设工程项目的组织管理分为四个不同层次的组织管理工作，这四个不同层次的组织管理工作中各自都存在有不确定性和风险。同时，对于这四个层次的建设工程项目组织管理还必须进行有机的集成，而在这种建设工程项目组织的集成管理中同样存在着不确定性和风险。对于这些建设工程项目组织管理中的主要风险，现做初步的讨论如下，详细的讨论将在后续各节中给出。

1. 建设工程项目相关利益主体管理方面的风险

建设工程项目相关利益主体管理方面的风险主要表现在三个方面：其一是建设工程项目相关利益主体识别错误的风险，这主要是建设工程项目相关利益主体识别不全而造成利益冲突的风险；其二是建设工程项目相关利益主体之间沟通出现误解的风险，这同样会造成利益冲突的风险；其三是建设工程项目相关利益主体之间利益分配的合理化出现问题或冲突，从而影响了建设工程项目利益最大化的风险。

2. 建设工程项目实施组织管理方面的风险

建设工程项目实施组织管理方面的风险主要包括两个方面：其一是建设工程项目团队的组织不适应建设工程项目实施组织日常运营的组织结构，结果造成二者发生冲突而影响建设工程项目实施的风险；其二是项目经理与项目实施组织的职能部门经理的权力分配发生冲突，从而影响建设工程项目实施和建设工程项目资源配备的风险。

3. 项目团队管理方面的风险

建设工程项目团队管理方面的风险主要包括三个方面：其一是建设工程项目团队组织建设方面的风险，即建设工程项目团队在形成、震荡和规范阶段发生问题而造成损失的风险；其二是建设工程项目团队开发方面的风险，即建设工程项目团队在绩效评估和激励等方面出现问题而造成损失的风险；其三是建设工程项目团队精神与士气方面出现问题并造成损失的风险。

4. 项目经理管理方面的风险

项目经理管理方面的风险同样包括三个方面：其一是由于项目经理选择方法和程序不当选错项目经理而带来损失的风险；其二是项目经理人选没有问题，但是对于项目经理的授权安排出现问题而造成损失的风险；其三是对于项目经理的管理失控而造成损失的风险。

5. 建设工程项目组织集成管理方面的风险

建设工程项目组织集成管理方面的主要风险是管理配置和综合出现问题而造成损失的风险。这方面风险的具体内容包括:项目经理与项目团队二者的集成管理风险,即由于二者的不匹配而造成损失的风险;项目团队与项目经理同项目实施组织之间的集成管理风险,即由于三者的不匹配而造成损失的风险;建设工程项目相关利益主体本身的集成管理以及他与其他三个方面的集成管理风险,即由于各个建设工程项目相关利益主体之间的利益冲突而造成损失的风险。

(三)建设工程项目组织集成管理中的风险管理

建设工程项目组织集成管理中的风险管理首先要按照前面几章给出的建设工程项目风险识别、度量、应对和监控的方法开展好针对具体建设工程项目的风险管理,其次还需要根据上述分析给出的建设工程项目组织集成管理过程中的一般风险开展必要的风险管理工作。由上述建设工程项目组织集成管理风险的讨论可以看出,建设工程项目组织管理四个不同层次的集成管理工作中都存在着风险。同时,这四个层次的建设工程项目组织全面集成管理中同样存在着风险。对于这些建设工程项目组织管理中主要风险的管理讨论如下。

1. 建设工程项目相关利益主体管理方面的风险管理

建设工程项目相关利益主体管理方面的三个主要风险的管理工作包括:其一是使用公告等方法努力做好建设工程项目相关利益主体识别工作,从而避免忽视和侵害潜在的建设工程项目相关利益主体的利益;其二是开展科学的建设工程项目沟通管理,努力避免和消除建设工程项目相关利益主体之间沟通出现误解的情况,从而避免建设工程项目相关利益主体发生冲突的情况;其三是按照建设工程项目利益最大化和建设工程项目利益分配的合理化去管理好建设工程项目相关利益主体之间的利益分配,从而消除因为建设工程项目利益分配问题而影响了建设工程项目利益最大化的风险。

2. 建设工程项目实施组织管理方面的风险管理

建设工程项目实施组织管理方面的两个主要风险的管理工作包括:其一是项目团队的组织和项目经理权力的安排必须设法适应建设工程项目实施组织日常运营的组织结构,避免二者发生冲突而影响建设工程项目实施的风险;其二是安排好项目经理与建设工程项目实施组织职能部门经理的协调机制,这包括会议协调、领导协调、制度协调等方法,努力避免二者权力发生冲突并合理安排建设工程项目资源的配备。

3. 建设工程项目团队管理方面的风险管理

建设工程项目团队管理方面的三个主要风险的管理工作包括:其一是在建设工程项目团队的组织和建设过程中做好建设工程项目团队形成阶段、震荡阶段和规范阶段的管理;其二是通过培训等方法去开发和提高建设工程项目团队成员的能力及通过知识分享、冲突解决、绩效评估和激励等方法去开发整个建设工程项目团队的能力;其三是努力通过授权和自我管理与自我激励等方法去提高建设工程项目团队的精神与士气。

4. 项目经理管理方面的风险管理

项目经理管理方面的三个主要风险的管理内容包括:其一是根据项目经理的素质、技能要求和正规科学的选择程序去预先选择好项目经理,从而避免选错项目经理的风险;其二是通过对项目经理的科学授权安排避免出现项目经理责、权、利三者不平衡的风险;其三是通过建设工程项目章程等文件规定对项目经理的管理控制并实施好这种控制,从而避免失控的风险。

5. *建设工程项目组织集成管理方面的风险管理*

建设工程项目组织集成管理方面的风险管理工作比较复杂，主要内容包括：努力做好项目经理与项目团队二者的匹配和集成管理工作，避免由于二者的不匹配造成的风险；努力做好建设工程项目团队与项目经理以及建设工程项目实施组织之间的集成管理工作，避免由于三者的不匹配造成的风险；努力做好建设工程项目相关利益主体的集成管理以及上述四个方面的全面集成管理工作，避免由于各建设工程项目相关利益主体之间的矛盾和冲突而造成损失的风险。

对于组织风险的控制应做好以下一些基本工作。

(1)在制定项目指导方针、战略思想时应广泛地征求各方意见，如果是大型项目的话应征求多位专家的意见，从而科学地制定一个切合实际、正确的指导方针和战略思想，降低项目的风险。

(2)充分重视对环境的调查，正确预测环境对于项目的影响，并采取有效措施降低其影响。

(3)在进行项目决策时应采取科学的方法，必要时应邀请一些专家参与项目的决策。

(4)制定详细、科学、合理的项目规划与计划。可行性是项目规划与计划的一个基本要求。

(5)加强对项目的控制，包括进度、成本等方面。

第四节 建设工程项目进度风险管理

进度风险有时也称为时间风险，它是指建设工程项目实施某些环节或整个建设工程项目的时间延误所造成的风险，而这种时间上的延误往往伴随着成本的增加。

一、建设工程项目进度风险产生原理

我们知道，在进行建设工程项目进度规划时依据的网络图中，每一项活动的时间估算是根据对该活动的乐观时间 a、最可能时间 m 以及悲观时间 b 来进行的。计算方法为

$$T_E = (a + 4m + b)/6 \tag{19-1}$$

该估算的方差为

$$\sigma^2 = \left(\frac{b-a}{6}\right)^2 \tag{19-2}$$

该计算方法的依据是项目活动的时间在统计上服从 β 分布。事实上，我们可以发现 $b-a=6\sigma$，也就是说，分布范围包括了 6 个标准偏差，它假定估算者在估算 a 和 b 时，实际上想让 99% 的情况都落在估算的范围内，即该项活动的时间 99% 的可能性落在 $[a,b]$ 之内。这种估算方式是产生项目风险的主要原因。

二、建设工程项目进度风险管理计划

一些调查数据显示，进度问题在项目生命周期中引起的冲突最多，管理者们也经常说，按时交付项目是他们面临的最大挑战之一。因此，进度计划在项目管理中非常重要，是成功

实现项目目标的关键。建设工程项目进度计划是在工作分解结构的基础上对建设工程项目活动做出的一系列时间安排,可表示预计开始和完成的时间,同时还可以:①保证按时获利以补偿已经发生的费用支出;②协调资源;③使资源在需要时可以被利用;④预测在不同时间上所需的资金和资源的级别以便赋予建设工程项目不同的优先级;⑤满足严格的完工时间约束。

制定建设工程项目进度计划的一般过程是:活动定义、活动排序、活动时间估算及制定进度计划。活动定义是建立在工作分解结构的基础上,将建设工程项目组成部分细分为更小、更易于管理的单元,以便进行管理和控制。它要界定完成建设工程项目目标、产生工作分解结构中规定的可交付成果或半成品所必须进行的具体活动。通过活动定义可得到建设工程项目的活动清单。活动清单应包括本建设工程项目中将进行的所有活动,不包含任何本建设工程项目范围中不必要的活动。与工作分解结构相似,活动清单应当包括对每一个活动的说明,以确保建设工程项目队伍成员能够理解该项工作应该如何完成。以前建设工程项目的活动清单或部分清单经常可作为一个新建设工程项目的活动清单模板。模板里的活动也可包含资源技术及其所需的工作量、风险、预期可交付成果以及其他描述信息的清单。

活动排序是确定各活动之间的依赖关系,并形成文档。活动排序的依据是建设工程项目活动之间的依赖关系。建设工程项目活动间的逻辑关系主要有以下几个方面。

(1)强制性依赖关系。也称为硬逻辑关系,是指活动性质中固有的依赖关系。常常是某些客观限制条件。例如,建设工程项目不可能在设计文件未获批准时就进行施工;电子项目必须先建一个原型机,然后才能进行试验等。

(2)可自由处理的依赖关系。是指可由建设工程项目团队根据具体情况安排的关系。由于这类关系可能会限制以后各活动的顺序安排,所以在使用时要特别小心。可自由处理的依赖关系一般可分为两类:一是按已知的“最好做法”来安排的关系,管好这种关系,只要不影响建设工程项目的总进度,活动之间的先后顺序可按习惯或建设工程项目团队喜欢的方式安排,这类关系叫做“软逻辑关系”;二是为照顾活动的某些特殊性而对活动顺序做出的安排,其顺序即使不存在实际制约关系也要强制安排,这类关系叫做“优先逻辑关系”。

(3)外部依赖关系。大多数依赖关系限于建设工程项目内部两个活动之间,然而,有些依赖关系则涉及本建设工程项目之外的联系。

在建设工程项目网络计划中,活动之间的上述逻辑关系可表现为以下四种类型:①完成—开始,即后续工作的开始依赖于前置工作的完成;②完成—完成,即后续工作的完成依赖于前置工作的完成;③开始—开始,即后续工作的开始依赖于前置工作的开始;④开始—完成,即后续工作的完成依赖于前置工作的开始。

活动时间估算是进度计划的依据及核心内容,常用的估算方法有以下几种。

(1)经验类比。对于一个有经验的工作人员来说,当前进行估算的活动可能和以往所参加过的建设工程项目中的某些活动较为相似,借助这些经验可以得到一种具有现实根据的估计。

(2)历史数据。在很多文献资料中有相关行业的大量信息,这些信息可以作为一种估算的基础,其中不仅包括杂志、报刊、学术刊物等正式出版物,也包括各种各样非正式的印刷品。更为重要的是,正规成熟的公司企业一般均有关于以往所完成的项目资料记载,从中也可以获得真实有效的信息。

(3)专家意见。当建设工程项目涉及新技术的运用或者某种不熟悉的业务时,工作人员往往不具有做出较好估算所需要的专业技能和知识,这时就需要借助相应专家给出的意见和判断,最好是得到多个专家的意见,在此基础上采用一定方法来获得更为可信的估计结果。

在活动时间估算的基础上,就可编制相应的计划网络图,确定项目时间参数,进一步即可制定出项目的详细进度管理计划。

三、建设工程项目进度风险控制

进度风险控制的内容有:

(1)对造成进度变化的因素施加影响,在变化不可避免时,一定要取得建设工程项目有关各方的一致认可;

(2)测量实际进度,将其与建设工程项目进度计划比较,查明实际进度是否偏离了计划;

(3)当实际进度偏离计划时,实施管理。

进度控制要以建设工程项目进度计划、进展报告、变更请求和进度管理计划为依据。建设工程项目进度计划至少包括每一活动的计划开始日期和预期的结束日期。经过批准的建设工程项目进度计划叫做基准,是建设工程项目计划的一个组成部分。它是测量和报告进度实施情况的根据。进度管理计划说明了如何管理时间进度的变化,可以是正式的或非正式的,很详细的或大致轮廓的,具体视建设工程项目的需要而定。该计划是整体建设工程项目计划的一个组成部分。进展报告提供了进度执行情况的资料。例如,哪些计划的日期已经达到,哪些还没有。进度报告还提醒项目团队注意将来有可能遇到麻烦的那些问题。变更请求,变更可能是要求延缓进度或加快进度。进度控制也要通过进度变更控制系统。在控制过程中要对项目进行实际测量。

对实际进度进行测量和比较是为了判断建设工程项目各活动的进度偏差是否需要采取行动加以纠正。一般而言,非关键活动即使延误很多,也不会对建设工程项目完成时间造成大的影响,而关键活动或接近关键路线的活动出现较大的延误则应马上采取行动。实际进度出现偏差时,要求修改或重新估计活动的持续时间,修改活动顺序或研究替代进度计划。随着建设工程项目的进展,在随时根据测量和比较的结果及其他原因修改进度计划的同时,还应修改同建设工程项目进度管理有关的其他资料和文件,必要时,还要将修改通知有关的利害关系者。当实际进度偏离计划进度很大,特别是出现很大的延误时,在修改进度计划之前就应当通知他们。

在进度控制方面常采取的措施是压缩关键活动的持续时间,即为保证建设工程项目活动按时完成或尽可能少延误而采取的特别行动。进度控制必须与整体、范围、费用和合同变更等过程紧密配合。例如,为了压缩关键活动持续时间,一般要增加费用。而由于某种原因需要增加新活动时,就会造成范围变更和合同变更。进度控制的另外一个重要手段就是进度后备。进度后备就是在关键路线上设置一段时差,或称浮动时间,即没有活动的工作时段,这些时段在必要时可用于具体活动、活动组或整个项目的进度调整。

修改建设工程项目活动的进度有时要求对建设工程项目整体进度计划进行调整。需要修改的一般是原来经过批准的建设工程项目活动的开始和结束日期。当进度延误的后果很严重时，需要重新确定基准日期。对时间变更采取措施，进行处理后，应当将造成时间变更的原因、采取的措施以及采取此措施的理由、随之要求资源和预算的变更、从此次变更中吸取的教训等记录在案，形成书面文件，存入本建设工程项目和其他建设工程项目的数据库。一般说来，修改进度计划的原因主要有三种：实际进度提前或拖延，增添新活动，删除某些活动。另外，需要注意的是，修改后的进度计划也要用网络图等图形表示出来。

第五节　建设工程项目技术风险管理

一、概述

建设工程项目风险管理过程可分为风险规划、风险识别、风险估计、风险评价、风险应对、风险监控6个阶段和环节。技术风险管理是建设工程项目风险管理的一个主要部分，由于它与建设工程项目的实施和管理密切相关，愈来愈受到普遍关注，而且已经有不少的建设工程项目从中受益。它主要讨论产品（包括硬件产品、软件产品以及服务）从研制、生产及市场化过程中所有可能遇到的风险的识别、量化和控制问题。因为建设工程项目总是与许多技术问题相关的，而这些技术有些是成熟的，有些是不十分成熟的，有些是要独立研究与开发的，有些是要引进的，这些过程不可避免地存在着风险性。由此可见，技术风险在建设工程项目中是客观存在的、不可回避的，所以进行有效的技术风险管理是建设工程项目取得成功的基本保障。

如果对技术风险没有正确估计和量化，并制定相应的应对措施，可能导致整个项目进度、费用等超过计划的要求，使项目承担较大的风险，严重时可能给整个项目造成巨大的损失，有时这些损失是无法挽回的。因此，在许多地方，技术领域的冒险引起的风险已经归为商业上不可投保的类别。所以，最佳的风险对策是在至关重要的产品生命周期内进行有效的技术风险管理。

二、基本含义

技术风险管理中包括了许多专用的术语，这些术语在技术风险管理中具有特定的意义。正确理解这些术语有助于掌握技术风险管理的理论和方法。我们首先给出技术风险管理的定义。

产品在技术风险管理中的含义是广泛的，它包括硬件产品、软件产品及服务。技术风险是建设工程项目风险在技术领域的一种体现方式，它是指在建设工程项目全寿命过程中，由于技术上的不足或缺陷等给建设工程项目所带来的危害或危险，表现形式为成本的增加或进度的延误。技术风险管理本质是将风险量降低到一个有成本效益的水平，这是关系整个机构实现成本效益操作的合理管理的一部分。它主要讨论产品从研制、生产及市场化过程中所有可能遇到的风险的识别、量化和控制问题。技术风险管理要求在采购性能、进度和成本目标中辨别不确定性，用风险量来量化不确定性，并且采取措施最大程度消除不确定性。

概括起来，建设工程项目的技术风险管理就是：对建设工程项目全寿命过程中由于技术上的不足或缺陷等,给建设工程项目所带来的危害或危险进行风险识别、量化和控制的过程进行系统管理。

我们通常用两个量来度量建设工程项目的技术风险,即风险时间和风险成本。风险时间是指产品从危害中恢复所需要的矫正时间以及需要矫正行为概率的乘积,它本质上是一个数学期望值(平均值),是指产品从危害中恢复过来所需要的平均时间。风险成本是指产品从危害中恢复所需要的矫正成本和需要矫正行为概率的乘积,它与风险时间一样也是个数学期望值,是指产品从危害中恢复过来所需要的平均成本。另外,还有两个基本的量是基准时间概算和基准成本概算,它们是进行风险量化和控制的基础与标准。基准时间概算是指对完成产品开发和生产的初始概算时间;基准成本概算是指对完成产品开发和生产的初始概算成本。它们与风险时间概算、风险成本概算、风险时间以及风险成本之间存在着如下的关系:

风险时间概算 = 基准时间概算 + 风险时间

风险成本概算 = 基准成本概算 + 风险成本

三、技术风险管理的作用

建设工程项目实行技术风险管理的作用主要体现在以下方面。

(1)通过风险分析,可加深对项目和风险的认识与理解,澄清各方案的利弊,了解风险对项目的影响,以便减少或分散风险。

(2)通过检查和考虑所有现有的信息、数据和资料,可明确建设工程项目的各有关前提和假设。

(3)通过风险分析不但可提高建设工程项目各种计划的可信度,还有利于改善建设工程项目执行组织内部和外部之间的沟通。

(4)编制应急计划时更有针对性。

(5)能够将处理风险后果的各种方式更灵活地组合起来,在建设工程项目管理中减少被动,增加主动。

(6)有利于抓住机会,利用机会。

(7)为规划和设计工作提供反馈,以便在规划和设计阶段就采取措施防止和避免风险损失。

(8)风险即使无法避免,也能够明确建设工程项目到底应该承受多大损失或损害。

(9)为建设工程项目施工、运营选择合同形式和制定应急计划提供依据。

(10)通过深入的研究和情况了解,可以使决策更有把握,更符合建设工程项目的方针和目标,从总体上使建设工程项目减少风险,保证建设工程项目目标的实现。

(11)可推动建设工程项目执行组织和管理班子积累有关风险的资料和数据,以便改进将来的建设工程项目管理。

四、技术风险管理过程

技术风险管理是人们对由于技术上的不足或缺陷等原因给项目带来的危害、危险或潜在的意外损失进行规划、识别、估计、评价、应对和监控的过程,它是对项目目标的主动控制。技术风险管理贯穿于项目生命周期的始终,了解和掌握项目技术风险的来源、性质和发生规律,强化风险意识,进行有效的技术风险管理对项目的成功具有非常重要的意义。技术风险管理是一个动态的、连续的闭路循环过程,它与一般的风险管理过程是类似的,也包括风险规划、风险识别、风险估计、风险评价、风险应对、风险监控 6 个阶段和环节。我们主要从技术风险管理的特点入手,介绍技术风险管理的过程,它主要包括确定风险基线、风险识别、风险量化、风险控制等 4 个步骤,如图 19-5 所示。

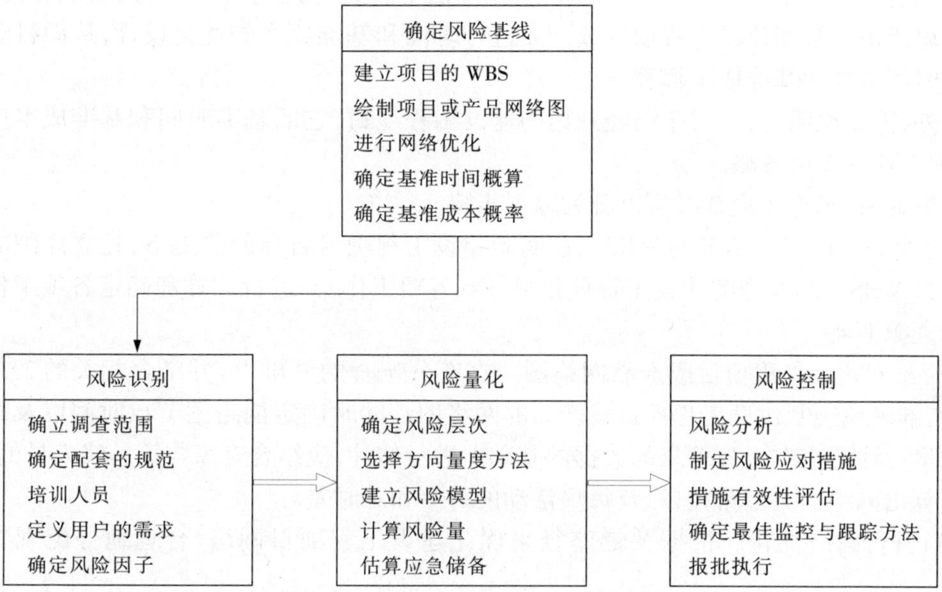

图 19-5 技术风险管理的基本流程

由图 19-5 可以看出,技术风险管理的基本流程与前几章介绍的风险管理过程是对应的,重复的部分我们不再叙述。确定风险基线是在进行风险规划前提下进行的,可以作为风险管理计划的一部分。风险识别、风险量化与一般风险管理过程类似。风险控制包含了风险估计、风险评价、风险应对、风险监控的过程。

五、技术风险规划

技术风险规划就是建设工程项目技术风险管理的一整套计划,主要包括制定建设工程项目组及成员风险管理的行动方案及方式,选择合适的技术风险管理方法,确定风险判断的依据等。风险规划用于对风险管理活动的计划和实践形式进行决策,它的结果将是整个建设工程项目风险管理的战略性的和全生命周期的指导性纲领。这里主要介绍技术风险规划的核心——风险基线的确定。

(一)风险基线的确定

我们将技术风险管理的大部分内容描述为偶然事件分析,即探究将来发生的事件的 what - if(如果将来发生了某一事件会造成什么后果)推论,并且估算行为的各种不同过程。这样的任务就要求有某种形式的基线作为出发点。在技术风险管理当中,使用了两种基线,即时间基线和成本基线。基线是指要开发和生产的产品、用来生产产品的步骤以及生产产品的环境的初始定义。风险基线是进行技术风险管理的基础与标准,一个制定得很好的基线对于技术风险管理有着十分重要的意义和作用。

确定风险基线的主要工作是确定基准时间概算和基准成本概算,它们分别指完成产品开发和生产的初始概算时间和概算成本。确定风险基线的首要工作是进行建设工程项目的WBS分解,将建设工程项目的工作细化,并确定每项工作的工作量以及资源消耗等。确定风险基线的方法有很多,如PERT、CPM、顺序图法等,这些方法都是一些比较成熟的方法。基本的思路都是根据建设工程项目或产品进行时间和基准成本的优化设计,从而科学地确定基准时间概算和基准成本概算。

另外,需要说明的是,对于已经开始的建设工程项目,它的基准时间和基准成本应是已知的,那么这一步可省略。

一般说来,确定风险基线可以分为以下步骤。

(1)建立建设工程项目的WBS。在明确建设工程项目目标的前提下,建立详细的建设工程项目WBS。同时分解建设工程项目目标到各项工作,并进行估算和确定各项工作的工作量和资源消耗。

(2)绘制建设工程项目或产品网络图。在充分调查的基础上,并结合相关的工艺和生产文件,准确地绘制建设工程项目或产品的网络图。同时确定网络图节点时间以及每项活动的成本。注意应在充分可靠的数据的基础上进行估计,应结合专家与第一线人员的意见,然后计算出网络的关键路径,以及每项活动的时差和总时差。

(3)进行网络优化。根据关键路径来优化建设工程项目网络,合理地分配现有各项资源。

(4)确定基准时间概算。根据关键路径确定建设工程项目的基准时间概算。

(5)确定基准成本概算。根据关键路径确定建设工程项目的基准成本概算。

本节要介绍技术风险管理中普遍使用的基线时间评估和基线成本评估的方法。

(二)基线时间的确定

确定建设工程项目基线时间的基本思路是:首先根据WBS分解图绘制出建设工程项目的网络图,根据建设工程项目的网络图确定关键路线、建设工程项目时间、总时差及每项工作的单时差,并结合建设工程项目时间规划的总要求进行网络图的优化,即当关键路线时间小于建设工程项目规划时间的要求时,可以考虑适当调整建设工程项目规划时间;若关键路线时间大于建设工程项目规划时间的要求时,就必须采取一定方法进行网络图的优化或者改变建设工程项目规划时间的要求,以保证建设工程项目在科学的时间内完成,这样可以最终确定建设工程项目的基线时间;然后结合建设工程项目的WBS分解图,制定出详细的建设工程项目进度计划图,并设定建设工程项目进度检查点,如图19-6所示。

在绘制建设工程项目的网络图时对每一项工作时间的估计,应充分结合专家、技术人员以及现场工作人员的意见,充分考虑可能发生的意外情况对建设工程项目时间的影响。定额管理对于基线时间的评估是重要的,对于一些经常性的、重复性的工作,它的时间应有相应的定额,这样在确定建设工程项目时间时主要力量可放在全新的工作上。一般对于某项活动时间的估计,最为常用的方法为三点法:

$$\text{活动时间} = \frac{\text{最悲观时间} + 4 \times \text{最可能时间} + \text{最乐观时间}}{6} \tag{19-3}$$

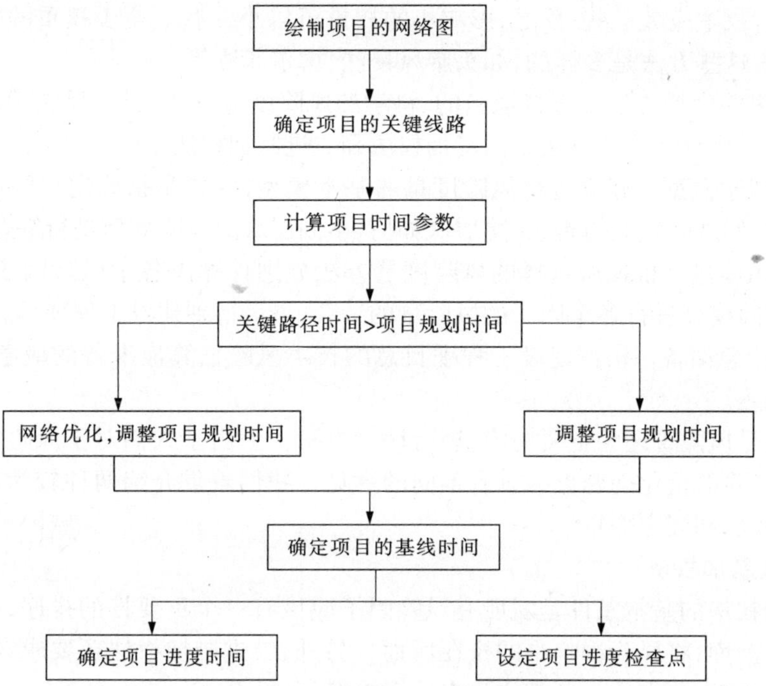

图 19-6　项目基线时间确定过程

其中,对于最悲观时间、最可能时间以及最乐观时间的确定应在充分调查与研究的基础上确定,应结合一些数理统计的方法。此外,还包括经验类比法、历史数据法、专家意见法、德尔菲法等。

(三)基线成本的确定

对建设工程项目中的每个活动而言,成本都是一个随机量,如何有效地确定建设工程项目的成本,是确定建设工程项目基线成本的主要内容。主要方法有:自上而下和自下而上的成本估计法、计划规划预算体系和零基预算等。这些方法的基础都是基于对每一项活动成本的估计和量化。确定每项活动成本最有效的方法是工作成本定额管理。该方法要求首先按照建设工程项目的 WBS 分解图以及建设工程项目成本的总规划,逐步地将成本分解到各个工作任务上。对于工艺已经成熟的工作应根据以前的数据进行明确的成本定额计算,而对于那些工艺不成熟或还未进行过的工作就必须进行估计。事实上,对基线成本的确定最困难的也就是这些工作任务的成本确定问题。

另外,对于时间较长的建设工程项目还应考虑资金的时间价值,以及通货膨胀等因素。比如说,某个项目要持续 10 年时间,那么现在的 1 万元在 10 年后,可能比现在更值钱或更不值钱,主要是利率的变化及物价等的变化造成的。一般的做法是,采用一个估计的贴现率来考虑资金的时间价值。

六、技术风险量化

(一)风险量化的基本过程

(1)确定风险层次。根据风险因子对风险的影响程度确定风险因子的层次,影响大的等级应高一些，权重应大一些；反之，影响小的权重可以小一些。至于权重的大小则取决于所选择的方法，这些方法是多样的，如头脑风暴法、德尔菲法等。

(2)选择风险度量方法。选择适当的、科学的风险度量方法，真实反映建设工程项目的技术风险状态。比较常用的方法是固定加权法和二进制加权法。

(3)建立风险模型。建立进行风险度量的基本模型，主要是指确定风险因子之间的相互关系，包括它们之间独立与否、风险层次如何、不同层次的风险如何进行综合等。

(4)计算风险量。根据所选择的风险度量方法分别计算出各个风险因子的风险量，再根据建立的风险模型进行各个因子的风险量的综合，最后得到建设工程项目总的技术风险。

(5)估算应急储备。根据建设工程项目总的技术风险估算应准备的应急储备金，以及估算进度的拖延。

风险量化是风险管理的主要内容，现有许多方法。但由于人们对于风险本身不同的理解，因此对于风险的量化问题也一直有不同的意见。我们着重介绍两种较为简单有效的方法：二进制加权法和固定加权法。

(二)二进制加权法

二进制加权法的基本条件是对所有风险因子应该有一个重要性的排序，将对风险影响大的因子排在前面，将风险影响小的排在后面。另外，二进制加权法还要求，对于每一个风险因子进行调查时，所有的问题都应只有一个答案：是或否。

在二进制加权法中，让答案为"是"对应着"1"，答案为"否"时对应着"0"，那么对于某一个风险因子的调查结果而言，这样的一些"0"和"1"序列就可以构成一个二进制数，将这个二进制数转化为十进制数，把这个数称为该因子的实际得分。另外，所有答案为"是"同样对应着一个十进制数，将这个数称为该因子的最大可能得分。有了这两个值以后就可以计算该因子的风险量了。

当该因子还包含几个因素时，必须考虑这些因素之间是否关联。如果这些因素之间关联，计算方法为：

$$\text{风险量} = 1 - \frac{\text{所有因素实际得分之和}}{\text{所有因素可能最大得分之和}} \tag{19-4}$$

当这些因素之间相独立时，计算方法为：

$$\text{风险量} = 1 - \sqrt{\frac{\text{所有因素实际得分之和}}{\text{所有因素可能最大得分之和}}} \tag{19-5}$$

(三)固定加权法

固定加权法也是技术风险量化中经常使用的一种方法，它与二进制加权法基本要求是一致的，即要求对所有风险因子应该有一个重要性的排序，将对风险影响大的因子排在最前，将风险影响小的因子排在后面。另外，对每一个风险因子进行调查时，所有的问题都应只有一个答案：是或否。

在固定加权法中，如果某一个因子(因素)的调查中共有 N 个问题，那么将第一个问题的权重定为 N，最二个为 $N-1$，…，这样依次类推，那么最后一个问题的权重就为1。调查问卷回来以后，将所有答案为"是"的问题的权重加在一起，称为该因子的实际得分，把所有问题的答案都为"是"的权重加在一起称为该因子的最大可能得分，这样就可以运用固定加权法来计算该因子的风险量了。

计算的方法与二进制的算法是一样的，当某一因子包含多个因素时，同样要考虑这些因素之间的关系，如果相互关联，计算方法为：

$$风险量 = \frac{所有因素实际得分之和}{所有因素可能最大得分之和} \tag{19-6}$$

如果这些因素相互独立，计算方法为：

$$风险量 = \sqrt{\frac{所有因素实际得分之和}{所有因素可能最大得分之和}} \tag{19-7}$$

七、技术风险控制

（一）进行风险分析

首先对风险量化的结果进行分析，最简单也是最有效的方法是对风险因子的风险量进行排序。但是在排序过程中需要注意的是二级风险因子必须乘上一因子 k 后，才能进行排序。

（二）提出风险应对措施

风险应对可以从改变风险后果的性质、风险发生的概率和风险后果大小三个方面提出以下多种策略：减轻风险、预防风险、转移风险、回避风险、自留风险和后备措施等。对不同的风险可用不同的处置方法和策略，对同一个建设工程项目所面临的各种风险，可综合运用各种策略进行处理。

（三）评估风险措施的有效性

一般原则有三种可能：风险是可以接受的、不能接受的和不可行的。当建设工程项目整体风险小于或等于整体评价基准时，风险是可以接受的，建设工程项目可以按计划继续进行。这时如果有个别单风险大于相应的评价基准，则可以用成本效益分析或其他方法权衡是否有其他风险小的替代方案可用。当建设工程项目整体风险比整体评价基准大出很多时，风险不能接受，因此就要认真考虑是不是放弃这个建设工程项目。

（四）提出最佳监控跟踪办法

不管预先计划好的策略和措施是否付诸实施，风险监视都一日不可缺。如果发现已作出的决策是错误的，就一定要尽早承认，立即采取纠正行动。如果决策正确，但是结果却不好，这时不要过早地改变正确的决策。频繁地改变策略，不仅会减少应急的后备资源，而且会大大增加建设工程项目阶段风险事件发生的可能性，加重不利后果。

风险控制是为了最大限度地降低风险事件发生的概率和减小损失程度而采取的风险处置技术。在风险控制上，一般认为可采取以下措施：根据风险因素的特性，采取一定措施使其发生的概率降至接近于零，从而预防风险因素的产生；减少已存在的风险因素；防止已存在的风险因素释放能量；改善风险因素的空间分布，从而限制其释放能量的速度；在时间和空间上把风险因素与可能遭受损害的人、财、物隔离；改变风险因素的基本性质；加强风险部门的防护能力；做好救护受损人、物的准备。恰当地采取这些措施可以使风险得到有效的控制。

（五）报批执行

全面的技术风险管理计划是进行强有力的技术风险管理的关键因素，经过风险识别、风险量化、风险分析，在提出技术风险的监控办法后，应该形成技术风险管理的报告，提出技术风险管理的方案，报批后执行。

事实上，在实践中风险识别、风险量化和风险控制均是动态的过程，不断循环进行。在风险识别的基础上，进行风险量化，进而制定有效的控制措施并实施，然后进行风险识别和风险量化，再进行风险控制，如此反复。

为了有效地进行技术风险管理，我们应该建立风险管理的组织，负责风险管理的计划、组织与实施等工作。在风险识别、风险量化的基础上，应对量化结果进行确认，即进行审计跟踪，验证计算得出的风险量、风险成本概算和风险时间概算是否合理，根据计算的结果制定相应的风险应对措施和规避风险的办法，并准备风险储备金，全面提高建设工程项目的风险抵抗能力。

八、技术风险分析报告形成过程

(1)确定调查范围。确定拟进行技术风险研究的范围，调查范围应是明确有效的、可实施的。

(2)培训相关人员。培训与本次调查相关的人员，也可包括相关的协调人员，使他们了解调查的目的和意义，使从事调查的人员具备基本的技术风险知识。

(3)与相关人员进行交流，确定风险因子，以及风险因子的层次。与相关人员进行充分的交流，了解建设工程项目的状况，从而比较准确地确定技术风险决定因子以及它们的层次关系，为下一步的调查工作和风险分析打下良好的基础。

(4)设计调查表格并进行调查。根据与相关人员交流的结果，科学合理地设计进行调查的表格，表格内容应意思清楚，没有含混之词，而且切合实际情况。

(5)收回表格并计算风险因子的风险量。收回调查表格，选择适当的方法来计算风险因子的风险量。要注意忠实于原始数据，不得随意篡改或推想。

(6)计算风险时间概算和风险成本概算。在各因子风险量的基础上，根据因子之间的风险层次，计算风险时间概算和风险成本概算。

(7)撰写技术风险分析报告。在上述工作的基础上撰写技术风险分析报告，报告应客观科学地反映建设工程项目的真实情况，并有根据地提出建议或意见，从而为决策或管理机构提供真实可信的数据和建议。

第六节　建设工程项目财务风险管理

财务风险是指建设工程项目在实施过程中的资金融通、资金调度、资金周转、利息等不确定性因素影响建设工程项目的预期收益的可能性。

一、建设工程项目财务风险分类及相互关系

项目的财务风险分析过程就是在国家现行财税制度和市场价格条件下，以项目财务现金的估算为基础，对风险分析指标的计算过程。其目的是对项目的获利能力、贷款清偿能力、投资回收能力及创汇效果等做出尽可能准确的分析。由于我国目前正处于深化改革之中，所以在项目实施过程中，现行市场价格必然会发生变化，国家现行的财税制度也有可能

会进行调整与完善，这些都会对项目的建设过程和投产后的财务状况产生一定的影响；另外就项目本身而言，也存在着大量的不确定因素，例如设计的可靠性、实施的准备与保障、实施计划、实施技术及实施组织与管理等问题都可能导致项目周期的延长或项目投资的膨胀，进而影响项目的正常投产和项目的财务收益；多元化筹资项目将受到资金结构变化的影响，利用外资项目还会受到国际金融市场汇率的影响等，而这一切不确定因素，最终都将对项目的财务状况产生影响，造成财务风险分析结果的不确定性。以上这些不确定性均可归入财务风险因素之中。

建设工程项目财务风险受到来自各方面风险因素的影响，根据风险因素的来源，可以将财务风险因素分为三类，分别称为工程风险、政策风险和市场风险。工程风险是指建设工程项目实施过程中，由于施工的设计、计划、组织所产生的风险，因其影响较大而不可忽视，尤其对于规模较大的建设工程项目应给予足够的重视；政策风险主要是指国家现行财税政策有可能发生变化而产生的风险，由于国家政策具有连续性与稳定性，所以对于周期较短的建设工程项目，政策风险较小，一般可忽略；市场风险是指市场价格变化的风险及市场产品供需结构变化的风险，特别是对建设工程项目所需的大宗材料及建设工程项目运行后的主要产品及原材料的市场风险，要进行充分的估计。这三类风险对项目财务风险分析的影响关系如图 19-7 所示。

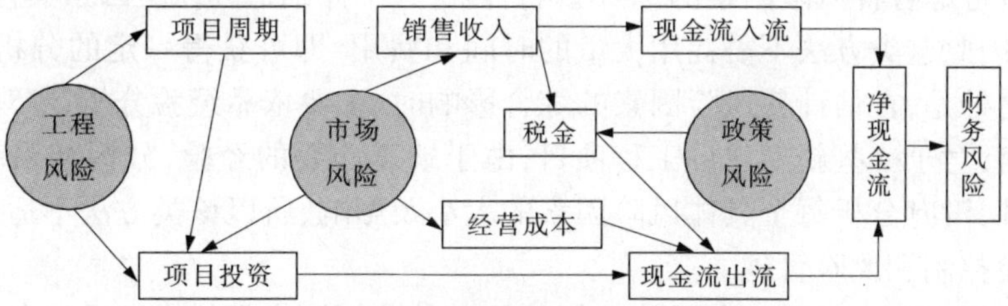

图 19-7　财务风险分类及相互关系

二、建设工程项目财务风险分析与量化方法

敏感性分析是建设工程项目评估和建设工程项目管理决策中常用的一种不确定性分析方法，它在假设其他因素不变的前提下分析某个因素变动幅度对目标的影响程度，以判定因素的变化对目标影响的重要性。但由于在建设工程项目的评价周期内，各个不确定因素有可能同时发生变动，并且发生相应变动幅度的概率也不会完全相同，而敏感性分析对这一实际状况缺乏必要的描述。譬如，两个具有相同敏感性的因素，在一定的变动幅度内，一个发生的概率很大，而另一个发生的概率很小，甚至可以忽略不计，则它们对目标的实际影响便不相同；再有一种可能是因素甲敏感性较小，但发生变动的可能性较大，而因素乙的敏感性稍大，但发生变动的可能性较小，最终因素甲的实际影响可能会大于因素乙的影响。这些问题都是敏感性分析所无法解决的，因为敏感性分析只分析了风险的影响作用而忽略了风险本身发生的大小差别。风险分析技术与敏感性分析不同，它不但分析风险的影响作用，而且也同时测定和描述风险本身发生的大小，从而对风险影响的估计与描述就更加真实和确切，这种方法比敏感性分析具有更多的优越性。

建设工程项目财务风险分析以建设工程项目的财务现金流作为计算基础，而建设工程项目的财务现金流是一个随时间而变化的动态流，所以财务风险因素的影响机理就更加复杂。这时不仅要考虑风险因素在某个时间截面上的影响作用，即静态影响，而且要考虑因素发生影响的起始时间和延续性，即动态影响后果。例如项目所需的主要原材料市场价格波动，必然会对当年的项目费用产生影响，但仅从这一个方面分析市场价格的波动风险对项目财务风险分析的影响是不够的，还必须进一步考察这种市场价格的波动风险发生在项目实施的哪个时期。因为即使是相同大小的市场价格风险因素，其发生在项目的初期和项目的末期，对项目投资流的影响是不同的，从而对项目财务风险分析结果的影响也必然是不同的。因为资金具有时间价值，所以同样大小的风险因素，发生在项目初期，对项目投资的影响就比较大；若发生在项目的末期，对项目投资的影响就比较小。因此，投资项目财务评价风险分析与普通的风险分析方法有所不同，具有自己的特点，它需要采用动态的分析方法。

当前对建设工程项目进行财务风险分析，有两种分析层次：第一种是在财务现金流层次上开始的分析方法。由于建设工程项目的工程风险（技术风险）、市场风险及政策风险的影响作用最终都会在现金流上表现出来，所以当只需要了解各种风险因素的综合作用结果时，从直接分析现金流的不确定性开始即可。此时可以认为由于各种风险因素的综合影响，导致相应的财务现金流成为一种风险现金流，故只需分析现金流本身风险的大小，然后在此基础上进行财务评价，常用的分析处理方法有风险报酬法、风险当量法、三点预测法。由于这类方法仅直接考虑各种风险因素的综合影响后果，并不详细追究风险因素具体有哪些，风险到底有多大，因此这类方法不需耗用大量的时间和费用，即可获得一定的分析结果，且简捷易行。不足之处是，在估计各风险因素的综合影响时，主要依靠经验分析，主观性较强，分析方法比较粗略，对于一些新型建设工程项目，由于缺乏必要的经验，分析结果就很难做到准确可靠。另外，没有分析每个具体风险因素的大小及影响，所以该类方法不适于对建设工程项目进行风险控制和风险管理。

对于建设工程项目进行财务风险分析的另一种分析层次是从辨识风险源这一最基本步骤开始，遵循完整的风险分析程序，依次经过风险辨识、风险估计和风险评价，最终得出影响建设工程项目财务评价的各种风险因素及其影响结果。这类方法比较细致地对建设工程项目进行深入分析，寻找出影响目标的所有风险因素，并对每类风险因素进行具体分析，包括判断风险的作用时间及影响范围，估计风险的大小、分析风险的影响过程，然后通过解析手段或模拟手段得出各风险因素对目标的综合影响，整个分析过程较为严谨，所得结果比较准确。这类分析方法既适合于同类重复建设项目的风险分析，也适合于新型建设工程项目的风险分析，并且由于这类方法能够区分并处理每个具体的风险因素，所以便于对建设工程项目的风险对策和风险管理进行指导。从辨识风险源这一分析层次开始进行分析的方法主要有两种：影响图分析方法和模拟分析方法。

（一）风险现金流分析方法

（1）风险报酬法。该方法又被称为调整标准折现率法，这种方法除考虑资金的时间价值外，还认为资金具有风险价值，即随着资金运行过程中风险的增大，对资金的报酬要求也愈大。此时在进行经济评价时，对现金流量的折现除采用无风险的标准折现率外，还应该根据对风险因素综合影响大小的估计，规定一个与之对应的风险折现率，并以无风险折现率与风险折现率之和作为标准折现率对现金流进行折现，然后在折现后的现金流基础上对建设工程项目进行财务评价。

该方法直观，易懂易算，并且仅用风险折现率代替风险的综合影响，其实暗含着建设工程项目的风险是随时间增加的，这与实际情况还是比较一致的。但处理风险因素笼统、粗略，没有考虑风险随时间的变化。

(2)风险当量法。风险当量法是另一种处理风险现金流的方法，该方法将不确定的现金流量用一个确定的当量系数 d(完全不确定时 $d=0$)折算成与之等价的确定型现金流量，然后以此确定型现金流为基础进行折现和财务评价。

如果第 t 年的不确定的现金流量期望值为 $E(N_t)$，确定的当量系数为 d_t，则该年的不确定现金流量可以用 $d_t \cdot E(N_t)$ 这个确定的现金流量来代替，并在此基础上对现金流进行折现得 $d_t \cdot E(N_t)/(1+i_f)^t$。因为乘以当量系数后的风险现金流已转化为等价的无风险的现金流量，故折现率采用无风险折现率 i_f。

该方法是否可靠取决于当量系数 d 的确定，通常可以根据每年现金流量的取值及其出现的概率来求出现金流的变异系数 C_v。然后查约定的 C_v 与 d 换算表，确定该年的当量系数。

变异系数 $C_{vt}=\dfrac{\sigma_t}{E(N_t)}$，$\sigma_t$ 为现金流的标准差。

这种方法的缺点在于：不同的评价者对 d 的取值不同，随不同的投资大小、环境以及其他施工技术设备上的差异会对 d 造成不同的影响。d 有何变化规律，都难以确定，另外对风险的现金流量仍采用主观估计，具有较大的随意性。

(3)三点估计法。对于许多建设工程项目，要比较确切地估计出在整个周期内现金流量的值及其出现的概率分布是比较困难的，这时可采用对现金流量的三点估计法，即估算出现金流量的最乐观值 a、最可能值 m 和最悲观值 b，这里假定现金流量 x 服从 B 分布，其密度函数为

$$f_x=\begin{cases}0 & x<a\\ c(x-a)^{\alpha}(x-b)^{\beta} & a\leqslant x\leqslant b\\ 0 & x>b\end{cases} \tag{19-8}$$

显然现金流量 x 是位于 a 与 b 之间的随机变量，参数 α、β 是非负的常数，c 是规范常数，不增加函数的自由度。其中，a、b 可直接从主观估计得出，现金流量 x 的均值 μ 与方差 σ^2 可以近似地表示为

$$\mu=\frac{a+4m+b}{6},\qquad \sigma^2=\left(\frac{b-a}{6}\right)^2 \tag{19-9}$$

若对现金流每年的流量均进行三点估计，则每年的期望现金流量和标准差分别为

$$E(N_t)=\frac{1}{6}(a_t+4m_t+b_t),\qquad \sigma_t=\frac{1}{6}(b_t-a_t) \tag{19-10}$$

用三点估计法对一条现金流进行估计，可得到相应的三条现金流，即最乐观现金流、最可能现金流和最悲观现金流。分别以此三条现金流为基础按无风险的方法进行财务评价，则相应地得到三种财务评价结果，即最乐观结果、最可能结果和最悲观结果。这三种结果可同时提供给决策者参考，亦可对其进行计算，得到各财务期望值和标准差，提供给决策者进行决策。

这种方法对现金流量易于估计，便于使用，评价结果不但能使决策者认识到风险因素的

影响,而且能够了解由于风险因素的影响造成评价结果波动的变化范围和实现预计目标的可能性有多大,因而是一种经常被采用的方法。

(二)辨识风险源的分析方法

该类方法不是笼统地估计风险因素对现金流的影响,而是对影响建设工程项目财务评价的三类风险:工程风险、市场风险和政策风险,分别进行风险辨识,找出导致风险产生的主要风险源,并分别测定各个风险源的风险大小。例如,在工程风险中,主要风险源是变更设计,使得工程量增加,从而导致建设工程项目投资的膨胀;在市场风险中,主要风险源则是相关市场价格的波动;而政策风险中,主要风险源是利率、汇率和税率等的调整。然后分析这些风险源与分析目标之间的相互联系及影响关系,并根据风险的传递作用机理计算出这些风险对分析目标的影响程度。

(1)影响图方法。影响图是最近几年逐渐发展起来的表示与求解不确定性问题决策分析的新工具。影响图是由节点和有向弧组成的无环路的有向图,其中节点代表所研究问题的主要变量,有向弧表示变量间的各种关系。节点可分为四类:机会节点、确定节点、决策节点和价值节点,分别表示风险变量、受风险源变量影响的变量、可由决策者决定的变量及要分析的目标变量。有向弧也分为四类:关联弧、影响弧、信息弧及莫忘弧,相应地表示四类节点之间的相互关系。

影响图是根据对问题的描述,结合相关专家的知识表示问题结构的一种直观图形。影响图本身具有两个层次,第一层是图,第二层是节点的数据结构。利用影响图不但可以清晰地表示出各种变量及其相互关系,而且可以利用它进行正规分析的数值计算。影响图也是一种能够描述概率推理和决策分析的结构模型,随着对问题描述的不断深入,影响图相应地具有三种级别:关系影响图、函数级影响图和数量级影响图。在确定性事件中,"关系"指一个变量通常决定于几个变量,如利润由收益和成本所决定;"函数"指规定变量间的联系形式,如利润 = 收益 - 成本;"数量"指确定各变量的取值,例如确定了收益和成本的数值,由此便决定了利润的数值。在概率型事件中,"关系"是指所得到的信息,即一个变量与哪些变量相关或无关;"函数"是指一个变量的概率分布与所依赖的其他变量值的条件关系;"数量"是指由独立变量的分布来确定所有相关变量的边际分布和变量的联合概率分布。影响图用于风险分析的研究是依次通过三级决策影响图的建立来完成的。

在风险分析过程中, 风险辨识是为了了解现在及未来的组织活动中风险的性质及影响。风险辨识等价于风险判断。在这一阶段, 为了减少不确定性, 应在所考虑的问题中找到关键的风险因素, 这需要判断并了解各风险因素间的结构。可以这样理解: 风险辨识提出了研究内容, 而关系级影响图则相应地提供了表达问题的框架结构, 这种结构有利于对问题的全面了解和认识, 便于分析者和决策者之间进行交流, 它使风险辨识具有形式上的直观性。

风险估计是对风险因素大小及其影响的测量,利用前期风险辨识和判断的结果,开始对风险变量的有关数据及影响机理进行分析。一般采用影响图进行风险分析的输入,变量的有关数据构成了结点的数据结构,其影响机理则体现为节点间的关系。在关系级影响图中,对于概率事件,对应的变量之间可能是条件概率关系,也可以是独立关系;对于确定事件,对应的变量之间可采用一般方程或回归方程等函数相联系。在函数级影响图中,由于风险因素之间的关系不同,所以建立的联系也不同,表现出风险估计方法的组合性特点。

数量级影响图是求解模型系统结果的输出，风险估计在这个过程中完成。由于节点和弧表示的变量及其关系是复杂的，所以影响图的评价算法也有很多种，如拓扑变换算法、高斯影响图算法及模糊影响图算法等，这里不再赘述。但应了解的是，不同的算法致使结果分为解析输出和模拟输出两类。

风险量化是指风险因素对分析目标影响程度的评价，它与数量级影响图的输出结果是一致的。求解数量级影响图本身采用的就是一种量化算法，它得到的结果是各类节点对价值节点的综合影响，这与风险量化的要求是完全一致的。

综上所述，虽然影响图主要是作为一种决策分析工具而发展起来的，但是由于影响图具有处理复杂关系和不确定性问题的能力，并且其建模和分析过程与风险分析过程具有较好的对应性和一致性，所以关于影响图的思想理论及方法完全可以应用于风险分析的研究中。加之影响图具有描述问题清晰，表达问题直观，便于分析者、决策者和专家之间交流等特点，使得影响图这一决策分析工具正逐渐成为风险分析的一个得力工具。

（2）随机模拟方法。又称蒙特卡罗方法，该方法主要是通过对随机变量的统计试验进行随机模拟而求得问题的近似解。这是一种从理论到手段都已经比较完善的传统方法，特别是近年来，电子计算机的普及和发展更为这一传统方法提供了一种现代化的支持工具，为这一方法的广泛应用创造了充分的条件。

蒙特卡罗方法在财务风险分析中只是一种风险评价的方法，当辨识出主要风险源并估计出其概率分布以后，风险分析就进入了风险量化阶段。在这一阶段，由于建设工程项目的财务风险量化计算变量众多，相互关系复杂，加入对各种风险因素的考虑后，再使用解析方法很难甚至无法求出各风险因素对目标的综合影响结果，在这种情况下，只有采用随机模拟方法才能使问题得到解决。

使用随机模拟方法进行财务风险量化的主要过程如下：

①为每个风险源建立一个与其概率分布相同的随机数发生器，这样对一组风险源就建立起了一组随机数发生器，然后对其他各变量建立变量间的相互关系模型，其中包括确定型的函数关系模型，也可包括随机型的相关概率模型；

②以这组随机数发生器产生的一组随机数作为风险变量的模拟取值，并根据变量间的相互关系模型计算其他各中间变量的值，并计算得到建设工程项目的输入现金流、输出现金流和净现金流；

③在这组现金流基础上，进行建设工程项目的财务风险量化，计算出财务评价的各项指标结果，并保存这些结果，至此完成一次随机模拟过程；

④重复第②、③步足够多次，即对风险变量进行足够多次的统计试验随机模拟，相应地得到若干组建设工程项目财务风险量化结果；

⑤对以上得到的若干组建设工程项目财务风险量化结果进行统计分析，便可得到财务风险量化各项指标的概率分布情况和相应的均值、方差等数字特征，从而了解风险因素对财务风险的综合影响结果。

三、建设工程项目财务风险控制与处置

研究表明，始终有60% ~85%的建设工程项目不能达到其时间、成本和绩效目标，所以上述的财务风险在实际的建设工程项目实施中是极有可能发生的。对于财务风险最简单的

控制手段是制定有效的建设工程项目成本计划。

建设工程项目成本计划主要有资源计划、费用估算、费用预算三个过程。资源可以理解为一切具有现实和潜在价值的东西,包括自然资源和人造资源、内部资源和外部资源、有形资源和无形资源。由于建设工程项目的一次性,建设工程项目资源不同于常规组织机构的资源,它多是临时拥有和使用的,资源的高效、合理使用对建设工程项目管理至关重要。任何资源的短缺、积压和滞留都会给项目带来损失。资源计划编制与项目成本估算密切相关。资源计划编制就是确定完成项目活动所需要的各种资源(人、设备、材料)种类,以及每种资源的需要量。资源计划编制的依据主要有以下几个方面:工作分解结构(WBS)、历史信息、范围说明、资源库描述、组织方针,等等。资源计划编制过程的结果是一份资源要求说明书。列出本项目要求使用的资源类型、数量,以及工作分解结构中各部分所需要资源的种类及其数量。

费用估算就是编制一个完成建设工程项目各活动所必需资源的费用的近似估算。费用估算是对建设工程项目实施组织为提供产品或服务所要付出费用的定量估计。费用估算仅是做出报价时需要考虑的因素之一。在作项目费用估算时,项目团队主要关心完成项目所需资源的费用,但有时也要考虑非项目的费用。全面考虑项目所有阶段包括项目完成后投入使用阶段的总费用的估价思想叫做“全生命周期费用估算”。例如限制设计审查的次数可能降低项目费用,但有可能发现不了设计中隐藏的问题而造成日后顾客增加运营费。

通常在估算费用时要考虑下列内容:劳动力、分包商和顾问、专用设备和工具、原材料、预备费。费用估算方法有自上而下的预算的估算、参数模型法以及计算机工具法。

费用预算是为了确定测量建设工程项目实际绩效的基准计划而把整个费用估算分配到各个工作单元。建设工程项目费用预算是一种分配资源的计划,预算结果对建设工程项目管理人员来说是一种约束,所涉及人员只能在这种约束范围内活动。建设工程项目预算也是一种控制机制,可作为一种比较标准来使用,用来度量资源实际使用量和计划用量之间的差异。费用预算要以费用估算、工作分解结构和建设工程项目进度计划为依据。工作分解结构确定了要分配费用的建设工程项目组成部分,而建设工程项目进度计划则包括这些建设工程项目组成部分的计划工期和预期完工日期。编制费用估算的方法也可用来进行费用预算,其中进行费用预算的两种基本策略是:自上而下和自下而上的预算。费用预算的过程包括两个步骤:首先将建设工程项目费用估算分配到建设工程项目工作分解结构中发生费用的各个工作包;然后在整个工作包期间进行工作包预算的分配,这才可能在任何时间点及时地确定预算支出是多少。

建设工程项目的费用控制包括:对造成费用变化的因素施加影响,在变化不可避免时,一定要取得各利害关系者的一致认可;测量实际开支,将其与建设工程项目费用基准比较,查明实际开支是否偏离计划;当实际开支偏离计划时,实施管理。费用控制必须与其控制过程紧密配合。

建设工程项目费用控制的工作内容有:监督费用实施情况,查明实际开支偏离计划之处及其原因;将所有的有关变更都准确地记录在费用基准之中;阻止不正确、不合理或未经核准的变更纳入费用基准中;将核准的变更通知有关利害关系者;采取行动将以后预期的费用限制在可以接受的范围之内。

第七节　建设工程项目群风险管理

一、建设工程项目群风险管理的基本含义

简单地说，建设工程项目群风险管理就是指建设工程项目集群的风险管理，它是为达到建设工程项目集群风险的预防或消减而进行的计划、组织、控制、激励和领导活动的统称，它由一系列集群风险管理技术、方法组成。建设工程项目群风险管理是建设工程项目风险管理理论在建设工程项目集群环境中的应用和体现，它不但包括传统单建设工程项目风险管理的内涵，而且集群建设工程项目环境的存在，使得各分建设工程项目在进度、资源、人力等方面的冲突加剧，进一步加大了建设工程项目风险识别和风险分析的复杂性，也为风险控制带来了一些新的课题。

二、建设工程项目群风险管理的目的和内容

（一）建设工程项目群风险管理研究的目的和内容

建设工程项目群风险管理研究的目的和内容主要有如下几方面：

（1）研究企业为建设工程项目群设立共同风险管理组织的理论与原则，即如何设计建设工程项目群的风险管理组织才能保证企业在人力资源的约束条件下使费用最小、效益最大；

（2）建设工程项目群中在进度、费用、组织、质量等方面具有互动关系的各建设工程项目，它们之间的各种耦合关系应采用什么样的分析方法和手段，使得分析结果具有更强的客观性；

（3）如果把建设工程项目群作为一个系统，该系统的风险识别、风险分析、风险评价与风险控制应如何界定，应以什么工具和手段作为其理论支撑。

（二）建设工程项目群风险管理的应用范围

具有以下特征的建设工程项目集群可按建设工程项目群进行风险管理。

（1）一个企业同时有若干个开发建设工程项目，出于组织、费用和效率等的考虑，可为这些建设工程项目设立共同的风险管理组织，对各个建设工程项目的风险进行集中管理。

（2）一些大型复杂建设工程项目，含有若干个相对独立的子建设工程项目，这些建设工程项目之间有着错综复杂的，包括进度、费用、组织、质量等方面的互动关系，在这些建设工程项目的管理中，风险的产生和发展会相互影响、相互制约。

（3）在一些合同管理中，甲方必须对众多乙方建设工程项目的风险管理进行监视、控制和协调。

（4）在职能型建设工程项目管理组织中，负责风险管理的职能部门管理着一定数量的、存在着相互依存关系的建设工程项目。

三、建设工程项目群风险管理的组织选择

建设工程项目风险管理需要建立专门的组织机构，以执行风险管理的各项职能。在我国，传统上的建设工程项目管理基本上是贯彻以 TQC（进度、质量和费用）为核心的三要素

管理,存在着回避甚至否定风险管理的倾向,直接的表现就是企业中缺少建设工程项目风险的分析人员和职能管理人员。由于缺少必要的风险预测和控制,往往造成建设工程项目在进度、质量和费用上的“拖、降、超”现象。

推行风险管理,首先要求在组织上有一定的保证,按照国外流行的做法,就是设置一定数量专职或兼职的建设工程项目风险管理人员,全权、全过程地进行风险的识别、分析、评估与控制,并定期给出风险评估报告和风险处理报告。

建设工程项目群中风险管理组织机构的设置可以采取多种不同的组织形式,这取决于建设工程项目群组织机构的规模及职权关系、各建设工程项目风险危害的规模及风险管理的理念等。与单个建设工程项目风险管理组织形式相似,建设工程项目群风险管理的组织设置一般有以下一些形式:

(1)直线制风险管理形式;

(2)职能制风险管理形式;

(3)矩阵式风险管理形式;

(4)项目式风险管理形式。

直线制风险管理形式是早期的也是最简单的一种风险管理形式,它一般适用于规模很小的企业,不需要设专门的职能部门,也没有相应的建设工程项目组织和建设工程项目风险管理组织,建设工程项目管理和风险管理的任务都用一种直线的方式进行管理和控制。在我国风险管理实践中很少有建设工程项目采用这种形式。

职能制风险管理形式与直线制风险管理形式的最大区别是,通过设置各种职能部门来协助行政负责人进行管理,这种形式中,风险管理人员比较容易控制,同时建设工程项目的资源容易约束,但存在着项目凝聚力不够、项目资源不够集中等缺点。我国传统风险管理实践中采用过这种形式的项目比较多。随着现代企业制度和项目风险管理理论的逐步发展,大多数企业抛弃了这种风险管理形式,慢慢地过渡到了矩阵式或项目式风险管理形式,但在某些项目单一的企业中仍保留着这种形式。

矩阵式风险管理形式是一次性建设工程项目管理中采用较多的一种形式,它将按建设工程项目划分的横向部门管理机构与按职能、专业划分的纵向部门管理机构的优势结合起来,构成矩阵式风险管理系统。矩阵式风险管理形式在项目较多、结构工艺复杂、小批量生产时尤其适用。

项目式风险管理形式是建设工程项目管理的一种最理想的风险管理形式,它把建设工程项目从公司管理中分离出来,作为独立的单元,并拥有自己的技术人员和管理人员,项目经理对建设工程项目全权负责,建设工程项目风险管理人员(如风险经理)行使建设工程项目风险管理的各项职能。

建设工程项目群风险管理的组织设置不但要考虑单个建设工程项目的特点,还要考虑各个建设工程项目之间的耦合和相互关系,设置的组织形式不但要保证单个建设工程项目的资源集中,还要有利于整个建设工程项目群的资源共享和互补。比如,美国一些大型企业在风险管理中往往采用矩阵式风险管理形式,而不是理想的项目式风险管理组织形式,这主要有如下几方面的原因。

(1)企业某些建设工程项目的实施是一项复杂的系统工程(这一点与建筑行业的施工项目管理有着一定的差别),需要多部门进行交叉协作才能完成任务,整个实施过程可能涉及众多的部门。同时,项目的周期比较长,如果采用建设工程项目式风险管理形式,将使建设工程项目组相关人员的管理与控制较为困难。

(2)多个建设工程项目进行过程中有许多不确定性因素,面临许多不确定性问题。如项目可能随时停下来进行技术攻关,这将对全职的项目风险管理人员造成人力的浪费。

(3)在企业的项目集群中,许多风险的产生不是由单一项目引起的,而很可能是多个项目进展中由于进度、质量、费用的相互耦合引起的。这就要求项目风险管理的操作不应局限于单个项目内部,而应从整个项目群的范围内进行识别、分析、评估和控制,从而保证风险管理的有效性,而矩阵式风险管理组织可以有力地支持项目群内风险管理的各个阶段和过程。

项目群风险管理组织机构的几种形式都有各自的优缺点,没有能适合所有风险管理情况的全能形式,对组织形式的选择可以参考表19-1。

表19-1　决定项目群风险管理组织形式的主要因素

组织形式	直线制	职能制	矩阵式	项目式
技术复杂度	低	一般	高	一般
技术创新度	低	一般	一般	高
项目不确定性	很低	低	高	高
项目群规模	小	一般	大	一般
项目耦合程度	低	一般	高	一般
持续时间	短	短	中等	长

四、建设工程项目群风险应对

建设工程项目群风险应对的任务是要根据建设工程项目群中各建设工程项目风险大小及排序的结果提出不同的协调和控制策略。

(1)对风险较大的建设工程项目,应采取特别措施,对建设工程项目进行综合评估,实事求是地按规律办事,该调整的要调整,该降指标的要降指标。

(2)对风险一般的建设工程项目,应认真分析,查找原因,制定措施,努力降低风险,在计划上要控制环节,同时加强管理和指导,及时解决存在的问题,减少风险,争取按时完成任务。

(3)对风险较小的建设工程项目,要加强跟踪检查,及时发现和解决所出现的问题,力争避免风险发生。

(4)除了要考虑建设工程项目风险的大小,还要选择风险监视和控制的重点。有的建设工程项目,虽然风险很大,但对建设工程项目群总体的影响不大;有的建设工程项目,虽然风险不大,但对建设工程项目群总体的影响很大;同时,风险监控还要注意综合平衡,要根据建设工程项目群风险的规划,全面地分析各建设工程项目的风险情况,特别要注意关联部分的影响,做好综合平衡和协调。

项目群风险管理是一个复杂的、庞大的、动态的系统工程,涉及不同层次的多个部门、多个环节、多个领域。风险管理团队对风险的识别和分析是一个需要在实践中不断完善的过程。同时,风险因子体系及其危害程度都是随着时间和项目的推移而不断发生变化的,这也要求风险管理团队不能以一种静止的、一成不变的观点来看待风险的管理要素和过程。

作为一项管理活动,项目群风险控制是一个动态的过程,必须坚持不懈地跟踪建设工程项目的进展情况,重视风险的监视和反馈,逐步形成项目群风险管理的闭环体系。

第二十章　建设工程项目实施中的风险管理

第一节　建设工程项目制定风险应对计划

一、建设工程项目制定风险应对计划概述

建设工程项目风险管理的整个过程在风险识别、风险衡量之后,接下去就是如何有效地控制这些风险,以达到减少事故发生的概率和降低损失程度。风险应对计划就是针对风险定性、定量分析结果,为降低建设工程项目风险的负作用而制定的风险应对措施。风险应对计划必须与风险的严重程度、成功实现目标的费用有效性相适应,必须与建设工程项目成功的时间性、现实性相适应。它也必须得到项目所有利益相关者的认可,且由一个专人负责。风险应对计划通常是从几个备选方案中挑选出最优的一个。

二、建设工程项目制定风险应对计划的依据

制定建设工程项目风险应对计划的主要包括以下依据。

(1)风险管理计划。

(2)建设工程项目风险的特性。通常建设工程项目风险应对计划主要是根据风险的特性制定的。

(3)风险排序。就是采用本书前面部分介绍的风险定性、定量分析方法,将风险按其发生的可能性、风险发生后造成的后果严重程度、缓急程度进行排序,表明各种风险的相对重要程度。

(4)风险认知。对可放弃的机会和可接受的风险的认知。组织的认知度会影响风险应对计划。

(5)可接受风险水平。建设工程项目组织的可接受风险水平将对风险应对计划产生重要的影响。建设工程项目主体抗风险能力决定了建设工程项目班子能够承受多大的建设工程项目风险,也决定了建设工程项目组织对于建设工程项目风险应对措施的选择。建设工程项目组织抗风险能力包括项目经理承受风险的心理能力、项目组织具有的资源和资金能力等。

(6)可供选择的风险应对措施。对于一种具体建设工程项目风险,所存在的可选择的应对措施可能性是不同的。如果对于一个具体建设工程项目风险而言只有一种选择,那这一建设工程项目风险的应对措施就很简单。但是,如果有多于一个的选择,就需要通过选择最有效的措施去制定出建设工程项目风险的应对措施。

第二节　建设工程项目管理中几个常规风险分析

一、建设工程项目常规风险概述

对于一个建设工程项目,可以有很多种不同的出错方式,同样,也有很多不同的方法来对建设工程项目开发人员所要面对的风险进行描述或者分类。在建设工程项目实施中存在着几种常见的风险:财务风险、业务风险、开发执行风险以及技术风险,它们对于建设工程项目的成功是很关键的。这一节讨论建设工程项目中常见的三类风险:业务风险、开发执行风险以及技术风险,其中财务风险在后面单独讨论。在实践中,这些风险可能在不同建设工程项目中出现的几率是不平衡的。在一个建设工程项目中仅仅可能有一两个业务风险、数十起开发风险,并且只有几个技术风险,而在另一些建设工程项目中可能会有七八个业务风险和很少的开发、技术风险。

这三个风险中,最基本的风险是业务风险。它能轻易地破坏一个建设工程项目,而且它对于一个组织来说很可能没有被完全意识到。这是开展建设工程项目面对的最危险或者最难的挑战。开发执行风险常常被认为是第二严重的问题,但是它对建设工程项目而言不会像业务风险那样具有毁灭性。尽管技术风险仍然很重要,但至少在某种意义上正在渐渐地减小威胁性。这并不是说建设工程项目不会被差的技术决策所破坏,而是说技术在新世纪初已经比以前更为稳定可靠了,这样关于它的问题就会相应要少一些。

二、建设工程项目业务风险分析

(一)业务风险概述

理解层面上的业务风险是主要的建设工程项目利益相关者对主要业务问题或机会缺乏足够的理解。这种风险在各种类型的建设工程项目中是普遍存在的。很多项目出错就是因为没有正确地理解业务问题。开展项目面临的最大风险就是利益相关者对主要的业务问题或者机会的理解不完全或不充分。重要的利益相关者越多,风险越有可能发生。很明显,没有一个适当的理解(特别是对于项目赞助人、项目拥护者和项目经理),整个项目就有可能走上不正确的轨道。当它发生时,项目尽管按照规划完成了,时间、费用等方面都满足要求,但是项目不能完全满足用户或建设单位的要求,不能产生项目最大效益。在最糟糕的情况下,建设工程项目可能在完成前后某段时间以前被放弃。这样所导致的主要结果是造成资源和机会的错误匹配,导致资金使用不当等。这会使组织承担有很小价值或没有业务价值的建设工程项目。有时,这些建设工程项目会在生产阶段被放弃,但通常它们会被完成,而用户拒绝接受这种项目。

改变风险是指在建设工程项目的执行进程中,发生在建设工程项目需求上的改变不会被项目班子接受或者容纳。传统地说,改变已经被看做是出问题后做出的选择。事实上,改变常常是一个业务成长和发展的迹象。尽管建设工程项目越大要适应改变就越难,但确保建设工程项目以这样一种方式得到管理是很重要的,因为当需要的时候它们就能适应改变。

(二)业务风险驱动因素

有大量的风险驱动因素会使主要建设工程项目利益相关者对主要业务问题认识不完

全。其中包括对建设工程项目特别复杂、建设工程项目规划时不合理的压力，不现实的期限的强制界定，以及追赶期限的精神上的冲击。特别是建设工程项目业务人员对建设工程项目缺乏兴趣，不懂建设工程项目和业务，这些风险会加重。

在建设工程项目的过程中，当要求发生变化而这些变化未被全部理解、接收或容忍时，建设工程项目可能会失败，有时是非常戏剧性的失败。有许多拒绝变化的理由，包括固定的预算、不能变动的期限或决策者对市场（技术）没有理解正确等。

（三）业务风险的规避措施

（1）理解利益相关者的重要性。知道谁是利益相关者并让他们投入建设工程项目对建设工程项目成功是非常重要的，但有些项目经理并不理解这一点，他们认为建设工程项目利益相关者只是一种负担。利益相关者的参与和承诺是很重要的，没有简单的拯救措施可以保证建设工程项目所需要的支持水平。利益相关者的管理对任何建设工程项目成功都是核心问题，因此知道谁是建设工程项目利益相关者以及他们对该建设工程项目的态度很重要。当然，建设工程项目利益相关者对建设工程项目有兴趣，可以潜在地影响建设工程项目的结果。利益相关者可以包括高级经理、用户、财务经理、技术职员、供应商、贸易组织等。一方面，理想的利益相关者应该是建设工程项目的倡导者和支持者，对建设工程项目有兴趣，并参与建设工程项目发生变化时的管理。另一方面，利益相关者也可能是被动的，对建设工程项目根本没有实质性影响。有时，利益相关者可能对建设工程项目没有帮助，甚至是敌对的。不管怎样，建设工程项目利益相关者都会影响建设工程项目状态，项目经理要获得并保持他们的支持，并尽可能减少他们的敌对做法。

作为风险管理程序的一部分，项目经理应该：

①识别利益相关者对相关团队和其他相关利益群体；

②根据利益相关者对建设工程项目变化的反应来评价他们；

③评价利益相关者的投入或敌对程度；

④评价利益相关者对促进或阻止建设工程项目成功的能力；

⑤促进利益相关者的正面关系，在减少对立的同时试图保证连续的支持。

（2）确保利益相关者的参与。不管开始时建设工程项目利益相关者的积极性有多高，以后他们的热情都会慢慢减弱。这可能有几个原因，其中一个最普遍的是有了其他的优先建设工程项目，这就冲淡了对建设工程项目的初始兴趣。

保护最初利益相关者或用户热情不减的一种方法是确保他们参与建设工程项目并在交付中发挥重要作用。所以，用户不仅是发起人，也是主要的建设工程项目拥护者，这是很重要的。

当然，建设工程项目所要求的时间对于保持利益相关者和用户的兴趣也是很重要的。如果建设工程项目要拖到 7 年，那么兴趣即使不消失，也会很淡。在短期建设工程项目中很容易保持兴趣。对于要延续几年的大型项目，采用一种分阶段的交付方法，并保证让用户意识到每个模块何时交付，何时开工很重要。因此，要尽量避免大宗交付。

（3）制定应急计划。变化是普遍地存在于大多数业务中的问题。它经常以威胁的方式出现，或者是耗时间和成本的，通常被认为是浪费。建设工程项目风险管理需要用积极的态度去面对不断的变化。这表明可能交付的所有范围是不能按照它们在建设工程项目开始时的规划那样可以完全预见的。组织必须准备好将接受设定目标和结果的变化作为正常的方式。

传统的建设工程项目战略是避免或至少最小化系统的变化。这种方法在现在看来被认为是很失败的。因此,提高成功度的唯一方法就是尽可能识别潜在的变化,制定相应的计划来处理它们。为了处理这种动态类型的思考,大多数组织实际上要求一种文化变化,他们需要接受变化的不可避免性。

三、建设工程项目开发运行风险

建设工程项目早期的评估和估算、建设工程项目执行阶段的职员流动对建设工程项目而言是两个高水平风险。尽管当这些风险发生时,不会导致建设工程项目的全盘失败,它们也具有很大的破坏性,能引起建设工程项目的严重延迟和极大的成本超支。

(一)概念及风险后果

在建设工程项目早期阶段进行的建设工程项目预言、分析、设计、规划,对于建设工程项目的执行,往往是远远不够的,有可能没有一部分是正确的。对建设工程项目做不现实的评估和估算会导致大量的难题。一个最明显的结果是建设工程项目预算超支和时间超期。这会导致看起来成本很高的建设工程项目被放弃。但应该注意,当建设工程项目预算控制很严格时,为了获得管理者的通过,在过去,或者可能现在仍在采用不现实的成本和时间的低估算。以不现实的低预算来获得建设工程项目的通过,在建设工程项目执行阶段费用问题暴露出来后,利用各种手段得到建设工程项目必需的资金。

在建设工程项目执行过程中,不可避免地要出现职员流动现象。尽管没有一个人是不可缺少的,但当地位较高的人离开或者调任的时候,建设工程项目执行几乎会不可避免地遭受一次大的挫折,它能延迟建设工程项目的如期交付使用。成功的建设工程项目需要高技能水平的业务人员,以及那些几乎总是短缺的资源。对于普通业务人员,也存在着学习曲线的问题,为了熟悉建设工程项目的细节,新的员工需要了解这些问题。业务人员的大规模流动和不忠于职守会导致建设工程项目进度的延迟,因为除学习组织程序和标准外,新业务人员要熟悉建设工程项目环境,了解与自身相关的业务问题,也就是建设工程项目存在太多的学习曲线早期问题。这会导致成本上升和混乱,造成质量降低,甚至极端情况下使建设工程项目不能交付。但是可能比失去关键性的业务人员更为重要的是主要的利益相关者的变化。当主要的用户(拥有者们)发生改变时,整个开发建设工程项目的重点就会改变。

(二)建设工程项目开发运行风险驱动因素

不现实的工作估算问题背后的驱动风险是由于缺乏对建设工程项目的理解。这可能是因为组织使用自己不熟悉的领先技术或初次使用的问题,或者是由于危机情况而工作仓促,或未考虑不确定情况。缺乏建设工程项目管理经验也会导致工作估算较差。通常认为风险规避型组织在估算方面不如风险容忍型组织,因为风险规避型组织不愿意面对困难问题。业务人员离位的驱动风险包括不现实的工作条件、较差的工作关系,以及对职员缺乏远期期望。建设工程项目组织的关键成员有时在建设工程项目即将结束时离开,这说明他们对建设工程项目的预期没有信心。

(三)开发风险减轻措施

如果怀疑工作的估算不现实,就需要用基准技术。用于估算工作的基准技术可以是内在的,也可以是外部的。至少有两种原因可以解释为什么估算结果可能是错的。第一个是估算人员的错误，这可以通过培训估算者或者让他离岗来消除；第二个原因是建设工程项目的性质或范围发生了变化，在这种情况下，需要做的是更新初始估算。

对于业务人员流动问题，要加强职员管理。如果有迹象表明或暗示业务人员不会呆在原来的位置，建设工程项目风险管理者需要的行动包括：

（1）确保好的职员条件；

（2）确保人与工作匹配；

（3）确保对那些走的人有候补安排；

（4）如果必要，用外聘合同。

四、建设工程项目技术风险

建设工程项目风险管理中技术风险主要考虑技术能力、技术平台和技术生命周期三种重要的风险。

（一）概念及风险后果

技术能力风险是指建设工程项目组织没有合适的专家来成功地实施选择好的技术。当组织没有选择适当的专家来成功地执行所选择的技术时，结果通常是建设工程项目没有完成，或出现了其他问题。

技术平台风险是指正在使用不合适的或者不足够的新技术。消极地规避最新技术风险的方法是不运用具有领先地位的技术，而是等待这种类型的技术被其他人使用从而解决问题。然而，由此又产生另一种相关的风险，就是机会风险。从保守的观点看待风险，过多的领先性的创新有可能成为建设工程项目的灾难，这样，只有那些能够处理高风险的组织才能运用好这个机会。通常，对于一个高层管理者来说采用新技术时会具有相当的优势。尽管如此，如果建设工程项目组织过早地采用一种新的技术的话，潜在的优势会有可能被不能预知的科技的或者组织的问题所驱散。新技术的采用，可能是组织面临的最重要的技术困难，不管这项技术对整个行业是新的，还是该组织以前没用过这种技术。当然，组织可以提高技能来迎接挑战，但这需要时间和资金，还会导致建设工程项目不能完成或开发不充分。

从另一方面看，在一项技术处于其生命周期的末端时对它进行投资会造成大量的问题。而这些问题正是应该积极行动以尽可能避免的。因此，考虑技术所面对的是生命周期中的哪一部分是非常重要的。每当市场上有更新、更有效的技术出现时，旧的技术会被逐步放弃并淘汰出市场。这里的关键在于使问题或机会与适当的技术相配合。但是通常当一项新的技术被发布时，比它陈旧一些的技术的价格或者成本会大幅度下跌。很明显，令人满意的选择不是以高价买进一项市场价格正要大大降低的技术。

（二）技术风险驱动因素

技术风险有以下几个关键驱动因素：

（1）对技术的认识或信念很不成熟；

（2）没有中长期人力资源计划；

（3）没有机制保证要保持现有技术政策；

（4）没有市场（技术）研究，因此对技术先进性方向不了解；

（5）团队太大，投资于传统的系统；

（6）组织没有适当的专家来成功执行所选择的技术，甚至不懂当前所应用的技术；

(7)没有适当的预算以及保持正确的人事类型。

(三)风险减轻措施

如果怀疑组织没有合适的专家来成功执行所选择的技术,就需要采取行动进行建设工程项目基准线研究来认识建设工程项目。如果不能进行研究,组织应该考虑外聘或承包商的应用。如果怀疑技术是跳跃式的,会有冗余或过时,需要采取的行动是延迟建设工程项目,直到完成一个完整的技术研究。这种研究应该包括内部基准和外部基准。技术过时的风险可以用适当的计划、技术检测来减小。

第三节　建设工程项目风险管理费用预算

一、建设工程项目风险管理费用预算原理

建设工程项目风险管理预算是在一个总价固定的建设工程项目中,为已识别且可量化的风险确定预算的过程。该预算包括预防风险所需的应急资源和应对风险发生的费用,如为防止完工日期延后而准备的赶工资金和人员、为预防火灾而添置的防火设备、为建设工程项目保险而引发的保险费用等。

风险管理预算与风险应对计划、人力资源开发等密切相关,并且建立在风险分析的基础之上。比如我们要经常做一个成本(效益)分析,以确定一个风险缓解计划是否超过预算。风险分析的核心是期望值的概念。

期望值是一个概率事件在各种情况下产生后果的加权值,权数是各种情况下事件发生的概率。计算公式:

$$期望值 = \sum(后果 \times 概率)$$

例如,一种新产品投放市场,销售状况为好、中、差的概率是0.3、0.4、0.3,在三种状况下收益分别为100万元、40万元、-60万元,则该产品的期望收益为

$$100 \times 0.3 + 40 \times 0.4 - 60 \times 0.3 = 28(万元)$$

又比如项目发生火灾的概率是5‰,一旦发生火灾,将损失100万元,则火灾导致的期望损失为

$$100 \times 0.005 + 0 \times 0.995 = 0.5(万元)$$

对一个已识别且可量化的风险分配的预算的大小应该恰好等于该风险导致的期望损失。如在上面火灾的例子中,为火灾保险的保险费用大小就不能超过0.5万元。

如果有多种应对风险的措施,则该费用应该等于所有措施中总费用最小的一个。比如,采用防火设备可以降低火灾发生的概率,假如防火设备可使火灾发生的概率降为1‰,购买防火设备需要0.3万元,则采用防火设备来应对火灾风险的总费用为

$$100 \times 0.0001 + 0 \times 0.9999 + 0.3 = 0.31(万元) < 0.5万元$$

所以,可以防范火灾风险的预算可定为0.31万元。

从上面的例子可以看出,风险管理预算是与风险管理规划和风险应对计划分不开的,它们规定了风险应对可能采用的措施,所以PMBOOK2000将预算工作也放在了风险管理规划里进行考虑。同样,它与建设工程项目风险分析是密切相关的。当然,我们这里考虑的仅仅是期望值,不同的人对相同期望值的感受是不同的,一个穷人和一个百万富翁对1 000元钱

的态度是大不相同的，这就涉及效用理论，有兴趣的读者可以查阅风险分析的有关内容。

为建设工程项目所有已识别且可量化的风险分配的预算总额构成了建设工程项目风险管理预算。它应该不大于建设工程项目为管理风险而分配的总费用，如果超支，则需要找出成本更低的风险应对措施或对建设工程项目风险作更细致的分析。

二、建设工程项目风险管理费用预算案例

对建设工程项目的每一项任务来说，都有超过预定完成时间和预算的风险。如果考虑风险的影响，我们一般需要在任务时间和费用上预留一定的应急量，这就是建设工程项目为预防风险储备的应急资源。这也是风险管理费用预算的一部分。

【例 20-1】　某清洁公司在 2002 年 9 月接到一个办公大楼的清洁服务项目，它必须在 2002 年 10 月 1 日前完工。由于工作量大，时间紧，加上天气的原因，工作可能延期，这可能需要增加人手保证项目如期完工。该项目工作分解结构包括 8 项工作，各工作预算、增加人手需要的额外费用、天气恶劣的概率如表 20-1 所示。

表 20-1　某清洁项目风险费用预算

工作	工作预算(元)	风险发生时需追加的费用(元)	风险发生的概率	风险预算(元)
1	10 000	2 000	0. 2	400
2	8 000	1 000	0. 3	300
3	16 000	4 000	0. 1	400
4	10 000	6 000	0. 2	1 200
5	8 000	2 000	0. 3	600
6	9 000	2 000	0. 3	200
7	5 000	1 000	0. 3	300
8	5 000	1 500	0. 3	450
总计	71 000			3 850

该项目风险管理预算的计算为表 20-1 的第三列数值乘以第四列数值，所得结果显示在第五列中，预算总额为 3 850 元。

第四节　建设工程项目保险

建设工程项目风险管理是项目管理的重要组成部分，是项目成功的必要保证。建设工程项目风险管理是一个降低风险影响的过程管理，其中包括风险管理规划、风险识别、风险评估、风险量化、风险应对计划和风险监控 6 个过程。其中风险应对计划是关键，常用的风险应对方法有风险控制、自留风险和风险转移。风险转移包括索赔制度、保险制度、担保制度。其中保险制度是一种应用较为普遍、适用、有效而又易操作的方法，因此在国际上被广泛应用。保险制度可以规范建设工程项目各方关系，保护投资者、承包商等各方的利益。建设工程项目保险的采用已成为国际工程承包合同的必有条款。

项目风险管理在我国尚处于起步阶段，而项目保险制度更是鲜为人知。目前我国正处于经济建设高峰期，各种项目规模大、复杂程度高，而市场各方主体素质和行为规范性较差，

使项目风险因素大大增加。随着我国加入 WTO，全球化进程不断加快，提高项目风险管理水平，推广项目保险制度已迫在眉睫。

一、建设工程项目保险的概念、作用

（一）建设工程项目保险的概念

简言之，建设工程项目保险就是以各类项目为保险标的的保险，保险人承担对被保险人在建设工程项目实施过程中由自然灾害和意外事故引起的一切损失的经济赔偿责任。建设工程项目保险的对象是灾害事故中可能遭受损失的人员、建设工程项目财产或与其相关的利益。建设工程项目保险对建设工程项目建设或实施期间由于保险责任范围内的危险造成的人员伤亡、物质损失及列明的费用予以赔偿。

建设工程项目保险是建设单位和承包商转移风险的一种重要手段。

（二）建设工程项目保险的作用

（1）提高企业的国际竞争力。加入 WTO 之后，我国将全面参与全球化竞争，与世界各国经济联系更加密切，我国企业要具有强烈的规则意识和风险管理意识，遵守国际惯例，以不断增强国际竞争力。

（2）发挥市场运行机制的作用。应用项目保险的经济手段会使那些实力强、信誉好的承约商（比如建筑企业、系统集成公司、咨询公司等）多做项目，而那些信誉差、实力弱的、保险公司不愿承保的承约商较少接项目，从而以市场的手段达到优胜劣汰、全面提高企业的整体素质的效果。

（3）保证项目成功的需要。通过项目保险使保险商参与项目的质量和安全监督，督促企业推行科学、规范的项目管理方法，从而大大提高项目管理水平，提高项目管理成功率。

（4）是贯彻《建筑法》的需要。《建筑法》明确了工程发生事故各方应负的赔偿责任，而实现保险制度是使各种经济赔偿责任得以落实的有效途径。

建设工程项目保险还具有如下四方面的作用：

（1）具有防范风险的保障作用；

（2）有利于对建筑工程风险的监管；

（3）有利于降低处理事故纠纷的协调成本；

（4）有利于发挥中介机构的特殊作用，为市场提供良好的竞争环境。

二、建设工程项目保险的种类

常见的项目保险有建设工程项目保险、“三来一补”项目保险和一般项目保险等几种。

建设工程项目保险包括以下险种。

（1）建筑工程一切险：以建设工程项目本身为保险标的的建设工程一切险。

（2）安装工程一切险：以安装工程为主体的建设工程项目为保险标的的安装工程一切险。

（3）意外伤害险：以从事危险作业的职工的生命健康为保险标的的意外伤害险。

（4）第三者责任险：以第三者的生命健康和财产为保险标的的第三者责任险。

（5）职业责任险：以设计人、咨询商（监理人）的设计，监理错误或员工工作疏漏给建设单位或承包商造成的损失为保险标的的职业责任险。

美国等西方国家涉及建设工程项目的保险种类还有承约商险、安装工程险、工人赔偿险、承包商设备险、机动车车辆保险、一般责任险、职业责任险、环境污染险等。

建设工程项目保险具有特定的保险内容、保险标的危险度高、分段保险、受人为因素影响大、保险费率实行现金制度和被保险人的多方性等特征。

我国重新修订的《建设工程施工合同〈示范文本〉》也对工程一切险、第三责任险、人身伤亡险和施工机械设备险设置了相应条款。一般在招标文件中，特别是在投标报价说明中都要求承包商做出保险的承诺。

三、建筑工程项目保险

建筑工程项目保险是以承包合同价格或概算价格作为保险金额，以重置基础进行赔偿的，以建筑主体工程、工程用材料以及临时建筑等作为保险标的的，对在整个建筑期间由于保险责任范围内的危险造成的物质损失及列明的费用予以赔偿的保险。

（一）建筑工程项目保险的被保险人

建筑工程项目保险的被保险人可以是在工程施工期间对工程承担风险责任的各有关方，即具有保险利益的各方均可作为被保险人。通常包括如下几方。

（1）建设单位（工程所有人或建设单位）。即提供场所，委托建造，支付建造费用，并于完工后验收的单位。

（2）工程承包商（施工单位或投标人）。即受建设单位委托，负责承建该项工程的施工单位。承包商还可分为主承包商和分承包商，分承包商就是向主承包商承包部分工程的施工单位。

（3）技术顾问。指由工程所有人聘请的建筑师、设计师、工程师和其他专业顾问、代表所有人监督工程合同执行的单位和个人。

（4）其他关系方。如发放工程贷款的银行等。

（二）建筑工程项目保险的投保人

投保人是指与保险人订立保险合同，并按照保险合同负有支付保险费义务的人。在一般情况下，投保人在保险契约生效后即为被保险人。

建筑工程项目保险可以同时有两个被保险人，投保时应选出一方作为工程保险的投保人，负责办理保险投保手续，代表自己和其他被保险人缴纳保险费，且将其他被保险人利益包括在内，并在保险单上清楚地列明。由此，其中任何一方被保险人负责的建设工程项目发生保险范围之内的损失，都可分别从保险人那里获得相应的赔偿，无须根据各自的责任相互进行追偿。

实际操作过程中，可根据建筑工程承包方式的不同来灵活选择投保人。一般以主要风险的主要承担者为投保人。目前，建筑工种承包方式主要有以下四种情况：

（1）全部承包方式。建设单位将设计、供料、施工等全部工程环节承包给某承包商。承包商承担了工程的主要风险责任，应由承包商出面投保整个工程，同时把有关利益方列于共同被保险人。

（2）部分承包方式。由建设单位自己和承包商各负责部分建设工程项目工作，比如建设单位负责设计并提供部分建筑材料，而承包商负责施工并提供部分建筑材料等形式，建设单位和承包商双方均负责承担部分风险责任。建设单位和承包商双方可协商推举一方为投保人,并在承包合同中说明。

(3)分段承包方式。建设单位将一项工程分成若干阶段或部分,由多个相互独立的承包商分别承包,作为投保人的通常是建设单位方。

(4)劳务承包方式。建设单位负责设计、提供建筑材料和工程技术指导等,而承包商只提供施工劳务,对工程本身不承担风险责任,建设单位为投保人。

从建设单位风险角度来考虑,对非全部承包方式的合同,最好由建设单位投保,因为在这种情况下如由承包商分别投保,对保护建设单位利益方面存在许多不足。

(三)建筑工程项目保险的对象

建筑工程项目保险的对象是指持有营业执照的建筑单位所新建、扩建或改建的各种建设工程项目,比如各种土木工程(如道路工程、灌溉工程、防洪工程、排水工程、飞机场、铺设管道等工程)和各种建筑工程(如宾馆、办公楼、医院、学校、厂房)等。

(四)建筑工程项目保险的标的

与建筑工程项目保险的对象有关的项目都可作为建筑工程项目保险的标的。具体包括物质损失部分和责任赔偿部分两方面。

(1)物质损失部分的保险标的主要包括以下几项。

①建筑工程。包括永久性和临时性工程物料。

②安装工程项目。指未包括在承包工程合同金额内的机器设备的安装工程项目。如饭店、办公楼的供电、供水、空调等机器设备的安装项目。

③施工机具设备。指配置在施工场地,作为施工用的机具设备,如吊车、叉车、挖掘机、压路机、搅拌机等。

④邻近财产。在施工场地周围或邻近地点的财产。

⑤建设单位提供的物料及项目。指未包括在建筑工程合同金额之中的建设单位提供的物料及负责建筑的项目。

⑥场地清理费用。指保险标的受到损坏时,为拆除受损标的和清理灾害现场,运走废弃物等,以便进行修复所发生的费用。

(2)责任赔偿部分的保险标的。责任赔偿部分的保险标的即第三者责任,主要是指在工程保险期限内因被保险人的原因造成第三者(如工地附近的居民、行人及外来人员)的人身伤亡、致残或财产损毁而应由被保险人承担的责任范围。

四、建筑工程项目保险的责任范围

(1)建筑工种保险物质损失部分的责任范围。建筑工程项目保险的物质损失部分的责任范围很广,可以赔偿由下列原因造成的损失和支出的费用。

①洪水、水灾、暴雨、潮水、地震、海啸、雪崩、地陷、山崩、冻灾、冰雹及其他自然灾害。

②雷电、火灾、爆炸。

③飞机坠毁、飞机部件或物件坠落。

④盗窃。指一切明显的偷窃行为或暴力抢劫造成的损失。但如果盗窃由被保险人或其代表授意或默许,则保险人不予负责。

⑤工人、技术人员因缺乏经验、疏忽、过失、恶意行为对于保险标的所造成的损失。其中恶意行为必须是非被保险人或其代表授意、纵容或默许的,否则不予赔偿。

⑥原材料缺陷或工艺不善引起的事故。这种缺陷所用的建筑材料未达到规定标准，往往属于原材料制造商或供货商的责任，但这种缺陷必须是使用期间通过正常技术手段或正常技术水平下无法发现的，如果明知有缺陷而仍使用，造成的损失属故意行为所致，保险人不予负责；工艺不善指原材料的生产工艺不符合标准要求，尽管原材料本身无缺陷，但在使用时导致事故的发生。本条款只负责由于原材料缺陷或工艺不善造成的其他保险财产的损失，对原材料本身损失不负责任。

⑦除本保单条款规定的除外责任外的其他不可预料的自然灾害或意外事故。

⑧现场清理费用。此项费用作为一个单独的保险项目投保，赔偿仅限于保险金额内。如果没有单独投保此项费用，则保险人不予负责。

保险人对每一保险建设工程项目的赔偿责任均不得超过分项保险金额以及约定的其他赔偿限额。对物质损失的最高赔偿责任不得超过总保险金额。

(2)第三者责任保险的责任范围。这里的第三者是指除保险人和所有被保险人外的单位和人员，不包括被保险人和其他承包人所雇用的在现场从事施工的人员。在工程期间的保单有效期内因发生与保单所承保的工程直接相关的意外事故造成工地及邻近地区的第三者人身伤亡或财产损失，依法应负被保险人承担经济赔偿责任时，均可由保险人按条款的规定赔偿，包括事先经保险人书面同意的被保险人因此而支出的诉讼及其他费用，但不包括任何罚款，其最高赔偿责任不得超过保险单明细表中规定的每次事故的赔偿限额或保单的有效期内累计赔偿限额。

五、建设工程保险的除外责任

保险人对必然发生的事故、容易涉及道德风险的事故或有其他专门保险单承保的事故等事项列为除外不保事项。

(一)对物质损失的保险建设工程项目和第三者责任保险均适用的除外责任

(1)战争、敌对行为、武装冲突、恐怖活动、谋反、政变引起的损失、费用或责任；政府命令或任何公共当局的没收、征用、销毁或毁坏。

(2)罢工、暴动、民众骚乱引起的任何操作、费用或责任。

(3)核裂变、核聚变、核武器、核材料、核辐射及放射性污染引起的任何损失、费用和责任；大气、土地、水污染引起的任何损失、费用和责任。

(4)被保险人及其代表的故意行为和重大过失引起的损失、费用或责任。

(5)工程全部停工或部分停工引起的损失、费用和责任。

(6)罚金、延误、丧失合同及其他后果损失。

(7)保险单规定的免赔额。保险单明细表中规定有免赔额，免赔额以内的损失由被保险人自负，超过免赔额部分由保险人负责。

(二)适用于建筑工种保险物质损失部分的特殊除外责任

(1)设计错误引起的损失、费用和责任。建筑工程的设计通常由被保险人雇用或委托设计师进行设计，设计错误引起损失、费用或责任应视为被保险人的责任，予以除外；设计师错误设计的责任可由相应的职业责任保险提供保障，即由职业责任险的保险人来赔偿受害者的经济损失。

(2)自然磨损、内在或潜在缺陷、物质本身变化、自燃、自热、氧化、氧蚀、渗漏、鼠咬、虫蛀、大气(气候或气温)变化、正常水位变化或其他渐变原因造成的被保险财产自身的损失和费用。

(3)因原材料缺陷或工艺不善引起的被保险财产本身的损失以及为换置、修理或矫正这些缺点所支付的费用。

(4)非外力引起的机械或电器装置损坏或建筑用机器、设备、装置失灵造成的本身损失;维修保养或正常检修的费用。

(5)档案、文件、账簿、票据、现金、各种有价证券、图表资料及包装物料的损失;货物盘点时的盘亏损失。

(6)持公共运输执照的车辆、船舶和飞机的损失。

(7)在被保险工程开始以前已经存在或形成的位于工地范围内或其周围的属于被保险人的财产的损失;在保险单保险期限终止以前,被保险财产中已由建设单位签发完工验收证书或验收合格或实际占有或使用接收的部分,除非另有约定。

(三)适用于建筑工程项目保险第三者责任险部分的除外责任

(1)保险单物质损失项下或本应在该项下予以负责的损失及各种费用。

(2)建设单位、承包商或其他关系方或他们所雇用的在工地现场从事与工程有关工作的职员、工人以及他们的家庭成员的人身伤亡或疾病。

(3)建设单位、承包商或其他关系方或他们所雇用的职员、工人所有的或由其照管、控制的财产的损失。

(4)领有公共运输执照的车辆、船舶和飞机造成的事故。

(5)由于震动、移动或减弱支撑而造成的其他财产、土地、房屋损失或由于上述原因造成的人身伤亡或财产损失;本项内的事故指工地现场常见的、属于设计和管理方面的事故,如被保险人对这类责任有特别要求,可作为特约责任加保。

(6)被保险人根据与他人的协议应支付的赔偿或其他款项。但即使没有这种协议,被保险人应承担的责任也不在此限。

六、建筑工种保险的保险金额、赔偿限额与免赔额

对应于物质损失部分要确定其保险金额,而对于第三者责任部分则需要确定其赔偿限额。对于地震、洪水等巨灾损失,保险人在保险单中也要专门规定一个赔偿限额,以限制承担责任的程度。

(一)物质损失部分的保险金额

建筑工程项目保险的物质损失部分的保险金额为保险建设工程项目完工时的总价值。

(二)第三者责任保险赔偿限额

第三者责任保险的赔偿限额通常由被保险人根据其承担损失能力的大小、愿意及支付保险费的多少来决定。保险人再根据工程的性质、施工方法、施工现场所处的位置、施工现场周围的环境条件及保险人以往承保理赔的经验与被保险人共同商定,并在保险单内列明保险人对同一原因发生的一次或多次事故引起的财产损失和人身伤亡的赔偿限额。

赔偿限额分四类。

(1)每次事故中每个人的人身伤亡赔偿限额(一般为人民币2万~5万元)。

(2)每次事故人身伤亡总的赔偿限额。

(3)每次事故造成第三者的财产损失的赔偿限额。

(4)对上述人身和财产责任事故在保险期限内总的赔偿限额。可根据保险期限内保险事故次数的估计值来确定总限额,它是计收保费的基础。

(三)特种危险赔偿限额

保单明细表中列明的地震、洪水、海啸、暴雨、风暴等特种危险造成的上述各项物质财产损失的赔偿为特种危险赔偿。特种危险赔偿限额可根据工地所处的自然界地理条件、该地区以往发生此类灾害事故的记录以及建设工程项目本身具备的抗御灾害能力的大小等因素来确定,该限额一般占物质损失总保险金额的50% ~80%,不论发生一次或多次赔偿,均不能超过这个限额。

(四)免赔额

免赔额是指保险事故发生,而保险人不负赔偿责任的标的损失限额。保险人只对每次事故超过免赔部分的损失予以赔偿,低于免赔额的部分不予赔偿。

免赔限额内的损失有些是承包商计算标价时需考虑在成本内的,有些则可以通过谨慎施工或采取预防措施加以避免。设立免赔额既可减轻双方的负担,同时又有利于提高被保险人施工时的警惕性,从而谨慎施工,减少灾害的发生。

建筑工程免赔额一般为保险金额的0.5% ~2%,或2 000 ~50 000 美元;自然灾害的免赔额要大一些。其他建设工程项目的免赔额一般为保险金额的2%或500 ~2 000 美元。第三者责任保险中仅对财产损失部分规定免赔额,按每次事故赔偿限额的1‰ ~2‰计算,具体由被保险人和保险人协商确定。除非另有规定,第三者责任保险一般对人身伤亡不规定免赔额。特种危险造成的损失使用特种免赔额,为人民币5 000 ~20 000 元。

七、建筑工程项目保险的保险费率

保险费率是每一保险金额单位,在一定的保险期间所缴保险费的比例,通常用‰或%表示。保险人根据保险金额,按保险费率计算出应收取的保险费:

$$保险费 = 保险金额 \times 保险费率$$

建设工程项目保险费率的厘定是考虑建设工程项目的客观环境和主观条件形成的危险程度,运用数理统计方法计算出来的。一般要考虑的因素有:承保责任的范围、工程本身的危险程度、承包商和其他工程方的资信情况、技术人员的经验、经营管理水平和安全条件、同类工程的损失记录、工程免赔额的高低、特种危险赔偿限额及第三者责任限额的大小等。

八、建筑工程项目保险的保险期限

(一)保险期限的确定

建筑工程项目保险的保险责任自保险工程在工地上动工或用于保险工程的材料、设备运抵工地之时开始,至建设单位对部分或全部工程签发完工验收证书或验收合格,或建设单位实际占有、使用或接收该部分或全部工程之时终止,以先发生者为准。但在任何情况下,保险期限的开始或终止不得超出保险单明细表中列明的建筑期保险生效日或终止日。

在保险单规定的保险期限内,工程如不能如期完工,被保险人可以在原保险期限结束前向保险人提出书面申请,请示延长保险期限,延长多久视工程进度与施工计划而定,保险人加批单后,方可有效。这时,一般要加收保险费,保险费按原费率以日计收。

(二)保证期

一般国内建筑施工合同协议条款中都对工程的保证期(保修期)有规定,工程合约内规定承包商的保证期一般从建设单位或其代表在最终验收记录上签字之日算起,分单项验收的工程,按单项工程分别计算保证期。从保险期限看,保证期不包括在工程保险期限内,而是工种保险期限的延续。在保证期间,如发现工种质量有缺陷,甚至造成损失,根据承包合同,承包商要负责赔偿,这就是保证期责任。保证期责任可以加保,投保与否由被保险人决定,并要加缴一定的保险费。保证期自工程验收完毕移交后开始,至保险单上注明加保月份数或规定日期终止,以先发生者为准。如工程提前完工,则从完工之日起算加上规定的月数至该期限的最后一天终止;如按时完工,则按保险单上规定的日期终止。保证期的长短计算按工程合同规定的工期来确定,通常为12个月。

九、建筑工程项目保险的赔偿处理

(一)申请理赔程序

(1)及时通知保险人。在发生引起或可能引起保险责任项下的索赔时,被保险人或其代表应立即通知保险人,通常在7天内或经保险人书面同意延长的期限内以书面报告提供事故发生的经过、原因和损失程度。

(2)保险事故发生后,被保险人应立即采取一切必要的措施防止损失的进一步扩大并将损失减少到最低限度。

(3)在保险人的代表进行查勘之前,被保险人应保留事故现场及有关实物证据。

(4)按保险人的要求提供索赔所需的有关资料。

(5)在预知可能引起诉讼时,立即以书面形式通知保险人,并在接到法院传票或其他法律文件后,将其送交保险人。

(6)未经保险人书面同意,被保险人或其代表对索赔方不得做出任何承诺或拒绝、出价、约定、付款或赔偿。

(二)赔偿金额的确定与计算

保险事故造成部分损失时,保险单物质损失项下的损失赔偿金额按将被保险财产修复至其基本恢复受损前状态所需的费用扣除残值和免赔额后的金额为准。如修复费用超过受损的保险标的的保险金额,保险公司不负责赔偿超额部分。

保险事故造成全部损失时,赔偿金额以被保险财产损失前的实际价值扣除残值和免赔额后的金额为准。最高赔偿金额以不超过受损财产的保险金额为限。

对于保险事故发生后,被保险人为防止或减少保险标的损失所支付的必要的、合理的施救费用,其赔偿要在保险单中详细规定。但注意,事故发生前被保险人为防止或减少事故发生而支付的预防费用以及消防部门及其他公共机关为防止或减轻损失扩大的行为所运行的费用不应包括在内。

当受损被保险财产的保险金额低于对应的保险价值时,可按下式计算:

$$\text{实际赔款} = \frac{\text{赔偿金额} \times \text{项目现行保险金额}}{\text{项目保险金额}}$$

责任赔偿部分的赔偿金额的计算按以下公式计算:

$$M = A + B + C - D$$

式中　M——责任赔偿部分的赔偿金额；

A——被保险人支付受害人的赔偿金额；

B——诉讼费，仲裁、和解或调停费用；

C——律师费用；

D——保单规定的免赔额。

十、被保险人的义务

(1)被保险人应采取合理的预防措施，避免投保工程工地发生意外事故，对保险代表提出的合理化防损建议应认真考虑，并付诸实施。

(2)发生保险单承保的损失事故后，被保险人应立即通知保险人，并用书面提供详细经过。

(3)为便于调查，被保险人在检验损失前应保护事故现场。

(4)为防止损失扩大，被保险人应采取一切必需的措施将损失减少至最低限度。对有益的合理措施费用，保险人可予偿付。

(5)保险内容如有变化（如保险项目有增减、工程期限缩短或延长、保险金额应调整等），被保险人应及时书面通知保险人，办理批发手续。

(6)被保险人及其代表对上述规定的义务，如故意不执行，保险人不负赔偿责任。

十一、安装工程项目保险

(一)安装工程项目保险的概念

安装工程项目保险，简称安工险，是建筑工程项目险（建工险）的姐妹险种。它专门承保新建、扩建或改建的工矿企业的机器设备或钢结构建筑物的整个安装、调试期间，由于责任免除以外的一切危险造成保险财产的物质损失、间接费用以及安装期间造成的第三者财产损失或人身伤亡而依法应由被保险人承担的经济责任。

(二)安工险与建工险的比较

安工险的适用范围与建工险相同，主要适用于国有、集体企业以及一切涉及、利用外资的建设工程项目。保险对象为各种工厂、矿山安装机器设备、各种钢结构工程，以及包含机械工程因素建造的工程。安工险在许多方面，如条款形式、内容等与建工险基本相同，但在责任规定上与建工险略有不同。如对超负荷、超电压、碰线、弧花、走电、短路、大气放电及其他由电气引起的事故，安工险只负责由于上述电气事故造成的其他财产的损失，而不包括电器用具本身的损失。

安工险与建工险的除外责任也有所不同。建工险对错误设计造成的损失一般除外，而安工险对错误设计“引起的本身损失”除外，对由此引起的其他保险财产的损失予以赔偿。安工险不负责由于超负荷、超电压、碰线、弧花、走电、短路、大气放电及其他电气原因造成电气设备或电气用具本身的损失。

安工险的第三者责任附加险的保险责任和责任免除与建工险相同。安工险的保险建设工程项目分物质损失、特种危险赔偿和第三者责任三大部分，其中后两部分的内容和赔偿限额与建工险相同。

(三)安工险物质损失部分保险金额的确定

安工险物质损失部分保险金额一般由以下四项来确定。

(1)安装项目本身的保险金额。包括被安装的机器、设备、装置、物料、基础工程(地基、机座),以及工程所需的各种临时设施,如水、电、照明、通信设施。安装项目本身的保险金额为项目的承包合同价。

(2)土木建筑工程项目的保险金额。指由于安装工程需要对厂矿进行新建的费用、施工费、运杂费、保险费、税款及其他费用。本项的保额不能超过安装工程保额的20%,超过20%时,则按建工险费计收保费;超过50%时,则需单独投保建工险。

(3)场地清理费(同建筑工程建设工程项目保险)。

(4)工程所有人或承包人在工地上的其他财产,保额按重置价值计。

(四)安工险的费率

安工险费率厘定的依据与建工险基本相似。它的组成除试车为单独的一次性费率和安装施工用的机器设备为单独的年度费率外,其他建设工程项目均为整个工期的一次性费率。

十二、项目保险案例

【例20-2】 某大厦建设工程,建设单位采用部分承包方式进行建设,即建设单位自己负责设计并提供部分建筑材料,而承包商负责施工并提供部分建筑材料的合同形式,建设单位方投保了建筑工程一切险。因该地区河滨密集,浅层土质不均匀,基坑多次坍塌,造成近百根桩游离,直接经济损失达165万元,建设单位及时向保险公司进行了索赔。经保险人查勘,认定事故由自然因素造成,属于保险责任范围内,因此及时进行了赔偿。

【例20-3】 某工程投保了建筑工程一切险,保险金额为2 500万元。规定免赔额为保险金额的2%,即50万元,或损失金额的10%,两者以高者为准。该工种发生了保险责任范围的损失400万元。保险人按损失金额的10%计算免赔额为40万元,但因按保险金额的2%计算的免赔额为50万元,则该事故中免赔额取40万元和50万元中的高值,即50万元。因此,这次事故中被保险人要自己负担50万元的损失,保险人只赔付350万元。

【例20-4】 某机场工程是省“十五”期间重点建设工程项目,总投资14亿元,建设工期三年。该项目是当地的标志性工程,保额巨大。2002年7月5日,受机场建设部门委托,负责该项目工程保险的保险经纪公司向几家保险公司发出《保险招标书》。各家公司都按规定时间(7月14日12时)将《保险投标书》递交。在7月16日的评标中,中国人民保险公司成功中标,成为该机场建设工程项目的独家承保公司,为该机场建设工程项目签发了建筑安装工程一切险、运输一切险、雇主责任保险单,总保险金额13亿元,保费400多万元。

第五节　风险应对计划案例

一、项目概况

亚洲某国位于一座小岛之上,与最近的陆地相距20余千米,陆地上这个国家是该岛的主要贸易伙伴。岛内交通发达,但是仍感到有必要建设一条横穿海底的高速公路系统,两国经长时间的协商、谈判,确定建设这个系统。该系统总长超过24.3 km。设计汽车最高时速可达 180 km。主体工程总费用估算为 230 亿美元。两国政府打算采用 BOT 方式，利用民间资金进行建设。该项目实际上是政府和民间组织合资，比例是3∶7；其资金结构是银行借款高达 80%，而资本金仅占 20%。两国政府还希望通过这种方式由某个民间组织负责管理该项目的全过程，政府给予全面的支持。以民间组织为主的项目公司可充分利用两国现有的高速公路的经验对建成后的海底高速公路系统进行经营管理。

该项目的主要经验是采用 BOT 的组织方式，让政府和民间组织共担风险，共享利润，整个工程的组织结构如图 20-1 所示。

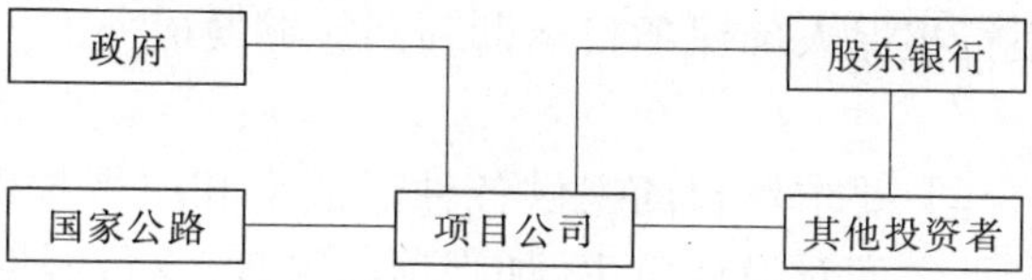

图 20-1　工程的组织结构

二、风险识别

该工程政府采用 BOT 方式，就是因为政府企图将项目的风险转嫁给民间组织。项目公司在该项目中识别出三大类风险：

(1)财务风险，包括总收益、融资的可能性、汇率和利率的变化；

(2)施工风险，包括超支、竣工时间拖延；

(3)经营风险，包括经营成本增加、政府法规变化等。

三、风险应对

(一)应对策略

1. 风险转移

针对上述风险，项目公司首先采取转移策略。通过协议在项目的各参与者，即政府和民间组织、债权人和股东及民间组织、承包商和经营公司之间进行了风险分担。当然，政府总是企图让民间组织承担尽可能多的风险，民间组织的股东企图让承包商和经营公司承担尽可能多的风险，承包商总是企图让分包商承担尽可能多的风险，而债权人(银行)则希望自己不承担任何风险。最后协商的风险分担方案是：政府承担通货膨胀和汇率变动的风险，承包商承担超支和竣工误期的风险，经营公司承担经营成本增加的风险。

2. 风险减轻

采取的第二种风险规避策略是减轻。例如，充分调查研究现场水文地质的条件、精心编制施工组织计划、制定好应急方案等。

项目各参与者在明确了自己分担的风险后，都采取了最好的办法管理自己的风险。例如，挑选有丰富经验的队伍；建立有效的报告和控制系统；准备足够的资金、时间和质量后备措施。

(二)应对措施

民间组织对于自己承担的风险，采取如下具体应对措施。

1. 投标风险

投标阶段的主要风险是政府对项目不及时审批。根据以前的经验，有些项目本来是政府方面首先提出的,可后来却不予批准。如果这个海底高速公司系统政府不批准,民间组织为此花费的150万美元投标费用就要付之东流。对此采取的规避策略是让政府规划部门在投标前批准这个项目。对于征用土地的风险,让政府颁布特别法令,允许中标的组织强行征用土地。对于环境和古迹保护风险,则通过合理的规划措施来解决。

2. 财务风险

对于不可预见的费用支出,利用应急资金和备用信贷弥补;为了避免因无力还本付息和破产,对项目方案进行了全面的财务分析;利率风险则利用固定利率贷款和互惠信贷来排除。此外,要求政府和银行担保人确保项目运营利润能够换成外汇。

3. 施工风险

利用固定价格总包合同;要求承包商提供各种保证金和取得担保;参加保险;对现场进行深入细致的调查;要求承包商对设计负责,加强项目管理,支付误期赔偿费。

4. 经营风险

进行详尽的市场调查,了解将来的交通量、客货运输需求量和价格;政府将现有的高速公路系统的一部分设施交给项目公司经营,以便取得经营经验和资金,分散将来的经营风险。为了减少项目建成后的经营风险,政府通过同民间组织签订“不要产品也得付款”协议,为民间组织提供了担保,即当运输需求量低于预测量时,政府将向民间组织提供补贴。为了降低经营成本风险,民间组织将挑选有经验的高级人才组织经营管理。

参 考 文 献

[1] 林知炎,陈建国．工程项目管理[M]．北京:中国建筑工业出版社,1998.
[2] 丛培经．工程项目管理[M]．北京:中国建筑工业出版社,1997.
[3] 刘尔烈．国际工程管理[M]．北京:中国建筑工业出版社,1998.
[4] 王雪青．国际工程项目管理[M]．北京:中国建筑工业出版社,2000.
[5] 何伯森．国际工程合同与合同管理[M]．北京:中国建筑工业出版社,1999.
[6] 丁士昭．建筑工程项目管理[M]．北京:中国建筑工业出版社,1991.
[7] 田金信．现代管理方法[M]．北京:中国建筑工业出版社,1996.
[8] 全国建筑业企业项目经理培训教材编委会．全国建筑业企业项目经理培训教材[M]．修订版．北京:中国建筑工业出版社,2001.
[9] 周直．工程项目管理[M]．北京:人民交通出版社,2000.
[10] 徐伟,李建伟．土木工程项目管理[M]．上海:同济大学出版社,2000.
[11] 李君,李果．建筑企业质量管理体系的运作与认证[M]．北京:中国建筑工业出版社,1996.
[12] 李慧民．建筑工程经济与管理[M]．西安:陕西科学技术出版社,1996.
[13] 中国建筑科学研究院．GB 50300—2001 建筑工程施工质量验收统一标准[S]．北京:中国建筑工业出版社,2001.
[14] 国家计划委员会,建设部．建设项目经济评价方法与参数[M].2 版．北京:中国计划出版社,1993.
[15] 沈建明．项目风险管理[M]．北京:机械工业出版社,2003.
[16] 中国项目管理委员会．中国项目管理知识体系与国际项目管理专业资质认证标准[S]．北京:机械工业出版社,2001.
[17] Eaine M．Hall. 风险管理软件系统开发方法[M]．王海鹏,等,译．北京:清华大学出版社,2002.
[18] 严武,等．风险统计与决策分析[M]．北京:经济管理出版社,1999.
[19] 戚安邦．项目管理十大风险[M]．北京:经济管理出版社,2003.
[20] 杰克·吉多．成功的项目管理[M]．金成,译．北京:机械工业出版社,1999.
[21] 厄林·S. 安德森,克里斯托夫·V. 格鲁德,等．直接目标项目管理[M]．何来喜,赵京云,译．北京:中国经济出版社,1999.
[22] 卢有杰,卢家仪．项目管理风险[M]．北京:清华大学出版社,1998.
[23] 美国项目管理协会(PMI). A Guide to Project Management Body Knowlegde [M]. Pennsylvania:Project Management Institute Inc. ,2000.
[24] 罗吉·弗兰跟,乔治·诺曼．工程建设风险管理[M]．李世蓉,徐波,译．北京:中国建筑工业出版社,2000.
[25] 邱菀华．现代项目风险管理方法与实践[M]．北京:科学出版社,2003.
[26] 杜嘉伟,梁兴国．哈佛模式项目管理[M]．北京:人民日报出版社,2001.
[27] William C A,Heine R M．Risk Management and Insurance[M]. New York:McGraw - Hill,1985.
[28] 胡宣达,沈厚才．风险管理学基础——数理方法[M]．南京:东南大学出版社,2001.
[29] FIDIC. 大型土木工程项目保险[M]．中国工程咨询协会,译．北京:中国计划出版社,2001.
[30] 中国建设监理协会．注册监理工程师继续教育培训必修课教材[M]．北京:知识产权出版社,2008.

“十二五”职业教育国家规划教材
经全国职业教育教材审定委员会审定

供高等职业教育药学类、中医药类、食品药品管理类、药品制造类等
相关专业使用

天然药物化学

（第四版）

主　编　刘　毅
副主编　薄纯光　林艺华　罗　兰
　　　　唐　敏　朱仝飞　贾献慧
编　者　（按姓氏汉语拼音排序）
薄纯光（滨州职业学院）
高晓慧（长沙卫生职业学院）
关小丽（梧州职业学院）
贾献慧（山东第一医科大学）
林艺华（漳州卫生职业学院）
刘　毅（安庆医药高等专科学校）
刘亮亮（山西卫生健康职业学院）
罗　兰（福建卫生职业技术学院）
佘守军（铜陵职业技术学院）
唐　敏（益阳医学高等专科学校）
许应生（皖西卫生职业学院）
张　芳（湖北中医药高等专科学校）
朱仝飞（重庆医药高等专科学校）
祝燕平（安庆医药高等专科学校）

科学出版社
北　京

内 容 简 介

本教材是根据教育部现行版专业教学标准，结合本课程的教学目标、内容与要求编写而成。本教材采用“书网融合”的形式呈现。教学内容分为理论部分和实践部分，理论部分包含绪论、天然药物化学成分提取方法、分离与精制的一般方法、色谱分离法与结构鉴定、糖和苷类、黄酮类、醌类化合物、苯丙素类、萜类和挥发油、皂苷类、强心苷类、生物碱类、其他类成分、天然药物化学成分的研究方法等内容，共14章，重点介绍各类有效成分的结构类型、理化性质、提取分离方法以及鉴定方法。根据需要穿插了“案例”“链接”“目标检测”等模块。实践部分选取常见天然药物有效成分分离与鉴定实例，锤炼学生专业技能。

本教材可供高等职业教育药学类、中医药类、食品药品管理类、药品制造类等相关专业使用。

图书在版编目（CIP）数据

天然药物化学 / 刘毅主编 .-- 4 版 .-- 北京 : 科学出版社 , 2025. 2.
(“十二五”职业教育国家规划教材).-- ISBN 978-7-03-081245-2

Ⅰ. R284

中国国家版本馆 CIP 数据核字第 2025XZ8037 号

责任编辑：谷雨擎 / 责任校对：周思梦
责任印制：师艳茹 / 封面设计：涿州锦晖

科学出版社 出版
北京东黄城根北街16号
邮政编码：100717
http://www.sciencep.com
北京市金木堂数码科技有限公司印刷
科学出版社发行　各地新华书店经销
*
2009年12月第　一　版　开本：850×1168　1/16
2025年2月第　四　版　印张：14 1/4
2025年2月第十一次印刷　字数：432 000
定价：59.80元
（如有印装质量问题，我社负责调换）